北京师范大学史学文库

元明清华北西北水利三论

王培华 著

商务印书馆
2009年·北京

图书在版编目(CIP)数据

元明清华北西北水利三论/王培华著.—北京：商务印书馆，2009
（北京师范大学史学文库）
ISBN 978-7-100-05823-0

I. 元… II. 王… III. ①水利史－研究－西北地区－元代②水利史－研究－西北地区－明清时代③水利史－研究－华北地区－元代④水利史－研究－华北地区－明清时代 IV. TV—092

中国版本图书馆 CIP 数据核字(2008) 第 049429 号

所有权利保留。
未经许可，不得以任何方式使用。

YUÁN MÍNG QĪNG HUÁBĚI XĪBĚI SHUǏLÌ SĀNLÙN
元明清华北西北水利三论
王培华　著

商务印书馆出版
（北京王府井大街36号　邮政编码 100710）
商务印书馆发行
北京瑞古冠中印刷厂印刷
ISBN 978 - 7 - 100 - 05823 - 0

2009 年 5 月第 1 版　　开本 880×1230　1/32
2009 年 5 月北京第 1 次印刷　印张 13⅞
定价：28.00 元

本书为国家社会科学基金项目资助成果

《北京师范大学史学文库》编辑委员会

顾　问：何兹全　龚书铎　刘家和
主　任：郑师渠　晁福林
副主任：杨共乐　李　帆
委　员（按姓氏笔划为序）：
　　　　马卫东　王开玺　王东平　宁　欣　汝企和
　　　　李梅田　张　皓　张建华　侯树栋　耿向东
　　　　郭家宏　梅雪芹

《北京师范大学史学文库》总序

北京师范大学历史学系是中国高校最早形成的系科之一,由1902年创办的京师大学堂"第二类"分科演变而来。1912年称北京高等师范学校史地部,1928年单独设系。1952年院系调整,北京师范大学历史学系与辅仁大学历史学系合并。北京师范大学历史学系的师资力量与综合实力,由此得到了前所未有的加强,为日后的发展奠定了良好的基础。

在百年的演进历程中,一批享誉海内外的著名学者,如李大钊、钱玄同、邓之诚、朱希祖、王桐龄、张星烺、楚图南、陈垣、侯外庐、白寿彝、柴德赓、赵光贤等,先后在北京师范大学历史学系辛勤耕耘。经几代人的努力开拓,北师大历史学系学术积累丰厚,学风严谨,久已形成了自身的优势与特色。

如今的北京师范大学历史学系是我国历史教学与研究的重镇,学科门类大体齐备,师资力量较为雄厚,既有国内外知名的老教授何兹全、龚书铎、刘家和等,又有一批崭露才华并在国内外史学界颇具影响的中青年学者,综合实力居全国高校历史学科前列。在教学方面,我系的课程改革、教材编纂、教书育人,都取得了显著的成绩,曾荣获国家教学改革重大成果一等奖。在科学研究方面,同样取得了令人瞩目的成就,如由白寿彝教授任总主编、我系众多教师参与编写的多卷本《中国通史》,被学术界誉为"20世纪中国史学的压轴之作"。其他教师的学术论著也多次荣膺国内外各类学术奖项,得到学界好评。

北京师范大学历史学系业已铸就自己的辉煌,但学术的发展无止境。今天,中国社会政通人和,学术研究也日新月异,我们又面临着新的挑战与机遇。为了更好地传承先辈学者的治学精神,光大其传统,进一步推动学科与学术的发展,本系决定编辑《北京师范大学史学文库》,陆续出版我系学者的学术论著,以集中展示北京师范大学历史学系的整体学术水准。同时,相信这也将有助于推动我国历史学的发展。

商务印书馆向以奖掖学术、传播文化著称,此次《北京师范大学史学文库》的编辑出版,也承蒙其大力支持。在此,谨致由衷谢忱!

《北京师范大学史学文库》编辑委员会

序 一

王培华教授,1980年考入北京师范大学历史系,1984年考入北京师范大学史学史研究所,是白寿彝先生和瞿林东教授共同招收培养的硕士研究生。1997年她又随瞿林东教授在职攻读博士学位,迄今一直在他身边学习、工作。在史学史领域,她曾于1994年出版了《大江东去——兴旺盛衰启示录》(浙江人民出版社),受到白寿彝先生的赞赏,并获得了华东地区第九届优秀政治理论图书奖一等奖。

她在研究我国史学史的过程中,感悟到历史时期我国地理环境及其变迁与历史的演进发展、朝代政权的得失兴衰,有着密切的关系,并进而运用她研习史学史与史学理论获得的才、学、识对中国历史上的环境变化、自然灾害、元明清时期中国北方治水用水方略措施与减灾救灾制度以及人地关系理论等,进行了一系列的研究。据我所知,近十年来,她就主持了北京市哲学社会科学规划项目——元明北京的粮食供应与生态环境变迁、教育部哲学社会科学规划项目——元明北方农田水利与生态环境变迁、国家哲学社会科学基金项目——明清西北典型地区分水用水制度与水资源变化关系等重要课题,还参加了国家自然科学基金——人类适应气候变化的过程和机理、中国科学院知识创新工程重大方向项目——历史时期环境变化的重大事件复原及其影响、教育部人文社会科学重点研究基地项目——2000年来西北典型地区水环境演变与用水制度研究、环境史研究与20世纪中国历史学等重大研究项目的研究工作，担任了国家文化发展纲要重点出版工程项目《中华大典·农业典》编委与《水利分典》副主编的部分工作。而这段时间，除了2005年出版了她的博士学位论文《元明北京建都与粮食供应——略论元明人们的认识与实践》（北京出版社2005年），在所发表的50多篇学术论文中，也有三分之二即35篇属于上述方面的内容。可见她在这方面开拓掘进、用力之勤奋。

呈现在读者面前的这部专著，显然是她十年来精研我国元明清时期西北与华北治水兴农问题新推出的一部力作。所论的三个问题，从治水理论与用水制度、水利纠纷和分水制度方面，十分切要、也十分具体深刻地剖析了元明清时期我国华北西北这两个治水、用水与经济发展、社会稳定关系极为密切的地区中，最为关键的施政理民问题。实际上，这一问题，也是牵动全国的治国大计。虽然当时有不少官员学者识见及此，但未能为最高统治者所领悟采纳，其间的教训是深具历史借鉴意义的。所以，这部新著，不是一般意义上的水利史著作，而是她从史学史与史学理论的独特视角，总结元明清三代一项重大的治国方略及其得失影响的论著。这既是她继承和学习白寿彝先生、瞿林东先生研究中国历史及史学史与历史理论，均重视结合中国地理条件特点及其与中国历史发展的关系进行阐发之学脉所取得的最新成果，也是王培华教授通过自身所作新的开掘取得的丰硕成果。

改革开放以来，我国经济建设取得令世界瞩目的发展。然而毋庸讳言，生态环境问题日益突显。就华北西北地区而言，最突出的问题之一，莫过于水资源的日渐匮乏。近来报章曾报导，在全球变暖这一大的全球性气候变化背景下,加之人为活动的不当,华北明珠白洋淀面临干涸;我国第一大淡水湖青海湖近年来湖水位持续下降;石羊河下游的民勤地区与黑河下游的额济纳地区,因流域水量减少,与上下游间分水用水不合理,导致了湖泊萎缩与土地严重荒漠化;华北、西北许多大、中城市居民用水紧缺,北京、天津、西安等城市不得不跨流域调水,国家不得不投巨资兴建南水北调工程;等等。这些严重的问题,都需要我们在认真实施中央提出的"科学发展观"中,创造性地加以解决。王培华教授适时推出本书,正可以为西北、华北地区科学地解决好城镇与农村用水,工业与农业用水,生活、生产与生态用水,节水与调水,防治水质污染等方面,提供有益的历史经验、教训,因而这是一本有用于世的著作。

正是因为王培华教授的这部新著,有着新的学术视野与开掘力度,继承发扬了我国史地著作"经世致用"的优良学术传统,所以当她遵其师瞿林东教授之嘱,于今年4月15日致函于我,请我为她的这部新书作序时,我在抽空披阅书稿不胜盛佩之余,也就不揣浅薄,欣然命笔草成此文。倘能作序,是为至幸!

朱士光

2007 年 7 月 30 日

序　二

我国古代史家治史,素有知古鉴今的传统。司马迁说:"居今之世,志古之道,所以自镜也,未必尽同。帝王者各殊礼而异务,要以成功为统纪,岂可混乎?"历史是现实的一面镜子,但又不可生搬硬套。时至今日,社会在变革,科学在进步,历史学和自然科学都会在相互交融中得到深化。

1986年,我在《略论水利的历史模型——水利史研究在现代化建设中的意义》一文中,探讨了历史与当代自然科学交叉研究的意义与途径,论证了史学研究在解决某些现实水利问题方面,具有不可替代的优势。这是由于前人的水利实践,并非只是修堤挖渠,其成败兴亡,还包含着相关的地理环境演变等制约因素在内,还直接受到江河治理以及政治、经济、法律和文化等条件的影响,显现出多种制约因素综合作用的结果。如果我们能在对史实考证、鉴别的基础上,复原历史上的自然变迁和水利实践,构成一种抽象的思维模型,由此分析推演,无疑将能够对今人关心的有关问题,给出解答。因此,我将服务于当代水利建设的历史研究方法,形象地称之为水利的"历史模型"。

历史模型方法,就是要表明历史研究与水利科学交叉研究的重要性,尤其是在科学研究院里,在不被重视的时候,要用自己的成果表明自己"有用",这对水利史学科的生存与发展是更为迫切的。当然,提出历史模型又并非单纯的表白,通过历史复原研究,借鉴多学科的综合优势所建立的反映特定对象本质特征的历史模型,观察推衍模型在研究时段内,沿着时间轴发展和演变的历史真实,将可避免计算和经验推理的局限性。或者说,由于水利问题是在复杂的自然和人类社会扰动下演化的,如果不把事物放回到其生消演化的历史背景中进行综合分析,对于宏观问题来说,要充分揭示其间的复杂因素及其影响是很困难的。历史模型所反映的既是包涵诸种影响因素的综合结果,又有长时序的 1∶1 的比尺,可以更加真实、生动和接近实际。近二十多年,水利学在与历史学交叉研究中所提出的一些成果中,有为长江三峡枢纽论证所采纳者;有应用于《中华人民共和国水法》的修订者。可见,由于本质上与现在相通,我们把历史真相发掘出来,将其精神彰显出来,历史就是鲜活的,并对深化当代水问题的认识,有直接的价值。

就水利史学科而言,历史模型方法的应用,只是其中的一个方向,是利用多学科交叉研究的优势,研究当代水问题。水利史有着更宽广的领域,诸如古代水利科学的起源与发展、水利工程建设的兴衰和利弊、水利与社会、经济、资源、环境的相互促进与制约、水利政策与法规、水利人物与水文化、古代水利典籍的整理等众多方向。其中大多无须借助历史模型方法。这些求真求实的研究成果,同时还是历史模型的基础。不过,由于应用历史模型方法解决现实水问题,可以直接表现为"有用",尤其在水利史尚不被"科学"理解的时候,它扮演着打开局面的关键角色。

历史研究的深化,有时需要借助于自然科学的支持。例如,对发展畿辅水利来说,元代以来,存在积极推行和消极保守的不同认识,尤其在清代,随着漕运日益困窘,许多著名学者和官员,倡导大兴畿辅水利。其中,以雍正年间怡亲王督率的兴作规模最大,但最后保留下来的,不过是在燕山和太行山山麓有丰富泉水出露的地方,和渤海海滨部分地区。这些成绩,和指望在海河流域大兴江南圩田,一举解决南粮北运问题的目标,大相径庭。终结南粮北运局面的努力,在20世纪六七十年代,又被作为目标,也曾一度宣告达到,但没过几年,本区又不得不重新仰赖外地粮食输入。究其原因,并非人力之不臧,而为水资源条件所限。对此乾隆帝有清醒的认识:"物土宜者,南北燥湿,不能不从其性。倘将洼地尽改作秧田,雨水多时,自可藉以储用,雨泽一歉,又将何以救旱?从前近京议修水利营田,始终未收实济,可见地利不能强同。"既便当今有水库作为调蓄,华北地区地表水资源仍旧严重短缺,不得不汲取地下水,致使浅层地下水普遍干涸,甚至抽取难以恢复和补充的深层地下水,导致地下水位下降到几十米至几百米,出现"有河皆干,有水皆污"的不可持续发展的局面。按目前经济发展速度估算,在2030年以前,海河流域地下水将被全部抽干。而地下水,对于在极度干旱年份,维持生产生活的基本需求和社会的稳定,有着特殊的意义。例如,近百年来,华北平原还没有遭遇过类似明崇祯那样持续多年的干旱。一旦发生这类跨流域的持续多年大旱,黄淮海与长江中游旱情叠加,任何水利措施,都将难以保证社会对水资源最低限度需求。只有在这种非常情况下,超采地下水以救急需,才是可取的。基于不同学科的相互借重,从古今对比中加深认识,对于相关学科研究的深入,都是有益的。

十年前,我读到王培华教授的一篇水利史论文《元明清时期的"西北水利议"》(载《北京师范大学学报》1996年5期),是研究元明清发展西北水利方略的,涉及多位古代政治家、思想家的著作。

作者运用政治史、经济史和生态学等多学科的知识，从新的角度阐释了五六百年间，华北西北水利建设与农业、政治、资源与环境之间有关系，指出了元明清西北水资源开发和水利建设规划的特点和基本未能实行的原因，论文涉猎广泛，论述有深度，给我留下了深刻印象。

十年来，作者从传统的西北水利（含畿辅水利），进而研究元明清时期西北水利思想史，研究越深入，思路越开阔，从关注国家的治水活动，发展到关注区域水利发展和水利思想；从关注水利建设，发展到研究水利纠纷和水资源分配制度；从重视水利工程的经济效益，向重视水利的环境效应转变等等，并且体现了作者宏观视野的扩展，和勇于创新的学术精神，这项研究不仅有学术意义，更有现实意义。我祝贺她取得的学术成绩，是为序。

周魁一
作于 2008 年 3 月 22 日世界水日[①]

---

① 1993 年，47 届联合国大会确定，自 1993 年起，将每年 3 月 22 日定为"World Water Day 世界水日"，旨在推动对水资源进行综合性统筹规划和管理，加强水资源保护，以解决日益严峻的缺水问题。同时，开展宣传教育活动，增强公众的开发和保护水资源意识。2003 年，58 届联合国大会宣布，从 2005 年至 2015 年为生命之水国际行动十年，主题是"Water for Life 生命之水"，从 2005 年 3 月 22 日的世界水日正式实施。

目 录

绪论 ·· 1
  一 水利史的学科属性 ··· 1
  二 学术史回顾 ··· 5
  三 本书的任务 ··· 13

甲 水利纠纷与分水制度 ·· 16
  一 元代水利机构的建置及其分水作用 ···················· 16
    1. 都水监河渠司的建置演变及其职责 ···················· 17
    2. 论元人对都水监河渠司的评价 ·························· 23
  二 元代泾渠的分水用水制度及其历史地位 ·············· 30
    1. 李好文与《长安志图》 ···································· 31
    2. 泾渠河渠司"分水"、"用水则例"及其意义 ········· 32
    3. 泾渠"分水"、"用水则例"的启示 ····················· 38
  三 清代滏阳河流域的水利纠纷和分水制度 ·············· 40
    1. 渠闸兴建始末 ··· 40
    2. 争水矛盾及原因 ·· 44
    3. 调整行政区划,统一管理利用流域内水资源 ········· 49
    4. 分水制度的建立过程及分水特点 ······················· 52
    5. 对今日水资源管理与利用的启示 ······················· 58
  四 清代河西走廊的水利纷争及其原因 ···················· 59

1. 争水矛盾的主要类型 ………………………………… 60
2. 争水矛盾的自然因素与社会因素 …………………… 66
五 清代河西走廊的水资源分配制度 ……………………… 73
1. 分水制度的建立 ……………………………………… 74
2. 分水的技术方法 ……………………………………… 78
3. 分水的制度原则 ……………………………………… 83
附论：分水制度的创新和发展 …………………………… 91
六 清代伊犁屯田的水利问题 ……………………………… 93
1. 屯田水利建设 ………………………………………… 94
2. 水利管理机构和人员 ………………………………… 101
3. 分水措施和纠纷管理 ………………………………… 107

乙 水利思想和用水理论 ……………………………………… 118
七 关于畿辅农田水利成效的批评意见 …………………… 119
1. 北方农田水利收效甚微及其原因析论 …………… 120
2. 王畿多污莱、京师称瘠土及其原因探究 ………… 123
3. 对前人关于北方农业状况评价的辨析 …………… 130
八 江南籍官员学者发展西北水利的主张、实践与客观效果
……………………………………………………………… 141
1. 北方地力未尽的观点 ………………………………… 141
2. 发展西北水利主张的由来与发展 ………………… 145
3. 西北水利、畿辅水利、京东水利 ………………… 168
4. 民垦、军垦、官办及农师 ………………………… 173
5. 西北水利实践的成效与遗憾 ……………………… 181
九 江南籍官员学者提倡西北水利的经济根源与社会根源
……………………………………………………………… 189
1. 元朝江南赋重漕重意识的产生及初步论证 ……… 190

2. 明清"苏松二府田赋之重"观念的发展及论证 …………… 196
　　3. 对元明清江南赋重议论的辨析 …………………………… 214
十　元明清江南籍官员学者西北水利思想的历史价值与局限
　　性 ……………………………………………………………… 220
　　1. 西北水利思想的历史价值 ………………………………… 220
　　2. 西北水利思想的历史局限性 ……………………………… 224
　　3. 畿辅水利最终不能完全实现的可能原因 ………………… 225
十一　元明清北方籍官员反对华北西北水利的经济根源 ………
　　………………………………………………………………… 233
十二　元明清反对者对畿辅水性土性的认识 ………………… 236
　　1. 河北诸水不宜发展农田水利的论说 ……………………… 236
　　2. 滹沱河不宜水利的认识根源 ……………………………… 238
十三　清代畿辅水利论者对反对者认识的批判 ……………… 243
　　1. 雍正年间畿辅水利论者对反对者认识的批判 …………… 245
　　2. 乾隆年间畿辅水利论者对反对者认识的驳正 …………… 246
　　3. 道光年间北方籍官员对反对者意见的批判吸收及解决方法 ……
　　………………………………………………………………… 250
十四　程含章、陶澍和李鸿章等反对畿辅水利的理由 ……… 256
　　1. 程含章论北方水利不能实现的六条理由 ………………… 257
　　2. 陶澍和唐鉴在发展畿辅水利和招商海运上的分歧 ……… 260
　　3. 桂超万对畿辅水利态度的前后转变及原因 ……………… 262
　　4. 李鸿章最终放弃畿辅水利的根本原因 …………………… 264
十五　明清西北华北旱地用水蓄水理论及其价值 …………… 272
　　1. 徐光启的旱田用水五法和凿井之法 ……………………… 273
　　2. 王心敬的井利说和乔光烈的水车说 ……………………… 278
　　3. 华北西北旱田用水蓄水的实践效果 ……………………… 285
　　4. 明清旱地用水理论与实践的现代借鉴价值 ……………… 288

十六　明清畿辅淀泊低洼地区农田水利方法及价值 …… 289
1. 明代徐贞明的利水之法 …… 290
2. 清雍正时畿辅水利及其水利方法 …… 293
3. 吴邦庆关于畿辅用水之法的认识 …… 301

丙　畿辅水利文献及其价值 …… 308

十七　唐鉴《畿辅水利备览》的撰述旨趣和进奏流传及历史地位 …… 309
1. 撰述年代、流传及上奏情况 …… 310
2. 《畿辅水利备览》的编纂体例特点和主要内容 …… 316
3. 《畿辅水利备览》的撰述旨趣 …… 321
4. 《畿辅水利备览》的历史地位 …… 327

十八　潘锡恩《畿辅水利四案》及其借鉴价值 …… 332
1. 《畿辅水利四案》的体例与成书原因 …… 333
2. 潘锡恩对畿辅水利的主要认识 …… 339
3. 《畿辅水利四案》的学术史意义与借鉴价值 …… 342

十九　吴邦庆《畿辅河道水利丛书》的学术渊源与历史地位 …… 345
1. 《畿辅河道水利丛书》体例和内容 …… 346
2. 《畿辅河道水利丛书》编纂经过和原因 …… 352
3. 吴邦庆的畿辅水利观点和学术渊源 …… 362
4. 《畿辅河道水利丛书》的历史地位和影响 …… 369

二十　林则徐《畿辅水利议》的历史价值及其西北水利实践 …… 372
1. 《畿辅水利议》的体例特点和撰述主旨 …… 373
2. 《畿辅水利议》的编纂、校勘和进奏 …… 378
3. 林则徐畿辅水利思想的历史价值及其西北水利实践 …… 389

附录1:20世纪以来学术界关于华北西北水利研究的主要成果… ………………………………………………………… 404

附录2:作者关于元明清华北西北水利研究的主要论文 …… 411

后记………………………………………………………… 413

绪　　论

一　水利史的学科属性

　　我国史学有重视水利史的优良传统。《史记·河渠书》是我国第一部水利史专著,司马迁赋予水利以治河防洪、灌溉排水、城镇供水、开凿运河等内涵,这一中国特有的技术名词世代相沿,使用至今。《汉书·沟洫志》内容更广博,除沿袭《史记·河渠书》的内容,还创造性地记述了历代治理黄河的历史,以及人们关于治河方略的观点和看法。自东汉至唐,历代正史无《河渠志》,这与黄河在东汉以后处于一个相对安流期有相当大的关系。沈约解释水利志与客观历史的关系,他说,汉代有河决之患,国家有筑堤之功;沟渠灌溉之利,成就漳滏郑白之饶,"沟洫立志,亦其宜也;世殊事改,于今可得而略"。[①] 国家没有大规模治水,也就没有水利专史。宋以后,黄河进入第二个河患期,国家开始大规模的治水活动,史学自然就反映了治河防洪、灌溉排水、航运等史事。《宋史》《金史》《元史》《明史》《清史稿》都设立《河渠志》;《通典·食货典》、《文献通考·田赋考》《续文献通考》之《田赋考》中都设立《水利》子类,诚如

---

　　① 《宋书》卷十一《志第一·律志序》。

王圻所说"水利乃国家大政"①,水利关乎农业,关乎田赋,关乎国计民生,理所当然地受到史学家、政治家、思想家的关注。

历代正史《地理志》中多有水利史的内容。地方志中,或者把河渠归于田赋,或者归于地理。归于经济,是因为河流河渠的社会属性,水利田是土地利用的形式之一,比其它土地利用形式,能为国计民生产出更多的粮食;归于地理,是因为河流河渠的自然属性和自然功能,河流、河渠这种地貌和人工设施,其基本的自然功能就是水文功能。社会属性决定了河流河渠与人类社会的利害关系,自然属性决定了河流河渠与自然环境其他要素之间的相互关系。

《隋书·经籍志》把史部书分为十三类,地理书是其中一类,不仅第一次把史部书独立出来,使史部书成为中国文献的四部之一,而且第一次把地理类图书作为史部著作的十三类之一,确立了历史地理学著作在史学中的地位。这种传统,延续了1000多年。《四库全书》把史部书分为十五类,地理是其中一类。地理类中有河渠之属,另外,总志之属、都会郡邑之属、山水之属所著录书中,河渠和水利都是重要的内容,强化并巩固了地理类图书在史部书中的地位。因此,按照中国传统的分类,地理是史学,水利亦是史学。中国史家从来就没有自外于历史地理和水利史。

20世纪以来,中国历史地理学,受到传统沿革地理学和国外地理学的双重影响,以至人们对这门学科的属性,产生了争论。80年代以来,学位和教育行政部门公布的学科分类中,历史地理学是历史学的二级学科之一,是有历史和现实的原因的。时至今日,学

---

① 《续文献通考·凡例》。

者们越来越多地使用多种方法,综合性地研究历史地理和环境变化问题,取得了许多有实际价值的研究成果。如果我们能够打破学科畛域和学术壁垒,不区分此疆彼界,用多种方法,进行综合性的研究,那我们就不受学科属性的烦扰和苦恼,不仅有益于历史地理学的学术发展,而且有益于人类社会与生态环境的科学持续发展。

马克思主义史学重视水利史的研究。马克思曾对亚洲古代一些国家举办水利工程的职能详加评论。他说:"气候和土地条件……使利用渠道和水利工程的人工灌溉设施成了东方农业的基础……利用河水的泛滥来肥田,利用河流的涨水来充注灌溉。节省用水和共同用水是基本的要求,这种要求……在东方由于文明程度太低,幅员太大,不能产生自愿的联合,所以就迫切需要中央集权的政府来干预。因此亚洲的一切政府不能不执行一种经济职能,即举办公共工程的职能。"[①]马克思没有举出中国,但是"水与中国古社会的关系极大,社会生产,国家治乱,人民生命财产安全,都受水的影响。因此,历代国家政权无不努力发挥其社会职能,解决水的问题";"中国封建社会国家兴办的水利工程……大多数是治理水害,或变水害为水利。……中国封建社会的生产主要是农业与家庭手工业相结合的自然经济。广大的小农从事个体经营,一家一户就是一个生产单位,抵抗不了水旱之灾,……国家兴办水利工程,治水防水,对发展农业生产有重大意义。"[②]"治水在国家职能中占有重要的地位,它不只包括河流湖泊的治理,还包括农田

---

① 马克思:《不列颠在印度的统治》,《马克思恩格斯全集》第九卷,145 页。
② 白寿彝主编:《中国通史·导论卷》,上海人民出版社 1989 年,224—226 页。

灌溉的措施"①。元明清时期水利书越来越多,反映了国家防水治水职能加强的趋势,并且反过来促进国家发挥其防水治水的社会职能。②

我国农业发展的自然条件如水资源很不充足,水利乃农业之命脉。华北和西北,地势西北高东南低,处于欧亚大陆性季风气候区,农业发展所需要的水资源不足,水环境条件不利,水的地区和时间分布不均衡,春季气候干燥,蒸发量大,降雨较少,全年降雨的70%集中在汛期(每年7—10月)和非灌溉季节(每年12月—来年2月),秋季干旱少雨,冬季气候寒冷,少雨雪。水资源的时间分布和作物的播种灌溉季节(3—6月,11月)互相错位,春、秋、冬又是作物的播种和灌溉季节(春灌、冬灌、夏播、秋播),由此形成严重的干旱缺水。各河流或灌区上游水量多,下游地区水量少。在干旱年份,灌溉比防洪重要;在丰水年份,防洪比灌溉重要。元明清时期气候以干旱为主,华北西北的一些灌渠或灌区,水利纠纷不断。国家建立农业和水利机构,设置劝农使和河渠司等官职,有些地方官懂得"生民之本计在农,农夫之命脉在水","政莫善于养民,养民莫大于水利"③。所以历代有不少重视兴修水利的地方官员。由于水资源有限,而各使水利户都有自己的利益,必然出现用水矛盾,"人心所见既不同,利害之情又有异。军家之与郡县,士大夫之与百姓,其意莫有同者"④。因此调整共同用水和节约用水成为封建国家重要的统治职能,其表现方式则是制订和实施水利法规,特

---

① 《白寿彝史学论集》,北京师范大学出版社1994年,369页。
② 王培华:《水利与中国历史特点》,《史学史研究》1999年第1期。
③ 虞祖尧等主编:《中国古代经济著述选读》,吉林人民出版社1985年,443页。
④ 《晋书》卷二十六《食货志》。

别是调解水利纠纷,制订水资源分配制度。元明清时期,从京师到华北西北各地区,农业、水利专职官员和地方官员,劝课农桑、兴修农田水利工程、分配管理水资源,都有一定的成绩,发挥了国家兴修大型公共水利工程、调节共同用水和平均用水的职能。

无论从我国史学传统,或者马克思主义史学传统看,还是从我国的基本国情看,史学工作者都应重视水利在经济和社会生活中的地位和作用,重视水利史在史学研究中的地位。正如周魁一先生所说:"从某种意义上来说,中国历史是一部水利发展史,研究中国历史必须研究水利史"。①

二 学术史回顾

20世纪,国内外学术界,出现了为数不多但值得珍视的水利通史专著。商务印书馆1939年出版了一套中国文化史丛书,其中之一是郑肇经著《中国水利史》。第六章,以省为单位叙述各省农田水利的发展史,作者叙述农田水利的发展,详于东南各省,略于华北西北东北和西南各省区。东南各省,都专辟一节。华北西北各省,篇幅很小,分三节叙述山西、河北、陕西三省的水利,综合叙述热察绥蒙、甘宁青新的水利。这种叙述,一方面说明华北西北水利事业不如东南地区发达的历史事实,另一方面说明对华北西北水利发展史研究现状的不如人意。郑著《中国水利史》虽属草创,毕竟是系统的中国近现代水利通史的开创之作,奠定了中国水利史学的基础。

---

① 周魁一著《中国科学技术史水利·卷后记》,科学出版社2001年。

此后,直到1979年,国内的水利通史研究和著述,停滞了40年。其中原因比较简单,正如姚汉源教授所说,国内水利学者和水利部门,多重视现代水利技术,以学得近代西方水利技术为满足,不了解中国水利史。[①] 80年代以后,水利部水利水电科学院水利史研究室,搜集出版了一批水利史资料,发表了一批水利史研究成果,主要集中体现在《水利水电科学院科学研究论文集》第12集和《水利史研究室五十周年学术论文集》,其中周魁一《唐代关中地区的农田水利和水资源》、张汝翼《明清广利渠的管理》等,重视了陕西和河北的水利管理。

与此相反,国外的学者对中国水利史的研究,处于一个比较发展的阶段。20世纪30至50年代,中外学者还研究了水利与国家政治、经济的关系。魏特夫《东方专制主义》论述了中国水利与国家政权形式的关系;冀朝鼎《中国历史上的基本经济区与水利事业的发展》论述农田水利与基本经济区的关系。这是两部对中国史学很有影响的著作。二战以后,日本学者研究中国水利与社会,卓有成绩。如,森田明《清代水利史研究》、《清代水利社会史研究》、《清代水利与地域社会》,涉及了华北、华中和华南广大地区的水利与社会。

从1979年至2002年,这20多年间,国内水利史学界出现了三部重要的水利通史著作。这就是,1979年—1987年武汉水利学院与水利水电科学研究院合作编写的三册《中国水利史稿》、1987年出版的姚汉源著《中国水利史纲要》、2002年出版的周魁一著《中国科学技术史·水利卷》。前一种是集体合作成果,后两种是

---

① 姚汉源:《中国水利史纲》,水利电力出版社1987年,6页。

个人专著。

1979年—1987年,武汉水利学院和水利水电科学研究院,利用十年左右时间,合作编写三册《中国水利史稿》,标志着中国水利史研究的恢复。第二册第八章叙述元代水利。第三册叙述明清近代水利。这书虽然按皇朝史来区分阶段,但"各章的时间断限,主要依据黄河防洪和京杭运河建设的阶段性来划分;本期农田水利建设的阶段性成果,不甚明显,因而,主要按流域(或地区)设节,并大体按照各地农田水利出现较大发展的时间前后次序编排"。(下册编者的话)明清时,南方农田水利成就较北方明显,特别是长江中游圩皖的成绩最为突出(73页)。而黄淮海流域"农田水利维持不废,并作过新的努力。……不过成效都极为有限;在黄河流域,著名的郑国渠引泾日益困难,以致被迫改引泉水灌溉,是一重大变化;而宁夏、内蒙古河套地区渠系建设,本期都取得了引人注目的成就。"(173页)清代,新疆和东北的水利,都取得引人注目的成就。

1987年出版的姚汉源著《中国水利史纲要》是继郑肇经《中国水利史》之后的第二部中国水利史个人专著,作者自序说,"书中往往详他书所忽略,略他书所能详者。"这书的最大特点,是根据水利发展的本身特点,来划分水利发展的阶段性,符合以水利开发为先导的基本经济区从黄河流域向长江流域再向珠江流域和东南沿海发展的历史实际。对于华北西北水利,作者归纳了以黄河流域为主的水利大发展、兴衰起伏、衰落三个阶段。作者叙述了元明关中水利、宁夏引黄灌区、西北湟水洮河地区水利、山西水利、畿辅水利等,这部分内容并不比其他书详细。清代华北西北水利地方化小型化,如畿辅水利、关中水利,宁夏和内蒙古的引黄灌溉,新疆水利等,这部分内容稍微详细。

2002年周魁一著《中国科学技术史·水利卷》出版,这是第三部中国水利史专著。全书除了前言、绪论外,主体内容分基础科学编和工程技术编。基础科学编有2章,即水利基础科学、水资源与水环境治理规划;工程技术编有3章,即水利工程的设计与施工、水利管理与法规、水利史的应用研究与历史模型方法。该书为卢嘉锡总主编的《中国科学技术史》之一种,科学和技术的色彩非常浓厚,而通史性的论述则体现在前言和第六章,分别论述中国传统水利发展的历史进程及特点、水利事业发展的自然与社会背景、兴水利除水害的历史体验与哲学思考。关于中国传统水利发展的历史进程,作者按照建设规模和技术特点,将我国传统水利大致分为3期:公元前22世纪至秦汉,为水利的起源与第一次建设高潮;三国至唐宋,为水利建设蓬勃发展与传统水利技术成熟期;元明清时期,为水利建设的普及和传统技术总结期。这书与前两种水利通史最大的不同,是按照传统水利技术的发展特点来分期的。作者还归纳了传统水利科技的特点,即重视解决实际问题总结实践经验而疏于理论概括、重视整体性与广泛联系、重视辨证思维。而传统水利科学技术的弱点则是理论概括不够、定量分析不多和实验观测少等。这些总结,使我们对中国水利科学技术的特点和不足有了清醒的认识。而第六章"水利史的应用研究与历史模型方法",提出了水利史研究在当代水利建设中的作用问题,作者从历史经验教训谈起,揭示了水沙资源统一利用、鉴湖围垦的启示意义,为我们研究水利史提供了理论方法上的指导。

此外,台湾地区学者在中国水利史研究方面取得了一定成就。

其中台湾淡江大学历史系黄耀能教授的成果具有一定的代表性。他长期致力于中国古代水利研究,1978年在台北六国出版社出版了他的《中国古代农业水利史研究》,1984年又出版了《两晋南北朝隋唐农业水利史研究》。这两部著作,内容颇有重叠,但各有千秋,都有一定的参考价值。

水利史包括治河防洪、灌溉排水、城镇供水、开凿运河等内涵。在水利通史撰述的同时,史学工作者对灌溉排水、治河防洪、开凿运河等方面,都开展了深入细致的研究。以农田水利来说,汪家伦和张芳合著《中国农田水利史》是我国第一部系统的农田水利史专著。张芳《明清农田水利史研究》则是我国断代农田水利史的开创之作。王致中、魏丽英《明清西北社会经济史研究》、陈桦《清代区域社会经济研究》、袁森坡《康雍乾经营与开发北疆》、王希隆《清代西北屯田研究》等,关注了华北和西北的农田水利灌溉工程兴修始末、灌溉面积和经济效益,这是一般经济史和断代水利、区域水利史的基本特色。

水利史研究,应该注意水利建设的时空特征及其制约因素,回答中国水利史的重大问题。在这方面,历史学界和历史地理学界的同仁也做了一定的工作。如关于南北朝时期的水利事业,文献中缺乏记载,是中国水利史研究的薄弱环节。陕西师范大学历史文化学院王双怀教授《中国南北朝时代的水利设施与农业生产》,研究了南北朝政权对水资源的开发利用、时空特征、水利设施的主要类型,认为南北朝水利发展程度前不如汉,后不如唐,但它扩大了水田面积,提高了粮食产量;改造了部分土地,减少了水灾损失;促进了航运,加强了各地区间的相互联系,促进了南北朝农业的发展,为隋唐皇朝的统一奠定了物质基础。关于唐代水利事业的发展状况,经济史家傅筑夫《由唐王朝之忽视农田水利评唐王朝的历史地位》一文说,唐朝不重视水利,不为人民兴修水利。[①] 傅筑夫是著名的经济史家,其论断曾经为大多数研究者所接受,并造成了学者们的困惑。王双怀从水官设置、水政建设、水资源调查、水法的颁布和执行等方面,证实唐朝重视水利,还从盛唐水利工程数量、北方水利工程的恢复扩建和创修等证实唐代水利事业的发展,并指出水利事业扩大了水田面积,提高了唐代粮食亩产,改造了部分土地,减少了水灾损失,促进了航运事业等[②]。以上两项研究结论,以具体事实和论证,否定了前人的结论,使我们有可能正确认识南北朝和唐朝的水利和经济。

　　水利史的研究,还应该重视对水利文献的注释、整理、搜集和研究。周魁一《二十五史河渠志注释》对历代正史中七种《河渠志》进行了注释,颇具功力,嘉惠史林。此外,搜集、整理和研究民间口述水利文献、地方碑刻水利文献、地方志水利文献,成为华北西北水利史研究的一个热点。1999年山西大学中国社会史研究中心行龙、张俊峰、郝平等根据《山西文献总目提要》中大量明清时山西各地水利争讼的碑刻提要,搜集山西境内水利碑刻资料,发掘了一大批水利资料。法国远东学院与北京师范大学民俗典籍中心等单位的白尔恒、蓝克利、魏丕信、黄竹三、吕敏、董晓萍等组成了一个项目组,共同进行了《华北水资源与社会组织》的国际合作项目。项目的中期任务,是搜集整理一些民间口述文献、碑刻文献,其成果体现在

---

① 《唐史论丛》第2辑,陕西人民出版社1987年。
② 王双怀:《唐代水利三题》,《商洛师专学报》1993年第1期;《盛唐时期的水利建设》,《陕西师大学报》1995年第3期。

中华书局出版的《陕山地区水资源与民间社会调查资料集》4种,搜集了山西省介休县、洪洞县,陕西省泾阳县、三原县的水利碑刻,为今后研究这一地区的水利问题,提供了资料便利。北京师范大学历史系历史文献教研室王培华,在已经完成了对河西走廊水利纷争与水资源分配制度的研究论文后,指导研究生,总结清代西北地区地方志水利文献的内容和特点,已经完成的有张勇《清代河西走廊地方志水利文献研究》、谭逢君《清代宁夏平原地方志水利文献研究》两篇硕士论文。

农田水利史究竟怎样搞,是史学工作者颇为苦恼的。是罗列一条条沟渠和灌溉面积、介绍不利工程技术措施?还是结合中国历史和地理资源环境来研究水利?是值得思考的问题。近十年来,由于全球变化和我国现实水利实践的发展,亦由于史学工作者的思维方法和研究视角的转变,我国水利史研究出现了一些新的动向:一是从注重工程水利和灌溉面积研究,向重视水权制度、水利纠纷、分水制度、水资源演变过程研究的转变。周魁一《〈水部式〉与唐代的农田水利管理》是研究唐朝水利管理及其作用的开创之作。萧正洪《历史时期关中农田灌溉中的水权研究》、李并成《明清时期河西地区"水案"史料的梳理》等,分别是研究陕甘水权水事纠纷的佳作,前文较早引入水权概念研究关中水利史,颇具方法启迪的意义;后文则从河西走廊众多文献类型中提取"水案"文献来研究水利纠纷,开启了研究河西走廊水利文献的先例。王培华的多篇论文,则较为系统地研究华北西北典型地区的水利纠纷和水资源分配问题。

二是从重视国家大型治水实践的研究,向重视区域水利社会史研究的转变。王建革《河北平原水利与社会分析(1368—1949)》

是国内学者研究华北平原水利与地方社会史的开篇之作。由于陕西和山西，保存下来的水利文献，较为丰富，因此，对山陕水利与社会的关注，成为水利史与社会史研究的又一个热点。以山西水利来说，行龙《明清以来山西水资源匮乏及水案初步研究》、张俊峰《明清以来洪洞水案与乡村社会》和《水权与地方社会——以明清以来山西省文水县甘泉渠水案为例》、沈艾娣《道德·权力与晋水水利系统》、赵世瑜《分水之争：公共资源与乡土社会的权力和象征——以明清山西汾水流域的若干案例为中心》等，分析了山西水利与地方社会的关系。

三是从重视水利工程的经济作用，向重视水利工程的自然资源条件和环境变化审视的转变。李令福《关中水利开发与环境》一书，重视了关中农田水利和环境的关系，成为区域水利史的专门之作。尹均科和吴文涛《历史上的永定河和北京》一书，论述了永定河水利水害与北京的关系。王利华《中古华北水资源的初步考察》和《魏晋南北朝时期华北内河航运与军事活动的关系》两文，探讨了中古华北的水利资源和水利环境问题。张建民《碑刻所见清代后期陕南地区的水利问题与自然灾害》、钞晓鸿《清代汉水上游的水资源环境与社会变迁》等，则论述了华北西北水利与资源环境演变的关系，王双怀《从环境变迁视角探讨西部水利的几个问题》总结了历史上西部水利建设的经验教训，提出了当代西部开发的对策。

以上三个研究内容和角度的转变，反映了20世纪末和21世纪初，在全球变化和可持续发展背景下，研究历史地理、生态环境变化和农史水利史的学者们，对中国水利与社会、水利与政治、水利与经济、水利与资源环境的新认识，从形式到内容，都有了突破和创新,并且是将来水利史研究的起点和基础。

三 本书的任务

西北,是一个历史的概念,不同时期有不同的范围。元明清时,江南籍官员学者所说的西北,指黄河流域以北的广大地区,包括今河北、山西、山东、陕西、甘肃、内蒙古、宁夏、青海和新疆等广大地区。其中,分三个范围,即京东、畿辅和西北。京东,指天津、河北等;畿辅,指山西和河北;西北,含今天整个华北和西北地区。

鉴于20世纪以来水利史研究已经取得的成绩,本书作者在元明清华北西北水利研究中,着力在元明清时期华北西北水利的典型地区、典型问题的探索上,做出切实的努力。典型地区,华北地区,指河北滏阳河、天津、北京;西北地区,指陕西泾渠、甘肃河西走廊的黑河和石羊河流域、新疆伊犁河流域等。不涉及山西,而宁夏、青海和内蒙古地区,则有待将来。典型问题,作者将致力于研究元明清西北华北水利纠纷与分水制度、水利思想和用水理论畿、辅水利文献及其价值。

为什么要研究元明清华北西北水利?元明清定都北京,而京师皇室、百官和军队的粮食供应依赖东南,造成江南重赋重、漕运维艰,于是江南籍官员提倡发展西北水利(含京东水利、畿辅水利和西北水利),以就近解决京师粮食问题,但是这种主张遭到北方籍官员的强烈反对;在畿辅地区的用水理论上,元明清时南方籍和北方籍官员,亦存在着相当多的分歧;在实践上,元明清时华北西北农田水利有发展,但由于水资源短缺,有些地区存在着激烈的争水矛盾,华北和西北产生了水利纠纷,国家和地方政府在调节平均用水和共同用水中发挥了职能。

在已有研究成果基础上,重点集中在几个方面:水利纠纷与分水制度、水利思想和用水理论、水利文献及其价值。

——水利纠纷与分水制度 典型地区,如河北滏阳河流域、陕西泾渠、甘肃河西走廊黑河和石羊河流域、新疆伊犁河流域的农田水利建设成就、水利管理和利用制度;水利纠纷(水事矛盾)及其表现形式、水利纠纷产生的自然因素和社会因素;地方政府和社会解决争水矛盾的政策措施、分水制度的内容与作用,及其他调控措施。

——水利思想和用水理论 江南籍官员学者发展西北水利的思想主张实践及客观效果、江南籍官员学者发展西北水利的经济根源与现实根源、江南籍官员学者西北水利思想的历史价值与局限性、元明清反对者对畿辅水性土性的认识、清代畿辅水利者对反对者认识的批判,程含章和李鸿章等反对畿辅水利的根本理由,明清西北华北旱地用水蓄水理论及其价值,明清畿辅淀泊低洼地区农田水利方法及价值。

——水利文献及其价值 唐鉴《畿辅水利备览》的撰述旨趣及历史地位,潘锡恩《畿辅水利四案》及其借鉴价值,吴邦庆《畿辅河道水利丛书》及其历史价值,林则徐《畿辅水利议》的历史价值及其西北水利实践。

本书的创新点,第一,对元明清西北和华北的水利纠纷、分水和用水制度以及水利工程建设,进行了具体深入的实证考察,呈现了当时围绕水资源利用所产生的矛盾冲突,分析了产生水利矛盾的具体原因及地区特点,对不同地区的分水、用水制度进行了迄今最为详细叙说,考察了国家权力在发展地方水利、解决地方水利纠纷中所发挥的实际作用。这些,都推进了前人的研究。

第二,全面论述了元明清时期关于华北和西北水利建设的重要思想和分歧,在中国水利史研究中尚属首次,具有创新意义。作者注意到江南籍官员和北方籍官员对待发展西北华北水利的态度彼此对立、泾渭分明。结合高亢旱地和淀泊洼地的水土环境特点,对这些地区蓄水、用水方法和灌溉方式在明清时代的历史性变化进行了讨论,虽是延续前人的论题,但论述更加细致具体,并且提出了新的见解。

第三,明清西北典型地区分水、用水制度与水资源变化关系的研究,对于现代的水资源研究中的水权问题分水与用水的管理,提代了重要参考,有明显的应用价值,特别是对地区间的水利纠纷的解决,有重要的启示意义。

第四,具体研究和评论了清代道光年间几部重要的畿辅水利文献的作者、成书年代、进奏、思想主旨、水利思想、学术源流,并发掘了这几部水利史著作在华北水利史上的地位和当代借鉴价值。

甲　水利纠纷与分水制度

元明清国家重视华北西北水利建设，设立屯田（兵屯、回屯、民屯）、犯屯，修河渠，又重视农田水利机构的建置，在中央设立河渠司、司农司，在各灌溉区，设河道河渠司。河渠司及其官员在调解水利纠纷、分水中发挥了一定的作用。在华北西北的一些灌区，如河北的滏阳河、陕西的泾渠、清代甘肃的河西走廊黑河和石羊河流域、新疆的伊犁等，还制订了分水制度，以解决水利纠纷，有效地保障了各灌区水利的分配。

一　元代水利机构的建置及其分水作用

关于元朝的水利，过去，学者们已经进行了研究，如郑肇经、冀朝鼎、姚汉源等，基本的看法是元朝沟通了南北大运河，在中国运河水利史上占有重要地位，影响深远；其农田水利不甚发达。造成这种状况的基本原因，则多从元朝经济政策和政治黑暗等方面论述。我认为，元朝水利事业特别是北方农田水利不甚发达，与国家竭力保证运河水源的基本国策有关，也与元朝都水监、河渠司等水利机构的建置不常有很大的关系。《元史·河渠志》记载元朝水利基本状况，学术界对元水利的研究也本于《元史·河渠志》。但是，关于元朝水利机构都水监、河渠司等机构的建置演变,《元史·河渠志》各处记载颇多矛盾;对其工作的评价,元人的看法很有分歧;就是对是否有必要建立这些机构,也是莫衷一是。但是这些问题,关乎对元朝水利事业的基本评价,很有必要搞清楚。元朝从世祖中统时就建有都水监及其下属河渠(道)提举司,但由于政治、社会等原因,时有并合且废置不常。当时人对设置水利机构有不同的认识,这直接影响到人们对水利机构设置重要性的认识,以及对水学的兴趣,并从而影响到元朝水利事业的发展。元朝北方河患频繁,南方太湖水灾不断,除自然因素外,水利机构废置不常,以及人们认识上的分歧,是很重要的社会因素。

1. 都水监河渠司的建置演变及其职责

元初就建立了都水监河渠司等水利机构,中统初设有都水监的下属提举河渠[①];郭守敬"至元二年(1265)由提举诸路河渠迁都水少监。八年,迁都水监。十三年,都水监并入工部,遂除工部郎中"[②]。二十八年(1291)十二月,从丞相完泽之请"复都水监"[③],官址在今北京海子桥(今后门桥)西北,临海。至元二十九年(1292)正月"命太史院郭守敬兼领都水监事,仍置都水监、少监、丞、经历、知事凡八员"[④]。皇庆元年(1312)四月"以都水监隶大司农司"[⑤]。

[①] (元)苏天爵:《元朝名臣事略》卷九《太史郭公》,中华书局 1996,《元史》卷六十五《河渠二·广济渠》。

[②] (元)苏天爵:《元朝名臣事略》卷九《太史郭公》,中华书局 1996。

[③] 《元文类》卷三十一;《都水监记事》、欧阳玄:《中书右丞相领治都水监政绩碑》,见王琼《漕河图志》卷五。

[④] 《元史》卷十七《世祖本纪十四》。

[⑤] 《元史》卷二十四《仁宗纪一》。

延祐七年(1320)二月"复以都水监隶中书",三月,"复都水监秩"①,从至元二十八年都水监从工部独立出来,到仁宗时以都水监直隶于中书省,说明国家越来越重视水政。

都水监有派出机构,这有两类,一类是分都水监(简称分监),一类是行都水监(简称行监)。分监有山东分监和河南分监,其建立有先后。

山东分监,主治会通河和御河,因其驻地在东平路东阿县景德镇,故时称东平分监、东阿分监或东平景德镇行司监,或称分治山东、分治东阿;又因其职在守护御河会通河,故时或称分治会通、守治御河等,其实一也。至元二十一年(1284)在济州河上创建8座石闸,"各置守卒,春秋观水之涨落,以时启闭",都水少监石抹氏"分都水监事",他在任城东闸偏西"修饰厅事,以为使者往来休息之所"②,这是山东分监萌芽时期。至元二十六年(1289)会通河成,从次年开始都水监"岁委都水监官一员,佩分监印,率令史、奏差、壕寨官,往职巡视"③,这时分监只是例行巡视而非驻守。至元二十九年(1292)山东分监成立:"会通河成之四年,始建都水分监于(东平路)东阿(县)之景德镇",延祐七年至至治元年(1320—1321)都水丞张仲仁分司东阿,重修都水分监④;至正元年(1341)都水少监口只儿"仍分监东平"⑤,都水监丞也先不华"分治东平"⑥,这说明山东分监一直驻在东平路东阿县景德镇。

河南分监或称汴梁分监,建立较晚,许有壬《都水监纪事》说世

---

① 《元史》卷二十七《英宗纪一》。
② 俞时中:《重修济州任城东闸题名记》,载王琼编著:《漕河图志》卷五。
③ 《元史》卷六十四《河渠一·会通河》。
④ 揭傒斯:《文安集》卷十《建都水分监记》。
⑤ 李维明:《重修光河之记》,《漕河图志》卷五。
⑥ 楚维善:《会通河黄栋林新闻记》,《漕河图志》卷六。

祖末年复都水监时就"岁以官一,令史二,奏差二,壕寨官二,分监于汴,理河决,……岁满更易"①,这时都水监官每年只是例行巡视而非驻守,大德十年(1306)仍由山东分监"兼提点黄河",且"拘该有司正官提点"。至大三年(1310)十一月河北河南道廉访司建议"于汴梁置都水分监",而都水监认为"黄河泛涨止是一事,难与会通河有闸坝漕运分监守治为比",只宜派山东"分监官吏以十月往,与各处官司巡视缺破,会计工物督治,比年终完,来春分监新官至,则一一交割,然后代还";工部建议"如量设官,精选廉干奉公深知地形水势者,专任河防之职,往来巡视,以时疏塞",中书省"准令都水分监官专治河患",至此汴梁分监正式成立②。"泰定二年(1325),改汴监为行监,设官与内监等。天历二年(1329)罢(汴梁行监),以事归有司,岸河郡邑守令结衔知河防事"③。

行监有江南行都水监和河南山东行都水监。江南行监,主管江南水利。"大德二年(1298),始立浙西都水监庸田使司于平江路"④,庸田使司又"曰行都水监"⑤,大德七年(1303)二月,罢江南都水庸田司⑥,大德八年(1304)五月中书省准许江浙行省"立行都水监,仍于平江路设置,直隶中书省"⑦,大德十年(1306)二月,"升

---

① 《元文类》卷三十一,《都水监记事》;欧阳玄:《中书右丞相领治都水监政绩碑》,载王琼编著《漕河图志》卷五。
② 《元史》卷六十五《河渠二·黄河》。
③ 《元文类》卷三十一,《都水监记事》、欧阳玄:《中书右丞相领治都水监政绩碑》,《漕河图志》卷之五。
④ 《姑苏志》卷十二《水利下》。
⑤ 《元史》卷十九《成宗纪二》、《元文类》卷三十一,《都水监记事》。
⑥ 《元史》卷二十一《成宗纪四》。
⑦ 《姑苏志》卷十二《水利下》。

行都水监为正三品"①。至大元年(1308)正月"从江浙行省请,罢行都水监,以其事隶有司"②。何时恢复其建置,待考。泰定初年(1324)改庸田,迁松江③。泰定二年(1325)闰月,"罢松江都水庸田使司,命州县正官领之,仍加兼知渠堰事";六月,立都水庸田使司,浚吴松二江④。泰定三年(1326)正月,置都水庸田使司于松江,掌江南河渠水利;泰定四年(1327)十月监察御史亦怯列台卜等言,都水庸田使司扰民,请罢之⑤。但都水庸田使司一直在主持浙江海塘修筑⑥。后至元二年(1336)"置都水庸田使司于平江,既而罢之。至五年(1337),复立"⑦。至正元年(1341),重置江南都水庸田使司于平江,秩隆三品,辖江东浙东西道,八年(1348)"以东南租税之出重在三吴,而三吴水国也,故署都水司平江,而官吏寄署他所,事体弗称",建江南行都水庸田使司⑧。

河南行监,又称汴梁行监,泰定二年(1325)二月,"姚炜以河水屡决,请立行都水监于汴,仿古法备捍,仍命濒河州县正官皆兼知河防事,从之"⑨,于是七月,改汴(分)监为(汴梁)行监,"设官与内监等"⑩,汴梁行都水监又叫"河南行都水监"⑪。天历二年(1329)

---

① 《元史》卷二十一《成宗纪四》。
② 《元史》卷二十二《武宗纪一》。
③ (元)杨维桢:《东维子集》卷十二《建行都水庸田使司记》。
④ 《元史》卷二十九《泰定帝纪一》。
⑤ 《元史》卷三十《泰定帝纪二》。
⑥ 《元史》卷六十五《河渠志二·盐官州海塘》。
⑦ 《元史》卷九十二《百官志八》。
⑧ 《东维子集》卷十二《建行都水庸田使司记》。
⑨ 《元史》卷二十九《泰定帝纪一》。
⑩ 《元文类》卷三十一《都水监记事》、欧阳玄《中书右丞相领治都水监政绩碑》,载王琼:编者《漕河图志》卷五。
⑪ 《元史》卷二十九《泰定帝纪一》。

罢,"以事归有司,岸河郡邑守令结衔知河防事"①。至正六年(1346)五月以连年河决为患,置河南山东都水监,"以专疏塞之任"。至正八年(1348)二月,河水为患,诏于济宁郓城立行都水监,九年,又立山东河南等处行都水监。十一年十二月,立河防提举司,隶行都水监,掌巡视河道,从五品。十二年正月,行都水监添设判官二员。十六年正月,又添设少监监丞知事各一员②。

河渠司是都水监下属机构,大致各路都有河渠提举司,如大都路河道提举司、东平路河道提举司、宁夏路河渠提举司、怀孟路河渠提举司、兴元路河渠提举司等,但后来除保留少数如大都路河渠提举司外,其他都废。中统二年(1261)、三年、四年有提举诸路河渠使、副河渠使的官员③,至元二十九年(1292)五月"罢东平路河道提举司,事入都水监"④,(都水监)领河道提举司⑤。大德初,尚野为"怀孟路河渠副使,会遣使问民疾苦,野建言:'水利有成法,宜隶有司,不宜复置河渠官。'事闻于朝,河渠官遂罢"⑥。至大元年(1308)八月"宁夏立河渠司,秩五品,官二员,参以二僧为之"⑦。

都水监、河渠司职责是兴修水利去除水害。都水监"掌治河渠并堤防水利桥梁闸堰之事"⑧,山东分监掌管会通河工程及维修等

---

① 《元文类》卷三十一《都水监记事》、欧阳玄:《中书右丞相领治都水监政绩碑》,载王琼:编者《漕河图志》卷五。
② 《元史》卷九十二《百官志八》。
③ 苏天爵:《元朝名臣事略》卷九《太史郭公》,中华书局1996、《元史》卷六十五《河渠二·广济渠》。
④ 《元史》卷十七《世祖本纪十四》。
⑤ 《元史》卷九十《百官志六》。
⑥ 《元史》卷一百六十四《尚野传》。
⑦ 《元史》卷二十二《武宗纪一》。
⑧ 《元史》卷九十《百官志六》。

事务,开始时负责把草土闸改建成木石闸①,此后"掌凡河渠坝闸之政,……皆置吏以司其飞挽启闭之节,而听其狱讼焉;雨潦将降,则命积土壤、具畚插,以备奔轶冲射;水将涸,则发徒以道淤塞崩溃;时而巡行周视,以察其用命不用命,而赏罚之,故监之责重以烦"②。汴梁分监和河南行监主管治理黄河决口;江南行都水监(江南都水庸田司)掌管江南水利,督责"修筑围田,疏浚河道",并负责追究势家侵占湖畔等破坏水利行为③。各河道提举司有两项职责,一是掌管修浚河渠,至元七年(1270)《农桑之制》十四条规定:"凡河渠之利,委本处正官一员,以时浚治。或民力不足者,提举河渠官相其轻重,官为导之。"④二是调节各河渠灌溉用水的分配,如,广济渠司规定"水分"、"验工分水","遇旱则官为斟酌,验工多寡,分水浇灌"⑤;再如,兴元路山河堰,"设河渠司以领之,其秩五品,其任职也专,其受责也重,故堰之修理,无抛弃渗漏之水,水之分俵,无浇灌不均之田,视夫水之多寡以为水额,强不得以欺弱,富不得以兼贫。浇灌之法,自下而上,间有亢旱之年,而无不收之处"⑥。河渠司不仅负责主持修治河渠,而且负责分配用水,调节用水矛盾,对当地农业发展起了重要作用。大都河道提举司的职责更重,有61名通惠河闸官和会通河闸官,负责维护通惠河、会通河、御河的55闸、7坝、都城内外156桥,及积水潭的一切事务:"凡河若坝填淤,则测以平而浚之,闸桥之木朽骜裂则加理。闸置

---

① 《元史》卷六十四《河渠志一·会通河》。
② (元)揭傒斯:《文安集》卷十《建都水分监记》。
③ 《姑苏志》卷十二《水利下》。
④ 《元史》卷九十三《食货志一·农桑》。
⑤ 《元史》卷六十五《河渠志二·广济渠》。
⑥ 《顺斋先生闲居丛稿》卷十七《论兴元河渠司不可废》。

则,水至则,则启以制其涸溢。(积水)潭之冰供尚食。金水入大内,敢有浴者、浣衣者、弃土石瓴其中、驱马牛往饮者,皆执而笞之;屋于岸道,因以陋病牵舟者,则毁其屋。碾硙金水上游者,亦撤之。或言某水可渠可塘可捍以夺其地,或言某水垫民田庐,则受命往视,而决其议,御其患,大率南至河,东至淮,西洎北尽燕晋朔漠,水之政皆归之"①,国家历来重视都水监人选,如揭氏所说:"惟国家一日不可去河渠之利,河渠之政一日不可授非其人。"②元朝,出现了"水学者"③、"水政"④等词汇,这表明水利在国家及社会经济生活中拥有了重要之地。

2. 论元人对都水监河渠司的评价

元代水利工程并非全由都水监河渠司负责,但都水监和各处河渠司确实兴修了不少水利工程,并且调节用水,有些工程还泽及后世。明初史臣说:"元有天下,内立都水监,外设各处河渠司,以兴举水利、修理河堤为务。决双塔、白浮诸水为通惠河,以济漕运,而京师无转饷之劳。导浑河、疏滦水,而武清、平滦无垫溺之虞。浚冶河、障滹沱,而真定免决啮之患。开会通河于临清,以通南北之货。疏陕西之三白,以溉关中之田。泄江湖之淫潦,立捍海之横塘,而浙右之民得免水患。当时之善言水利,如太史郭守敬等,盖亦未尝无其人焉。"⑤对元朝水利工程的发展给予高度评价。

---

① 《元文类》卷三十一《都水监记事》。
② 揭傒斯:《文安集》卷十《建都水分监记》。
③ 刘德智:《兖州重修金口闸记》,载(元)王琼:《漕河图志》卷六。
④ 欧阳玄:《中书右丞相领治都水监政绩碑》,《漕河图志》卷五。
⑤ 《元史》卷六十四《河渠志序》。

但是,元朝人对都水监河渠司的设置及其工作成就,有着决然相反的看法。一种是,不仅认为水利官员治水不利,水利机构对水利事业无益,甚至认为水利官员不必设立,水利机构不必存在;又一种是认为水利官员对治水有积极作用,水利机构必须常设不废。

前一种意见以胡祗遹、河北河南道廉访司为代表。至元九、十年左右,廷议拟"分立诸路水利官",胡祗遹著文论此事有"六不可":"均为一水,其性各不同,有薄田伤禾者,有肥田益苗者,怀州丹、沁二水相去不远。丹水利农,沁水反为害。百余年之桑枣梨柿茂材巨木,沁水一过,皆浸渍而死,禾稼亦不荣茂,以此言之,利与害与?似此一水不唯不可开,当塞之使复故道以除农害,此水性之当审,不可遽开,一也。荆楚吴越之用水,激而使之在山,此盖地窄人稠,无田可耕,与其饥殍而死,故勤劬百端,费功百倍以求其食。我中原平原沃壤,桑麻万里,风雨时若,一岁收成得三岁之食,荒闲之田,不蚕之桑尚十之四,但能不夺农时,足以丰富。何苦区区劳民,反夺农时,一开不经验之水,求不可必之微利乎?此二不可也。前年在京,以水上下不数里,小民雇工有费钞数贯,过于一岁所有丝银之数,竟壅遏不能行。何况越山逾岭,动辄数百里,其费每户岂止钞数贯,其功岂能必成?……此三不可也。且如滏水漳水李河等水,河道岸深,不能便得为用,必于水源开凿,不宽百余步不能容水势,霖雨泛溢尚且为害,又长数百里,未得灌溉之利,所凿之路先夺农田数千顷,此四不可也。十年以来,诸处水源浅涩,御河之源尤浅涩,假诸水之助,重船上不能过唐庄,下不能过杨村,倘又分众水以灌田,每年五六百万石之粮运,数千只之盐船,必不可行,此五不可也。四道劝农,已为扰民,又立诸道水官,土功并兴,纷纷扰扰,不知何时而止,费俸害众,此六不可也。"①其中一、二、四、五条是说水性各异不可开发水利、中原沃野不需开发水利、修河渠未沾灌溉之利反而占夺农田、灌溉农田必妨碍漕运粮盐,三、六两条是说费钞侵夺农时,因此,他反对"分立诸路水利官"。他的有些看法并无道理,如,中统二年(1261)在沁河上修成长670里的广济渠,二十余年中每年灌溉民田三千余顷②,何曾为害?中原之民何曾一岁得三岁食?他的建议是否被采纳,文献不载。但是从各路都置有河渠提举司看,其建议可能没有被采纳。

有些官员批评都水监官员不懂治河,至大三年(1310)十一月,河北河南道廉访司说:"今之所谓治水者,徒尔议论纷纭,咸无良策。水监之官,既非精选,知河之利害者,百无一二。虽每年累驿而至,名为巡河,徒应故事。问地形之高下,则懵不知;访水利之利病,则非所习。既无实才,又不经练。乃或妄兴事端,劳民动众,阻逆水性,翻为后患。"③所说水监官员不精水利以及每年例行巡河的无实效,这都是实情。但他们没有否定设置都水监的必要,而是强调都水监官员要专职负责:"专职其任,量存员数,频为巡视,谨其防护。可疏者疏之,可堙者堙之,可防者防之。职掌既专,则事功可立。较之河已决溢,民已被害,然后卤莽修治以劳民者,乌可同日而语哉"④,他们的建议被中书省采纳。

---

① (元)胡祇遹:《紫山大全集》卷二十二《论司农司》。
② 《元史》卷六十五《河渠志二·广济渠》。
③ 《元史》卷六十五《河渠志二·黄河》。
④ 《元史》卷六十五《河渠志二·黄河》。

后一种意见,以任仁发、蒲道元为代表。江南行都水监(都水庸田司)废置不常,特别是在大德八年(1305)江南行监丞任仁发成功地主持疏浚吴淞江后,有人建议宜由其他部门兼管水利。任仁发认为,江南行监有功于江南水利和农作收成:"比年浙西所收子粒分数,比之淮北,数几十倍,皆吴淞江三闸并诸坝口,出放涝水之力。以未开吴淞江之前,大德七年亦遭水害,所收子粒分数,比大德十年,不及三分之一。以此论之,则水监岂为无功?……况自归附以来二三十年,所积之病,岂半年工役之所能尽哉?"他针对"行都水监既是有益衙门,何谓众口一词皆谓无益,而明议罢之"的说法,回答说:"彼愚民无知,但见一时工夫之繁。豪民肆奸,有吝供输募夫之费。所以百端阻挠,但为无益以败事。殊不知浙西有数等之水,拯治方略皆不相同,非专司不能尽力责其成功。使水监衙门,真如无事,古之有国者,亦废而不举久矣。何谓周汉唐宋之世,未尝不一日用心尽力。经营水利之事,列之史传,代不乏人。故谚曰:'水利通,民力松',斯言信矣。并浙西水利低下之处,不须水监拯治,即今中原高阜之处,安用水监河道司为哉?然则高阜之处,水监既不可缺,而低下之处,乃谓水监不必置立,何不思之甚也?"①他认为江南和中原一样都需要设立专门的水利机构,而不能让其他机构兼管水利。

大约在这之后,陕西乡儒蒲道元上言当地执政,反对废除兴元路河渠司:"兴元之河渠司,乃不可废者也。兴元之为郡,其地之广衍,视他大郡不及十之二三,所恃者惟渠堰而已。渠堰之水,兴元民之命脉也。渠堰在在有之,无虑数十,然皆不及山河堰之大,其

―――――
① 《姑苏志》卷十二《水利下》引任都水《水利议答》。

浇灌自褒城县竟于南郑县江北之境"，以前设河渠司主管修治渠堰以及分配调节用水，"间有亢旱之年，而无不收之处"，后来减省冗员，河渠司亦被罢废，"自是以来，委之有司。而有司复差设掌水者，率不知水利之人，是以政出多门而不一矣，法生多弊而莫制焉。堰不坚密，水抛弃于无用。拔盖，水门也，无人巡视；筒盖，则水以浇田者，高下任移。自下而上浇灌之法废，强得欺弱，富得兼贫，以力争夺，数日之间，倏忽过时，而不及事。官府又不为理，如秦人之视越人之肥瘠，岁稍值旱，惟田近上源之渠者得收，下源远渠者全不收矣。修堰之时，下源一例纳木供役，而不得水浇灌。赋税公田之征，定额则不可免。民转沟壑则可知矣。其罢河渠司也，不过岁省官吏俸给数十缗之费尔，然足食足赋税不闻，以今赈济所费校之，孰为多乎？"他希望行省"权分委属陕西渠堰官吏、奏差等官各一员，监视兴元渠堰，庶使水利均平，岁无荒歉之患，盖利于民即利于国也"[1]。浦道元和任仁发都希望朝廷能保留水利机构的建置，从而发挥其作用。持有这种想法的人不在少数，可以说，浦道元、任仁发代表了各地农民的想法。

　　比较起来，后一种意见为是。都水监河渠司只能解决技术问题，政治问题非其所能，因此而否定都水监河渠司的作用，是不对的。从水政实际看，某一时期都水监河渠司的废罢，直接影响到农田水利的发展。如，中统三年（1262）修成的广济渠，能浇灌济源等五县民田三千余顷，国家设置河渠官提调水利，他们维护渠堰、验工分水，二十年中使广济渠沿线农民咸受其利。但是后来势家霸占垄断水利，渠口堤堰的颓塌，"河

---

[1]　《顺斋先生闲居丛稿》卷十七《论兴元河渠司不可废》。

渠官寻亦革罢,有司不为整治,因致废坏"①。从国家政策看,国家关心运河畅通以漕运江南粮食,甚于关心黄河决口之灾和灌溉之利;关心江南赋税征收甚于关心江南水利兴修。对于河患,朝廷只关心大运河的修建与维护,治河方略以不影响运道为要,所谓"黄河泛涨止是一事,难与会通河有坝闸漕运分监守治为比"②,因此,也少有杰出人物研究治河,这使中期以前元人在有关治河方针政策和重大技术问题上,虽议论纷纷,但没有什么有价值的看法③。贾鲁治河成功,正因为黄河"水势北侵安山,沿入会通运河,延袤济南河间,将坏两漕司盐场,妨国计甚重。省臣以闻,朝廷患之"④。朝廷决心治河,这时都水监才能发挥作用。太湖流域水灾频繁:"钱氏有国一百余年,止长兴年间一次水灾。亡宋南渡百五十年,止景定间一二次水灾。今或一二年,或三四年,水灾频仍"⑤。今人统计元朝太湖流域水灾频率高于唐朝二十年一次和北宋的六七年一次⑥,为什么呢?因为南唐和南宋"全藉苏湖常秀数郡所产之米,以为军国之计。当时尽心经理,使高田低田,各有制水之法。其间水利当兴水害当除,合役居民,不以繁难,合用钱粮,不吝浩大。必然为之,又使名卿重臣,专董其事。富家上户,簧言不能乱其耳,珍货不能动其心。凡利害之端,可以兴除者,莫不备举。又复七里为一纵浦,十里为一横塘。田连阡陌,位位相

---

① 《元史》卷六十五《河渠志二·广济渠》。
② 《元史》卷六十五《河渠志二·黄河》。
③ 《中国水利史稿》(中册),水利电力出版社1987年,296—298页。
④ 《元史》卷六十六《河渠志三·黄河》。
⑤ 《姑苏志》卷十二《水利下》引任都水《水利议答》。
⑥ 缪启愉:《太湖塘浦圩田史研究》,农业出版社1985年。

承,悉为膏腴之产。设有水患,人力未尝不尽,遂使二三百年间,水患罕见"[1],而元大都虽仰赖漕运海运江南粮食,但并未重视江南水利,余阙说:"国家置都水庸田使于江南,本以为民,而赋税为之后。往年使者昧于本末之义,民尝以旱告,率拒之不受,而尽征其租入。比又以水告,复逮系告者而以为奸治之。其心以为官为都水,而民有水旱之患如我何?于是吴越之人咻然相哗以为厉己"[2]。而且有些蒙古达鲁花赤或其他高级官员,又不熟悉地理水利,"擢居重任者,或未知风土之所宜也,以为浙西地土水利,与诸处同一例,任地之高下,任天之水旱。所以一二年间,水灾频仍,皆不谙风土之同异故也"[3]。元立国近百年,几乎年年疏浚太湖下游河道,但只有大德元年(1297)和大德八年(1305)分别由浙江行省平章彻里和都水监丞任仁发主持的两次工程,效果较好。这说明,太湖水灾频繁不是江南行都水监之过,而正是江南行监废置不常之过。

从人地关系看,元朝地方豪势之家侵占河道比前代更严重。"黄河涸露旧水泊污地,多为势家所据,忽遇泛滥,水无所归,遂致为害。由此观之,非河犯人,人自犯之"[4]。江南势家围湖造田比前代为重,吴淞江"(撩洗)军士罢散,有司不以为务,势豪阻占为荡为田,……以致湮塞不通,公私俱失其利久矣"。大德时两次疏通,但英宗至治时(1321—1323)"比年又复壅塞,势家愈加租占,……旧有河港,联络官民田土之间,藉以灌溉者,今皆填塞";练湖,"豪

---

[1] 《姑苏志》卷十二《水利下》引任都水《水利议答》。
[2] 《青阳集》卷二《送樊时中赴都水庸田使序》。
[3] 《姑苏志》卷十二《水利下》引任都水《水利议答》。
[4] 《姑苏志》卷十二《水利下》引任都水《水利议答》。

势之家于湖中筑堤围田耕种,侵占既广,不足受水,遂致泛滥";淀山湖,"势豪绝水筑堤,绕湖为田。湖狭不足潴蓄,每遇霖潦,泛滥为害"。江南行省虽兴言疏治,但或"因受曹总管金而止",或"阴阳家言癸亥年动土有忌"①,或"辛巳太岁位在东南直间丁其方位,修营动土,历家忌之"②,而受到干扰。人水争地也是政治问题,绝非水利机构所能解决的。总之,只有国家重视治水,水利机构才能发挥治水作用;否则因政治问题非水利机构所能解决,进而否定都水监河渠司的建置,这是不公平的。

元朝水利机构的建置演变,以及元人的评价,俱如上述。都水监河渠司在元代废置不常,所谓"以置不常,人视为邮舍"③,直接影响到人们研究水利的兴趣,元朝并未出现有代表性的水利著作;同时也影响到元朝水利事业的发展,除全力保证运河畅通外,北有黄河河患频繁,南有太湖屡次发生水灾,但均缺少有效的治理;虽"尝莅是者无虑百余人,其勤劳职业者岂少哉"④,但毕竟像郭守敬、任仁发、贾鲁这样的水利专家太少。这些,与元朝水利机构的建置不常不无关系,而这绝非水利机构本身所能解决。

二 元代泾渠的分水用水制度及其历史地位

陕西泾渠设泾渠河渠司,河渠司制定并执行了"分水"、"用水

---

① 《元史》卷六十五《河渠志二》。
② 《姑苏志》卷十二《水利下》引任都水《水利议答》。
③ 《东维子集》卷十二《建行都水庸田使司记》。
④ 《元文类》卷三十一《都水监事记》。

则例"的分水制度,对渠系内水资源进行统一管理、分配和使用,泾渠的分水制度比较完备,并发挥了积极作用,体现了国家在调节分配农业用水中的积极作用,这对今日西北开发与可持续发展,有借鉴意义。

1. 李好文与《长安志图》

李好文字惟中,大名之东明(今山东东明)人,至治元年(1321)进士,历为学、宪之职。至正元年(1341),除国子祭酒,改陕西行台治书侍御史,迁河东道廉访使。四年改礼部尚书,与修辽、金、宋史,复除陕西行台治书侍御史。六年(1346)除翰林侍读学士等职。李好文勤于撰著,除参与三史修撰外,自撰《太常集礼》、《端本堂经训要义》、《大宝录》和《大宝龟鉴》等[①]。

《长安志图》三卷是李好文的又一部著作。此书原题河滨渔者《编类图说》,分上中下三卷。上卷,原有十四幅地图,今存十二幅,无图说。中卷有五幅地图,外加十八篇图说。下卷有《泾渠总图》和《富平县境石川溉田图》等两幅地图,并有泾渠图说、渠堰因革、洪堰制度、用水则例、设立屯田、建言利病和总论等部分。至正二年(1342)冬十月奉训大夫陕西诸道行御史台监察御史樵必申达而序称:"走年二十余,从先君宦游于关中,已闻泾沟为民利害,而未识其详也。后三十年,遂备员御史,甫至,闻前祭酒李公惟中今为行御史台治书侍御史,每以抚字为念,尝刻泾水为图,集古今渠堰兴坏废置始末,与其法禁条例、田赋民数、庶民利病,合为一书,名之为《泾渠图

[①] 《元史》卷一百八十三《李好文传》。

说》。索而读之,信乎其有神有治也。……因书其端以谂夫莅事者。"①又据李好文自注:"《图说》本《长安志图》之下卷也,以其记录额多,且泾渠利民为大,故自为一编,书凡六篇,图二。"②读此序和自注可知,李好文至正元年著《长安志图》共三卷,第三卷专记泾渠始末,因泾渠利民,故下篇又单独成篇,名《泾渠图说》,在当时当地有所流传。乾隆四十九年(1784)镇洋毕氏灵岩山馆刻《经训堂丛书》,附录元朝李好文编绘《长安志图》三卷。

2. 泾渠河渠司"分水"、"用水则例"及其意义

大蒙古国承前代制度,实行泾渠水资源的统一管理使用。元太宗窝阔台汗十二年(1240),以梁泰充"宣差规措三白渠使,郭时中副之,直隶朝廷,置司于云阳县",官署称"司"即渠司③。元朝建立后,加强完善了对泾渠水资源的管理。至元十一年(1274),初立河渠营田使司,安置屯田。二十八年(1291),河渠营田使司改为屯田总管府,总管府正官衔内带兼河渠司事;吏员有都监、壕寨等技术人员5人;人夫有看守渠堰水军、看守探量三限口水直以及分俵水值斗门子151名④。

与此相适应,泾渠的"用水则例",前后有变化。窝阔台汗十二年(1240)梁泰为宣差三白渠使时,就根据唐宋旧例制定出当时用

---

① 《泾渠图说序》,收入《宋元方志丛刊》第一辑,中华书局1992年。
② 《泾渠图说》自注。
③ 《长安志图》卷下《设立屯田》,《元史》卷六十五《河渠志二·三白渠》。
④ 《长安志图》卷下《设立屯田》。

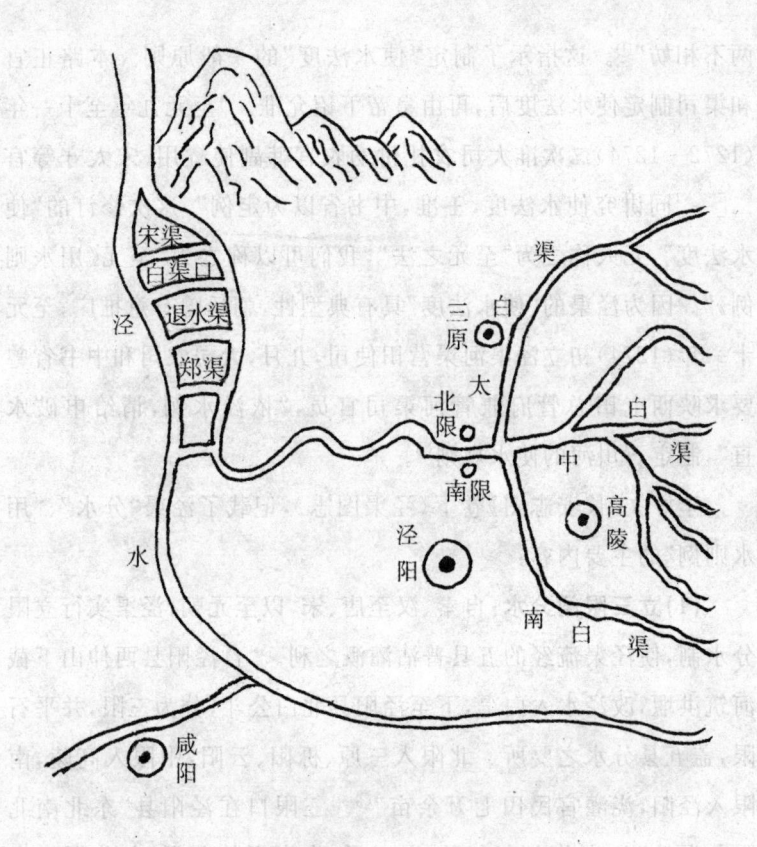

元代陕西泾渠水利图

水规定，元人称之为《旧例》，我们可称之为"庚子《用水则例》"。《长安志图》卷下每每说到"旧例"云云，即指此。至元九年（1272）世祖降旨：各路水利河渠修成后，"先从本路定立使水法度，须管均得其利，拘该开渠池面诸人不得遮当，亦不得中间沮坏，如所引河水干障漕运粮盐，及动磨使水之家，照依中书省已奏准条画定夺，两不相妨"①。这指示了制定"使水法度"的一般原则。本路正官和渠司制定使水法度后,再由皇帝下诏允准。"至元九年至十一年(1272—1274)二次准大司农札付劝农官韩副使耀用、宋太守等官二[一]同讲究使水法度,王准,中书省以为定例",这次修订的"使水法度",元人称之为"至元之法",我们可以称之为"至元《用水则例》"。因为泾渠的"使水法度"具有典型性,朝廷曾有意推广,至元十一年(1274)初立泾渠河渠营田使司,九月,大司农司和中书省曾要求陕西屯田总管府兼管河渠司官员,"依泾水例,请给申破水直",制定石川河的使水规则②。

李好文《长安志图》卷下《泾渠图志》,记载了泾渠"分水"、"用水则例"的主要内容:

(1)立三限闸分水:自秦、汉至唐、宋,以至元朝,泾渠实行立限分水制,使泾渠流经的五县普沾灌溉之利。"自泾阳县西仲山下截河筑洪堰,改泾水入白渠,下至泾阳县北白公斗,分为三限,并平石限,盖五县分水之要所。北限入三原、栎阳、云阳,中限入高陵,南限入泾阳,浇灌官民田七万余亩"③。三限口在泾阳县"东北南北限分渠处"④,由此有太白渠、中白渠、南白渠等分渠,各分渠又有支渠若干。为防止各县分水不公,每年分水时节,各县正官一员"亲诣限首,眼同分用",如果守闸官妄起闸一寸,即使有数微余水透入别县,也是不允许的⑤。这样可以做到表面上基本平均。但

---

① 《元典章》卷二十三《户部九·兴举水利》。
② 《长安志图》卷下《渠堰沿革》。
③ 《元史》卷六十五《河渠二·洪口渠》。
④ 宋敏求纂修:《长安志》卷十七。
⑤ 《长安志图》卷下《洪堰制度》。

是,因地理远近不同,各县所沾灌溉之利并不平均,文宗天历二年(1329)陕西屯田府总管兼管河渠司事郭嘉称:"泾阳水利,虽分三限引水溉田,缘三原等县地理遥远,不能依时周遍;泾阳北近,俱在上限,并南限、中限,用水最便",为此,在修堰等维护工程中,"泾阳县近限水利户"就须多出人夫①。

(2)**立斗门以均水**。斗门即闸门,设于渠堰上以引水。泾渠各分渠、支渠上共有斗门135。"凡水出斗,各户自以小渠引入其田,委曲必达",即公私农户都在斗门上再开小渠,引水灌田。斗门由巡监官及斗门子看管。因农户偷开斗口,故使渠岸颓毁;或者因懒惰不肯修理,巡监官和斗门子预先催督利户修理渠口,或令石砌木围,无致损坏,透漏费水;又如遇开斗浇田,河渠司差人随逐水头,盖督使水,如有违犯,即便审报②。

(3)**渠堰维修**。"凡修渠堰,自八月兴工,九月毕工。春首则植榆柳以坚堤岸",修渠堰时,"先于七月委差利户,各逐地面开淘,应于行水渠道,须管行水通畅"。这项工作和种植榆柳,都是要求使用水利之户出夫③。

(4)**探量水深尺寸,申报河渠司**。"凡水广尺深尺谓之一徼,以百二十徼为准,守者以度量水口,具尺寸,申报所司,凭以布水,各有差等",因为"三限、平石两处系关防分水禁限",故在探量三限口水直人夫4名之外,"庚子《用水则例》"还规定:"五县各差监户一名,与都监一同看守限口,每日探量水深尺寸,赴司申报。"另外,根据水的丰枯决定分水量:水盛则多给,水少则少给。

---

① 《元史》卷六十五《洪口渠》。
② 《长安志图》卷下《洪堰制度》。
③ 《长安志图》卷下《洪堰制度》。

(5)申请用水状子和供水许可申帖。"至元《用水则例》"第一条规定:"凡用水,先令斗吏入状,官给申帖,方许开斗。"这包括申请用水,和河渠官允许供水申帖(可称之为供水许可证)两项内容。申请用水,由"上下斗门子,预先具状开写斗下屯分利户种到苗稼"和顷亩数量,"赴(河)渠司告给水限申帖";供水许可申帖(供水许可证),由河渠司根据都监、五县监户,以及探量水直人夫探量的水深尺寸以及徽数,计算各斗门"合得徽数、刻时",发给供水申帖。上下斗门子要按证开斗放水,流毕随即闭斗,交付以上斗分,不许多浇或超时浇水。违时者,斟酌处理。

(6)放水时间。"至元《用水则例》"第二条规定:"自十月一日放水,至六月遇涨水歇渠,七月住罢",一年共有八个月的灌溉期。十月浇夏田,三月浇麻白地及秋白地,四月浇麻,五月改浇秋苗。但是,这种规定过于琐碎,有时不顾农户实际,如,五月浇秋苗,但此时麻苗正渴,人户计其所利,麻重于苗,于是将水浇麻。水司为(麻、苗)不系一色,辄便断罚;还有,何时浇灌何种作物,都有严格规定,但"间遇天旱,可浇者不得使水,不须浇者却令使水"。这些问题,河渠司都曾考虑到,并做调整,只要不超过"各人合得水限",不论浇灌何种作物及顷亩均可。

(7)每夫浇地顷亩。泾渠灌溉用水管理和分配的原则,从理论上讲,是以渠水所能灌田的顷亩为总数,分配到上一年度维修渠道的丁夫户田。泾渠的灌溉能力大体固定,即"(唐宋)旧日渠下可浇五县地九千余顷,……即今(至元九年至元十一年,1272—1274)五县地土亦以开遍,大约不下七八千顷","至元《用水则例》"第三条规定:"每夫一名,溉夏秋田二顷六十亩,仍验其工给水"(原注,"今实溉一顷八十亩",指至正时的情况)。

(8) 行水次序。"至元《用水则例》"第四条规定:"行水之序须自下而上,昼夜相继,不以公田越次,霖潦辍功。""庚子《用水则例》"规定:"各斗分须要从下依时使水,浇灌了毕,方许闭斗,随时交割以上斗分,无得违越时刻;又使水屯户与民挨次,自下而上溉田"。

(9) 违规处罚。至元十一年(1274)大司农规定:"若有违犯水法,多浇地亩,每亩罚小麦一石",至元二十年(1283)修改为"不做夫之家,每亩罚小麦一石;兴工利户,每亩五斗"。至元二十九年(1292)又修改为:"违犯水法,不做夫之家,每岁减半罚小麦五斗;兴工利户每亩二斗五升",另加笞刑每亩笞七下,罪止四十七下[①]。

以上是泾渠"至元《用水则例》"的具体内容。泾渠管理制度的基本内容,明清都曾沿用,变化不大。

泾渠在当地农业发展中发挥了积极作用,至正时,李好文指出泾渠之利和泾渠用水则例的重要:"泾水出安定郡岍头山西,自平凉界来,经彬州新平、淳化二县,入乾州永寿县界,千有余里,皆在高地,东至仲山谷口,乃趋平壤,是以于此可以疏凿,以溉五县之地。夫五县当未凿渠之前,皆斥卤硗确不可以稼,自被浸灌,遂为沃野,至今千余年,民赖其利"[②];"五县之地,本皆斥卤,与他郡绝异,必须常溉,禾稼乃茂。如失疏灌,虽甘泽数降,终亦不成。是以泾渠之例,一日而不可废也。"[③]泾渠渠司的分水规则,说明了国家在调节农民用水矛盾中的作用,是不可取代的;它的执行,也表明国家有一定的行政能力。但有时,泾渠分水规则不能发挥其调节用水的社会职能,是因为国家奉行了使

---

① 《长安志图》卷下《用水则例》。
② 《长安志图》卷下《泾渠总论》。
③ 《长安志图》卷下《用水则例》案语。

强者更强的政策,即默许豪势之家多沾水利,实际上是漠视大多数贫弱下户的利益,剥夺了他们的灌溉之利。泾渠下有势力的用水之家往往"枉费水利",而无夫之家却受买水之弊[①]。泾渠渠司的分水规则,体现了国家调节农民共同用水和平均用水的意志和统治职能。

3. 泾渠"分水"、"用水则例"的启示

从水资源再分配与可持续发展的角度看,泾渠渠司的"分水"、"用水则例"对今日西北农业发展仍有启示作用。

第一,对渠系内水资源统一管理使用。国家设立专门机构河渠司管理分配渠系内水资源,后来虽改为屯田总管府,但总管府正官衔内仍带兼河渠司事,凡有公文,只称屯田总管府;凡水事,则称兼河渠司事。虽然河渠司官秩不高,但它是中央都水监的派出机构,有权统一管理分配调度渠系内的水资源。元朝规定渠下五县立限分水、135斗均水,这种一体化的水资源管理体系有利于解决灌溉农业的问题。目前我国水资源短缺日趋严重,但由于条块分割,人为地将系统完整的水系分开,形成多头管水,缺乏统一调度和有效管理流域内水资源的功能,这种多头水政管理体制,不足以应对缺水的挑战。

第二,制定专门的水资源再分配制度法令。元朝国家三令五申,各地各渠司根据自己的实际情况制定"使水法度",有些渠司确实制定了自己的"分水"规则和"用水则例"。这些规则均强调在各县各分支渠间进行水资源的合理再分配,先下游,后上游。在水资

---

① 《长安志图》卷下《用水则例》注引当时文案。

源短缺情况下,优先保证灌溉用水,不允许枯水季节上游地区和势家豪户截水谋求碾磨之利。现在我国水资源由于条块管理,上游往往截水,使下游少水或无水。这造成了上游灌溉、水电两利兼得,下游只遭泄洪之害而无灌溉之利的局面,这对下游是不公正的。

第三,体现权利与义务对等原则。水是有价之物,修治水利工程仍需人工、物料和时间,因此不能无偿使用水。泾渠用水则例,是以渠水所能灌田的顷亩为总数,根据上年度出夫修渠人户数量来分配水,即把泾渠水量分配给上一年度维修渠道的丁夫户田,再根据每户灌溉顷亩决定交纳税粮数量。这样,使出夫之家普沾灌溉之利,沾水利之家需出夫维修渠道。目前我国水资源短缺,但水价极不合理,造成本已短缺的水资源低效或无效,单方水的效益平均不到1公斤(世界先进水平则在2公斤以上),低效农业消耗了目前的水资源,也减少了后代利用的机会,使后代的水资源成本大大增加。

第四,水是国家资源,用水需要申请,不得随意浪费水资源。考虑到"用水之家多使驱丁看水,至冬月浇田,遇夜避寒贪睡,使水空过,至明却称不曾浇溉,迟违由时,枉费水利"[①]的弊端,制定了要"昼夜相继"浇田等多项不得"虚费水利"的规定。而我国目前农田灌溉大都用土渠输水,进入农田的水有一半被渗漏蒸发,真正被农作物利用的只占灌溉总量的1/3,所以如何节约用水、高效用水对解决今日水危机极为重要。

总之,从水资源再分配利用与西北农业可持续发展角度看,元朝泾渠"分水"、"用水则例",对我们有不少的启示。上面所论,只是其中的几点。但是目前在讨论解决今后西北水资源短缺时往往

---

① 《长安志图》卷下《用水则例》。

注意了借鉴国外的经验,而忽视了从中国古代历史中吸收有益的资料,此种状况有待改进。

三 清代滏阳河流域的水利纠纷和分水制度

由于气候干旱等多种原因,清代河北滏阳河流域存在着激烈的争水矛盾。近年已有学者从水利与中国社会的关系角度研究这一问题,如王建革《河北平原水利与社会分析(1368—1949)》[①]。从水资源管理、分配与利用的角度看,这个问题仍有研究的必要。清代滏阳河流域各县筑闸引水灌溉农田,但各县存在着激烈的争水矛盾。清代中央政府和地方政府发挥其社会职能,调整行政区划,促进水资源流域内统一管理,建立和巩固分水制度,调节了共同用水和均平用水,对今日河北乃至北方农田水利与经济社会的可持续发展,是有启示意义的。

1. 渠闸兴建始末

滏阳河发源于磁州神麇山,自邯郸入永年,历曲周、鸡泽、平乡等县。元郭守敬建议引滏阳河入沿河各县,可灌田三千余顷[②]。明代,磁州、邯郸、永年等县官民设闸坝以拦河蓄水灌溉农田,清继之。康熙十九年,有人建议开滏阳河通舟楫,巡抚于成龙派邵嗣尧往相度,邵嗣尧力持不可,说:"此河旱潦不常,未可通舟楫。即或能通,恐舟楫之利归商贾,挑浚之害归穷民矣。"[③]此次开河不通航

---

① 王建革:《河北平原水利与社会分析(1368—1949)》,《中国农史》2000 年 2 期。
② 苏天爵:《元朝名臣事略》卷九《太史郭公守敬》。
③ 《清史稿》卷四百七十六《循吏传一·邵嗣尧》。

运,但以后滏阳河灌溉与通航兼有。

磁州有东西二闸。西闸,在县西十二里之槐树村,明洪武年间知州包宗达于响水梁村开五爪渠,灌田种稻。五爪渠,有五支,一支北流,四支东流。万历十五年(1587)知州孙健于槐树屯地方建闸蓄水以时启闭,并开渠二道,中渠灌溉永旺等三十三村,北渠灌溉曲沟等四村。万历二十二年(1594)知州刘安仁增闸七空,后十余年知州牛维赤开南渠,溉东槐树等十三村①。三渠引水灌溉渠沟、永旺、槐树等五十余村,营治稻田二百余顷②。康熙二十一年(1682)西闸为洪水所坏,知州任塾重修;四十四年西闸崩颓两孔,启闭难施,知州蒋擢彻底重修,又于各渠接开小渠,增筑堤堰,营治稻田二百余顷。

东闸,在县东北二十五里琉璃镇,其附近地本洼下,一带沮洳。明崇祯八年(1635),知州李为珩仿西闸之制建设东闸,开凿渠道,灌溉闸南等二十一村,教民种稻藕。③ 东闸下有北大渠、南大渠、西大渠三条干渠,三渠所属之支渠,凡三十三道,皆自康熙三十六年至四十八年,知州蒋擢所开。④

西闸、东闸灌田千余顷,计村八十余⑤。此外,还有偏闸、红渠闸、马公闸、陈公渠,都由当地官民修建于康熙四十一年至乾隆三十八年间⑥。磁州所受水利最大,康熙年间,有记述说:"吾磁西南近山,田多硗确,东北洼下,田多斥卤。乃滏水

---

① 乐玉声:《磁州志》卷九《水利》,康熙三十九年刊本。
② 程光潆:《磁州续志》卷二《水利河渠》,同治十三年刻本。
③ 乐玉声:《磁州志》卷九《水利》,康熙三十九年刊本。
④ 吴邦庆:《畿辅河道水利丛书》之《畿辅河道管见·子牙河》。
⑤ 乐玉声:《磁州志》卷九《水利》,康熙三十九年刊本。
⑥ 黄希文:《磁县县志》第十章《水利》,民国三十年刻本。

中流,不知其几千万年于兹,而民不能藉以为利。今者眺览全磁,山林川谷冈阜而外,园圃盛列于西南,稻藕杂植于东北,何一非两闸沾溉之功!"①还有渠上竹枝词云:"上渠流水下渠收,东闸开沟西闸流。处处黄云堆稻把,十分水是十分流。"②赞美了滏水对于磁县之利。至嘉庆、道光时仍然发挥灌溉作用。嘉庆二十四年,林则徐五月初八日起程,中旬过磁州,往云南主持乡试,林则徐沿途亲见磁州水稻种植的发达。从杜屯至磁州二十里,"双渠夹道,其清如镜,芰荷出水,芦苇弥岸,翕然可赏。阅蒋砺堂尚书《黔轺纪行集》,知此渠乃国朝州牧蒋擢疏滏阳河成之,至今稻田资其沾溉。噫!何地不可兴利,顾司牧奚如耳!"③林则徐由此萌生了发展畿辅水利的意识。道光四年,吴邦庆说:"直省水利,利溥而势顺者,滏阳为最。邦庆常守土楚、豫,屡经磁州大路之旁,秔稻莲苇,数十里不绝,而且较江、浙诸水乡,并无桔槔水车之劳,谓真天然之地利也。"④滏阳河水利对吴邦庆产生发展畿辅水利思想,亦有启发。

邯郸有三闸:即建于明万历年间的罗城头闸和柳林闸,以及顺治初邯郸民王聘之所建的苏里横闸⑤。罗城头闸,有北干沟、中干沟、南干沟,各干沟又有支沟若干⑥,灌溉十五村,共地八十顷零七

---

① 乐玉声:《磁州志》卷十七《艺文志下》引张榕端:《重修西闸分水龙神碑记》。
② 《磁州续志》卷六《艺文》,张籛:《渠上竹枝词二十首录十首·其十》。
③ 《林则徐集·日记》71页。
④ 吴邦庆:《畿辅河道水利丛书》之《畿辅河道管见·子牙河》,农业出版社1964年,623页。
⑤ 王琴堂:《邯郸县志》卷三《地理志·水利》,民国二十二年邯郸秀文斋刻字印刷局。
⑥ 王琴堂:《邯郸县志》卷首《罗城头闸图说》。

十亩①。柳林闸,有西干沟和东干沟,和若干支沟②,灌溉二十五村,共地三百八十七顷六十亩③。苏里闸分十三干沟④,灌溉十五村,共地三百二十四顷⑤。

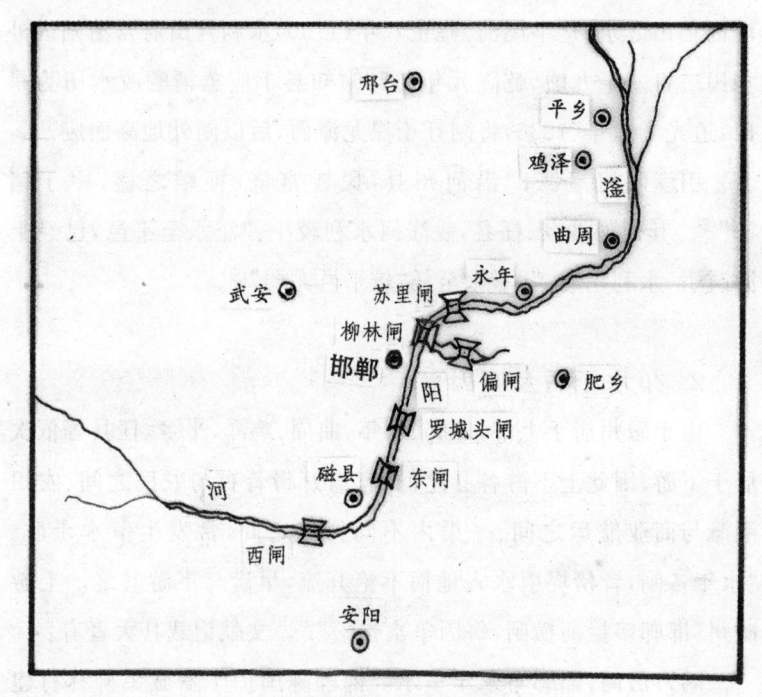

清代滏阳河流域水利图

永年县城西依次有广仁、普惠、便民、益民(后废)、济民、润民、惠民、阜民等八闸,建于明嘉靖四十一年至万历四十二年间

---

① 王琴堂:《邯郸县志》卷三《地理志·水利》。
② 王琴堂:《邯郸县志》卷首《柳林闸图说》。
③ 王琴堂:《邯郸县志》卷三《地理志·水利》。
④ 王琴堂:《邯郸县志》卷首《苏里闸图说》。
⑤ 王琴堂:《邯郸县志》卷三《地理志·水利》。

(1562—1614),八闸引水共治稻田一万九千余亩。城东有利民、安民、便民等闸,建于明成化十二年至嘉靖四十三年(1476—1564),清顺治、乾隆、咸丰年间曾有维修或改建。城北有通水闸,用以泄堤内稻田之水,达牛尾河,雍正八年(1730)水利营田府营治闸内外水田二百六十九顷,乾隆元年(1736)知县丁应蕙请酌改水田为旱田,道光十六年(1836)将闸迁于黑龙潭西,后以闸外地高而废①。

引滏阳河灌溉,"沿河州县,民皆富饶,粳稻之盛,甲于诸郡"②。其他如平乡、任县,受滏河水利较少:"滏水至平邑,已经上游疏引,水利稍弱。""滏水至任,较平邑尤弱"③。

2. 争水矛盾及原因

由于磁州居于上游,邯郸、永年、曲周、鸡泽、平乡、任县等依次居于下游,因此上下游各县之间、官府奸猾胥吏与农民之间、农田灌溉与商业航运之间、一渠内不同村庄之间,常发生争水矛盾。"永年各闸,皆傍堤引水入地而不绝其流,旱涝与下游共之。上游磁州、邯郸多拦河横闸,每因争水构讼"④。文献记载其大者有:

明万历间,邯郸与永年争水。邯郸陈国护于罗城头柳林村建拦河二闸壅水,涓滴不下。广平知府刘芳誉与邯郸令孟三迁毁之。刘芳誉去官后,二闸复建⑤。

顺治年间,有邯、永争水,有永年胥吏与农民争水,有永年本闸

---

① 夏诒钰:《永年县志》卷六《水利》,光绪三年刻本。
② 潘锡恩:《畿辅水利四案·初案》雍正四年四月怡贤亲王允祥奏疏,道光三年刻本。
③ 陈仪:《畿辅通志》卷四十七《水利营田》,雍正十三年刻本。
④ 夏诒钰:《永年县志》卷六《水利》,光绪三年刻本。
⑤ 夏诒钰:《永年县志》卷六《水利》,光绪三年刻本。

争水。邯郸王聘之等于苏里建横闸一座,声称引水护临洺城壕,虽经调停,但邯郸闭闸如故。后知县余维枢与邯郸令会勘建议毁之。但苏里横闸,最终又复建。永年县民于小满前后用城西大堤外八闸水浸种下秧,而城壕莲藕岁纳河租。以前惯例是夜灌城河,昼浇民地,公私两便。但后来胥吏与民争水,小满前数日,吏胥封闸,涓滴不漏,农民不得灌溉。农民敛金钱以贿赂胥吏,才能开闸放水。广平知府许瑶等勒令八闸刻石:小满前,夜灌城壕,昼浇民地。自小满以后,不许封闸,垂为定例。当顺治初年,邯郸与永年争水时,主者为调停说,"即后分水之制所本"①。

康熙间,邯郸、永年与磁州争水②。康熙八年(1669)岁旱,磁州闭东闸,邯、永无水,邯、永先后向广顺道、直隶抚按控告磁州控闸阻水和违例建闸③。康熙十一年至二十七年(1672—1688),几经审理④,磁县"前知州县长及无数先民,几经奋斗,方告无事"⑤,而永年败诉。

雍正初年,邯、永与磁州争水。磁州筑拦河三闸,水不下行,邯郸、永年等五县不沾涓滴之利⑥。

同治年间,磁州西闸北渠各村村民争水。同治元年(1862)大营村与曲沟等四村,就用北渠和中渠之水发生纠纷,两造各具一词,屡经互控,案悬未结;八年(1869)大营村赴京呈控。后经地方

---

① 夏诒钰:《永年县志》卷六《水利》,光绪三年刻本。
② 《磁州志》卷十七《艺文》薛所蕴《东闸碑记》和张晋《赵公溁闸纪事序》。
③ 黄希文:《磁县县志》第十章《水利》,民国三十年刻本。
④ 乐玉声:《磁州志》卷九《水利》,康熙三十九年刊本。
⑤ 《磁县县志》第十章《水利》,民国三十年刻本。
⑥ 夏诒钰:《永年县志》卷六《水利》,光绪三年刻本。

官府审理结案①。

光绪间,邯、永与磁州争水,农田灌溉与商业航运争水。光绪二年(1876)夏旱,磁州闭闸,邯、永无水②。光绪十六年(1890)李鸿章说:"今滏阳各河出山处,土人颇知凿渠艺稻。节界芒种,上游水入渠,则下游舟行苦涩,屡起讼端。"③光绪后期,"天气亢旱,河水缺乏。(邯郸)苏里闸得水较迟,每年人民拦闸,届期不能照启,以致纠纷时起"④。

争水矛盾的出现,有多种原因。一是气候干旱少雨,二是各地方都从自身利益出发而不顾他方利益,三是各生产部门即滏阳河航运与农田灌溉用水利益导致的矛盾,四是行政区划与河流的自然流域不一致导致管理上的力度不够。

清代官员学者,曾论及争水矛盾的原因。康熙间,当邯永与磁州用水矛盾时,磁州籍学人称:"源盛流长,余润可以及邻国。若乾封,则滏人自溉不瞻。……滏水由磁州,遂及邯郸、永年,此水势也。永年不能求涓滴于邯郸,犹邯郸不能求涓滴于磁州也。磁州之闸建于磁州之河,昔日之建,邯、永之人谁能禁之?今日之闸,邯、永之人又谁能启之?求其放既不可,转云借亦难强。谁不从地方起见,肯以一勺与人!至碑石所载计月分水,永民不能持此与邯郸争,终不能与磁

---

① 程光漾:《磁州续志》卷二《水利河渠》,同治十三年刻本。
② 夏诒钰:《永年县志》卷六《水利》,光绪三年刻本。
③ 《清史稿》卷一百二十九《河渠志四》,中华书局点校本。
④ 王琴堂:《邯郸县志》卷三《地理志·水利》,民国二十二年邯郸秀文斋刻字印刷局。

州争也!"①磁州先建水利设施,磁州人就主张尊重历史,承认先占水利者的利益,而不考虑下游的水利,这是典型的磁州水利中心观。但也说明气候干旱,是引起争水的自然因素。雍正十三年(1735)《畿辅通志》分析了河北滏阳河流域出现争水矛盾的原因:"民于其间,壅流艺稻,无烦导课,而建闸筑岸,具有条理。独是食利者自私,贪得者无厌,距高则不知有下,恃源而欲绝其流,以故灌溉之余,陂池以浴鹅鹜,而下游之舟楫鲜通,洿泽以养菰蒲,而邻邑之香粳尽槁。"②这又指出了水利纠纷的社会因素,即既得水利利益者,居上游者,居源头者,欲独占水利,而不考虑后来者、下游、支流使用滏阳河水利的实际需要。由于是全省通志,作者一定程度上能够摆脱一州一县的利益局限,因此《畿辅通志》能比较客观公正地分析滏阳河水利纷争的社会因素。光绪三年(1877)《永年县志》在分析永年与磁州争水矛盾出现的自然与经济因素时说:"大抵利之所在,众咸趋之。积渐酿争,甘犯严禁而不悔。滏源又甚微弱,每遇旱暵,上游辄闭闸,涓滴不令下,亦仅足自溉其田,非有盈余,可以分润邻壑。故有司虽敦劝设禁而莫之止。"③两方志作者,都较客观地分析了争水矛盾出现的自然因素和经济因素。

争水矛盾的危害,受水利较少的一方官民最有体会,清代官员学者曾论及此事。明万历间,永年县民赵邦彦申诉邯郸拦河闸的

---

① 黄希文:《磁县县志》附录《艺文·薛所蕴〈东闸碑记〉》,民国三十年刻本。
② 陈仪:《畿辅通志》卷四十七《水利营田·京南局》,雍正十三年刻本。
③ 夏诒钰:《永年县志》卷六《水利》,光绪三年刻本。

五害,颇能反映问题:其一、二是毁坏永年成田和邯郸良田,"七闸既开,百年来人享其利。横闸设,河水枯,稻秧槁,遍地卤碱。纵有分水明文,彼已雄据上流,待经官办理,动出旬日,而田已生烟矣"。邯郸横闸所浇不过数村中高地农田,山水暴涨,河闸不通,汹涌四溃,冲毁低地农田。其三、四是影响盐运、粮运和百货运输,"畿内食盐自运人滏,经河间、真、顺、广,上至磁州,皆仰给一水。滏河一闭,而盐船阻,商困税减。南粮之运,自青县以下,亦不得借此水之润,而漕受其害";"永、邯西山窑,出煤炭、石灰,及磁之器具、矾、皂、红土等货,由船载至曲、鸡等县,顺、真、河间等府,咸取足焉。闸建,工商坐困,生民日用之需诎矣"。其五为伤害风水,"在昔河水潆洄,地灵孕秀,人文鹊起。横闸既建,而人文大减于前,仕宦多不达。地有水,犹人有气脉,岂有扼其吭绝其气脉而其人不病且死者乎?"①这五条危害中,有两条是讲横闸影响农田,两条是讲横闸影响盐运粮运和百货运输,一条是讲横闸使人文环境受到影响,虽是明人看法,也颇能反映问题。顺治时,永年县民在控状中称:"城西大堤外,稻田百余顷,用滏水浇灌,开闸八道。每岁三月浇麦,小满下秧。若不得水,则麦槁秧枯,一岁生计遂绝。不知始于何年,小满前数日,吏胥……禀封八闸,席贴土填,涓滴不漏。……今于小满前封闸,乘隙扼吭,科钱无算,必饱欲壑,而后得开。此民间隐痛,而无所控者。"②可谓切身隐痛!雍正时,广平知府张廷勤疏称:"广平府地临滏河,旧建八闸,以资灌溉,而数千亩之田,均受其益。自河南磁州据滏河上流,筑拦河三闸,水不下行。夫水利于流

---

① 夏诒钰:《永年县志》卷六《水利》,光绪三年刻本。
② 夏诒钰:《永年县志》卷六《水利》,光绪三年刻本。

通，筑堤壅水，使邻民为壑，固所不可；设闸阻水，使邻田受旱，亦不可也；况商船载货，由滏河以抵天津、通州等处，常为三闸阻滞，商民未便"①，概括地论述了磁州三闸对永年农田以及商业运输的危害。

3. 调整行政区划，统一管理利用流域内水资源

清代官员学者在实践和理论上，都认识到统一管理利用水资源的必要，措施之一是使滏阳河流域各县都隶属直隶管辖。雍正二年(1724)，磁州隶河南，而邯郸、永年、曲周、鸡泽、平乡、任县属直隶②。磁州筑拦河三闸，水不下行，邯郸、永年等五县不沾涓滴之利③。由此造成河南与直隶用水矛盾。广平知府张廷勷条奏均平水利疏，朝廷命下两省勘议。雍正四年(1726)四月，怡贤亲王允祥主持直隶水利营田，分析了磁州属河南对于用水的弊端，他上《请改磁州归广平疏》言：

> 臣查得滏阳一河，发源于河南磁州神麕山，自邯郸入永年，历曲周、鸡泽、平乡等县。元臣郭守敬曾言，此河可灌田三千余顷，而明臣知府高汝行、知县朱泰等曾建惠民等八闸，以资灌溉。沿河州县，民皆富饶，粳稻之盛，甲于诸郡。

> 近年以来，水田渐改，闸座所存无几。询其所以，乃因磁州之民，地居上流，拦河筑坝，无论水少之时，涓滴不下，即至水多之日，亦壅闭甚坚，经过商船，敛金买水，乃肯开坝放行，以致下流诸邑，田土焦枯，不沾勺水之润，因争兴讼，累岁不

---

① 《畿辅水利四案·初案》雍正四年十二月张廷勷奏疏。
② 《畿辅水利四案·三案》乾隆十二年刘于义奏疏。
③ 夏诒钰：《永年县志》卷六《水利》，光绪三年刻本。

休。虽均水之断案如山,而各属之抗违如故,此永年水田之所以坐废也。

查广平《旧志》,磁州属广平路,领成安,成安现隶广平,则磁州本非豫属明矣。请将磁州改归广平府,则滏阳一河全由直隶统辖,均水息争,同安乐利。……况磁州本系广平路属,史有明文,事非创举,臣等……奏请改属[①]。

地处滏阳河上游的河南磁州拦河筑坝,影响了下游的直隶广平府永年县人民的灌溉之利和全河商船的航运之利。允祥建议磁州改归广平府,"滏阳一河全由直隶统辖,均水息争,同安乐利"。此项建议得到批准。这是清代国家为统一管理利用滏阳河流域内水资源而采取调整行政区划措施。雍正十三年《畿辅通志》述磁州水利,"近因磁人……缘地居上游,闭闸筑坝,鹭水罔利,下流不获沾勺水之润,经贤王奏请改归直隶统辖,遣员分定水限,均利息争,又劝州民种稻以重本计,艺至十万余亩,兼如期启闭,用资邻邑";关于永年水利,《畿辅通志》载:"磁人筑坝拦水,八闸已废其五。今磁州改归广平,闸水分时启放,濒河数邑均沾其润,而永年先受之,滏水汤汤,良苗翼翼,一时顿复其旧云。"[②]反映了磁州改归广平后,由于水资源的统一管理,对于永年县农田灌溉的益处。这是雍正四年水利营田府有效管理的结果。

雍正五年(1727)曾要求拆毁磁州阎家浅第三闸,但直至乾隆十二年(1747)仍没有拆毁。这年,刘于义主持直隶水利时,上疏回

---

① 潘锡恩:《畿辅水利四案·初案》雍正四年四月怡贤亲王允祥奏疏,道光三年刻本。

② 陈仪:《畿辅通志》卷四十七《水利营田·京南局》,雍正十三年刻本。

顾了雍正四、五年国家分水制度,并指出:

> 阎家浅之惠民闸,至今不许下板。上年磁州知州洪肇懋,据阎家浅土民呈请,于四、八两月下板蓄水,以资灌溉,通详经广平府知府朱叔权议驳在案。臣等查勘磁州东西二闸,定例五日闭闸,五日启板,是一月之中,磁州独得水利十五日,其余十五日始行分给六县灌溉,已属分润。若再准阎家浅惠民闸下板,于磁州固属有益,而下游六县,竟不得略沾余润矣,况阎家浅地势渐低,若一下板,则收束滏水,更难下灌,臣等请立案永禁,庶水利流通,而下六县永蒙惠泽①。

刘于义查勘各属河渠闸座工程中发现,雍正五年规定的拆毁磁州东西二闸之外的阎家浅惠民闸,并没有执行。阎家浅惠民闸截流水流,使下游六县不得沾灌溉之利。他建议应"立案永远严禁,不使专利阻遏,以病邻邑"②。从民国三十年《磁县县志》第十章《水利》所列磁县各闸名称看,无阎家浅惠民闸,刘于义的建议可能被采纳。

道光四年(1824),吴邦庆总结雍正直隶水利营田的经验,说:"乡里之人多止为一隅起见,或地居上游,则不顾下游;或欲专其利,则不顾同井。须与委员参用,偕同讲求,详为议谕。某所宜建闸以蓄水,某处宜开渠以分流,某处宜设涵洞以分其润,某处宜浚陂泽以防其猛,某处宜筑塘以备旱,某处宜设围以成田"③,都应由政府组织人力加以规划协调,这里说的"委员参用,偕同讲求",就是指国家组织人力加以协调规划水利工程;所说的"分润"就是指

---

① 《畿辅水利四案·三案》乾隆十二年刘于义奏疏。
② 《畿辅水利四案·三案》乾隆十二年刘于义奏疏。
③ 吴邦庆:《畿辅河道水利丛书·序》,道光四年刻本。

均平水利。

4. 分水制度的建立过程及分水特点

雍正时,陈仪总结畿辅水利营田时,分析京南局的水利状况及经营重点时说:"南局田不患其不营,而患营之不广;水不苦其不足,而苦水之不均。"①因此,清代国家和地方政府,为解决争水矛盾,建立并实行分水制度,以保证上下游之间、农田灌溉与商业航运之间、本渠各村之间的共同用水和平均用水。民国时,人们分析滏阳河流域分水制度的产生,说:自郭守敬提出引滏阳河灌溉,"后永年地开闸,灌稻如守敬言,嗣邯郸亦建闸,而分水之议遂起,雍正初乃定"②,认为雍正时水利营田府对滏阳河流域分水制度的确立起很大作用。实际上,分水制度的建立是一个过程,过程曲折,情况复杂,既有上游磁州与下游邯、永等五县之间如何分水,邯、永之间如何分水,本渠分水,也有五日或七日或十日分水之区别,还有启闭日期的区别,非一日之功可以完成。

(1)磁州与邯永五县分水制度 磁州西闸七孔,实以木板八级;东闸一孔,实以木板十三级。西闸建自万历十五年(1587),"盐船随到随开,并无阻滞"。康熙三十九年(1700)知州蒋摺立"闸规"并勒石,两闸使水之期在二月半至八月半,共6个月③。

雍正四年(1726)广平知府张廷勷建议"或五日一放闸,或七日一放闸,在磁州可以蓄水,在广平不致绝流,则水利均平,万姓利赖无已矣"。直隶河南督抚公同会议,决定:"滏河一水,向因磁州筑

---

① 陈仪:《畿辅通志》卷四十七《水利营田》,雍正十三年刻本。
② 王琴堂:《邯郸县志》卷三《地理志·河流》。
③ 乐玉声:《磁州志》卷九《水利》,康熙三十九年刊本。

闸,任意启闭,以致水利不均。今公同会议,将东西二闸仍照旧例,以三月为始,至八月终止,定限十日轮流启闭,周而复始。"十二月,户部题称,十日启闭不妥,应为五日启闭:"三月至八月,正田禾长养成粒之时,倘遇雨泽稀少,必待十日始得灌注,恐磁、永上下,俱失水泽之利;且滏为商船往来之道,西闸至东闸,若必十日始放,商船于两闸之间,坐守一旬,将来必致有敛钱买水之事,于商农均有未便。应以五日为限,留水灌磁州,则东西两闸,五日俱闭;放水灌邯、永等县,则东西两闸,五日俱开;至磁州之(西)[偏]闸及邯、永各县诸闸,又各该地方均平水利之责,作何按日启闭分流之处,该督详查定议,勒石河干,永杜争端可也。"①这次对磁州和邯、永等县各闸启闭分流的具体规定是:每年从三月至八月,以五日为间隔,轮流灌溉磁州和邯永等州县的农田,即磁州一月得水十五日,邯、永等五县一月得水十五日。这并不是完全的均平水利。而且,这项规定仍缺少详细章程,不利于执行。

雍正五年四月,直隶总督宣兆熊批准了《磁州计板开闸议》,这是由正定府知府童华和大名府通判逯选联署的建议:"为请定计板开闸之法以均水利事。窃查滏阳河发源磁州,从前州民欲独擅其利,既建东西两闸,复于东闸之下,建第三闸以束之,每遇三月以后,八月以前,三闸尽闭,永年、曲周之民,思沾涓滴而不可得,官吏商民,屡详屡告,因属隔省,莫能控制。经怡亲王奏明,将磁州改归直隶广平府,磁人失其所恃,转而降心相从。嗣后户部议准前守张廷勷条奏,定以磁州两闸,五日启放,然未定作何启放章程。若令闸板尽启,则建瓴之势,沟浍之水,一日可尽,目下既虑偏枯,将来

---

① 潘锡恩:《畿辅水利四案·初案》雍正四年十二月户部题本,道光三年刻本。

必致争夺。职等亲视临相度,详加酌议。磁州西闸,在西门外十二里,地名槐树村,闸有洞,每洞下板八块,每块以地亩尺一尺三寸为度,积水至六板,即可分注沟渠,至八块而各田充足矣。请自二月三十日以后,将闸板全下,每月开放水六次。放闸之法,水底留板六块,水面去板二块,使本地之沟水常满,而下游之余波不绝,既不遏水以病邻,亦不竭上以益下,争端可永息也。东闸在城东二十里,地名琉璃镇,闸止一洞,下板十三块,每块以一尺为度,使与西闸同日启放。放水之法,水底留板九块,水面去板四块,每启闸之时,委官看视,水与板平即止,以一启五日为率。其东闸下十五里,地名阎家浅,州人建有第三闸,此处地势极低,拦河收束,水难下灌,应饬拆毁此闸,不许复建。"启闭之法:"启闸将板撤去,闭闸将板入槽。"并令勒石以垂永久①。这种计板开闸的办法,是继承了顺治初年调停邯郸、永年争水矛盾时开闸送板至官府的办法。五月二十五日当启放之期,磁州吏民二人率众阻挠,宣兆熊令正定知府和磁州缉拿,并"宣布圣意,水利务在均平,岂容独霸"②。

后来磁、邯、永、曲、鸡"五州县公议:邯郸介在磁州之下,永年之上,地势颇高。向例自八月二十三日以后,至次年三月二十三日以前,始闭闸蓄水,浇地种麦。若照磁闸之例,五日启闭,则点水不能到地,无可溉麦。前京南局议,每月逢九开闸一日,以通商船,农民既灌溉有资,船户亦应期而至,实为两得其平。其永年以下,皆偏闸进水,无关利害,仍听从民便"。③ "每月逢九开闸一日",即

---

① 《畿辅水利四案·初案》雍正五年四月,童华、逯选《磁州计板开闸议》。
② 《畿辅水利四案·初案》雍正六年六月初九日,宣兆熊奏疏。
③ 《永年县志》卷六《水利》,光绪三年刻本。据民国《邯郸县志》卷三《地理志·水利》校正。

"每月初九、十九、二十九,每月开闸三日。开日彻底尽放,以通商船,至夜乃上板蓄水。是闭十天启一天也"。① 五县公议的结果是邯郸用水 7 个月,利于农田灌溉;其中每月初九、十九、二十九开闸三日,以通商船。

磁州与邯、永分水制,至同治十一年(1872)春形成定制:"西闸三月一日闭,十月一日启;东闸二月二十八日闭,八月十五日启。已成吾磁东、西两闸启闭铁案,不得稍有移易焉"。② 即磁州西闸用水 7 个月,东闸用水 5 个月,二闸平均用水 6 个月;磁州用水之后,邯、永才能用水。同年还规定:"磁州三月闭闸,九月放闸。仍照原章,一月六启。邯郸改迟至十一月初五闭罗城头闸,十日闭次闸,又十日闭末闸,至次年三月二十五日,三闸尽启。遇旱报官,通融启闭,不得过十日。各偏闸每十日准启三日蓄水。"③ 此项规定磁州使水 6 个月,一月中商业航运只有 5 日;邯郸罗城头闸使水 4 个月 20 天、柳林闸使水 4 个月 10 天、苏里闸使水 4 个月。

(2)邯、永分水制度 当顺治初年,邯郸与永年争水时,"主者为调停说,谓邯地宜麦,自八月十五用水,至三月十五止;永地宜稻,自三月十五用水,至八月十五日止。每邯闸应开闸板十六叶,送贮府库。然奸民率以朽败之板送官,闭闸如故。永民复讼。后知县余维枢与邯郸令会勘建议毁之"。调停用水之法,就是建立分水制度,邯郸用水 7 个月,永年用水 5 个月;邯郸秋冬用水,永年春夏用水。"即后分水之制所本"。④

---

① 王琴堂:《邯郸县志》卷三《地理志·水利》。
② 黄希文:《磁县县志》第十章《水利》,民国三十年刻本。
③ 夏诒钰:《永年县志》卷六《水利》,光绪三年刻本。
④ 夏诒钰:《永年县志》卷六《水利》,光绪三年刻本。

嘉庆二十五年（1820）又规定，邯郸三闸的启闭日期是："每年十一月初五日先闭罗城头闸，十五日次闭柳林闸，十二月二十五日再闭苏里闸。次年正月二十五日，三闸齐开。若遇旱涝，早晚不过十日。除在县署存卷外，并立石北门瓮城内。"这是说，邯郸罗城头闸用水2个月20天，柳林闸用水2个月10天，苏里闸用水1个月。道光十九年（1839），邯郸"苏里闸，定以八月初五日闭，九月初一日开。冬季以十二月初五日闭，至次年三月初一日开"。即苏里闸秋季用水24天，冬季用水近3个月。这样，邯郸苏里闸下农田用水时间越来越少。光绪三十三年（1907），直隶总督规定："每年十一月初五日闭罗城头闸，十一月初十日闭柳林闸，十一月十五日闭苏里闸。至次年正月底开罗城头闸，二月初八日开柳林闸，二月十五日开苏里闸。若遇亢旱，展缓不得过五日"。① 即邯郸三闸冬季用水，其中罗城头闸用水2个月25天，柳林闸和苏里闸都用水2个月。顺治初年分水制度下，邯郸秋冬用水7个月；嘉庆后，邯郸只用水2个月左右。这既体现了干旱严重，水源短缺，也说明上游磁州占用了更多的水源。

以上，是关于磁州与邯郸永年等五县之间，邯郸与永年之间，以及农田灌溉与商业航运之间的分水制度。分水制度的建立，体现了政府调节共同用水和均平用水的能力。其特点是：上游磁州永远都占绝对优势，邯永只能分得余润，"一月之中，磁州独得水利十五日，其余十五日始行分给六县灌溉，已属分润"②，磁州仍然占地利优势，多得水利，滏阳河流域并没有绝

---

① 王琴堂：《邯郸县志》卷三《地理志·水利》，民国二十二年邯郸秀文斋刻字印刷局。

② 《畿辅水利四案·三案》乾隆十二年刘于义奏疏。

对的平均用水,也没有像陕西泾渠流域先下游后上游的分水特点,这可能与河北社会特点有关,连乾隆帝都承认直隶有强占水利的强横之风①。

(3)本渠分水 当顺治初年,邯郸与永年争水时,调停者"复以本闸用水亦多争竞,立分水法:近田以夜,远田以昼";雍正间直隶水利营田府"立分水法"②:"贤王亲历而稔知之,开局委员,均平水利,远者刻以日,近者分以时。"③此项"分水法"保证了同一渠系内距离闸口远者农民的灌溉利益。同治元年(1862)磁州西闸北渠本地村民争水。大营村与曲沟等四村,就用北渠和中渠之水发生纠纷。同治八年(1869)大营村赴京呈控。后经地方官府审理结案,规定:"曲沟村使水之第三日,以子时起至午时止,准令大营村由姜家翻渠二口,引水灌溉西北一带地亩,其灌水泉眼以一尺三寸为准,不准过于宽大,按时启闭。如不在轮应使水期内,不准私开。并令大营村帮给曲沟村夫役五名。……其张家口一渠,暨原断戽水十六处,仍准留用。其余支渠概行堵塞"。后来曲沟等村又以大营村所开渠眼尺寸不遵断案,又复兴讼。知县程光潆调查后,断令姜家翻渠二口围圆一尺三寸。两造帖服,具结完案④。

本渠分水制度之特点是:一、计时分水;二、渠水有三等:平水、戽水、余水,各村根据修渠护渠费用和人工,决定享受渠利的数量和质量;三、各村根据地亩多少派出修渠人工。

(4)闸规 据文献记载,康熙三十九年(1690)磁州知州蒋擢订

---

① 《畿辅水利四案·初案》雍正六年六月,朱批。
② 夏诒钰:《永年县志》卷六《水利》,光绪三年刻本。
③ 陈仪:《畿辅通志》卷四十七《水利营田》,雍正十三年刻本。
④ 程光潆:《磁州续志》卷二《水利河渠》,同治十三年刻本。

立闸规：(1)管闸老人一名，专管闸上夫役，司蓄泄启闭之事，以本地有田业之人轮流报充。(2)闸夫六名，专管下板蓄水、提板泄水，亦系新老人于各村报出，每年轮当。自二月半起至八月半止，不许擅离闸上。(3)修闸修渠，每年有候用夫三十名，据各村公议，按照地亩多寡，预为派定，临时照依分数出夫公举，此后，永定为例，不许擅自更张。(4)春月闭闸下板，管闸老人赴州禀领封锁，及时固闭。若遇滏河水涨，老人即同乡长赴州禀报，以凭差役持谶验明封锁，启闸泄水，事完即行封锁①。这项闸规，体现了利益与义务对等的原则，即由利户根据灌田亩数出人管理、民间社会的自我管理，以及地方政府的监督管理。

5. 对今日水资源管理与利用的启示

清代滏阳河流域水资源管理、分配与利用的历史，对今日北方干旱半干旱区水资源的管理利用，有一些启示。

首先，国家要发挥其社会职能，统一管理流域内水资源。为此应该既有行政手段，又有经济手段。人为的或历史的行政区划，并没有考虑到水的流域性质，用水时必然产生行政区之间的争水矛盾。应根据水的流域性质，重新规划行政区，使行政区与水的流域基本一致，有利于统一管理。雍正时磁州划归广平，就有力地保证统一管理利用滏阳河流域水资源。

其次，制度建设有利于保证各方面的共同用水和均平用水。自明至清，滏阳河流域各县，几经周折，最终完善了分水制度，有利于平息各方争水矛盾。当然，由于磁州雄踞上游，多得水利，不可

---

① 乐玉声：《磁州志》卷九《水利》，康熙三十九年刊本。

能有绝对平均的分水,这就需要国家和地方政府采取更具体、有效的措施,调节各方的责任、权利与义务。水是国家资源,不管在古代还是现代,由于各种经济利益的互相冲突,实际用水的各方很难认识到统一管理利用流域内水资源的必要性和重要性,这就需要国家和地方政府发挥其社会管理职能,统一管理利用流域内水资源。

四　清代河西走廊的水利纷争及其原因
　　——黑河、石羊河流域水利纠纷的个案考察

　　清代河西走廊的水利问题,学术界已有的研究成果在两个方面比较突出,一是综述水利工程和灌溉面积;[①]二是梳理"水案"文献。[②] 实际上,还需要研究争水矛盾的类型、原因、性质等,并与其他地区争水矛盾比较,以期比较全面地认识河西走廊的水利纷争问题。水利纷争是清代河西走廊主要的社会问题,这种争水,在甘肃省内,主要表现为三种类型。一是河流上下游各县之间的争水,如,黑河流域下游高台县,与上游抚彝厅(今临泽县)、张掖县之间的争水;石羊河流域下游镇番县(今民勤县)与上游武威县之间的争水。二是一县内各渠、各坝之间的争水,如镇番县各渠坝之间的争水。三是一坝内各使水利户之间的争水。第一种争水程度最激烈,甚至动用武力,且互相控诉,地方各级政府的调控作用最多。争水矛盾产生的原因,有自然因素,也有许多社会因素。水资源短

[①] 水利水电科学院编写组:《中国水利史稿》下册,水利电力出版社1989年。
[②] 李并成:《明清时期河西地区"水案"史料的梳理研究》,《西北师大学报》,2002年第6期。

缺限制了河西走廊经济与社会的全面发展。

1. 争水矛盾的主要类型

甘肃河西走廊处于干旱区，大小河流五十七条。清代河西走廊各县大修渠坝，充分利用河水、泉水、山谷水浇灌农田。河流所经，各县、各渠之间经常发生争水纠纷。争水是河西走廊地区主要的社会矛盾，乾隆《古浪县志》云："河西讼案之大者，莫过于水利，一起争讼，连年不解，或截坝填河，或聚众毒打，如武威之乌牛、高头坝，其往事可鉴也。"①府县断案即处理争水纠纷的文案，一般存之于档案、碑石、方志中，称为"水案"、"水碑记"、"水利碑文"、"断案碑文"，其目的是杜争竞而垂久远。但今天看，它们反映了河西走廊的争水矛盾和政府行使调节共同用水和平均用水的社会职能。以黑河、石羊河、大河等河流为例，河西走廊水利纷争的主要类型有三种，一是河流上下游各县之间的争水，二是一县内各渠坝之间的争水，三是一坝内各使水户之间的争水。由于搜集的文献资料有限，这里只着重谈前两种类型的争水。

黑河流域下游高台县，与上游抚彝厅（今甘肃临泽县）、张掖县之间的争水，主要有镇夷五堡案、丰稔渠口案。

镇夷五堡案 高台县镇夷五堡处于黑河下游，上游的张掖、抚彝、高台各县往往截断水流。康熙五十八年，高台县镇夷五堡生员岳某等，向陕甘总督年羹尧控诉，"蒙奏准定案，以芒种前十日，委安肃道宪亲赴张、抚、高各渠，封闭渠口十日，俾河水下流，浇灌镇

---

① 张之浚、张珩美：《五凉全志》卷四《古浪县志·地理志·水利碑文说》，乾隆十四年刻本。

夷五堡及毛目二屯田苗,十日之内,不遵定章,擅犯水规渠分,每一时罚制钱二百串文,各县不得干预。历办俱有成案。近年芒种以前,安肃道宪转委毛目分县率领丁夫,驻高(台)均水,威权一如遇道宪状"①。

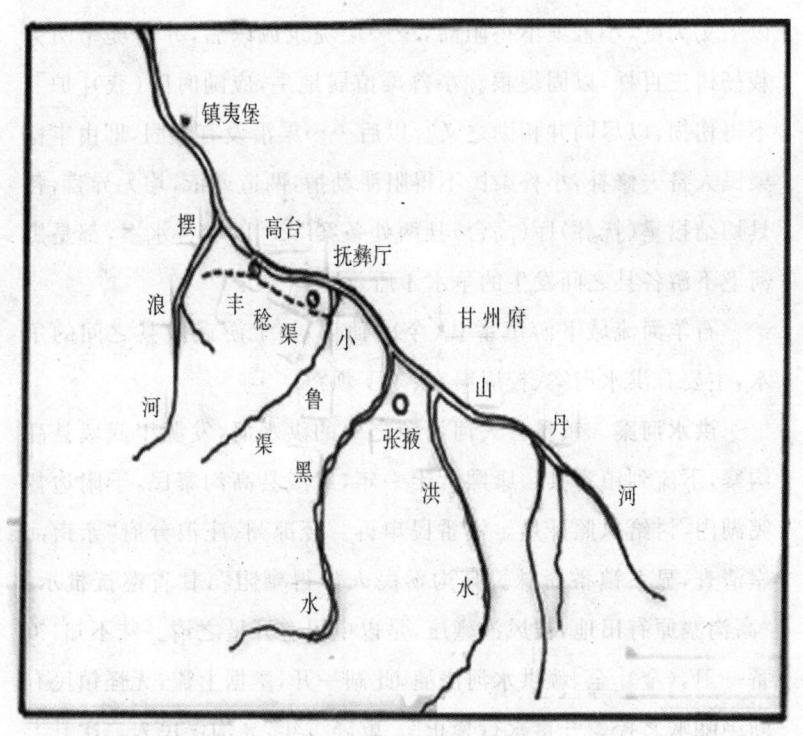

清代河西走廊黑河水利图

丰稔渠口案 黑河西流,由抚彝而高台,高台县之丰稔渠口在抚彝之小鲁渠界内,明万历间修成,渠口广三丈,底宽二丈,两岸各

---

① 民国十四年 新纂《高台县志》卷八《艺文志》,引阎汶:《重修镇夷五堡龙王庙碑》。

高七尺,厚三丈,渠成水到,两无争竞。清末,"近数十年以来,屡遇大水冲塌渠(提)[堤],小鲁渠有泛滥之患,丰稔渠致早乾之忧。每当春夏引水灌田,动辄兴讼,已非一次"。原因是渠堤不固,以致两受其害。光绪三年,经抚彝厅、高台县断令"丰稔渠派夫修筑渠堤,以三丈为度,小鲁渠不得阻滞,……渠堤筑成以后,并令堤岸两旁栽杨树三百株,以固堤根。小鲁渠谊属地主,应随时防(获)[护],不得伤损,以尽同井相助之义。以后……渠沿设有不固,即由丰稔渠民人备夫修补,小鲁渠民不得阻滞勒揩,两造遵依,均无异言,各具切结投呈(抚彝)厅(高台)县两处备案"①。以上各水案,都是黑河上下游各县之间发生的争水矛盾。

石羊河流域下游镇番县(今民勤县)与上游武威县之间的争水,主要有洪水河案、校尉渠案、羊下坝案。

洪水河案 镇番县大河河源之一的洪水河,发源于武威县高沟寨,下流到镇番县。康熙六十一年,武威县高沟寨民,于附边督宪湖内,讨给执照开垦。镇番民申诉。经凉州、庄浪分府"亲诣河岸清查,显系镇番命脉。高沟堡民人毋得壅阻",甘省巡抚批示:"高沟寨原有田地,被风沙壅压,是以屯民有开垦之请。殊不知,镇番一卫,(金)[全]赖洪水河浇灌,此湖一开,壅据上流,无怪镇民有断绝咽喉之控。开垦永行禁止"。乾隆二年,高沟堡民人二次赴上级控讨开垦,镇番县知县"阅志申详寝止"。乾隆八年,"高沟寨兵民私行开垦,争霸河水互控。镇、道、府各宪,蒙府宪批武威县查审,关移本县,并移营汛,严禁高沟寨兵民,停止开垦,不得任其强

---

① 民国十四年 新纂《高台县志》卷八《艺文志》,引《知县吴会同抚彝分府修渠碑记》。

筑堤坝,窃截水利,遂取兵丁等,永不堵浇。甘结"。乾隆十年,经镇番县民请求,上级批准"永勒碑府署"。①

校尉渠案 镇番县大河的另一河源石羊河,发源于武威城西北清水河。雍正三年,武威县校尉沟民筑木堤数丈,壅清水河尾泉沟。镇番县民数千人呼吁。经凉州监督府同知张　批:凉州卫王星、镇番卫洪涣会勘审详。②"蒙批拆毁木堤,严饬霸党,照旧顺流镇番,令校尉沟无得拦阻"。③

羊下坝案 石羊河上游在武威,下流至镇番。雍正五年,武威县金羊下坝民人谋于石羊河东岸开渠,讨照加垦,拦截石羊河水流,镇番民申诉经武威县郑松龄、镇番县杜振宜会查④。"府宪批:石羊河既系镇番水利,何金羊下坝民人谋欲侵夺,又滋事端,本应惩究,姑念意虽萌而事未举,暂为宽宥。仰武威县严加禁止,速销前案,仍行申饬"。⑤

校尉渠案、羊下坝案两案处理经过结果:"俱载碑记,同时立碑于郡城北门外龙王庙"。⑥以上三水案都是发生于石羊河上下游各县之间的争水矛盾。

一县各渠坝间,不仅会发生用水争端,而且对早先的分水方案也易发生控争。乾隆《甘州府志》云:张掖县"渠水易启争端,如八

---

① 许协:《镇番县志》卷四《水利考·水案》,道光五年刻本。
② 张之浚、张玿美:《五凉全志·镇番县志·地理志·水案》,乾隆十四年刻本。
③ 许协:《镇番县志》卷四《水利考·水案》,道光五年刻本。
④ 张之浚、张玿美修:《五凉全志》卷二《镇番县志·地理志·水利图说》,乾隆十四年刻本。
⑤ 许协编:《镇番县志》卷四《水利考·水案》,道光五年刻本。
⑥ 张之浚、张玿美:《五凉全志》卷二《镇番县志·地理志·水利图说》,乾隆十四年刻本。

腊、牛王等庙前,有分府固丞及张掖令李廷桂均平水利各断案碑文,近若知府沈元烨、知县张若瀛之裁革孔洞碑,而圆通庵又有张掖令王廷赞以孔洞所余,添一昼夜,加给四工,并送泮池、甘泉书院之水碑记"①。八腊、牛王等庙前的"均平水利各断案碑文"是对新争端的处理,东乐的争水则"仍归旧章"。

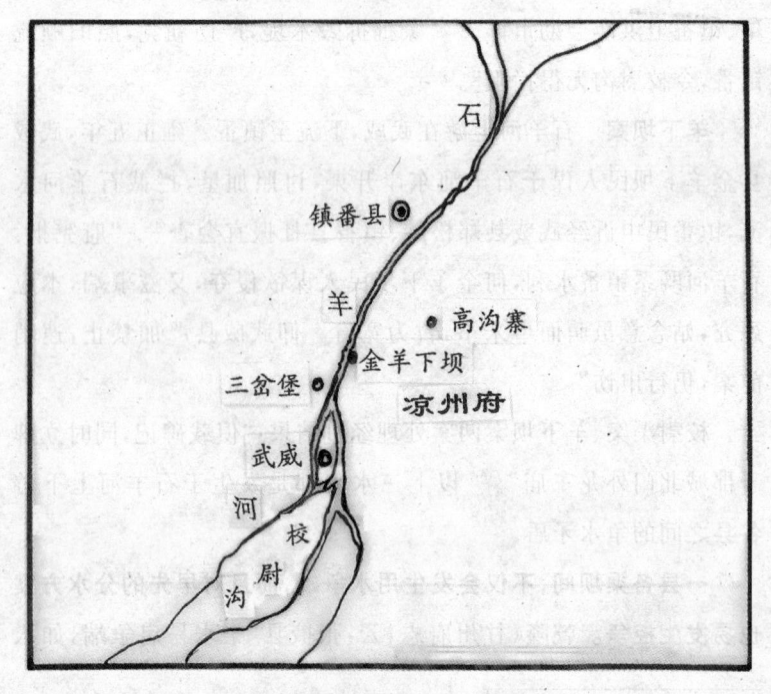

清代河西走廊石羊河水利图

镇番地处石羊河流域下游,沙漠边缘,水源短缺,各坝之间争水亦十分激烈。乾隆时,镇番大路坝屡次控争大红牌夏水、秋

---

① 升允修、安维峻总纂:《甘肃新通志》卷十《舆地志·水利张掖县》,引乾隆《甘州府志》,宣统元年刻本。

水水时少,乾隆五十四年"镇番县大路坝汪守库等控小二坝魏龙光争添水利,并红沙梁多占秋水、六坝湖多占冬水"。①"大路坝,按粮应分水一昼夜十时三刻,乾隆五十六年控争,奉委武威、永二县勘断,因沟道遥远,拟定水九时四刻;复又控争";大路坝"原有秋水,后因头坝沙患移邱,将秋水一牌全行移去,以致大路竟无秋水,屡行控诉"。乾隆五十七年,经镇番县、永昌县会同审理,重新分水。②

中国疆域广大,历史悠久,各地自然条件不同,社会矛盾的类型也不同。南方山区如徽州人多地少,土地是重要资源,争夺土地所有权是社会矛盾的主要形式之一。北方干旱半干旱地区如河西走廊、河北滏阳河流域、关中各灌区,水是重要资源,争夺水资源的所有权和使用权是社会矛盾的主要形式之一。道光《镇番县志》云:"镇邑地介沙漠,全资水利。播种之多寡,恒视灌溉之广狭以为衡,而灌溉之广狭,必按粮数之轻重以分水,此吾邑所以论水不论地也"③。此论虽是对镇番县计粮均水的解释,但也可说明,河西走廊地区人们比较重视水资源。近有论者说:"由于争水斗争比较多,故华北的水利社会更多地体现了水权的形成与分配。在江南水乡,水资源是丰富的,土地是稀少的,斗争的焦点在争地而不在于争水。……正是水资源的短缺程度的不同,才造成了南北水利社会特点的差异。"④此为确论。华北如

---

① 许协:《镇番县志》卷四《水利考·碑例·县署碑记》,道光五年刻本。
② 升允修、安维峻总纂:《甘肃新通志》卷十《舆地志·水利·镇番县》引《五凉志·乾隆五十七年镇番永昌会定水利章程》)。
③ 许协:《镇番县志》卷四《水利考》按语,道光五年刻本。
④ 王建革:《河北平原水利与社会分析(1368—1949)》,《中国农史》2002年2期。

此,西北更是如此。

2. 争水矛盾的自然因素与社会因素

造成河西走廊争水矛盾的因素,既有自然因素,也有社会因素。先说自然因素。河西走廊处于中温带干旱地带,作物生长期在 200 天左右。年降水量呈东南向西北方向逐渐减少的趋势,介于 50~200mm 之间,年蒸发量为降水量的 12~26 倍;在金塔、鼎新、民勤(即清镇番县)以北地区和安西等地,年降水量少于 50mm,年蒸发量为降水量的 50~80 倍。[1] 降水季节分配不均,集中于 5 月至 9 月,占全年降水量的 60%~70%。山区各主要河流,每年 10 月至次年 4 月为结冰期,6 月至 9 月径流量占全年 70% 左右。[2] 地表径流集中于 7 月至 8 月,有利于作物生长期灌溉。但是常因春水来迟,各河流下游发生春旱,4 月至 6 月份正是灌溉用水最多季节,河流流量普遍偏小,往往供不应求。[3] 干旱少雨的自然条件,是河西走廊产生争水矛盾的根本的自然因素之一。

自然因素之二,是河西走廊南北山地的生态环境变化,引起高山积雪融水减少。西北水资源种类,除河流湖泊外,还有季节性积雪和冰川,冰雪夏季融化,可补给河川径流,调节河川径流的年内分配和多年变化。[4] 河西走廊的黑河、石羊河等水系,发源于祁连山地,出山的河川径流,以各种形式渗入地下,形成山前平原的地

---

[1] 石玉林等:《中国宜农荒地资源》,北京科学技术出版社 1985 年。
[2] 冯绳武主编:《中国自然地理》,高等教育出版社 1989 年。
[3] 石玉林等:《中国宜农荒地资源》,北京科学技术出版社 1985 年 281 页。
[4] 施雅风总主编:《气候变化对西北华北水资源的影响》,山东科学技术出版社 1995 年。

下水。各水系的水源依赖冰雪融水的补充。清人对此有直观的认识。《甘州府志》云：甘州水有三，一曰河水，一曰泉水，一曰山谷水。"冬多雪，夏多暑，雪融水泛，山水出，河水涨，泉脉亦饶，以是水至为良田，水涸为弃壤。……张掖县黑水、弱水漫衍之区，到处注下，掘土成泉，滞则有沮洳之虞，疏则有灌溉之利"。① 乾隆十四年《永昌县志》云：永昌水利"源出于泉，或出于山"。② 乾隆二十年，陈宏谋说："河西之凉、甘、肃等处，历来夏间少雨，全仗南山积雪，入夏融化，流至山下，分渠导引，自南而北，由高而下，溉田而外，节节水磨，处处获利。凡渠水所到，树木阴翳，烟村栉列，否则一望沙碛，四无人烟。此乃天造地设，年年积雪，永供灌汲，资万民之生计"。③ 以上引文说明，清人直观地认识到河西走廊水资源的类型，除了河水、泉水、山谷水外，还有冰雪融水，以及冰雪融水对河流流量、对农业灌溉的重要作用。

高山积雪的凝结和夏季冰雪融水的拦蓄，依赖高山森林。清代河西走廊森林植被破坏严重，如古浪县的黑松林已成童山，甘州府"北山多童山"。④ 砍伐林木，森林涵养水源困难。清代河西走廊地区森林植被砍伐严重，以至减少了高山积雪和冰川形成，从而影响了祁连山的冰雪融水。当时不少人都提出保护河西走廊南部边缘高山森林植被的问题。乾隆十四年《永昌县志》作者指出："倘冬雪不盛，夏水不渤，常苦涸竭，……且山水之流，裕于林木，蕴于冰雪。林木疏则雪不凝，而山水不给矣。泉水出湖波，湖波带潮

---

① 《甘肃新通志》卷十《舆地志·水利张掖县》，乾隆《甘州府志》。
② 张玿美修：《五凉全志》卷三《永昌县志·水利图说》。
③ 《清经世文编》卷一一四《工政二十》，陈宏谋：《饬修渠道以广水利疏》。
④ 《甘肃新通志》卷七《舆地志·山川下》。

色,似斥卤而常白,土人开种,泉源多淤。惟赖留心民瘼者,严法令以保南山之林木,使阴藏深厚,盛夏犹能积雪,则山水盈;留近泉之湖波,奸民不得开种,则泉流通矣。"①作者指出了河西走廊冰山积雪依赖森林涵养、保护森林等问题,并认为应当"严法令以保南山之林木"。

嘉庆时,随着河西走廊森林植被的进一步破坏,人们更深刻地认识到森林破坏影响了高山积雪,从而影响灌溉,提出保护走廊南山森林植被的建议。嘉庆时甘肃提督苏宁阿《引黑河水灌溉甘州五十二渠说》中说:"黑河出山后,至甘州之南七十里上龙王庙地方,即引入五十二渠灌田,甘州永赖,以为水利,是以甘州少旱灾者,因得黑河之水利故也。黑河之源不匮乏者,全仗八宝山一带山上之树多,能积雪融化归河也。河水涨溢溜高,方可引以入渠。若河水小而势低不高,则不能引入渠矣。所以八宝山一带山上之树木、积雪、水势之大小,于甘州年稔之丰歉攸关,宁娓娓孜孜绘图作说者为此尔。"②作者认为八宝山一带山上树木之繁茂,决定了高山积雪多、黑河水源丰沛,从而决定了甘州农业的发展和人民生活的稳定。因此作者看重八宝山的地位,认为"八宝山为西宁、凉州、甘州、肃州周围数郡之镇山"。③ 作者又有《八宝山松林积雪说》:"一斯门庆河西流,至八宝山之东,汇归黑河而西达,过八宝山而北流出山,至甘州之西南,灌溉五十二渠。甘州人民之生计,全赖黑河之水。于春夏之交,其松林之积

---

① 张珛美修:《五凉全志》卷三《永昌县志·水利图说》。

② 《甘肃新通志》卷八十九《艺文志》,苏宁阿:《引黑河水灌溉甘州五十二渠说》。

③ 《甘肃新通志》卷八十九《艺文志》,苏宁阿:《八宝山来脉说》。

雪初融,灌入五十二渠灌田;于夏秋之交,二次雪溶,入黑河,灌入五十二渠,始保其收获。若无八宝山一带之松树,冬雪至春末,一涌而溶化,黑河涨溢,五十二渠不能承受,则有冲决之水灾。至夏秋,二次融化之雪水微弱,黑河水下而低,不能入渠灌田,则有报旱之虞。甘州居民之生计,全仗松树多而积雪,若被砍伐,不能积雪,大为民患。自当永远保护。"①《中国历史地图集》第八册"甘肃"幅有"伊斯们沁"村镇名②,疑"一斯门庆河"即黑水河之源野马川(又名八宝河),八宝山即祁连山。作者认为,春夏之交,八宝山一带高山积雪融水保证了甘州五十二渠有充足水源,从而保证庄稼生长;夏秋之交,高山积雪融水保证了甘州庄稼的收获。如无八宝山一带之松林,春夏一次融水强大,黑河涨溢,造成水灾;夏秋二次融水微弱,黑河水下而低,不能入渠灌,又要造成旱灾。所以"自当永远保护"八宝山一带松林。以上清人的议论表明,河西走廊南部高山森林植被的变化,即高山积雪融水减少,地表径流水源细微。

再说社会因素。河流的流域与行政区划不一,上游占据地利优势,多拦截河水,使下游涸竭。黑河发源于张掖,经抚彝,而高台,最后流入沙漠,张掖、抚彝、高台经常发生争水矛盾。光绪六年,高台县的一则碑文,反映了当地人士对上游截断水流的看法:"五堡地居河北下尾,黑河源自张掖来,西北由硖门折入流沙,临河两岸利赖之。每岁二月,弱水冷消,至立夏时,田苗始灌头水,头水毕,上游之水被张、抚、高各渠拦河阻坝,河水立时涸

---

① 《甘肃新通志》卷八十九《艺文志》,苏宁阿:《八宝山松林积雪说》。
② 谭其骧:《中国历史地图集》第八册,中华地图学社出版1975年。

竭。直待五六月大雨时行,山水涨发,始能见水。水不畅旺,上河竭泽。此地田禾大半土枯而苗槁矣。"①阎汶身为镇夷五堡士人,他的描述更生动地反映了黑河流域上下游的争水矛盾。清末《甘肃新通志》作者指出:"高台水利,赖黑河灌溉,而黑河之源,起于甘州,……但甘州渠口百十余道,广种稻田,以至上流邀截,争水讦讼。"②石羊河流域亦然。乾隆十四年《五凉全志》云:"水既发源武威,则镇邑之水,乃武威分用之余流,遇山水充足,可照牌数轮浇。一值亢旱,武威居其上流,先行浇灌,下流微细,往往五六月间,水不敷用。"③因河源与河流分属不同行政区域,而导致了争水矛盾。

开垦荒地湿地,增加耕地,直接造成新的用水矛盾。内地移民垦荒和官办屯田,增加了耕地。康熙五十三年制订了甘肃开垦荒地的措施:"荒弃地亩,招民开垦;甘属水利,亟宜兴行;牛羊畜牧,令民孳生。"④雍正五年甘肃平、庆、临、巩、甘、凉六府及肃州,招募二千四百户民户垦种,每户各分地土百亩。⑤ 同年,镇番县柳林湖"试种开垦";⑥十三年,在凉州府镇番县柳林湖,肃州高台县毛目城、双树墩、三清湾、柔远堡、平川堡等,都设官主管屯田,并制订了劝惩条例。⑦ 这些地区耕地都有增加:乾隆四年武威县开垦旱地

---

① 民国十四年新纂《高台县志》卷八《艺文志》,引阎汶:《重修镇夷五堡龙王庙碑》。
② 《甘肃新通志》卷十《舆地志·水利·高台县》。
③ 张玿美修:《五凉全志》卷二《镇番县志·地理志·水利图说》,乾隆十四年刻本。
④ 《清圣祖实录》卷二百六十,康熙五十三年十月壬申。
⑤ 《清世宗实录》卷六十,雍正五年八月壬子。
⑥ 《甘肃新通志》卷七《舆地志·山川下》镇番县条。
⑦ 《清高宗实录》卷九,雍正十三年十二月甲子。

四顷六十亩,①十四年"柳林湖等处收获著有成效"②,二十六年高台县毛目等处劝垦水田五千二百亩③,三十五年高台县开垦荒地五百一十亩④,这些垦荒威胁了生态环境,又加剧了对水利的需要,造成缺水危机。乾隆二十年,陈宏谋说:甘肃"遇缺水之岁,则各争截灌;遇水旺之年,则随意挖浔。……此一带渠流,或归于镇番之柳林湖,或归于口外之毛目城,现在屯田,皆望渠水灌溉,多多益善"。⑤耕地扩大,必然引起争水矛盾。

同时,由于开垦扩大,沙化土地扩大,湖泊减少,又引起新的争水矛盾。石羊河水系北流注入民勤(即镇番)盆地。六世纪,石羊河终端有许多尾闾湖泊如昌宁湖、白亭海等,八世纪开始绿洲沙化严重⑥,至明清,这些尾闾湖开始干涸,原因是上游水土开发增加。"昌宁湖,在县西一百二十里,源出永昌县南境。近因永人资为渠利,湖无来源,已就干涸,居民垦荒于此。"⑦"迩来上游开渠,湖水已涸,垦成田矣。"⑧镇番县大河,经苏武山北出边墙,至旗杆山麓,"原为入白亭海故道,近因分流灌溉,有若琼浆,更无遗滴至白亭海矣"。甘州和镇番的沙漠扩大,山丹河"镇邑既启,一泄无余,水落沙出,余波浸渗,渐以涸竭。今甘州之西、之东、之南、之北,沙阜崇

---

① 《清高宗实录》卷一百四十二,乾隆六年五月甲子。
② 《清高宗实录》卷三百五十一,乾隆十四年十月。
③ 《清高宗实录》卷六百四十七,乾隆二十六年十月辛卯。
④ 《清高宗实录》卷九百九十四,乾隆四十年十月乙巳。
⑤ 《清经世文编》卷一百一十四《工政二十》,陈宏谋:《饬修渠道以广水利疏》。
⑥ 尹泽生等:《西北干旱区全新世环境变迁与人类文明》,载张兰生主编:《中国生存环境历史演变规律研究》,海洋出版社1993年,第265,277页。
⑦ 《甘肃新通志》卷七《舆地志·山川下》镇番县条。
⑧ 《甘肃新通志》卷七《舆地志·山川下》永昌县条。

隆,因风转徙,侵没田园,湮压庐舍"①。民勤县城受到风沙威胁,高沟堡废弃②。农田沙化后,水渠渗漏加剧,要求从其他渠坝划出水时,这就引起水利纠纷。前述康熙六十一年开始的洪水河案,就是因为土地被风沙侵蚀,高沟堡民人计划开垦湖地,引起镇番县的阻挠。乾隆五十四年,镇番县大路坝和大二坝争控小二坝多用水利,及其他渠坝多占秋水、冬水,就是因大路坝和大二坝离渠口较远,风沙较重,沟淤道远,致使额定水时不敷浇灌,故要求重新划分水时。早在乾隆十四年,《镇番县志》作者说:镇番县"沟坝有无沙患不一,无沙沟道,水可捷行,不失时刻;被沙沟渠,中多淤塞,遇风旋挑旋覆,水到亦细,……盖镇邑地本沙漠,无深山大泽蓄水,虽有九眼诸泉,势非渊,不足灌溉。惟恃大河一水,合邑仰灌。……难使不足之水转而有余,所处之地势然也"。③ 这说明了湖泊减少土地沙化后又增加新的用水矛盾。

河源水脉融贯,用水时难以区分此疆彼理;地方官府各私其民,处理不力。高台县之下河清、马盐堡、上盐池三堡地方,用肃州之丰乐河水。雍正四年,川陕总督岳钟琪说:"肃州之丰乐河、高台县之黑水河,水脉融贯。用水之时,两地民人每致争讼。地方官又各私其民,偏徇不结。"④岳钟琪由于官位较高,更易看到县官处理水利纠纷的不力。迁移回民从事农业,与汉民屯田用水发生矛盾。岳钟琪还说:肃州"金塔寺营所属之威鲁堡既已迁住回民,而附近

---

① 《甘肃新通志》卷七《舆地志·山川下》山丹县条。
② 尹泽生等:《西北干旱区全新世环境变迁与人类文明》,载张兰生主编:《中国生存环境历史演变规律研究》,海洋出版社1993年。
③ 《五凉全志·镇番县志·地理志·镇番水利图说》。
④ 《甘肃新通志》卷八十八,岳钟琪:《建设肃州议》。

之王子庄、东坝等处,又有招垦之民户,凡伊等受田屯种,全资水利,旧时虽有河渠一道,已为民户所有,且水势微细,户民灌溉之外,回民田庄不能沾足,兼之汉、回共用此水,将来农事所资,恐起争占之渐。"①他预言了汉回用水矛盾。

要之,争水矛盾的产生,既有自然条件因素,又有社会因素,而两者有时互为因果。人为因素引起生态环境变化,变化的生态环境又影响了社会发展。

水利不足,影响了河西走廊各县农业与社会发展。清人常有这样的感叹:镇番县"不足之日多,有余之时少,故蹉尔一隅,草泽视粪田独广,沙碱较沃壤颇宽。皆以额粮正水且虑不敷,故不能多方灌溉,尽食地德","皆水利之未尽也"。②梁份《茹公渠记》说:"肃自哈喇灰之祸,虽休养生聚,于今六十年。迩来增置大镇,而民生起色,犹且远逊甘凉。……夫肃当祁连弱水间,广二百七十里,袤不及百里,山泽居其半,地狭民希,而塞云荒草,弥望萧条者,火耕水种,擐甲荷戈,一民而百役也。岂非屯田水利之不讲?则民物不殷阜之过与?"③此可以推及之。

五　清代河西走廊的水资源分配制度
——黑河、石羊河流域水利制度的个案考察

水利纷争是清代河西走廊地区主要的社会问题之一。为解决水利纷争,建立了不同层次的分水制度,即流域内上下游各县之间

---

① 《甘肃新通志》卷八十八,岳钟琪:《建设肃州议》。
② 张珽美修:《五凉全志》卷二《镇番县志·地理志·水利图说》。
③ 《清经世文编》卷一百一十四《工政二十》,引梁份:《茹公渠记》。

的一次分水，一县内各渠坝之间的二次分水，一渠坝内部各使水利户之间的三次分水，力图使各县之间、各渠坝、各农户之间平均用水。分水的技术方法是确定水期、水额。分水的制度原则有二：一是公平原则，即按地理远近；二是效率原则，即按修渠人夫使水、记亩均水和按粮均水，记亩均水多实行于水源丰沛地区，按粮均水多实行于水源短缺地区。分水制度在一定程度上缓解了水利纷争。地方各级政府发挥了调节平均用水的作用。清代分水制度，可对今天的"资源水利"制度创新提供有益的启示。

1. 分水制度的建立

清代河西走廊的水利纷争是主要的社会矛盾之一，以黑河、石羊河等流域为例，水利纷争的主要类型有三种，一是河流上下游各县之间的争水，如，黑河流域下游高台县，与上游抚彝厅（今临泽县）、张掖县之间的争水；石羊河流域下游镇番县（今民勤县）与上游武威县之间的争水。二是一县内各渠、各坝之间的争水，如镇番县各渠坝之间的争水。三是一坝内各使水利户之间的争水。第一种争水程度最激烈，甚至动用武力，且互相控诉，地方各级政府的调控作用最多。乾隆《古浪县志》："河西讼案之大者，莫过于水利，一起争讼，连年不解，或截坝填河，或聚众毒打，如武威之乌牛、高头坝，其往事可鉴已。"[①]地方各级政府的调控作用体现于各层次，但处理第一种类型的争水最多。府县断案，即处理各种类型的争水纠纷的文案，一存府县档案，二存府县州官署中或龙王庙前的碑

---

① 张玿美修：《五凉全志》卷四《古浪县志·地理志·水利图说》，引《水利碑文说》，乾隆十四年刻本。

刻,三存新修、续修《县志》、《府志》、《州志》中,称为"水案"、"水碑记"、"水利碑文"、"断案碑文"等。碑刻存世的时间会久远一些,其作用在于杜绝竞争,使当前的水利纷争有所缓和;地方志中所载分水文件详近略远,其目的在于垂久远,使后来的分水有所借鉴。

解决争水矛盾的方法,除了新开灌渠外,主要是建立各种不同层次的分水制度,有河流上下游之间各县的分水,有一县各渠坝之间的分水,有一渠坝各使水利户之间的分水。各县之间的分水,按照先下游、后上游的原则分配,由各县协商解决;如协调不成,则由上级协调,甚至调用兵力,强行分水。地方政府在处理黑河流域的镇夷五堡争水案件中,使用了武力。高台县镇夷五堡处于黑河下游,上游的张掖、抚彝、高台各渠截断水流。康熙五十八年,高台县镇夷五堡生员岳某等,向陕甘总督年羹尧控诉,"蒙奏准定案,以芒种前十日,委安肃道宪亲赴张、抚、高各渠,封闭渠口十日,俾河水下流,浇灌镇夷五堡及毛目二屯田苗,十日之内,不遵定章,擅犯水规渠分,每一时罚制钱二百串文,各县不得干预。历办俱有成案。近年芒种以前,安肃道宪转委毛目分县率领丁夫,驻高(台)均水,威权一如遇道宪状"。[①] 这种以兵力临境分水的情形较少见。有时要动用巨款交涉,如高台县三清渠渠口开在抚彝厅,"交涉极多,费款甚巨"。[②] 黑河流域,高台县之丰稔渠口在抚彝之小鲁渠界内,光绪时发生纠纷,光绪三年经抚彝厅和高台县处理,分水文件不仅在"厅、县两处备案",而且还以记事的形式刊刻于碑记。[③]石

---

① 新纂《高台县志》卷八《艺文志》,阎汶:《重修镇夷五堡龙王庙碑》,民国十四年刻本。

② 新纂《高台县志》卷一《舆地志·水利·各渠里亩》。

③ 新纂《高台县志》卷八《艺文志》,引《知县吴会同抚彝分府修渠碑记》。

羊河流域的洪水河案、校尉渠案、羊下坝案三案，地方政府断案文件，即重新分水文件，都被刊诸碑石，称为"断案碑文"，洪水河案碑刻立于凉州府府署，校尉渠案和羊下坝案的断案文件即分水文件则被刊刻于"郡城北门外龙王庙"。洪水河案：康熙六十一年，石羊河上游武威县高沟寨民因开垦湖地而阻截水流，与下游的镇番县发生争水矛盾，双方多次上诉互控。经乾隆二年、八年处理，乾隆十年，经镇番县民请求，上级批准"永勒碑府署"①。校尉渠案：雍正三年，武威县校尉沟筑木堤拦截清水河水流，镇番县民数千人呼吁控诉。凉州府批由凉州卫和镇番卫会勘详审。羊下坝案：雍正五年，石羊河上游武威金羊下坝民，计划于石羊河东岸开渠，讨照加垦，拦截石羊河水流，下流镇番申诉。经凉州府判，令"武威县严加禁止，速销前案，仍行申饬"。② 校尉渠案、羊下坝案两案处理经过结果："俱载碑记，同时立碑于郡城北门外龙王庙。"③

一县内各渠坝的分水，由县级政府根据先下游后上游和各渠坝地亩、承担的粮草等分配。县级政府往往把一县各渠坝分到的水额或水时、使水花户（又叫使水利户、利户）数量、分水口、子渠支渠长度、渠口尺寸、及渠坝管理制度等文件，刻于石碑，立于县署，称为"水例"或"渠坝水利碑文"，以便于农户遵行和政府管理。例如，康熙四十一年，镇番卫守备童振立大倒坝碑，雍正五年镇番县知县杜振宜立小倒坝碑，俱在县署。④ 乾隆八年，古浪县县令安泰

---

① 许协：《镇番县志》卷四《水利考·水案》，道光五年刻本。
② 许协：《镇番县志》卷四《水利考·水案》，道光五年刻本。
③ 张玿美修：《五凉全志》卷二《镇番县志·地理志·水利图说》，乾隆十四年刻本。
④ 张玿美修：《五凉全志》卷二《镇番县志·地理志·水利图说》。

勒石"渠坝水利碑文"亦应立于县署。① 各渠坝的水利老人（又叫水老），掌握各渠坝的使水花户册（或叫使水簿、水簿）一本，根据各渠坝分得的水额或水时，负责日常水利管理、组织维护。例如，乾隆八年古浪县县令安泰勒石"渠坝水利碑文"规定，各渠坝都有各自的使水花户册。"各坝各使水花户册一样二本，钤印一本，存县一本。管水乡老收执，稍有不均，据薄查对。"各渠坝都有各自的水利乡老，其职责是："各坝水利乡老，务于渠道上下，不时训士，倘被山水涨发冲坏，或因天雨坍塌，以及淤塞浅窄，催令急为修理，不得漠视"；"各坝水利乡老，务需不时劝谕，化导农民，若非己水，不得强行邀截混争，如违，禀县处治"；"各坝修浚渠道，绅衿士庶，俱按粮派夫，如有管水乡老，派夫不均，致有偏枯受累之家，禀县拿究。"② 水利乡老，负责监督农户按分水册的水量灌溉，以及渠坝正常的维护的派夫等工作。一渠内还有渠长或渠首，负责监督日常分水。县府的水利通判掌管全县各渠坝的分水则例和分配方案。发生纠纷，则由县、府等断案。各县设立水利通判的时间不一。镇番县，约于康熙四十一年设水利老人和水利通判③。武威县，乾隆元年设立水利通判一员，管理柳林湖屯科地屯垦④。古浪县，约于乾隆八年设置水利老人。⑤ 以后历朝皆有发展。

分水制度的建立，既有县级政府具体的分水方案，及府县中水利官员的常设，还有分水的技术方法、分水的制度原则等。分水制

---

① 张玿美修：《五凉全志》卷四《古浪县志·地理志·水利图说》。
② 张玿美修：《五凉全志》卷四《古浪县志·地理志·水利图说》。
③ 许协：《镇番县志》卷四《水利考·董事》。
④ 张玿美修：《五凉全志》卷一《武威县志·地理志·田亩·柳林湖》。
⑤ 张玿美修：《五凉全志》卷四《古浪县志·地理志·水利图说》。

度的维护和完善,则体现在水利老人、渠长的日常维护,发生水利纷争时地方各级政府的调控,以及上级官员的建议和规划等。各种与分水有关的文件的保存或刊刻于碑石则特别重要,成为农户遵行和政府管理的主要文本依据。分水制度一经建立,就具有相对的稳定性。但随着环境、气候、水利、农业、社会等多种因素的发展,原先的分水制度会有所变化调整,这就是为什么河西走廊会有那么多"水案"的原因。分水制度,是在动态和静态的矛盾冲突和协调解决中发展的。乾隆二十年,陈宏谋指出甘肃用水的弊端:"遇缺水之岁,则各争截灌;遇水旺之年,则随意挖泻。……此一带渠流,或归于镇番之柳林湖,或归于口外之毛目城。现在屯田,皆望渠水灌溉,多多益善。上游引灌已足,正可留灌下游,断不应听其到处冲漫,散流于荒郊断港之区也。"他要求完善分水制度:"仰即查明境内所有大小水渠,名目里数,造册通报,向后责成该州县农隙时,督率近渠得利之民,分段计里,合力公修。或筑渠堤,或浚渠身,或开支渠,或增木石木槽,或筑坝蓄泻,务使水归渠中,顺流分灌,水少之年,涓滴俱归农田,水旺之年,下游均得其利,不可再听散漫荒郊,冲陷道路。而水深之渠,则架桥以便行人。其平时如何分力合作,及至需水,如何按日分灌,或设水老、渠长,专司其事之处,务令公同定议,永远遵行。"[①]体现了上级官员对完善河西走廊分水制度的建议和今后发展方向的规划等。

2. 分水的技术方法

分水制度的内容很复杂,既有分水的制度原则,又有分水的技

---

① 《清经世文编》卷一百一十四,《工政二十》,陈宏谋:《饬修渠道以广水利疏》。

术方法。河西走廊的分水,以时间确立使水的日期或定额。传统的记时方法是把一昼夜的时间分为十二时辰,以子丑寅卯等十二干支表示,每个时辰分八刻。民间确定时间的方法简易,即点香为度,以一炷或几炷香燃烧的时间长度为记一个时辰的单位。河西走廊的水资源特别珍贵,分水不仅计算到时,而且计算到刻(文献中记为"个")、分。假定渠道的长、宽、深不变,水的流速不变,水的流量为常数,根据一定的原则(本节后面还要详细叙述),确定使水的日期或定额。

  分水的技术方法,最主要的是确立水期、水额。水期,是使水的期间。水额,是使水的定额,又叫额水。武威、高台、永昌等县,通行水期。乾隆《武威县志》:"武威四乡,分为六渠:金渠、大渠、永渠、杂渠、怀渠、黄渠。每渠分为十坝。六渠各坝共计一万一千一百六十八庄。本城五所四关厢,共计九千一百八家"。[1] 武威县的灌溉水按六渠、六十坝、二万二百七十六庄(家)逐级分配,在农村,水分到各庄后,还要按田畔分配。黄渠即黄羊渠,自水峡口起,东边分头、二、三、四、五、六坝,共计六坝,每坝地界大小不同,或分上、中、下三畔,或分上、下两畔。西边分缠山、黄小七坝、黄大七坝、外有黄双塔下五坝,共计五坝,……水则:俱由上至下;各沟浇水,自下而上[2],即各坝一齐开沟,自上而下;各沟浇水,自下而上。"轮日接浇,各有定期"[3]。黄羊渠东边从黄头坝、黄二坝、黄三坝、黄四坝、黄六坝,水日分别是三十四日、三十二昼夜、三十九昼夜、

---

 ① 张珂美修:《五凉全志》卷一《武威县志·地理志·保甲》,乾隆十四年刻本。
 ② 张珂美修:《五凉全志》卷一《武威县志·地理志·田亩》,乾隆十四年刻本。
 ③ 升允修、安维峻总纂:《甘肃新通志》卷十《舆地志·水利》,武威县条,宣统元年刻本。

四十日、二十日、三十六日;西北黄缠山沟、黄小七坝、黄大七坝、黄双塔下五坝,水日分别是十五日、二十二昼夜、二十一昼夜、三十九昼夜。各坝分水后,再按庄(家)分水。① 金渠即县南金塔渠,出川后,"坝以左右名,分水续浇,迎轮上左有七、六、五、四、三、二、一,凡七坝,轮日二十九;右有五、四、三、二、一,凡五坝,轮日二十九。羊家坝,夏四、五月全河水,轮日三;六月,轮日二。"② 怀渠即县西怀安渠,怀渠和永渠,分水浇灌,各日二十九。又有双塔下五坝,轮水日二十九。③ 高台县的灌溉水源较多,有黑河,还有以祁连山冰雪融水为源的摆浪河、水关河、石灰关河。其中引摆浪河各渠都有水期:暖泉渠,"每月均水二十五昼夜,与番族毗连,番族均水五昼夜。汉番两族食水利者七十户"。暖泉新沟渠,"水期:每月十三日午时开,十五日寅时闭。食水利者六十户"。暖泉旧沟渠,"水期:每月初十日寅时开,十三日午时闭。食水利者八十户"。新坝渠,"每月初一日开口,受水九昼夜"。许三湾渠,"水期各照旧章。食水利者一十五户",顺德中坝、下坝二渠,"水期:二、三、八、九月,十六日酉时开,二十一日寅时闭;四、七月,二十日酉时开,二十五日寅时闭;五、六月,十八日酉时开,二十五日寅时闭。食水利者一百户"。顺德黑、元山、黑四坝二渠,"水期:二、三、八、九月,十五日寅时开,十六日酉时闭;四、七月,十九日寅时开,五、六月,十七日寅时闭。食水利者六十户"。从仁上坝、小坝二渠,"水期:二、三、八、九月,二十三日寅时开,(次月)初一日寅时闭;四、七月,二十五日寅时开,(次月)初一日寅时闭;五、六月,二十三日寅时开,(次月)

---

① 张玿美修:《五凉全志》卷一《武威县志·地理志·保甲》,乾隆十四年刻本。
② 《甘肃新通志》卷十《舆地志·水利》,武威县条。
③ 《甘肃新通志》卷十《舆地志·水利》,武威县条。

初一日寅时闭。食水利者三百户",红沙梁渠,"定例十七日为一轮"。①

水额,是使水的定额。古浪、镇番等县通行水额。各渠坝都有水额。镇番县引石羊大河各渠坝,浇灌各有牌期。由于水利资源的变化,乾隆十四年、五十七年、道光五年《县志》所载镇番县水的牌期不一,说明水资源丰枯不一。乾隆十四年《镇番县志·水例》所载水的牌期为:头牌水(又叫出河水、小倒坝)二十七昼夜、二牌水(为大倒坝)三十五昼夜零、三牌水三十五昼夜、四牌水二十五昼夜。②春水、秋水不在分牌之例,总计四牌水一百二十二昼夜。乾隆五十七年,镇番县把灌溉水分为春水、小红牌夏水、大红牌夏水,第四牌、秋水、冬水六牌,其中大红牌夏水又分为大红牌、夏水。春水"自清明次一日子时起,至立夏前四日卯时止,共水二十六昼夜"。小红牌夏水"自立夏前四日辰时起,至小满第八日卯时止,共水二十七昼夜"。大红牌、夏水二牌"自小满第八日辰时起,至立秋前四日丑时止,每牌三十五昼夜五时",共七十昼夜十时。第四牌"自立秋第四日寅时起,至白露前一日午时止,共水二十六昼夜五时"。秋水,"自白露前一日未时起,至寒露九日丑时止,三十九昼夜三时"。冬水"自寒露后九日巳时起,至立冬后五日亥时止,二十六昼夜七时";"立冬后六日子时起,至小雪日亥时止,六坝湖应分冬水十昼夜":冬水共三十六昼夜七时。总计一年各牌期水二百二

---

① 新纂《高台县志》卷一《舆地·水利》,民国十四年刻本。
② 张玿美修:《五凉全志》卷一《镇番县志·地理志·水利图说》,乾隆十四年刻本。

十六昼夜。① 道光五年《镇番县志》中,镇番水牌中已无春水一牌。方志所载水的牌期滞后于客观实际,说明随着气候变干和水源短缺,镇番县已无春水可分。古浪县,乾隆《古浪县志》中,古浪县分水载各坝水额,如头坝"额水四百余时",三坝"额水七百一十四个时"等②。

牌期已定,再分配各渠用水定额。镇番各渠用水都有定额。历史上和文献中,有两种表述水额的方法。一种是以牌期为纲,以各渠坝为目,把一牌之水分给各渠坝。例如,乾隆五十七年的新定水利章程中,第四牌水的分配方案如下:"首四坝应分水三昼夜十时,润河水二昼夜四时四刻,藉田水二时,共水六昼夜四时四刻。次四坝应分水三昼夜三时,润河水十时,共水四昼夜一时。小二坝应分水四昼夜十一时。更名坝应分水一昼夜六时,润河水一时六刻,共水一昼夜七时六刻。大二坝应分水四昼夜七时,润河水一昼夜八时,共水六昼夜三刻。宋寺沟应分水五时六刻,润河水一时,共水六时六刻。河东新沟应分水二时。大路坝应分水一昼夜三时二刻,前加润河水九时四刻,今又拨小二坝润河水一时二刻,红沙梁拨出秋水三时,共水二昼夜五时。"③其他五牌水,也都按一定的原则分配给各渠坝。

另一种是以各渠坝为纲,牌期为目,把各牌期水分配给各渠坝。例如,道光五年,镇番县首四坝、次四坝、小二坝各坝的水额如

---

① 《甘肃新通志》卷十《舆地志·水利》,镇番县条下,引《乾隆五十七年镇番永昌会定水利章程》。

② 张珌美修:《五凉全志》卷一《镇番县志·地理志·田亩·柳林湖》,乾隆十四年刻本。

③ 《甘肃新通志》卷十《舆地志·水利》,引《乾隆五十七年镇番永昌会定水利章程》。

下:"(首)四坝额:小红牌五昼夜五刻,大红牌每牌八昼夜,秋水四昼夜四时四刻,冬水六昼夜一时。润河、藉田水时在内。次四坝额:小红牌四昼夜四时,大红牌每牌五昼夜六时五刻。秋水四昼夜一时,冬水三昼夜八时。润河在内。小二坝额:小红牌六昼夜七时,大红牌每牌七昼夜一时六刻,秋水四昼夜十一时,冬水五昼夜一时。"①其他各坝,也都有相应的水额,只是道光五年各坝均无春水一牌。这说明随着气候的变化,镇番县春季水源枯竭,无春水可分。要之,牌期是根据河水、季节、农作物生长等情况对一年中各时期灌溉水源进行分配的。镇番县、古浪县的水额(或额水),武威、高台的水期,都是以时间确定水量,都是关于分水的不同的技术方法。至于各渠坝为什么分到的水额、水期不一,则是由于分水的制度原则决定的。

3. 分水的制度原则

分水的制度原则有二:一是公平原则,依据所处的自然地理位置,即离渠口的远近,先下游后上游。公平原则,一般通行于各县之间,各渠坝之间、各子渠、支渠之间、各使水利户之间。只有个别的例外。二是效率原则,即依据出夫修渠的人数、向国家交纳夏税秋粮的数量、纳粮的土地亩数,有按修渠人夫使水、计粮均水(照粮分时、照粮摊算)、计亩均水三种分水原则。效率原则,各县各渠坝,因地制宜。

(1)按修渠人夫使水。高台县纳凌渠上中下各子渠"按出夫多寡使水,定期十日一轮",新开渠上中下各子渠"按人夫多寡使水",

---

① 《镇番县志》卷四《水利考·水额》。

乐善渠三子渠"按人夫多寡照章使水","旧有殷介、汗章子渠二道,出夫二十一名,灌田一千二百四十六亩"。①

(2)计粮均水(照粮分时、照粮摊算)。按照交纳税粮草束数量分水。武威、古浪、镇番等县实行计粮均水。武威县有六渠:金渠、大渠、永渠、杂渠、怀渠、黄渠。六渠分水,原则是"凡浇灌,昼夜多寡不同,或地土肥瘠,或粮草轻重,道里远近定制"。②"道里远近定制",即以各田畦离渠坝出水口的远近,先远后近;"粮草轻重"与"地土肥瘠"相关,粮草轻重即赋税等级(简称"赋则")是按照土地肥瘠来确定的。乾隆《武威县志》:"上山田赋轻,然地少获寡;其地多而赋重为水田,即间轻者,赋与地亦略相等。"③即武威县根据"赋则"和"道里远近"来分水。如黄羊渠耕地一万六百九十石;杂木渠,耕地一万二千九百三十五石;大七渠,耕地八千八百四十六石;金塔渠,耕地一万五百一十二石;怀安渠,耕地一万三千四百九石;永昌渠耕地一万四千六百四十石;六渠共地七万九百三十九石,计一万一千五百一十八顷八十五亩。④这种以土地缴税粮数量来计算耕地单位的做法,体现了计粮均水的分水原则。乾隆十四年《武威县志》云:武威县"渠口有丈尺。开凿有分寸,轮浇有次第,期限有时刻。总以旧案红牌为断"。⑤

古浪县有古浪渠暖泉坝、长流坝、头坝、三坝、四坝、上下五坝、包圮坝、西山坝、土门渠暖泉坝、头坝、二坝东沟、二坝西沟新河王

---

① 新纂《高台县志》卷一《舆地·水利》。
② 张玿美修:《五凉全志》卷一《武威县志·地理志·水利图说》。
③ 张玿美修:《五凉全志》卷一《武威县志·地理志·水利图说》。
④ 张玿美修:《五凉全志》卷一《武威县志·地理志·田亩》,乾隆十四年刻本。
⑤ 张玿美修:《五凉全志》卷一《武威县志·地理志·水利·武威水利图说》,乾隆十四年刻本。

府、大靖渠山水三坝、泉水坝等。各坝的分水原则是按额征粮、草分配水时。乾隆八年,县令安泰勒石的《渠坝水利碑文》,备载各坝位置、渠口闸口尺寸位置、额征粮草、使水花户、渠水长度等。如长流坝"额水粮二百九十石,草随粮数。额正、润水三百五十五个时。使水花户共五十八户"。头坝"额征水粮三百五十石零,草随粮数。额水四百余时,使水花户五十余户"。三坝"额粮六百六十四石二斗四升七合一勺,草随粮数。额水七百一十四个时。使水花户一百余户"。[1]乾隆十四年《五凉全志·古浪县志》:古浪"今更勒宪示碑文,按地载粮,按粮均水,依成规以立铁案"。[2]乾隆十四年《五凉全志·古浪县志·地理志·水利》:"古浪诸水田,其坝口有丈尺,立红牌刻限,次第浇灌,……使水之家,但立水簿,开载额粮,暨用水时刻。"[3]说明古浪县的分水还是"按地载粮,按粮均水"。

在镇番县,渠坝既是征收税粮单位,也是分水单位。镇番县有四大渠:外西渠、内西渠、中渠、东渠。每大渠下有支渠。乾隆十四年有四坝、小二坝、更名坝、大二坝、头坝、六坝、大路坝。头牌水(即出河水)"二十七昼夜,每粮二百六十八石分水一昼夜,为小倒坝,上下各[坝]轮流一周",二牌水"额时刻三十五昼夜零,每粮二百五十石,分水一昼夜,为大倒坝,上下各坝轮流一次"。各坝都依据承担税粮数分配额水。[4]乾隆五十七年至道光五年,镇番县新增的坝和属沟有首四坝、次四坝、小二坝、更名坝、大二坝、宋寺沟、河东新沟、大路坝、移邱之红沙梁、北新沟、大滩。支渠下又各有属

---

[1] 张玿美修:《五凉全志》卷四《古浪县志·地理志·水利图说》。
[2] 张玿美修:《五凉全志》卷四《古浪县志·地理志·水利·水例碑文说》。
[3] 张玿美修:《五凉全志》卷四《古浪县志·地理志·水利·古浪水利图说》。
[4] 《五凉全志》卷四《镇番县志·地理志·水利图说》,乾隆十四年刻本。

沟即子渠不等。① 这说明耕地和灌溉面积增加。道光《镇番县志》:"四坝[渠]俱照粮均分"②,镇番实征正粮五千二百六十余石,四渠各坝共承粮四千三百四十五石。③ 先算出每百石正粮应分得的水时,根据这个比例和各渠坝承粮数,分配各渠坝的水时。如小红牌夏水共二十七昼夜,其分配方案是:"每一百石粮该分水七时三刻六分,……首四坝共承粮八百一十五石八斗一升二合,应分水五昼夜零五刻;次四坝共承粮七百零七石六斗,应分水四昼夜四时;小二坝共承粮一千零七十一石六斗三升五合八勺,应分水六昼夜七时;大二坝,共承粮九百九十五石二斗六升一合五勺,应分水六昼夜十时四刻;更名坝,共承粮三百三十三石八斗三合零,应分水二昼夜五刻;[宋]寺沟,共承粮一百零一石,应分水十时;河东新沟,共承粮四十石二斗九升五合五勺,应分水三时;大路坝,共承粮二百八十石三斗六升三勺,应分水一昼夜九时一刻,于首四坝划出水时内,加水二时七刻,共水二昼夜。"④其他各牌,多照此办法分配。由于各渠坝承粮数固定,而各牌水期限不一,因此每百石粮应分的水时不一,各渠坝分得的各牌水时就不一。如小红牌每一百石粮该分水七时三刻六分,大红牌每粮一百石应分水八时。这样,同一渠坝,分得的小红牌夏水和大红牌夏水就不一样,这完全是因为各牌水期限不一的原因。要之,要根据粮数和水量的情况分水。各渠坝下的子渠即属沟,也是照此办法分水。由于实行计粮均水,

---

① 《镇番县志》卷四《水利考·水道》。
② 《镇番县志》卷四《水利考》。
③ 《镇番县志》卷四《水利考·县署碑记》。
④ 《甘肃新通志》卷十《舆地志·水利》,镇番县条下引《乾隆五十七年镇番永昌会定水利章程》。

故以粮石为单位,表示河渠的浇灌能力。如安西直隶州引苏赖河(疏勒河)水成屯田渠、余丁渠、回民渠三总渠,其灌溉能力为:"余丁渠……引水溉田一千三百石;回民北渠……灌溉回民三堡地,共地三千五百石,咸利赖焉;回民南渠……溉新垦地二千三百石。"①

照粮分水具有习惯法的性质。乾隆《五凉全志·古浪县志》:古浪"数十年来未争水利。今更勒宪示碑文,按地载粮,按粮均水,依成规以立铁案。法诚善哉。间有不平之鸣,曲直据此而判,[张]仪、[苏]秦无所用其辨,[张]良、[陈]平无所用其智,片言可析,事息人宁,贻乐利于无穷矣"。②乾隆《五凉全志·镇番县志》:镇番"照粮分水,遵县红牌,额定昼夜时刻,自下而上,轮流浇灌"。③ 乾隆五十七年,镇番、永昌知县在处理水利争端时指出:"仍照旧规,各按节气浇灌,无庸置议。……各坝仍照旧规,按时分浇。……按粮均水,乃不易成规。当即调取各坝承粮实征红册查核,……按照实征粮数,核定分水昼夜时刻。"④地方政府在处理争水矛盾时,都强调了计粮均水的习惯做法。"当一些习惯、惯例和通行做法在相当一部分地区已经确定,被人们所公认被视为具有法律约束力,像建立在成文的立法规则之上一样时,它们就理所当然可称为习惯法"。⑤ 照粮分水可称为河西走廊东部地区的习惯法。

当水源短缺时,习惯法也得稍加变通。乾隆五十四年大路坝争控水时减少,先经武威、永昌县勘断,不服,五十六年控争,

---

① 《甘肃新通志》卷十《舆地志·水利》,安西直隶州。
② 张珇美修:《五凉全志》卷四《古浪县志·地理志·水利·水利碑文说》。
③ 张珇美修:《五凉全志》卷四《镇番县志·镇番水利图说》。
④ 《镇番县志》卷四《水利考·碑例》。
⑤ 《牛津法律大辞典》,光明日报出版社1989年。

五十七年再经镇番、永昌县勘断,并饬喻各坝水老,公同酌议,从其他渠坝划出水时,断给大路、大二坝,"于按粮均水之中,量风沙轻重,水途远近,通融调剂,以杜争端"。① 新的水资源分配办法,经"各坝士民各愿具结,并请勒石,详经道宪批饬结案"成为新的习惯法。

(3)计亩均水。按照地亩平均分配水时。山丹、张掖、抚彝、高台实行计亩均水。山丹县引山水泉水为五大坝二十二渠;张掖县引黑水、弱水为四十七渠;东乐县引洪水河水为六大渠,引虎喇河水为四渠,引苏油河水为二渠,引大都麻油河水为二渠,引山丹河水为九坝;抚彝厅引黑河水为二十三渠,响山河水为十渠。以上诸渠,《甘肃新通志》均记录每渠的灌溉顷亩,似是计亩均水。② 高台县的水源主要有黑河,其次有以祁连山冰雪融水为源的摆浪河、水关河、石灰关河等,总计县内大渠三十六,而以各渠内支分小渠计则为五十二。分水原则比较多样化,引摆浪河各渠是按日期分水,黑河二十六渠大概是记亩均水。黑河"在(高台)县境约长三百余里,南北两岸开渠二十六道,灌田不知若干顷,高台水利之最大全资黑河。……统计二十六渠皆引黑河之水以为利",民国新纂《高台县志》记载了各渠灌溉的田亩数。③ 黑河水源丰沛,推测高台县黑河二十六渠下各坝各庄记亩均水。

河流上下游各县的分水,可以称为一次分水。一县各渠坝的分水,为二次分水。一渠坝内各使水利户之间的分水,为三次分水。计粮均水、计亩均水,是二次分水的制度原则。二次分水原

---

① 《镇番县志》卷四《水利考·碑例》。
② 《甘肃新通志》卷十《舆地志·水利》。
③ 新纂《高台县志》卷一《舆地·水利》。

则,各县不一,古浪、武威、镇番、永昌计粮均水;山丹、张掖、抚彝、高台计亩均水。一县内各渠坝的分水原则,即三次分水原则,各不相同,道光五年《镇番县志》说:镇番县大河各坝"浇法:或点香为度,或照粮分时,或计亩均水,各坝章程不一","浇有二法:曰分时,曰计亩。照粮摊水,时尽则止,有余不足,各因其水之消长,遇(倒)[盗]失,自任之,是谓分时。若计亩,按地摊浇,以有余补不足,遇(倒)[盗]失,众分任之。"①"点香为度"只是计算分水时间的技术方法。看来,道光五年,镇番县各渠坝内部的分水,就有照粮分时、计亩均水两种分水的制度原则。不论二次分水,还是三次分水,都有照粮分时、计亩均水两种主要的制度原则。这种差异的产生,是因为各县或各渠坝水源丰枯的不同。

计粮均水、计亩均水都是平均分配水资源的方法,但有所区别。计粮均水,是一种在水资源不足条件下,优先满足交纳国家正额税粮农田灌溉需求的分配水资源的方法,多实行于河西走廊东部石羊河流域,即古浪、武威、镇番、永昌等县。道光《镇番县志》云:"镇邑地介沙漠,全资水利。播种之多寡,恒视灌溉之广狭以为衡,而灌溉之广狭,必按粮数之轻重以分水,此吾邑所以论水不论地也。"②这虽是对镇番县计粮均水的解释,但此论可推及实行计粮均水的其他各县。计亩均水,则是在水资源相对较为宽裕条件下,较为充分满足各类农田的灌溉的平均分水方案,多实行于河西走廊中部黑河流域,如山丹、张掖、抚彝、高台等县。

流域内分水制度的建立和完善,保证了均平水利,受水利一方

---

① 《镇番县志》卷四《水利考·灌略》。
② 《镇番县志》卷四《水利考》按语。

人民深为感激："回忆均水未定时,正值用水,而上流遏闭,十岁九荒,居民凋敝,苦难笔罄。今则水有定规,万家资济,胥赖存活。"人民"期于均水长流,为吾民莫大之利"。① 一县内各渠坝的分水,在水源较为充足时,在水利老人制度和县府的行政干预下,一般能够保证一县之内纳粮各渠坝的正常灌溉。镇番县"共计一岁自清明次日起,至小雪次日止,除春秋水不在分牌例外,上下各坝流轮四周。……遇山水充足,可照牌数轮浇"。② 古浪县由于有分水制度:"次第浇灌,或时加修浚,士民无不均田效力,水利老人实董成焉,现有奉宪碑文可据。……渠坝水利碑文:古浪处在山谷,土瘠风高,其平原之地,赖水滋灌,各坝称利。"③ 这说明在有些县,分水制度能得到正常执行。

但因为河西走廊水资源短缺等状况,分水制度有时无能为力,限制了现有土地发挥更大的生产能力。清人常有这样的感叹:镇番县"章程虽有一定,河水大小不等","不能照牌得水之地,所在多有","不足之日多,有余之时少,故蹉尔一隅,草泽视粪田独广,沙碱较沃壤颇宽。皆以额粮正水且虑不敷,故不能多方灌溉,尽食地德","皆水利之未尽也"。④ 永昌县"倘冬雪不盛,夏水不渤,常苦涸竭,泉虽常流,而按牌分沟,一牌之水不能尽灌一牌之地,炎夏非时雨补救,未见沾足也"。⑤ 梁份《茹公渠记》说:"肃自哈喇灰之祸,虽休养生聚,于今六十年。迩来增置大镇,而民生起色,犹且远

---

① 新纂《高台县志》卷八《艺文志》,阎汶:《重修镇夷五堡龙王庙碑》。
② 《甘肃新通志》卷十《舆地志·水利》引《五凉志·镇番水利图说》。
③ 《甘肃新通志》卷十《舆地志·水利》引《五凉志·古浪水利图说》。
④ 《甘肃新通志》卷十《舆地志·水利》引《五凉志·镇番水利图说》。
⑤ 《甘肃新通志》卷十《舆地志·水利》引《五凉志·永昌水利图说》。

逊甘凉。……夫肃当祁连弱水间,广二百七十里,袤不及百里,山泽居其半,地狭民希,而塞云荒草,弥望萧条者,火耕水种,摆甲荷戈,一民而百役也。岂非屯田水利之不讲?则民物不殷阜之过与?"①此可以推及之。

附论:分水制度的创新和发展

20世纪以来,由于人口、社会、经济的发展与环境变化,河西走廊的水源危机严重。甘肃和内蒙古用水矛盾增加,黑河、石羊河流域上、中、下游各省区县之间,用水矛盾亦增加。石羊河流域上游武威快速发展,用水量增加,使下游民勤县来水量减少,用水缺口靠超采地下水弥补,使水位下降到了20米深处。民勤人民改造沙丘植树,以"向沙漠进军""人进沙退"闻名于世。由于水源不足,石羊河尾闾湖泊干涸了,裸露的盐碱土为沙尘暴提供了沙源,巴丹吉林沙漠和腾格里沙漠大有会师之势,200万亩林木面临毁灭,30万民勤人离开家园,30万亩撂荒的耕地沙化。②黑河流域中游的张掖地区集中了全流域91%的人口、83%的用水量、95%的耕地和89%的国内生产总值。③地下水位从120米降至150米。④30座百万立方米以上的水库基本拦截了黑河流量⑤,下游水量减少,黑河尾闾的天然绿洲内蒙古额济纳绿洲面积,在50年内从6940平方公里急剧萎缩为3328平方公里,西、东居延海分别于1961年

---

① 《清经世文编》卷一百一十四《工政二十》,梁份:《茹公渠记》。
② 马军:《我们还要与自然拼多久》,《中国青年报》2003年2月1日。
③ 王方杰:《张掖看节水》,《人民日报》2003年10月13日。
④ 马军:《我们还要与自然拼多久》,《中国青年报》2003年2月1日。
⑤ 冯绳武:《民勤绿洲水系的演变》,《地理研究》,1988年第7期。

和 1992 年完全干涸,周围的胡杨林大片干枯,蒙古牧民变成了生态难民,新产生了一个 200 平方公里的新沙尘源地,直接影响西北乃至华北的生态安全。①

为了解决黑河流域中下游两省(区)的用水矛盾,2000 年,国家决定用三年时间,投资 23.6 亿元,完成黑河流域综合治理任务,并保证向下游内蒙古的额济纳旗定量分水,改善居延海地区的生态环境。2001 年 2 月,国务院将黑河治理列入西部大开发重点建设工程。② 为解决黑河中游用水矛盾,2002 年 3 月水利部确定张掖市为全国第一个节水型社会建设试点。

现阶段的分水制度,既继承了历史传统,又有所创新和发展,分水制度的创新表现在两个方面。一,成立了黑河流域管理局,跨省区跨行业,实行流域内水资源统一管理,加强了国家对流域内水资源的宏观调控,改善了流域内的生态环境。2000 年 9 月顺利实现了黑河向内蒙古额济纳旗的第一次分水,灌溉草场 22 万余亩,生态环境有所改善。2001 年 12 月顺利实行了黑河的第二次调水。③ 自国家实施黑河调水方案以来,张掖市累计向下游输水 22.5 亿立方米,连续三年完成黑河水量的调度任务。干涸了十年之久的居延海从 2002 年起,开始重现当年"碧波荡漾、波涛滚滚的"壮丽景观。④

二,实行以水权为中心的用水管理制度改革,以市场机制引导企业和公民节水。国家每年分配给张掖市 6.3 亿立方米的用水总

---

① 王方杰:《张掖看节水》,《人民日报》2003 年 10 月 13 日。
② 王方杰:《张掖看节水》,《人民日报》2003 年 10 月 13 日。
③ 新华网呼和浩特 2001 年 12 月 21 日电。
④ 王方杰:《张掖看节水》,《人民日报》2003 年 10 月 13 日。

量,市里根据这个总量,将水权逐级分配到各县、乡、用水户和国民经济各部门,实行城乡一体,总量控制。在定额内用水执行基本水价,超过定额累进加价。同时,逐级成立用水协会,鼓励水权流转,农业灌溉用水全面实行水票制度,节约下来的水票可以有偿转让,引导水资源向高效的产业流转。例如,临泽县(清代抚彝厅)梨园河灌区,将水库水量分配给各乡镇、村组、各村组的农民用水协会再分配到各农户,各农户拿钱买回相应的水权证。在配额内用水,只要拿水票买水就行了。超出配额,就得买高价水。农户主动节约用水和调整种植结构的意识增强。在2001年和2002年压缩水稻和高耗水作物49万亩,退耕还林还草71万亩,建成高效节水的制种基地、牧草基地、轻工业原料基地215万亩。2003年张掖市将剩余的1.6万亩水稻全部压缩,从此告别种植水稻的历史。仅种植业一项,全市2003年比2000年少引黑河水9800万立方米,新增黑河向下游泄水3900万立方米。①

六 清代伊犁屯田的水利问题

清代新疆伊犁屯田始于乾隆二十五年。关于伊犁屯田,过去和现在学术界已发表并出版了一些研究伊犁农牧业经济的重要研究成果。进入21世纪,出现了研究伊犁环境和水利开发的新成果,如赵珍《清代西北生态变迁研究》(人民出版社2005年),王金环《清代新疆水利开发研究》(2004年新疆大学历史系历史学硕士论文)等等。这些著述,解决了伊犁屯田中的一些重要问题,为今

---

① 王方杰:《张掖看节水》,《人民日报》2003年10月13日。

后的研究,提供了学术基础。学者们对清代新疆文献的搜集、整理,也为研究提供了便利的条件。但仍有一些问题,即伊犁屯田的水利问题,如水利建设、水利管理机构和人员、分水措施和水利纠纷等等,还需要进一步研究,以便对今后的农田水利发展有借鉴意义。

1. 屯田水利建设

伊犁水利因屯田而设。伊犁有发展屯田水利的地理和水源条件。伊犁境内三面环山,河流众多,高山积雪融水,为灌溉和河流提供了水源。自乾隆二十六年开始,至四十五年,伊犁九城,即绥定(今霍城市)、惠远、惠宁、熙春、塔勒奇、赡德、广仁、拱宸(今老霍城)、宁远(今伊宁),先后建于河边或水源丰富处①,为屯田创造了条件。伊犁屯田,按类别看,有兵屯、回屯、旗屯、户屯(民屯)、犯屯,各屯都重视水利建设。

(1)绿营兵屯水利。伊犁绿营"专司屯政"②,以供给驻军和官员粮食。绿营屯田始于乾隆二十五年,初期屯兵八百。乾隆四十三年,屯兵增至三千名,五百名当差和操练,二千五百名耕种,分二十五屯,每屯一百名,每兵种地二十五亩③,地五万亩④。国家给予土地、牲畜、农具和种子,屯兵则定额交纳十五石至二十八石不

---

① 《伊江集载·城池》,见马大正、华立主编:《清代新疆稀见史料汇辑》,全国图书馆文献缩微复制中心1990年。
② 《伊江汇览·营伍》,见马大正、华立主编:《清代新疆稀见史料汇辑》,全国图书馆文献缩微复制中心1990年。
③ 《伊江集载·屯务》,见马大正、华立主编:《清代新疆稀见史料汇辑》。
④ 《伊江汇览·屯政》,见马大正、华立主编:《清代新疆稀见史料汇辑》。

等①。绿营屯田,多安设于水源丰富地方。至嘉庆十三年,绿营兵屯水利的大致情形是:绥定城的绿营中营屯田,引用乌哈尔里克山泉并小芦草沟泉水,及左营四屯遗水及泉水灌溉;绥定城西北的绿营左营屯田,引用果子沟(即塔尔奇沟)泉水、大东沟水、小东沟水;绿营右营清水河屯田,用大西沟泉水、察罕乌苏沟泉水。绥定城西北的塔尔奇营屯田,引用左营各屯遗水并引泉水灌溉;塔尔奇营稻屯引用磨河渠水灌溉。霍尔果斯营屯田引用霍尔果斯河水并滚坝沟泉水分溉,并用索伦屯地余水灌溉。惠宁城东南的巴彦岱营屯田,引用辟里沁沟泉水。②由于有严明的奖惩措施和水利的使用,伊犁绿营屯田多年丰收,乾隆四十七年将军伊勒图奏报,伊犁仓内存粮五十多万石,红腐霉烂。③嘉庆四年将军保宁上奏:"数年以来,均属丰收,除每年放给官员兵丁外,仍余一万余石,并现在各仓所存共有三十六万余石,足敷二年支放。"④

到光绪十二年前后,绥定县绿营各屯共修干渠十五条,支渠二十八条,这十五条干渠分别是:磨河渠(城南、城西)、头道渠、二道河渠、三道河渠、龙摆渠、东河湾渠、二工渠、四工渠、清水泉渠、乌拉果克渠、泉水渠、果子沟渠、大西沟渠、小西沟渠、大东沟渠。总计绥定县各干渠总长八百七十五里、支渠总长五百四十七里,灌溉面积近三万多亩。⑤另外三道河渠灌溉索伦营田亩、城西磨河渠之头工渠和二工渠灌溉索伦营田亩,都不计面积。光绪二十二年,

---

① 松筠修,王廷楷原辑,祁韵士编纂:《西陲总统事略》卷七。
② 祁韵士:《西陲要略》卷三《伊犁兴屯书始》,光绪四年京师同文馆铅印本。
③ 松筠,徐松:《钦定新疆识略》卷六《屯务》。
④ 《大清会典事例》卷一百五十。
⑤ 袁大化、王树楠:《新疆图志》卷七十五《沟渠三》,宣统三年刻本。

将军长庚拨款在特古斯塔柳修建二道渠,派练军两旗屯种四千八百亩,共计交粮四千八百八十六石,折合细粮三千六百石,合计每兵交粮十五六石之多。① 后将军马亮奏请将二道渠以北地亩作为该营世业,按兵丁家口多寡分配,自备种子农具牛马,筑堡分居,交纳赋税。② 这样,水利的使用权亦随之私化。

塔尔巴哈台(塔城直隶厅,今塔城)绿营屯田,始于乾隆三十四年,至乾隆五十九年,屯兵四百名,分为头工、二工、三工、四工、五工,各工种地一千六百亩,共种地八千亩。还有锡伯族遣兵遣犯十一名,种地一百二十亩。③ 塔城屯田水利,"头工引水于乌里雅苏图之滋泥泉子,二工引用楚呼楚之水,三工引用板下满之水,四工引用乾河边之水,五工引用阿布达尔莫多之水。锡伯工引水于锡伯河"。"所有各屯引用诸河之水,不惟收应时灌溉之利,收秋时无需淤除,且又宣泄有方,下游不致肆溢漫流之患,诚万年灌溉之利也。"④ 到光绪十二年前后,塔城厅建有干渠十四条,支渠十条,这十四条干渠分别是:河上大渠、红桥渠、都伦渠、小满渠、南大渠、巴克渠、平康渠、太平渠、绿鸭渠、三个泉渠、楚克渠、阿克绰克渠、哈拉克台渠、乌里雅苏图渠,共计塔城直隶厅各干渠、支渠之灌溉面积约四万多亩。⑤

(2)回屯水利。回屯,指维吾尔人之屯,始于乾隆二十五年,设

---

① 马亮、广福:《新疆奏议》,见马大正、吴丰培主编:《清代新疆稀见奏牍汇编》,全国图书馆文化缩微复制中心。
② 马亮、广福:《新疆奏议》卷四《请将伊犁特古斯塔柳地方接办屯垦片》,见马大正、吴丰培主编:《清代新疆稀见奏牍汇编》。
③ 永保纂修、兴肇增补:《塔尔巴哈台事宜》卷四《屯田》。
④ 永保纂修、兴肇增补:《塔尔巴哈台事宜》卷三《水利》。
⑤ 袁大化修、王树楠纂:《新疆图志》卷七十五《沟渠三》,宣统三年刻本。

于宁远城,"自宁远城以东三百里,皆回民田"。① 六千户分九屯,即海努克、哈什、吉尔噶朗、塔舒斯塘、鄂罗斯塘、巴尔图海、霍诺海、博罗布尔噶素、达尔达木图。回屯种地引用山泉水和哈什河水。② 回屯耕种不计亩数,每户交粮十六石。乾隆时回屯每年共交纳十万石租粮,又另交铜厂铅厂口粮小麦二千石。③ 道光时,在惠远城东兴修水利、开垦土地,扩大回屯垦种面积。道光二十年,在塔什土比开地十六万四千七百五十亩④,并在塔什土比开挖水渠,安置新增回户一千户,每年纳粮一万六千石⑤。道光二十一年和二十三年,续开三道湾、阿勒卜斯地共计二十五万六千四百九十三亩⑥,并同时在三棵树和阿尔不孜开挖水渠,分别安置新增回户五百户(共计一千户),每年分别纳粮八千石(共计纳粮一万六千石)⑦,连同早先六千户回户交纳十万石,共计回户八千户,每年共纳粮十三万二千石。

到光绪十二年前后,宁远县修有干渠十三条,支渠七条,这十三条干渠分别是哈什旧皇渠、哈什新皇渠、阿尔乌斯塘渠、拜托海渠、科逊渠、阿挖克渠、土的渠、白黑里雅渠、于洛司八海渠、苏鲁塔峡渠、博罗博逊沟渠、锡伯旧渠、锡伯新渠。其中哈什旧皇渠干渠灌溉二十八万多亩,二条支渠灌溉共五万多亩,哈什新皇渠灌溉九万多亩,博罗博逊沟渠灌溉二万多亩,锡伯旧渠灌溉满营各牛录

---

① 徐松:《西域水道记》卷四。
② 祈韵士:《西陲要略》卷三《伊犁兴屯书始》,光绪四年京师同文馆。
③ 《伊江集载·屯务》,见马大正、华立主编:《清代新疆稀见史料汇辑》。
④ 《伊江集载·屯务》,见马大正、华立主编:《清代新疆稀见史料汇辑》。
⑤ 《伊犁略志》,见马大正、华立主编:《清代新疆稀见史料汇辑》。
⑥ 《伊江集载·屯务》,见马大正、华立主编:《清代新疆稀见史料汇辑》。
⑦ 《伊犁略志》,见马大正、华立主编:《清代新疆稀见史料汇辑》。

田六万多亩、锡伯新渠灌溉四万多亩。总计宁远县各干渠、支渠灌溉面积六十四万多亩。

(3)旗屯水利。旗屯,旗民之屯。自乾隆二十九年至三十九年(1764—1774),国家先后从凉州、庄浪、西安、宁夏、热河、盛京、黑龙江、张家口等地,调集了近二万名满洲、索伦、达虎尔、察哈尔、锡伯、厄鲁特等八旗兵丁,携眷驻防新疆,其中半数驻扎在伊犁。[①]索伦营在伊犁河北岸霍尔果斯河东西游牧、种地自食,其左翼屯田引阿里木图河水灌溉,右翼屯田引图尔根河水灌溉。[②]察哈尔营在博罗塔拉、哈布塔海、赛里木诺尔一带游牧、种地自食[③],左、右翼屯田皆依博罗塔拉河岸,河北之田多引山泉,河南之田引用河水灌溉。[④]厄鲁特营在伊犁霍诺海、空吉斯、特克斯河流域等地游牧[⑤],其上三旗六佐领屯田四处:敦达察汗乌苏、怀图察罕乌苏、特尔莫图、塔木哈,各引用其地之水灌溉,下五旗十四佐领屯田十六处,各引用其地之水灌溉。[⑥]

锡伯营在伊犁河南分驻游牧屯耘、种地自食[⑦]。至乾隆四十年前后,镶黄、正白二旗驻豁吉格尔(活己果尔),正红旗驻巴图蒙可(拔图猛克),引用阿尔拉克并阿里麻图二处水源屯耘;正黄、镶白、正蓝、镶红、镶蓝驻于绰豁啰(卓夥尔),俱引伊犁大河之水浇

---

① 华立:《清代新疆农业开发史》,黑龙江教育出版社1998年,第78页。
② 《西陲要略》卷三《伊犁兴屯书始·三屯水利附》。
③ 《皇朝经世文续编》卷六二《兵政一》,引松筠:《伊犁驻兵书始》。
④ 《西陲要略》卷三《伊犁兴屯书始·三屯水利附》。
⑤ 《皇朝经世文续编》卷六二《兵政一》,引松筠:《伊犁驻兵书始》。
⑥ 《西陲要略》卷三《伊犁兴屯书始·三屯水利附》。
⑦ 《皇朝经世文续编》卷六二《兵政一》,引松筠:《伊犁驻兵书始》。

灌。① 自乾隆三十三年至四十年，锡伯营八佐领共积粮一万二千石。② 至乾隆五十七年，官兵家口共七千三百九十二名口，在伊犁河南和济格尔、巴克绰和罗等处驻屯种地。五十八年，该营仓存各色粮九千八百余石。③ 至嘉庆十三年，八旗屯地有所调整，镶黄、正白、正黄，引用泉水灌溉；其余五旗引用伊犁河水灌溉④，就是有名的锡伯旧渠和锡伯新渠，两渠共灌溉十万亩土地。⑤ 以上各旗屯自耕自食。

满营屯田始于嘉庆八年⑥，伊犁将军松筠督众在惠远城东伊犁河北岸引水灌溉，又于城西北芦草湖中引泉水、开支渠，引溉旗屯地亩，又引辟里沁山泉之水灌田数万亩。⑦ 惠远城、巴燕岱（惠宁城）两处开旗地七万余亩，由八旗耕种，永为世业。惠远城周边八旗八佐领屯田及稻田：引用伊犁河水、通惠渠水、阿里木图沟泉水、辟里沁之新开渠水、乌哈尔里克泉水、塔尔奇上游草湖泉水。城西北苇湖新开渠水引灌船工处遣屯地亩。惠宁城周边八旗八佐领旗地：引用辟里沁新开渠水、磨霍图泉水、阿里木图沟泉水灌

---

① 格琫额纂：《伊江汇览·水利》，见马大正、华立主编：《清代新疆稀见史料汇辑》。
② 格琫额纂：《伊江汇览·仓储》，见马大正、华立主编：《清代新疆稀见史料汇辑》。
③ 《总统伊犁事宜·锡伯营应办事宜》，见马大正、华立主编：《清代新疆稀见史料汇辑》。
④ 《西陲要略》卷三《伊犁兴屯书始·三屯水利附》。
⑤ 袁大化修、王树枏纂：《新疆图志》卷七五《沟渠三》，宣统三年刻本。
⑥ 祈韵士：《西陲要略》卷三《伊犁兴屯书始》及《伊江汇览·屯务》。
⑦ 祈韵士：《西陲要略》卷三《伊犁兴屯书始·三屯水利附》。

溉。① 但满营屯田所产,不敷所需,每年约需要粮食十三万五千石。② 后来因满八旗不谙耕作,准其招佃纳税,将旧分屯地俱分给民人耕种。③ 道光初年,国家承认了民户佃种旗地的事实。

(4)户屯(民屯)水利。户屯,内地汉族农民租种国家土地,交纳租税或银两。伊犁户屯又分商民、户民及绿营眷兵子弟三类。商民有每户承租一千二百余亩的,或五十余亩的。一般户民和眷兵子弟户种地三十亩。④ 永为土著。⑤ 道光初"户民承种稻地五万三千三百一十六亩"⑥。道光二十三年,户屯有较大发展,伊犁将军布彦泰奏准在三棵树、红柳湾等地开垦田地,迁居携眷民户,共垦田三万三千三百五十亩,每亩额定收小麦八升,每年共计收小麦二千六百六十八石;在阿奇乌苏、大榆树开垦田地十四万五千三百四十亩⑦。共计"续开三棵树、阿奇乌苏、大榆树等处地十七万八千六百九十亩",除征粮外,还征银七千二百六十两。⑧ 这十七万多亩土地,大部分有水利灌溉,只有五万多亩缺水,约在咸丰元年"查出向不得水歇年熟地五万零四十亩"⑨。

犯屯　以发遣来伊犁的罪犯从事耕垦。始于乾隆三十三

---

① 《西陲要略》卷三《伊犁兴屯书始·三屯水利附》。
② 《总统伊犁事宜北路总说伊犁》,见马大正、华立主编:《清代新疆稀见史料汇辑》。
③ 《伊江集载·屯务》,见马大正、华立主编:《清代新疆稀见史料汇辑》。
④ 彭雨新:《清代土地开垦史》,农业出版社1990年,第213页。
⑤ 《西陲要略》卷三《伊犁兴屯书始》。
⑥ 《伊江集载·屯务》,见马大正、华立主编:《清代新疆稀见史料汇辑》。
⑦ 《伊犁略志》,见马大正、华立主编:《清代新疆稀见史料汇辑》。
⑧ 《伊江集载·屯务》,见马大正、华立主编:《清代新疆稀见史料汇辑》。
⑨ 《伊江集载·屯务》,见马大正、华立主编:《清代新疆稀见史料汇辑》。

年①,至四十八年伊犁遣犯"积有三千数百余名"。②遣犯种地十二亩,"小麦地六亩,谷子地六亩,收获粮石内,除拨给岁需口粮三百六十斤外,其余俱收贮官仓备用,统入屯田案内具奏"③。惠远城城西北船工处遣屯地亩,引灌苇湖新开渠水。④宁远城哈什河南犯屯,引用哈什河水。但遣屯种地有名无实,嘉庆七年,松筠等奏请将哈什河南遣犯屯地,改拨伊犁种地之六千回户耕种。⑤

自乾隆二十五年至光绪三十一年,伊犁共建有干渠五十条,支渠五十四条,灌溉七十二万亩农田。⑥经过乾隆中期以来多年的间歇开发,新疆成为我国渠道最多的地区。⑦而伊犁水利灌溉面积占到新疆的十三分之一。

2. 水利管理机构和人员

伊犁屯田中,有哪些水利管理机构和水利管理人员?

(1)伊犁将军负责制订水利开发规划,并组织实施水利开发,其衙署中的营务处负责管理两处水源地。伊犁将军总统新疆南北两路事务⑧,自然包括屯田、水利等事宜,如嘉庆八年伊犁将军松筠奏准在伊犁惠远城开渠,道光二十二年伊犁将军布

---

① 《伊江集载·屯务》,见马大正、华立主编:《清代新疆稀见史料汇辑》。
② 《清高宗实录》卷1195,14、15页,转引自华立:《清代新疆农业开发史》。
③ 《总统伊犁事·宜粮饷处应办事宜》,见马大正、华立主编:《清代新疆稀见史料汇辑》,260页。
④ 《西陲要略》卷三《伊犁兴屯书始·三屯水利附》。
⑤ 松筠:《钦定新疆识略》卷六《回屯成案》。
⑥ 袁大化修、王树楠纂:《新疆图志》卷七十五《沟渠三》,宣统三年刻本。
⑦ 彭雨新:《清代土地开垦史》,农业出版社1990年。
⑧ 《西陲要略》卷八《伊江汇览·衙署》。

彦泰奏准在惠远城东三棵树和阿卜勒斯修渠引水、二十四年又奏准在惠远城东的阿齐乌苏废地引水开垦等。惠远城伊犁将军衙属中有粮饷、营务、驼马、印房、功过五处。各处应办事宜中,都兼有与屯田有关事务之责,如税粮征收、牲畜和人员的登记造册报部等,但都没有专门职责管理水利,只有营务处应办事宜中有一件是设置布克申管理霍伊特多伦图、吗哈沁布拉克两处水源。布克申是卡伦的下属单位,每年九月添设,三月撤回。乾隆五十八年正月,将柯特满地方借给回民耘地,安设霍伊特多伦图布克申、吗哈沁布拉克水源布克申,每处派回民小伯克一名,回民十九名。两处回民布克申,以管理水源为务。嘉庆四年奉谕撤回两处布克申。① 可知,乾隆五十八年至嘉庆四年的每年九月至次年三月,营务处设布克申来管理霍伊特多伦图、吗哈沁布拉克两处水源。

(2)在各类形式的屯田水利中,其管理体制多沿袭旧章。

① 兵屯和旗屯中,总兵和总管兼管屯田水利。绿营设屯镇总兵一员,驻绥定城东街,专理绿营屯田及兵丁操防之事务。② 屯镇行馆位于惠远城西街。③ 总理屯务一员,以副将、参将兼充,副理屯务兼管城守营一员,以游击、守备都司兼充。④ 每屯设屯正、屯副各一员,分别由千总、外委担任。三四屯,设都司一员;十二三屯,派游击一员;参将一员,总辖二十五屯,隶于总兵。⑤ 各屯之官

---

① 《总统伊犁事略·营务处应办事宜》,见马大正、华立主编:《清代新疆稀见史料汇辑》,260页。
② 格琫额:《伊江汇览·衙署》,见马大正、华立主编:《清代新疆稀见史料汇辑》。
③ 格琫额:《伊江汇览·衙署》,见马大正、华立主编:《清代新疆稀见史料汇辑》。
④ 《伊江汇览·官制》,见马大正、华立主编:《清代新疆稀见史料汇辑》。
⑤ 《伊江汇览·屯政》,见马大正、华立主编:《清代新疆稀见史料汇辑》。

皆分驻于绥定,屯兵皆就屯所。旗屯中,满营领队大臣一员,驻惠宁城;管理屯田总兵一员,驻绥定城。① 其余锡伯等四营各设领队大臣一员,驻惠远城。② 其下有总管、副总管、佐领、骁骑校等官。③ 总管、总兵、都司管理旗屯事务,佐领、骁骑校带领旗丁从事生产。嘉庆六年,锡伯营总管图伯特带领本营兵丁自力开渠,至嘉庆十三年开成"渠长二百余里,得地七万余亩"。④ 嘉庆十年,伊犁将军松筠将满营种地屯田二万四千亩,分授八旗,每旗三千亩,责成各协领佐领派人分种。⑤

② 回屯中,回务处管理回屯一切事务,密喇布伯克专管回屯水利。回务处设于乾隆二十五年,领队大臣一员,驻惠远城⑥。回屯分布于宁远城,回务处机关驻宁远城⑦,"办理种地回子事务,设回务处,派协领官员,或效力大员管理。"回务处下设各品级伯克来管理回屯事务。地位最高的阿奇木伯克、伊什罕伯克,总理回屯一切事务。其下有葛杂纳齐伯克、商伯克、哈子伯克、拉雅哈子伯克、密喇布伯克、明伯克、玉子伯克等,分别管理地亩、粮赋、词讼、回民词讼、水利、回众头目和征输百户粮赋等。⑧ 国家给予各品级伯克

---

① 《伊江汇览·官制》,见马大正、华立主编:《清代新疆稀见史料汇辑》。
② 《伊江汇览·衙署》,见马大正、华立主编:《清代新疆稀见史料汇辑》。
③ 《伊江汇览·官制》,见马大正、华立主编:《清代新疆稀见史料汇辑》。
④ 录副屯垦,嘉庆十三年十一月四日,转引自华立:《清代新疆农业开发史》,113页。
⑤ 《钦定新疆识略》卷六《屯务·旗屯·成案》。
⑥ 《伊江汇览·衙署》,见马大正、华立主编:《清代新疆稀见史料汇辑》27页。
⑦ 《伊江汇览·衙署》,见马大正、华立主编:《清代新疆稀见史料汇辑》27页。
⑧ 《伊犁略志》,见马大正、华立主编:《清代新疆稀见史料汇辑》。

数量不等的田地和种地人户。① 其中,密喇布伯克专门管理水利②,专司灌溉,按例分给地亩,并给予种地人五名。③ 由于水在维族地区农业生产中占有特殊地位,密喇布伯克有时成为一些乡镇总管庶务的官吏,既管回务,兼通沟渠,导引水利疏浚灌溉之务。④ 初期伯克有二三十员⑤,后添至八十一员⑥。至道光二十三年后,伊犁伯克共一百一十五员,其中密喇布伯克十员,明伯克十一员、玉子伯克六十八员。⑦ 伯克对农田水利事业的发展颇有贡献。阿奇木伯克还出力修浚水利,如嘉庆二十一年,第四任伊犁阿奇木伯克霍什纳杂特禀请修渠。⑧ "回屯之分屯各处也,虽无营制之规,然自迁驻以来,耕地纳粮,岁以为常。其管辖之伯克,……六品之米拉布伯克六员,……所统回户六千有奇。……所居之宁远城,并哈什、阿展、诺海,皆设回庄,即以哈密郡王伊暂为领队大臣以领之。工作贸贩,奉令惟谨,是以云屯之部落,率有统制之员,整肃规仪,兵农各安其业焉。"⑨

光绪八年,刘锦棠建议裁革阿奇木伯克等,另设办公人员,由地方选举,再由各道转请新疆大吏发给委派,并按照"回官向例,拨

---

① 冯家升、程溯源、穆广文编著:《维吾尔族史料简编》下册。
② 《西域同文录》。
③ 《西域图志》卷三十。
④ 苗普生:《关于伯克制度的形成和发展》,《西北历史研究》1987年第9期。
⑤ 永保:《总统伊犁事宜·回务处应办事宜》,见马大正、华立主编:《清代新疆稀见史料汇辑》231页。
⑥ 松筠:《西陲总统事略》卷一。
⑦ 《伊犁略志》,见马大正、华立主编:《清代新疆稀见史料汇辑》。
⑧ 《新疆识略》卷六。
⑨ 《伊江汇览·营伍》,见马大正、华立主编:《清代新疆稀见史料汇辑》,36页。

给地亩,作为办公薪资"。① 虽裁撤了阿奇木伯克,但米拉布伯克可能保留了下来,并负责一渠的水利管理,而全县之渠归大阿訇管理。回屯中阿訇、米拉布伯克等人员如何管理水利?在新疆维族中,大阿訇负责调解民间纠纷,"缠回、土回中有大阿訇者,略如当世之缙绅先生,负乡党之名誉,足以端齐民之趋向"。② 阿訇职掌中,有两种可能与水利田产管理有关,即"管理是非曲直"和"管理市俗杂事"。"阿訇有小回章,曰摹;用其章曰榻摹。凡户、婚、析产及繁难重大事,皆请榻摹为证信。"③维族回民习俗信阿訇,"凡立书契、券约等事,非阿洪置用摹记不信。"④户婚析产及重大繁难问题,都由阿訇组织双方调解,并订立契约文书,由阿訇用印章,使契约文书具有一定的约束力。这种契约文书,外间难觅难识。论者说:"新疆农业生命源泉是水,水在新疆是一个严重的问题。各地因用水发生斗殴、诉讼事情迄今不绝。莎车区的水利纠纷,竟继续到二三十年而未能解决,……渠道的管理,系由村民共同组织,负责人员之产生也都由村民推举。每一水渠设有渠官,叫做米拉布伯克。全县所有之渠归大阿洪掌管,这里表现了农业与宗教结合的特点。"⑤

③ 户屯中,先后有渠长、农管、水利等负责管理水利灌溉。自兴屯之始,户屯采用内地乡村通行的乡里保甲编制。乾隆时,大约

---

① 刘锦棠:《刘襄勤公奏稿》卷三。
② 《绥定县乡土志耆旧》,《新疆乡土志稿》。
③ 《和田乡土志人事类》,《新疆乡土志稿》。
④ 《疏勒府乡土志·人类》,《新疆乡土志稿》。
⑤ 傅希若:《新疆的农业社会》,甘肃图书馆书目参考部编辑:《西北民族宗教史料文摘》(新疆分册下),甘肃图书馆出版社1985年。

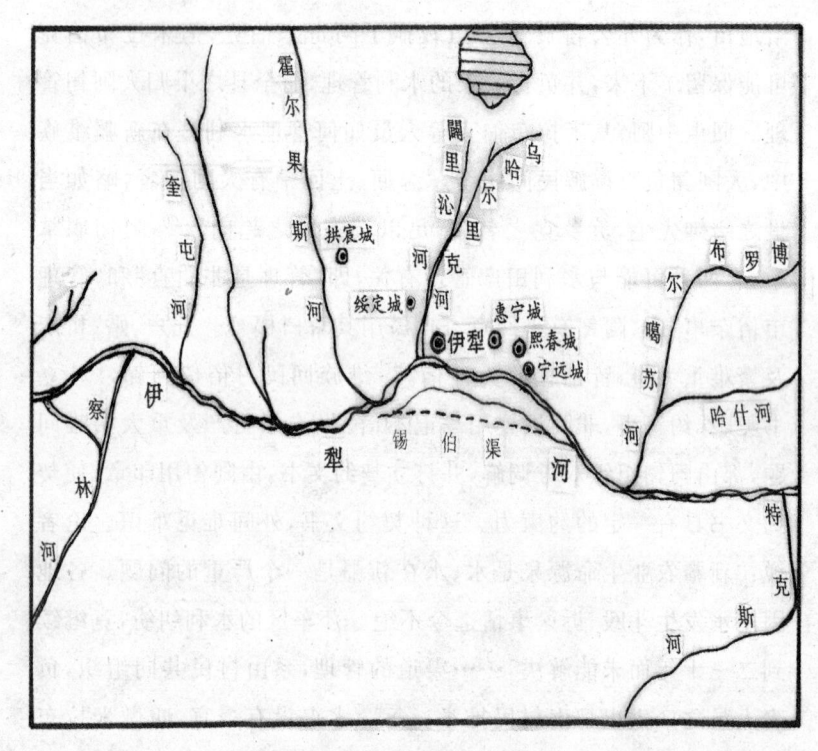

清代伊犁河流域水利图

有里长、渠长、约保等执事人员,分别负责基层的行政、税收、生产、水利和治安诸种职能。[①] 光绪后期,兵屯、旗屯、遣屯都向户屯转化,各村置农管一人,"农管由民间推举,而县任命之"。"若村堡辽阔,则更置水利一人为之副官",农管和水利察田亩高下远近,以时启闭,更番引输,农户皆如期约。(若每户地亩,汲水若干日,一放一蓄,皆有期限。……其有通流壅利相讼者,皆赴农管平其曲

[①] 华立:《清代新疆农业开发史》,黑龙江教育出版社1998年,第104页。

直。)① 即农管和水利等,根据田亩高低和距水渠远近,制订农户使水期限,保证共同用水和平均用水。此为新疆通省情形,伊犁当不例外。但是,由于伊犁、绥定、宁远三县《乡土志》修纂简略,文献不足征。

总之,伊犁将军负责水利规划、开发,将军衙署中的营务处在一段时间内负责管理两处水源地。兵屯和旗屯,由军官兼管屯田水利。回屯,沿袭维族的伯克制度,阿奇木伯克为地方行政长官,米拉布伯克管理水利灌溉。户屯(民屯)则由渠长等管理水利。新疆建省后,主要屯垦形式是回屯和户屯。米拉布伯克仍被保留下来,由地方推举的农管、水利成为水利管理人员,大阿訇则负责调处全县的水利纠纷。在伊犁屯田水利建设初期,就从制度上和技术上建立了分水措施。

3. 分水措施和纠纷管理

伊犁渠道建设之初,就从制度安排和工程技术上建立了分水措施,但由于自然因素和社会因素,仍存在各种层次的水利纠纷。

(1) 制度安排和分水措施

① 分城分河而居,预防纠纷。伊犁建有九城:绥定(今霍城市)、惠远、惠宁、熙春、塔勒奇、赡德、广仁、拱宸(今老霍城)、宁远(今伊宁市)。各城相距几十里,惠远、惠宁两城七十里②,最远的拱宸距惠远城一百二十里③。绿营六营,分驻六城:中营驻绥定城,左营驻广仁城,右营驻赡德城,霍尔果斯营驻拱宸城,巴彦岱营

---

① 《新疆图志》卷二十八《实业一·农》。
② 《伊江汇览·城堡》,见马大正、华立主编:《清代新疆稀见史料汇辑》。
③ 《伊江集载·城池》,见马大正、华立主编:《清代新疆稀见史料汇辑》。

驻熙春城。① 各屯分城而居。绿营兵屯驻于绥定城,回屯分布在宁远城;旗屯中,满营驻于惠远和惠宁两城周围,索伦营驻于霍尔果斯河东西,察哈尔营驻于博罗塔拉河,厄鲁特营驻于特克斯河,锡伯营驻于伊犁河南察布查尔等处;民屯(户屯)和犯屯则插空居住。这种分城而居,分河而驻的安排,自然有军事驻防上的考虑,但未尝没有预防纠纷的深意在内。

② 开筑新渠,安排新屯。安排户屯(民屯)时,为避免与兵屯、回屯的水利和土地冲突,另外开辟新的水土资源。乾隆三十七年,将军舒赫德奏请,以无碍屯工之隙地,拨令户民开垦。② 次年户部议准,户民屯田,需勘验指垦处所,地广水足,与屯田回户无碍,有余地可耕,分配给每户三十亩地。③ 结果四十八户汉民,被安置在惠远城西河湾屯垦。

安排满营旗屯时,避免与兵屯、回屯争夺水土资源,另开新渠和泉水。乾隆二十九年、五十年、五十五年,乾隆帝为了解决满八旗生齿繁多的问题,三次指示历任将军明端、奎林、保宁查看是否有"余水","开筑新渠"。④ 但"当时总因灌溉乏水,是以历任将军未及遵办"。⑤ 嘉庆七年秋,伊犁将军松筠筹划开发水利,"自伊犁河北岸竣开大渠一道,逶迤数十里,尽可引用河水",又于"城西北觅得泉水甚旺,设法另开渠道,以资灌溉"。于是在惠远、惠宁两城兴办满营旗屯。⑥

---

① 《伊江集裁·官制兵额》,见马大正、华立主编:《清代新疆稀见史料汇辑》。
② 祈韵士:《西陲要略》卷三《伊犁兴屯书始·三屯水利附》。
③ 《清高宗实录》卷九百二十八,乾隆三十八年三月庚子。
④ 祈韵士:《西陲要略》卷三《伊犁兴屯书始·三屯水利附》。
⑤ 《钦定新疆识略》卷六《屯务·旗屯》。
⑥ 《钦定新疆识略》卷六《屯务·旗屯》。

③ 建筑龙口,实行分水。伊犁渠道建设之初,就在干流和干渠上建分水口即龙口,或分水闸坝,采取"同源分注"①或"同渠分注"的工程办法。伊犁屯田中有多种层次的分水,有干渠之间的分水、支渠之间的分水、村庄之间的分水、农户之间的分水等。村庄、农户之间,其分水的制度原则有两种:一是计亩分水,兵屯、户屯"计亩输粮",②则分水原则就是计亩分水;二是计户分水,回屯耕种不计亩数,但要"计户纳粮",则分水原则是计户分水。

各干渠之间的分水。绿营兵屯分驻伊犁各城,分为六营:中营,驻绥定城;左营,驻广仁城;右营,驻瞻德城;霍尔果斯营,驻拱宸城;巴彦岱营,驻熙春城;塔尔奇营,驻塔勒奇。③ 各营共用同一干渠水,则干渠上有龙口,即分水口,这就从工程上建立了分水措施。兵屯分水情况十分复杂:或一处水道分溉几个营地,或一处水道既溉犯屯、民屯,又溉兵屯和旗屯,或从干流分出两道以上渠水分溉两处以上地亩。④ 如左营大芦草沟屯田,引用果子沟(即塔尔奇沟)泉水,龙口分水一支,引溉屯地;又自龙口分水一支,引溉左头屯地亩。右营清水河屯田,引用大西沟泉水,自龙口分水一渠;另浚水泉一道引溉屯地外,又自龙口分水一渠,引溉屯地。右营又用察罕乌苏沟泉水,自龙口分水一渠,引溉屯地;又自龙口分水一渠,引溉屯地。⑤ 这里提到左营、右营、巴彦岱营三营多处"自龙口

---

① 光绪三十四年张璈光纂《巴楚县乡土志·山水》载:巴楚州、疏勒、英吉沙尔三州(厅府)之间采取"同源分注"的方法分水。见《新疆乡土志稿》640页,全国图书馆文化缩微复制中心1990年。
② 《绥定府乡土志·政绩》,见《新疆乡土志稿》354页。
③ 《伊江集载官制兵额》,见马大正、华立主编:《清代新疆稀见史料汇辑》。
④ 彭雨新:《清代土地开垦史》,农业出版社1990年,第222页。
⑤ 祈韵士:《西陲要略》卷三《伊犁兴屯书始·三屯水利附》。

分水一支"或"自龙口分水一渠",显然,各干渠上的龙口即分水口,就是分水的工程技术。其他大干渠之间,同样有分水问题。宁远县,十条干渠都引用哈什河水源,各干渠都分别位于距宁远城二百至一百里不等的位置①,各干渠都有各自的灌溉面积,在水源不足时,自然会有分水问题。塔城厅的河上大渠、红桥渠、都伦渠三条干渠,都在城北一百六十里处,导源额敕勒河,三干渠可能共有一个分水口,势必会有一个分水问题。

各支渠间的分水。绥定县清水泉渠,在城东北三十二里处。清水泉渠有三条支渠,头道渠距干渠仅二里,灌溉面积一千四百亩;二道渠和三道渠都位于离干渠下十五里处,各自的灌溉面积都是八百五十亩。这样,不仅二道渠和三道渠之间有分水口,而且它们和头道渠也可能有分水问题。绥定县果子沟渠,有五条支渠,其中木札渠、横渠、流洞子三条支渠都位于城北六十里,那么在城北六十里处应当有一个分水渠口;东渠、东山湾渠两条支渠都位于城北二十里,那么城北二十里处也应当有一个分水渠口。果子沟渠的水源地在城北八十里处的果子沟,如果气候干旱、水源短缺,前三条支渠,距离水源较近;后两条支渠,距离水源较远。前三条支渠和后二条支渠之间,可能存在着分水问题。②

村庄(回庄、屯工、牛录)之间的分水。回屯、兵屯、旗屯中,回庄、屯工、牛录(牛录屯工)是集体生产生活单位。从乾隆二十六年开始,宁远城以东回屯六千户,共有九处回屯。道光二十三年规划,阿勒卜斯地分设回庄五处,平均每个回庄一百户。③ 绥定城有

---

① 《新疆图志》卷七十五《沟渠三》。
② 《新疆图志》卷七十五《沟渠三》。
③ 《清宣宗实录》卷四百,道光二十三年十二月丁未。

甲　水利纠纷与分水制度　111

"屯田二十六工",①塔尔巴哈台绿营屯田兵四百名,分为五工:头工、二工、三工、四工、五工,分别在塔城的西、南、东南、东四处,每处一百名屯兵。② 锡伯营大渠分饮八处牛录屯工。③ 土尔扈特属下屯田在惠远城北门外,有头屯、二屯、三屯、四屯。④ 这些回庄之间、屯工之间、牛录之间,都有分水的问题。

农户之间的分水。农户是最小的生产生活单位。回屯六千户,计户纳粮,每户每年征粮十六石,⑤但"耕种不计亩数"⑥,每个回户必然尽量多种地亩,以最大努力争取最多的余额。⑦ 回户之间,回户和伯克的种地燕齐回子之间,都有如何分配渠水的问题。绿营屯兵"每名种地二十亩",⑧"每名收获细粮十八石以上至二十八石不等"⑨,并有严明的奖惩制度。因此,每个屯兵都是一个生产纳粮单位,屯兵之间也有分水问题。乾、嘉、道时,户屯中一般农户多承租三十亩或五十亩,也应有分水问题。

(2)**水利纠纷及其原因**　尽管有各级水利管理人员和分水措施,但伊犁仍然存在水利纠纷,有各种屯田形式内部统治者侵占渠水、不同屯田形式间的水土纠纷、各县之间的水利纠纷、各村之间的水利纠纷、各农户之间的水利纠纷。

---

①　《新疆纪略》卷七十一。
②　永保纂修、兴肇增补:《塔尔巴哈台事宜》卷四《屯田》。
③　《伊犁府乡土志·川流》,见《新疆乡土志稿》。
④　《伊江汇览·外藩》,见马大正、华立主编:《清代新疆稀见史料汇辑》。
⑤　乾隆四十年《钦定皇舆西域图志》卷三十二《赋税一》。
⑥　《伊江集载·屯务》,见马大正、华立主编:《清代新疆稀见史料汇辑》。
⑦　彭雨新:《清代土地开垦史》213页。
⑧　《总统伊犁事宜·粮饷处应办事宜》,见马大正、华立主编:《清代新疆稀见史料汇辑》。
⑨　松筠:《西陲总统事略》卷七。

① 各种层次的水利纠纷

各种屯田形式内部统治者侵占渠水。回屯中,大、小伯克和维族强势者侵占渠水的情况一直很严重。嘉庆十八年,伊犁将军松筠所制定《回疆事宜规条十则》,其中有禁止伯克侵占渠水的条文,第八条云:"回户种地所需渠水,禁止伯克侵占,以免苦累也。"第十条云:"各城查有闲田余水,分给穷小回子垦种糊口,以免流亡也。"①《钦定回疆则例》卷六《禁止大小伯克侵占渠水》说,各城驻扎大臣,每年春夏,必须"饬禁大、小伯克及回众等不许侵占渠水,务使均匀浇灌。……倘伯克内有倚势侵占渠水,或回众有恃强截流,偷引浇灌者,一经查出,抑被控告,……"。② 以法律形式禁止伯克等侵占水利、恃强势截流,这说明回屯中大小伯克侵占水利、回众恃强势截流、浇灌不均的情况相当严重。旗屯、兵屯中处于较高管理地位的总管、总兵、都司等,都可能侵占旗丁和屯兵的用水利益。

不同屯田形式间的水土纠纷。如旗屯与回屯的水土纠纷。宁远县于光绪十三年设县,其上报土地升科面积,"有与满营屯地纠葛者",直到光绪二十年才"与满营勘分清楚"。③ 既然土地有纠葛,自然就会有水利纠纷。回屯分布于宁远城以东,满营旗屯与宁远县的水土纠纷,就是旗屯与回屯的水土纠纷。

各县之间的水利纠纷。新疆建省后,伊塔道下设绥定和宁远两县、塔城和精河两直隶厅。河流或渠道的走向,与行政单位的疆

---

① 《新疆识略》卷三《事宜附》。
② 《钦定回疆则例》卷六《禁止大小伯克侵占渠水》,见吕一燃、马大正主编:《蒙古律例·回疆则例》,全国图书馆文献缩微复制中心1988年。
③ 宣统三年《新疆图志》卷六十五《土壤一》。

界,并不一致。也就是说,河川或渠道,有源委皆在本境者,有源委皆不在本境者,有源在本境而委在他境者,有源在他境而委在本境者,这样,相邻县厅间的水利纠纷,势所难免。如哈什河,由宁远向西,流向绥定,但现在未见宁远和绥定两县水利纠纷的文献,但却有镇迪道(乌鲁木齐)下奇台和昌吉两县水利纠纷和分水的民间口述文献。① 这种情况不是孤立的,宁远和绥定之间未必没有争水矛盾,特别是在水源紧缺的年份。

各村之间的水利纠纷。现在未见伊犁各村之间水利纠纷和分水的文献,却有光绪时镇迪道阜康境内滋泥泉乡八户沟村与中沟、南泉、东泉等村争水的口述文献。这种情况当不限于乌鲁木齐,恐怕伊犁邻村之间亦有水利纠纷。

各农户之间的水利纠纷。俄国侵占伊犁后,特别是在光绪七年(1881年)《中俄改订条约》签订后,允许伊犁的中国居民迁入俄国境内,"其中一些不法之徒,保留俄籍而以俄领事馆为靠山,欺压同胞,争占水利,抗纳粮税,违约滋事,种种弊窦,迭出丛生。"② 这种争占水利、违约滋事的情形,其他时期也可能发生,只是这一时期更明显而已。

② 造成水利纠纷的自然因素和社会因素。

制度因素,指政府授予管理者很多土地。回屯中,国家给予各品级伯克数量不等的田地和种地人户③,授予三品阿奇木伯克二百帕特玛籽种地(一帕特玛合内地五石三斗)、种地人一百名,其余

---

① 昌吉文史资料委员会编:《昌吉文史资料选辑》第五辑,孔庆武口述、赵根基整理:《汪祥煜分水》,1986年印刷。
② 《新疆图志》卷五十五《交涉志三》。
③ 冯家升、程溯源、穆广文编著:《维吾尔族史料简编》下册。

伯克也都有不等的土地和种地人户。米拉布伯克按例分给地亩、种地人五名。① 道光二十三年，阿勒卜斯的商伯克等每户拨地二百亩。② 旗屯中，总管授田四百八十亩，佐领二百四十亩，骁骑校一百二十亩。③ 处于管理地位的伯克、总管、总兵、都司等，势必倚势恃强，侵占渠水，截流灌溉。屯兵、屯户都承租国有土地并交纳租税或租银。回屯中，每年每户纳粮十六石④，但"耕种不计亩数"⑤，每户必然尽量多种地亩，以最大努力争取最多的余额。⑥ 种田农户之间，农户和伯克种地户之间，分水不均则产生纠纷。兵屯中，每名种地二十亩，收成分数在十八石至二十八石之间，官兵都有不同的奖励；否则，有处罚。⑦ 因此，每个屯兵都是一个生产单位和交粮单位，势必发生用水矛盾。

自然因素，指农作物需水特点、气候和水源特点，决定了春夏之交必然发生激烈的争水矛盾。伊犁农业完全依赖灌溉，"无水即无田"。⑧ 气候寒冷，晚种早获："北部多寒，故晚种早获（天山以北解冻较迟，寒信独早，自播种至收获，为候不越百日）。"⑨用水制度中，最重要的是浇冬水和夏季用水，季秋初冬"农功毕，放水入池，谓之浇冬水。来春水润，可早布种。……荒草湖滩，每于春融冰解

---

① 《西域图志》卷三十。与钦定《回疆则例》、《回疆通志》的记载不同。
② 《清宣宗实录》卷四百，道光二十三年十二月丁未。
③ 佟克力：《伊犁锡伯营概述》，《新疆大学学报》1985 年第 4 期，转引自《清代新疆农业开发史》110 页。
④ 乾隆四十年《钦定皇域西域图志》卷三十二《赋税一》。
⑤ 《伊江集载·屯务》，马大正、华立主编：《清代新疆稀见史料汇辑》。
⑥ 彭雨新：《清代土地开垦史》，农业出版社 1990 年 213 页。
⑦ 《总统伊犁事宜·粮饷处应办事宜》。
⑧ 《新疆图志》卷二十八《实业一·农》，宣统三年刻本。
⑨ 《新疆图志》卷二十八《实业一·农》，宣统三年刻本。

时,引水入池,微干则耕犁播种。苗生数寸,又放水灌溉之"。① 伊犁屯田"种植之初用水不多,至夏间用水渐多"。② "北疆当春夏之交,待泽甚殷"。③ 可见,春夏之交,伊犁农田水利灌溉的重要性。

伊犁气候和水源条件,是否符合农作物的用水需要?伊犁夏秋两季雨量少,依赖冬季高山积雪,来春融化补给。"伊犁雨量,每年夏秋两季少雨,润地深不过四五寸。冬春两季多雪,积地一尺至二三尺,每年收成丰欠,全赖积雪深浅。各河水发,官屯民户,修堤挑渠,引水灌田,间有一二处用泉水溉地亩者。"④而作物需水多在春夏间,春三月农人播种二麦,夏四月种稻,六月收麦,八月获稻。⑤ 所以,春夏两季是作物需水最多的季节,而此时雨量稀少,依赖春季冰雪融水。"立夏以后,日炙雪融,分酾为渠,涓涓不竭,南北两疆之地,无不倚之以为利赖者(凡水所到之处,皆可耕种,故无水即无田)。"但是,暖冬则积雪少,"春寒,则雪水来迟,播谷失时"⑥,春暖甚早,则山中积雪消融早,夏季雪水少,不能满足需要。嘉庆十七年,伊犁将军晋昌奏请:近来伊犁冬雪略少,春暖常早,山中积雪春日已消十分之五,种植之初用水不多,至夏间用水渐多,而山中积雪已少。八旗未分屯田四万亩,地势遂高,得水不能充足。他建议删去不能得水之田二万亩。⑦ 光绪后期,绥定县"塔勒

---

① 《回疆风土记》卷七十一,《小方壶舆地丛钞》第二帙。
② 《钦定新疆识略》卷六《屯务·旗屯》。
③ 《新疆图志》卷二十八《实业一·农》。
④ 光绪三十四年许国桢《伊犁府乡土志》,见《新疆乡土志》,全国图书馆文化缩微复制中心 1990 年。
⑤ 《伊犁府乡土志·物候》,见《新疆乡土志稿》。
⑥ 《回疆风土记》卷七十一,《小方壶舆地丛钞》第二帙。
⑦ 《钦定新疆识略》卷六《屯务·旗屯》。

奇东西山沟,每当盛夏泉竭,稻麦枯萎"。① 气候、水源和作物需水特点,决定了春夏之交伊犁极易发生水利纠纷。

③ 伊犁水利纠纷程度不强烈的可能原因。

尽管伊犁存在着水利纠纷,但水利纠纷的程度可能不高。细究其来,可能的原因有三:其一,屯田水利建设之初,就从制度设计和工程技术上建立了分水措施,并发挥了一定的作用。其二,土地轮种休耕制度,减缓了对水源的需求。嘉庆十七年,伊犁将军晋昌说,旗屯四万亩屯田,"年种植一半,缓歇一半"。② 道光二十四年前后,林则徐在伊犁时就观察到这种轮种休耕耕作制度"幸多旷土凭人择,歇两年来种一年。"③ 宣统三年,《新疆图志》作者说,新疆建省以来,招徕内地民户,"计户授田。大抵上地六十亩为一户,中地九十亩为一户,下地一百二十亩"。当时"田多而户少,高原无塍,下隰无畔,颇多占地自广,无有经界"。伊犁"地广人稀,力不能耕,乃为代田之法,耕一而休二,岁以为常。"④近代以来,有耕种、休闲和种苜蓿各占三分之一的土地使用制度。⑤ 这种轮种休耕制度,使得伊犁的水利纠纷程度不强烈。其三,根据伊犁水量和仓储粮食数量,决定旗屯土地数量和兵屯数量,从而缓解了水利纠纷的程度。乾隆四十七年,将军伊勒图奏请:伊犁仓内存粮五十多万石,以至红腐霉烂,请减少兵屯为十五屯。⑥ 嘉庆四年将军保宁奏

---

① 光绪三十四年《绥定县乡土志·山水》,《新疆乡土志稿》。
② 《钦定新疆识略》卷六《屯务·旗屯》。
③ 林则徐:《云左山房诗钞》卷七《回疆竹枝词二十首》。
④ 《新疆图志》卷二十八《实业一·农》。
⑤ 2006年8月,作者电话访问伊犁伊宁县地方志编纂委员会前主任王华云先生。
⑥ 钦定《新疆识略》卷六《屯务》。

请:"数年以来,均属丰收,除每年放给官员兵丁外,仍余一万余石,并现在各仓所存共有三十六万余石,足敷二年支放",奏准改为十八屯。① 嘉庆十七年,将军晋昌奏请,近年来夏季积雪融水不多,建议减少满营旗屯二万亩。② 减少屯田面积,自然会减少或减缓水利纠纷。分水措施和其他制度设计实施,保证了清代伊犁屯田的顺利进行。

目前受文献(含民间文献)不足和缺乏实地考察等因素的限制,仅仅对伊犁屯田中的水利问题,做了初步探索。从今天资源环境与可持续发展角度看,伊犁屯田中的水利问题及其涉及的其他问题,如伊犁河流域上下游各国对水资源的共同利用,水利纠纷与民族问题的纠葛,农田灌溉中的渠道渗漏和大水漫灌等,都是需要重视的,今后还可以做进一步的探索。

---

① 《大清会典事例》卷一百五十。
② 《钦定新疆识略》卷六《屯务·旗屯》。

乙　水利思想和用水理论

　　元明清时期,江南籍官员学者提倡发展西北华北(畿辅)水利,其原因是北方农田水利成效不大,而东南特别是江南赋重,漕重民困,其根本目的是通过发展北方的水稻生产,使京师就近解决其粮食供应,从而减轻江南的赋重漕重问题。而北方籍官员反对发展西北华北(畿辅)水利,其中有对水土特性认识不同的认识根源,更有惧怕发展水利后会增加税收负担的因素。清朝,除了许多江南籍官员学者提倡西北华北(畿辅)水利外,一二北方籍官如文安人陈仪、霸州人吴邦庆等,他们出于关注桑梓利害的目的,亦提倡西北华北(畿辅)水利;反对者中,除了北方籍官员,亦有几个南方籍官员如程含章、陶澍、李鸿章等。这其中原因相当复杂。李鸿章从支持西北水利转而反对畿辅水利,固然有当时朝廷派别争斗之因素、对水土特性认识不同的认识因素,但主要是因为发展畿辅水利的根本目标不存在了,即朝廷减少苏、松、太赋税,招商海运、漕粮折征银两、东北农业的发展、粮食贸易的活跃后,京师无需依赖东南漕粮。而西北华北(畿辅)水利最终不能有大成效,则原因相当复杂,既有社会政治因素,也有自然条件因素。

　　元明清时期,江南籍官员学者提倡发展西北华北(畿辅)水利,最终没有完全实现,其原因相当复杂,既有北方官员担心失去既得的水利、土地、芦苇刍薪的经济根源,更有对北方特别是畿辅水性、土性不同看法的认识根源,此外,还有许多政治与自然条件等方面的因素。而讲求畿辅水利者,则从各方面来论证西北华北(畿辅)水性、土性可以发展农田水利,并且论证畿辅用水用土的各种具体方法。反对者的顾虑和疑惑,支持者的反驳和论证,都促成了对畿辅水性、土性的认识,使主观认识更趋于符合客观实际,并且促成了用水用土理论方法的探讨。这无疑是对西北华北(畿辅)水土特性认识的贡献,元明清时期关于旱地用水理论、方法、技术的探讨,对低洼地区如何利用水利的论证,对今天西北华北农田水利的发展也有借鉴意义。

七　关于畿辅农田水利成效的批评意见

元明两朝的前期,比较重视西北华北(畿辅)农业生产。元朝"世祖即位之初,首诏天下,国以民为本,民以衣食为本,衣食以农桑为本"[1],确立了以农桑为主要经济方式的思想意识,"至元七年,立司农司,……专掌农桑水利。仍分布劝农官及知水利者,巡行郡邑,察举勤惰。所在牧民长官提点农事……。颁农桑之制一十四条"[2],司农司组织编写《农桑辑要》颁赐朝廷及诸路牧守令,从理论和方法上指导农桑种植。在内地、边郡、京师,都实行屯田垦荒政策,形成"天下无不可屯之兵,无不可耕之地矣"[3]。明洪武、永乐时确立屯田政策,隆庆时兵部左侍郎蓟辽总督谭纶说:"腹

---

[1]　《元史》卷九十三《食货志一·农桑》。
[2]　《元史》卷九十三《食货志一·农桑》。
[3]　《元史》卷一百《兵志三·屯田序》。

里当国初右武,田皆膏腴。实收子粒,足以充军食之半。"①户部尚书刘体乾说,北边各镇"一军之田,足以赡一军之用"②。此外,明初实行移民就宽乡政策,鼓励农民垦荒。万历时,又把洪武时移民垦荒制度以法典的形式固定下来。《明会典》从法典上规定了移民垦荒的合法性和连续性。清初,由于八旗圈地问题,北方农业生产受到影响。从总体情况看,元明清时期,人们对畿辅农田水利的实际效果多持批评态度。

1. 北方农田水利收效甚微及其原因析论

元明清时期,有些官员认为北方广大地区农作物收成不高,并分析其中的原因。这里仍以元朝胡祗遹的《论农桑水利》为例,来说明这个问题。约在至元十九年(1282)后,胡祗遹写道:

一、论人无余力而贪畎亩之多。……古者一夫受田百亩,步百为亩,比之二百四十步为亩,不及其半,地非不足而俭于百亩,大抵一夫之力终岁勤勤无懈无息,百亩之田犹不能办。后世贪多而不量力,一夫而兼三四人之劳,加以公私事故,废夺其时,使不得深耕易耨,不顺天时,不尽地力,膏腴之地,人力不至,十种而九不收,良以此也。

二、论牛力疲乏寡弱而服兼并之劳。地以深耕熟耙及时则肥,能如是者牛力耳。古者三牛耕今田之四十亩,牛之刍豆饱足,不妄服劳,壮实肥腯,地所以熟。今以不刍不豆赢老困乏之牛而犁地二百余亩,不病即死矣。就令不病不死,耕岂能

---

① 《明穆宗实录》卷三十五,隆庆三年七月辛卯条。
② 《明穆宗实录》卷三十九,隆庆三年十一月乙亥条。

乙　水利思想和用水理论

深而耙岂能熟与？时过而耕，犁入地不一二寸，荒蔓野草，不能去除根本，如是而望亩收及古人，不亦艰哉？

三、论有司夺农时而使不得任南亩。农以时为先，过时而耕植，力虽能办，亦必不获，况力不足耶？今日府州司县官吏奸弊，无讼而起讼，片言尺纸入官，一言可决者，逗留迁延半年数月，以至累年而不决。两人争讼，牵连不干碍人四邻、亲戚、乡老、主首、大户、见知人数十家，废业随衙，时当耕田而不得耕，当种植而不得种植，当耕耨而不得耕耨，当收获而不得收获，揭钱举债，以供奸贪之乞取，乞取无厌，不得宁家，所以田亩荒芜，岁无所入，良可哀痛。虽设巡按察司，略不究问，纵恣虎狼白昼食人，谁其怜之？

四、论种植卤莽灭裂而望丰穰。土不加粪，耙不破块，种每后期，谷麦种子不精粹成熟，不锄不耘，虽地力膏腴，亩可收两石者，亦不得四之一，倘不幸雨泽不时，所得不偿所费。

五、论不遵古法，怠惰不敏。旱地社，种麦皆团科，种一粒可生五茎；地不杀[旱]，天寒下种子，一粒只得一茎，所获悬绝如此。谷宜早种，二月尤佳，谷生两叶如马耳便锄，既遍，即再锄，锄至三四次，不惟倍收，每粟一斗得米八升，每斗斤重比常米加五。今日农家人力弱，贪多种谷，苗高三四寸才撮苗，苗为野草荒芜，不能滋旺丛茂，每科独茎小穗，勤者再锄，怠惰者遂废，所收亩不三五斗，每斗得米五升，半为糠粃。

六、论劝民务农而不使民知为农之乐。……一夫之力，而责以当数人之任，聚集期会而反废时日。官吏杂沓，使民供给酒食之不暇。水旱、风霜、虫蝗之灾，不恤不怜。岁不登，家阙食，而赋税如故，虐下欺上，徒取具文。官不得富实之利，私不能免冻馁之苦,弃本逐末,卖田卖牛,流离本窜,皇皇然无定居。产业丁口众多不能移徙者,代当逃户差役,日就困苦贫乏。冤苦失职,不可枚数,此其略也。

七、论农家随俗亦皆奢侈过度而妄费谷帛。匹夫匹妇,终岁勤动,岁终所获,除纳官奉公之外,不能供半岁之口体。今日男婚女嫁,吉凶庆吊,不称各家之有无,不问门第之贵贱,例以奢侈华丽相尚。饮食衣服,拟于王侯。贱卖有用之谷帛,贵买无用之浮淫,破家坏产,负债终身,不复故业,不偿称贷。农室既空,转徙逃避,农业亦废。有司略不禁治,岂不可叹。①

以上七论,涉及了农业生产的自然条件因素和社会因素,如人力不足而耕地有余,牛力不足而耕地不深,种植技术落后,有司侵夺农时、劝农而不知使民乐业,以及农村风俗奢侈等。这些论述,反映了胡祗遹重视农业生产的自然因素,仍认为社会因素对生产的重要。他所说"十种而九不收"、"亩可收两石者亦不得四之一"、"所收亩不三五斗每斗得米五升半为糠秕",反映了北方农业水平的实际。值得注意的是,胡祗遹反对设司农司和劝农使等劝课农桑。这反映了人们对劝课农桑效果的不同认识。

王祯的意见,与胡祗遹相同。王祯认为,北方有发展农田水利的必要和可能,并据为官经验和历史事实说明这个问题。他说:"方今农政未尽兴,土地有遗利。夫海内江、汉、河、淮之外,复有各水万数,枝分派别,大难悉数。内而京师,外而列郡,至于边境,脉络贯通,俱可利泽,或通为沟渠,或蓄为陂塘,以资灌溉,安有旱暵

---

① 《紫山大全集》卷二十二《论农桑水利》,文渊阁四库全书电子版。

之忧哉？近年怀孟开广陵复引雷陂，庐江重修芍陂，似此等，略见举行。其余各处陂渠川泽，废而不治，不为不多。倘能按循故迹，或创地利，通沟渎，蓄陂泽，以备水旱，使斥卤化而为膏腴，旱潦变而为沃壤，国有余粮，民有余利。"①王祯认为北方具有很充分的发展农田水利的条件，但实际则是"农政未尽兴，土地有遗利"。以上所引文献说明，元代官员认为北方农桑水利事业收效甚微，有自然条件因素，也有社会因素，还有统治者的认识因素和政策执行中的失误，反映了元明时期人们探讨自然条件与经济发展关系的意识，已经达到了较高的水平。

2. 王畿多污莱、京师称瘠土及其原因探究

元明清时期，许多官员或学者认为北京、畿辅乃至华北西北农业水平很低，并探究造成这种状况的自然因素和社会因素，反映了人们对京师、畿辅地区利用自然条件与发展农业之效果的反省意识。

元朝，南北官员学者普遍认为大都周围农桑事业收效甚微。王祯说："然考之前史，后魏裴延隽为幽州刺史，范阳有旧都亢渠，渔阳燕郡有故戾陵诸堰，皆废。延隽营造而就溉田万余顷，为利十倍。今其地，京都所在，尤宜疏通导达，以为亿万衣食之计。"②至顺三年(1332)宋本说："水之利害，在天下可言者甚夥。姑论今王畿，古燕赵之壤，吾尝行雄、莫、镇、定间，求所谓督亢陂者，则固已废。何承矩之塘堰，亦漫不可迹。渔阳燕郡之戾陵诸堨，则又并其名未闻。豪杰之士有能以兴废补弊者，恒慨惜之。或谓漯之沽口，

---

① 王祯：《王氏农书》卷三《灌溉篇第九》。
② 王祯：《王氏农书》卷三《灌溉篇第九》。

田下可胜以稻,亦有未举者"。①宋本、王桢都认为,大都附近有发展农田水利的条件和必要,但实际则是收效甚微。孛术鲁翀曾指出大都周围劝农实效不大:"上有司农之政,下有劝农之臣,垦令虽严,而污莱间于圻甸;占籍可考,而游惰萃于都城,况其远乎?"②吴师道于顺帝后至元末年为国子博士,其《国学策问四十道》流露了对大都居民不事生产而坐食县官的不满:"今京城之民,类皆不耕不蚕而衣食者,不惟游惰而已,作奸抵禁实多有之,而又一切仰县官转漕之粟,名为平粜,实则济之。"③宋本、孛术鲁翀和吴师道的话,反映了当时江南籍官员学者对大都周围粮食生产不能自给的认识。至正三年(1343)许有壬写道:"司农之立七十七年,其设置责任之意,播种植养之法,纲以总于内,目以布于外,灿然毕陈,密而无隙矣。责之也严,行之也久,其效亦何如哉?今天下之民果尽殷富乎?郡邑果尽职乎?风纪果尽其察乎?见于簿书者果尽于其说乎?……方今农司之政其概有三:耕藉田以供宗庙之粢盛,治膳羞以佐尚方之鼎釜,教种植以厚天下之民生。尊卑之势不同,理则一尔。卑或凋劾尊孰与奉厚之道,其农政之先务乎?"④许有壬认为司农司应该把教种植以厚天下之民生与宗庙藉田、尚方膳羞同样重视起来,在反省司农司履行劝课农桑职责时,委婉地批评了北方农桑事业的落后。

明代人们仍然认为北京以及周围地区农田水利,仍没有多大的发展,其农业产量无法与南方闽蜀吴越相抗衡。天顺八年

---

① 宋本《都水监记事》,《元文类》卷三十一。
② 《元文类》卷四七,《大都乡试策问》。
③ 《吴礼部集》卷五《国学策问四十道》。
④ 《至正集》卷四十四《敕赐大司农司碑》。

(1464)金景辉奏称:"畿内耕获有限,而四方买籴无穷。幸值丰岁,民食尚乏;倘遇凶荒,将何以顾?"①弘治间,丘浚说:"今京畿之地,地势平衍,率多洿下。一有数日之雨,即便淹没,不必霖潦之久,辄有害稼之苦。农夫终岁勤苦,盼盼然而望此麦禾,以为一年衣食之计,赋役之需,垂成而不得者多矣,良可悯也。十岁之间,旱有什一,而潦恒至六七也。"②弘治六年(1493)巡抚河南都御史徐恪奏称:"彰德府有高平、万金二渠,怀庆府有广济渠及枋口堰,……其他故渠废堰,在在有之,浚治之功,灌溉之利,故老相传,旧志所载。"③丘浚、徐恪都认为京畿地区农田水利状况相当落后。

对畿辅农田水利状况的评价,后来没有多大改变。嘉靖时《广平府志》作者论及广平府水利状况时说:"西而邯郸,则曰地势高瘠,遇旱东西二乡俱灾中。而永年数县,永年则曰城北有洺河之患,成安则曰漳河故道,时当潦,水流溢为民患。滏水旁流,若……泊……潭等处,多被淹没。东而鸡泽,则曰沙、洺二河,在城西二十里内,秋时水涨,淹没民田,极目汪洋,诚非小害。清河则曰县东南有莲花池,何家码头洿下者千余顷,秋雨至则没田禾,沉庐舍,至有系婴儿于树上者。是此郡自西而中而东,皆有灾而为患矣。"④嘉靖时《雄乘》作者对雄县水患提出疑问:"雄之河皆西北山水,实浑浊易淤,故多塞。今之通者亦浅于往年矣。……何自弘治以来,数遭水患,迄今未已?""今之地即古之地,古之河即今之河,奈何古以

---

① 《漕河图志》卷四,金景辉:《议开汴梁陈桥河引河沁二水接济会通河》。
② 《农政全书》卷十二《农本》引《大学衍义补》卷四。
③ 《明孝宗实录》卷八十一,弘治六年冬十月戊辰。
④ 嘉靖《广平府志》,卷三《山川》,上海古籍书店 1963 年影印天一阁藏明代地方志选刊本。

为利而今反为害邪？菑沴虽出诸天而致之，未必不由于人也。……君子罔浚而小人方以曲防为功。"①"君子罔浚"指地方官不重视兴修水利，"小人曲防为功"指居民随意设置堤坝。作者探究水旱的原因，以为"虽出于天而致之未必由于人"，即重视了自然条件因素和社会因素。

嘉靖万历时，章潢《图书编》总结天下粮食亩产，说："今天下之田称衍者，莫如吴越闽蜀。其一亩所出，视他州辄数倍。彼闽蜀吴越者，古扬州梁州之地也。按《禹贡》，扬州之田第九，梁州之田第七，是二州之田在九州之中，等最为下，而今以沃衍称者，何哉？……夫以第七第九之田，培养灌溉之功至，犹能倍他州之所出，又况其上至数等乎？以此言之，今天下之田地力未尽者亦多矣。"②此书刊刻于万历四十一年，不仅低调评价明中期北方地力未尽的状况，而且也探索了北方地利未尽的原因，即南方土壤等级低，但培养灌溉之功至，则农业产量高；北方土壤等级很高，但由于"培养灌溉之功"未到，则粮食亩产很低。这反映了他探究粮食亩产低的社会因素的意识。万历中期，萧端蒙说："京师之地，素称瘠土，衣食百货，仰给东南，漕河既废，商贾不通，畿甸之民，坐受其困。"③京师在人们心目中成为瘠土，这与汉朝人们心目中京师的地位，不可同日而语。

洪武、永乐时确立的军屯制度，到宣德时就开始废弛，因此畿辅（包括北边）、西北屯田的实际效果不明显，屯田有名无实。宣德

---

① 嘉靖《雄乘》卷二《山河》，上海古籍书店 1963 年影印天一阁藏明代地方志选刊本。
② 《图书编》卷三十二，万历四十一年刻本。
③ 《明经世文编》卷二百八十六，《萧通野集·治运河议》。

四年(1429)二月,行在户部尚书郭敦奏请整理屯政,并说:"洪武、永乐年间,屯田之例:边境卫所旗军,三分四分守城,六分七分下屯;腹里卫所,一分二分守城,八分九分下屯;亦有中半屯守者。都司、布政司、按察司提督,秋成比较,依例赏罚,仓有余粮。近年各卫所不遵旧例,下屯者或十人,或四五人,虽有屯田之名而无屯田之实。且以一卫计之,官军一年所支俸粮,动以万计,而屯收子粒止有六七十石或百余石,军粮缺少,实由于此。"①郭敦的奏疏,反映了宣德以后天下卫所屯田"有屯田之名而无屯田之实"的情形。造成这种状况的原因是多方面的,其中有一条则是由于屯田制度的破坏,水利制度也被破坏。宣德六年(1431)九月,行在工部侍郎罗汝敬言:"宁夏、甘州田土,资水灌溉,有势力者占据水道,军民莫敢与争,多误耕种。请增除六部或督察院堂上官二员,往来巡视。宁夏、甘州皆请置提举司;宁夏正提举司一员,副提举司二员及吏目一员,司吏二名,典吏四名;甘州正提举司一员,副提举四员,吏目一员,司吏四名,典吏八名。专掌水利,兼收屯粮,俱属部院官提督。则屯田不废,边储有积。……"户部会议并请宣宗定夺,于是在甘州、宁夏设立河渠提举司,管理水利②。但这一措施并未生效。后来仍有"阻挠屯种,占据水利者",于是九年五月派罗汝敬去提调各卫所屯种和河渠提举司③。罗汝敬又奏甘州等指挥仇胜等,"阻挠屯田,占据水利",于是十年五月命巡按陕西监察御史兼视屯田④。虽然如此,势要占据水利的问题并未解决。正统十年

---

① 《明宣宗实录》卷五十一,宣德四年二月。
② 《明宣宗实录》卷八十三,宣德六年九月庚辰。
③ 《明宣宗实录》卷一百十一,宣德九年夏四月戊申。
④ 《明英宗实录》卷五,宣德十年五月壬申。

(1445)英宗说:西北"官豪势要及各管头目,……将膏屯田侵夺私耕,又挟势专占水利,以致军士虚包子粒,负累逃徙者多",派员专巡水利,并提督屯种①。但景泰五年(1454)二月甘州河渠提举司被废,成化十二年(1476)甘肃水利仍然"为豪所夺",而且"所司不能禁"②,成化二十三年(1487)甘肃"大小将臣,既占肥饶之地,复专灌溉之利"。③都司卫所大小将臣在宁夏、甘肃侵夺屯田,专占水利的事,终明一代,竟未得到纠正④。在河北,原有的水利制度不能继续执行。弘治六年(1493)冬十月,明孝宗令修复彰德府高平、万金二渠以及怀庆府广济渠、方口渠等,并敕令恢复"验亩分水"制度:"原置闸处仍旧置立,以时启闭,仍将得利之家地土顷亩,逐一勘明,籍记在官,遇旱则官为斟酌,验亩分水,以杜分争。以后埋塞,就令得利军民兴工开浚。有溃决之处,亦就培筑堤防,务图久远。其豪强军民,敢有仍前截水安置碾磨、占作稻田者,依律究问。故敕。"⑤以上罗汝敬的奏疏,及宣宗、孝宗的上谕,都反映了河北、甘肃、宁夏等地区农田水利管理法规制度的弱化、意识的淡漠。

隆庆三年二月,总理九边屯田佥都御史庞尚鹏,条上蓟镇九事,其中分析了屯田破坏的多种形式的原因:"一,屯田私相买卖,隐蔽难稽。二,屯地僻远,原主力不能及,募人开垦,久之佃户为主,原主不知田之所在。三,各地有军逃而为卫官所隐占者,有私相典买而埋没者,有势豪利其膏腴而威逼抵换者,有因其邻地而侵

---

① 《明英宗实录》卷一百三十二,正统十年八月壬寅。
② 《明宪宗实录》卷一百五十一,成化十二年三月申辰。
③ 《明宪宗实录》卷二百八十九,成化二十三年夏四月庚午。
④ 王毓铨、刘重日、郭松义、林永匡:《中国屯垦史》下册,农业出版社1991年,187页。
⑤ 《明孝宗实录》卷八十一,弘治六年冬十月戊辰。

渔兼并者,有承佃既久攘为世业者,有指称隙地投献权门者。四,沿边可耕之地,近为山水冲坏,或沙石硗薄,或虏骑出没,或兵马蹂践,地荒赋存"。①以上庞尚鹏对北方屯田荒废原因的归纳和总结,条目很多,但不外抛荒和欺隐二端,除山水冲坏为自然因素外,其余都是社会因素,这反映了庞尚鹏认识到社会因素是造成屯田制度破坏的根本原因。天启五年三月,刑科给事中霍维华疏言畿辅屯田之弊端:"畿内屯田之滋扰。古者屯田,皆疆场不争之地,未闻割民产以供官屯。且畿南州县,原无无主无粮之田。屯抚之设,本用以赈辽人;又不欲辽人之坐食内地也,故议置买民田而使之屯。……当日之为谋,固已疏矣。未几辽人化为乌有,而屯事犹累于地方。废弁借捐田以骗官,刁民献污下以避粮。屯所屯者,既明负州县之粮而不纳;屯所隐者,又阴躲惟正之供而不输。且屯官与有司相水火,屯丁与百姓为仇雠。及田无所出,又多方剥削以买补;甚者仍累原捐原卖之人为包完。"②霍维华分析了畿辅屯田设立、演变、屯田官兵与地方官民的矛盾等,说明畿辅屯田变化,主要是决策失误和社会因素。

以上人们的奏疏议论,都反映出当时许多官员在探讨畿辅农田水利成效甚微的原因时,不仅注意了自然条件的因素,而且注意了社会因素,这说明,人们已经认识到对自然条件的利用、改造是否成功,是需要一定的社会条件的。

元明清时期人们多议论批评西北、华北(畿辅)乃至京师的农桑水利的效果,并探究其自然与社会两方面的原因,体现了元明清

---

① 《明穆宗实录》卷二十九,隆庆三年二月癸未。
② 《明熹宗实录》卷五十七,天启三年三月庚戌。

时期人们对京师、畿辅地区改造、利用自然条件以发展农田水利之效果的反省意识。

3. 对前人关于北方农业状况评价的辨析

对于元明清北方农业水平,历来人们的看法很不一致。自元明清至今,最主要的意见是,元明清时期农业发展水平比较低,粮食亩产量不高,总产量不足,人均粮食占有量少。元明时,王桢、宋本、赵汸、吴师道、虞集、郑元佑、陈旅、陈基、归有光、郑若曾、徐贞明、徐光启等,认为元明时期北方农桑水利成效不大,北方农业水平低下。关于清代北方农业发展状况,清朝讲求畿辅水利者,如蓝鼎元、柴潮生、许承宣、林则徐、唐鉴、包世臣、冯桂芬等,也认为北方农业生产水平不高。二十世纪三十年代,在"中国社会长期停滞"大辩论中,学者们对清代农业经济发展状况,存在着截然相反的意见。但从今天的标准看,当时争论双方都带有明显的政治倾向,甚至连概念都没有阐述清楚。最近三十年,学者们认为乾隆及其以前,中国的农业在耕地面积、劳动力、精耕细作程度、品种引进及培育、农业科技等方面,都有不同程度的增加和进步。但对于乾隆以后(即18世纪中叶以后至19世纪末)农业生产状况,特别是对粮食亩产量,学者们的看法有巨大分歧。一派学者如陈恒力、吴慧、赵冈、陈忠毅、章有义、史志宏等认为,清代粮食亩产有下降趋势;另一派学者如许涤新、吴承明、李文治等,根据假设即清代人多地少而口粮不变的,来推导出清代粮食亩产增加的结论。[①]人均口粮是可以变动的,根据一个有问题的假设,来推导出一个结论,显

---

① 赵冈、刘永成、吴慧等:《清代粮食亩产量研究》,农业出版社1995年,1—5页。

然是有问题的。那么,关于清代粮食亩产下降这种意见,是否符合客观实际?乾隆年间开始全国粮价不断上涨,乾隆皇帝要求各省督抚向他报告粮食不足的原因,不久各省督抚纷纷呈奏本省粮价上涨的原因,他们一致认为,人口增加是粮价持续上涨的根本原因。人口增加,只是问题的一个原因,粮食亩产量是否下降?① 所以,元明清时期,北方农业状况如何,这是需要讨论的问题。耕地面积、粮食产量、农具、作物品种等都是农业水平的直接指标。

关于耕地面积,原始文献记载各异,今人研究分歧较多,迄无定论,本书略不具。

粮食产量。现代学者们研究认为,元代粮食亩产比唐宋有所提高。吴惠说,元代粮食亩产比宋回升了百分之九点四,②余也非认为元代粮食亩产量比宋代增加了百分之三十八,③陈贤春指出认为元代粮食亩产为二百四十三斤,相当于唐(一百一十六斤)的百分之二百一,相当于宋(一百九十七斤)的百分之一百二十三④,王培华根据元一石相当于宋一点四九七石的度量衡制度演变,指出元代粮食单产高于唐宋。⑤清代情况怎样?赵冈、刘永成、吴慧、朱金甫、陈慈玉、陈秋坤从县级资料、生产条件、纳税额、屯田资料、租册的时间序列来分析观察,得出清乾隆以后粮食产量不断下降

---

① 赵冈、刘永成、吴慧等:《清代粮食亩产量研究》,农业出版社1995年,6页。
② 吴惠:《中国历代粮食亩产研究》,农业出版社1985年。
③ 余也非:《中国历代粮食平均亩产量》,《重庆师院学报》1980年第3期。陈贤春:《元代农业生产的发展及其原因探讨》,《湖北大学学报》1996年第3期。
④ 陈贤春:《元代粮食亩产探析》,《湖北大学学报》1993年第1期;陈贤春:《元代农业生产的发展及其原因探讨》,《湖北大学学报》1996年第3期。
⑤ 王培华:《土地利用与可持续发展——元代农业与农学的启示》,《北京师范大学学报》1997年第3期。

的结论,并探究亩产量下降的可能原因。他们认为,除了政治因素外,最基本的真正长期性的因素是农业生产的经济条件的恶化。而这一类经济因素中,最主要的是生态环境恶化,以至影响到粮食生产及土地质量。其次是品种退化、租佃制度改变所产生的不利影响,精耕细作过分消耗地力,以及经济作物争良田争肥源等现象。①

农具。"宋元是中国传统农具发展中十分辉煌的一个时期,钢刃熟铁农具的推广,高效、省力、专用农具的出现,农具种类的增多和配套成龙(尤其是南方水田农具,水力、风力在农业上较广泛的使用),是这一时期农具发展的主要特点","王祯《农书》所载农具,有些是沿袭或存录前代的,但也有不少是宋元时期新创或改良的。……宋元时期的农具是种类繁多,有很多创新,我国传统农具发展至此,已臻于成熟"。②而清代则基本沿袭元明农具,无多大改变。陈文华指出:"现在能看到的图文并茂的农具著作,最早的,只有元代《王祯农书》中的《农器图谱》了,……以后明清的农书,如《农政全书》、《授时通考》等的农具部分,几乎都是照搬《王祯农书》中的《农器图谱》,没有什么重大突破。"③

作物品种。元明清北方水稻种植占一定的份额,有些作物种植界限北移,有些作物从海外引进到了中国,这是元明时期利用自然条件的新成就。《天工开物》说:"今天下育民人者,稻居什七,而麦、牟、黍、稷居什三。麻、菽二者,功用已全蔬饵膏馔之中。……四海之内,燕、秦、晋、豫、齐、鲁诸道,蒸民粒食,小麦居半,而黍、

---

① 赵冈、刘永成、吴慧等:《清代粮食亩产量研究》,农业出版社1995年,128页。
② 梁家勉主编:《中国农业科学技术史稿》,农业出版社1992年,381页,383页。
③ 陈文华:《中国古代农业科技史图谱》,农业出版社1991年,360页。

稷、稻、粱仅居半。"这虽是对当时主要粮食消费状况的概述,但反映明朝末年水稻种植占十分之七,北方仍以小麦为主,占一半,而水稻连同黍子、谷子加起来只占另一半。当然这只是大概而言。这从一个侧面反映元明时期北方气候稍微湿润,有些地方水利资源较为充沛。元代棉、麻作物种植界限向北推移:"苎麻本南方之物,木棉亦西域之产。近岁以来,苎麻艺于河南,木棉种于陕右,滋茂繁盛,与本土无异。二方之民,深荷其利"①;苎麻、木棉"兼南北之利"②。"自古中国所以为衣者,丝、麻、葛、褐四者而已。汉唐之世,远夷虽以木棉入贡,中国未有其种,民未以为服,官未以为调。宋元之间,始传其种入中国,关、陕、闽、广首得其利。盖此物出外夷,闽、广海通商舶,关、陕壤接西域故也。然是时犹未以为征赋,故宋、元史《食货志》皆不载。至我朝,其种乃遍布于天下,地无南北皆宜之,人无贫富皆赖之,其利视丝盖百倍焉。"③关陕即关中和陕西,这是关于棉花种植北界的系统文献记述。明代强制种植棉花,令"凡民田五亩至十亩者,栽桑、麻、木棉各半,十亩以上倍之"④。规定天下税粮可以金、银、布、棉花、绢折纳,这促使棉花种植扩大,"遍及江北及中州矣"⑤。明代中后期,从海外引进了番薯、玉米、马铃薯、花生、烟草五种重要作物。这些作物在各地传播的速度不一,明末至清,逐渐成为我国广泛栽培的重要作物。但从总的情况来说,华北西北农业水平比较低下,这是不争的事实。

---

① 《农桑辑要》之《苎麻木棉》。
② 《农书》卷九《百谷谱十》。
③ 丘浚:《大学衍义补·贡赋之常》。
④ 《明史》卷七十八《食货志二》。
⑤ 《农政全书》卷三十五。

元明清时期,江南籍官员学者对北方农业发展水平评价很低,既有客观原因,也有主观原因。客观原因有以下几点:其一,尽管元明北方农业有些方面和地区有进步,但毕竟北方地广人稀,土地利用程度和粮食产量都不如南方。王祯《农书》中,所列的圃田、围田、柜田、架田、涂田、沙田等,都是南方出现的土地利用形式。他认为这是南方土地利用程度高的缘故:"田尽而地,地尽而山。山乡细民,必求垦佃,犹胜不稼,其人力所致,雨露所养,不无少获。然力田至此,未免艰食。又复租税随之,良可悯也。"[1]南方土地利用达到了无以复加的地步。而北方则地广人稀,土地利用程度低。胡祗遹说:"方今之弊,民以饥馑奔窜,地著务农者,日减月消。先畴畎亩,抛弃荒芜,灌莽荆棘,何暇开辟。中原膏腴之地,不耕者十三四,种植者例以无力,又皆灭裂卤莽。"[2]说明元人已经认识到北方地广人稀的状况。其二,元明都燕,为统治者服务的人员多,牧场多,消费者多,生产者少。其三,北方包括山东、河南、山西、河北、陕西等地,北方赋役总量重,但如果平均到各州,则不多。南方虽然地域广大,但江浙赋税甲天下,苏、松、常、镇、杭、嘉、湖七府田赋重。

上述三种情况,江南籍官员学者能够认识到一些,如北方农业水平低,元明清都燕后,北方及京、边消费粮食的人口多,江南赋税重。从这个角度看,江南籍官员学者对北方农业水平的低调评价,符合历史实际,基本正确;有些情况,江南籍官员学者则认识不到,如北方赋役负担量,北方在供应京粮、边粮、宗禄中的负担和地位,

---

[1] 《农书》卷十一《农器图谱·田制门》。
[2] 《紫山大全集》卷十九,《论司农司》,文渊阁四库全书电子版。

北方牧场多,耕地减少,直接从事生产的人口减少等,从这个角度看,他们对北方农业水平低调评价,虽然符合历史实际,但不够全面,缺乏整体、全面看问题的意识。从主观原因看,元明时期江南籍官员学者更多地关注东南特别是江南地区的民生利病,而较少考虑其他地区的利病,这也使他们低调评价北方农业水平时,不能了解北方地区自有北方的利病,缺乏关心全国利病的精神。当明亡后,顾炎武关心天下郡国利病,王夫之探讨秦至明近二千年政治统治的兴衰得失,和他们的前辈思想家相比,顾炎武、黄宗羲、王夫之等,胸怀更开阔,眼光更深刻。

农业是人类利用自然条件、改造自然条件的最主要的活动。《吕氏春秋·审时》指出:"夫稼,为之者人也,生之者地也,养之者天也。""天"指天时,气候条件,"地"是水土的结合,是农业生物赖以生长的载体。农业的自然条件包括气候、土壤、温度、水等多种因素,农业的社会条件包括政治稳定、人民安居乐业等;自然条件的因素要靠一定的社会条件的支持,才能发挥作用。从总的情况来看,元明时期北方经济的发展落后于南方,多种因素导致北方落后于南方。这里既有自然条件的因素,也有社会因素,而社会因素起主要的决定作用。元明时期,北方的有些自然条件因素得到改造利用,如土壤因素,元明时期精耕细作技术臻于成熟,有多种农书都指导农民如何精耕细作,增加土壤肥力,使地力常新壮;有些因素,如气温,经过农学家的理论认识和知识普及,桑、麻、稻种植界限北移,玉米、番薯、马铃薯、花生、烟草都引进到了中国,改变了原有习性,并适应了新的环境。有些自然因素,如水的问题不好解决,这本身有水资源短缺的问题,更有制度因素,还有社会因素。

元明清时期北方农业水平低,社会因素起决定作用。这些社会因素有许多,如辽金元明清时期,北方战争多,北方既是南北民族交锋的主战场,又是供应北边和战争前线粮食草料的主要经济区;京师粮食供应依赖东南政策下的依赖心理。这些问题,此处不赘言。这里着重分析以下几个因素。

其一,元明清定都北京,人民劳役多,直接从事生产的人口减少,农业劳动力不足。元朝胡祇遹说,"农者日消日减,食粟者日增日广。略具不农品类于左:儒、释、道、医、巫、工、匠、弓手、曳剌、祗候、走解、冗吏、冗员、冗衙门、优伶、一切坐贾行商、娼妓、贫乞、军站、茶房、酒肆、店、卖药、卖卦、唱词货郎、阴阳二宅、善友五戒、急脚庙官杂项、盐灶户、鹰房户、打捕户、一切造作赋役、淘金户、一切不农杂户、豪族巨姓主人奴仆。右诸人每丁所费,十农夫不能供给"①。他认为不农者多,致使北方地力有余,人力不足,"古者一夫受田百亩,……后世贪多而不量力,一夫而兼三四人之劳,加以公私事故,废夺其时,使不得深耕易耨,不顺天时,不尽地力,膏腴之地,人力不至,十种而九不收,良以此也"②。"古人一夫受田百亩,余夫二十五亩,田亩与民力相应;今欲使一夫效两人之力,一日成二日之功,断无是理。"③所谓"一夫而兼三四夫之劳"是说一夫而种三四百亩,这种情况在卫所屯田中普遍存在,如左翼屯田万户府人均屯田68亩,宗人卫人均100亩,大司农所辖永平屯田总管府每户屯田350亩,广济署每户屯田1000亩,宣徽院所辖尚珍署

---

① 《紫山大全集》卷十九,《论积贮》。
② 《紫山大全集》卷十九,《论农桑水利》。
③ 《紫山大全集》卷二十二,《论司农司》。

每户屯田2138亩①,虽然各类官屯有耕牛,但肯定存在着粗放经营;一般民户则是"一夫百亩常力常业之外",还有"督责种木、区田等事、义仓社仓"等②,但古代步百为亩,后世二百四十步为亩,"一夫而兼三四人之劳",所以胡氏的说法是有道理的。明朝北方军屯中,每名屯军所占屯田亩数,据王毓铨《明代各地区军屯分地亩数表》,九边(九镇)即辽东镇、蓟镇、宣府镇、大同镇、山西镇、延绥镇、宁夏镇、固原镇、甘肃镇,及大宁都司、万全都司,北京及北直隶地区的军屯,每名屯田军的分地亩数,一般为50亩,或100亩,高达500亩、600亩③。这么多土地,加上耕牛不多,难免粗放经营。北方地多人少,劳动力不足,农业产量不高。而南方人多地少,精耕细作,加上水土条件比较充分,故农业产量高。

其二,优先保证漕运用水的政策,使农业用水受到限制。漕运用水限制农业灌溉用水之影响范围,涉及今山东、河南、河北等广大地区。元世祖至元九年(1272)降旨:各路水利河渠修成后制定使水法度,"须管均得其利,……如所引河水干障漕运粮盐,及动磨使水之家,照依中书省已奏准条画定夺,两不相妨"④。即既要保证平均用水,又要优先保证漕运粮盐用水,其次才能保证农业灌溉用水,这体现了漕运用水优先于农业灌溉用水的国家意志。当元大都以及腹里农业用水与漕运用水发展往往发生矛盾时,有关官员认为,应优先保证漕运用水。至元三年规定,"濒河州县佐贰之

---

① 王培华:《土地利用与可持续发展——元代农业与农学的启示》,《北京师范大学学报》1997年第3期。
② 《紫山大全集》卷二十二《论司农司》。
③ 王毓铨、刘重日、郭松义、林永匡:《中国屯垦史》,农业出版社1991年,99—104页。
④ 《元典章》卷二十三《户部九·兴举水利》。

官兼河防事,于各地分巡视,……仍禁园圃之家毋穿堤作井,栽树取土。"①天历三年规定:白浮、瓮山直抵大都运粮河堤堰泉水,诸人毋挟势偷决,大司农司、都水监可严禁之,即禁止私决通惠河堤堰,浇灌稻田、水碾、园圃,致河浅妨漕事②,势家宗亲的灌溉、水磨、园圃等用水,及一般农民的灌溉,都在禁止之列。这表明,当漕运用水与农业用水发生矛盾时,元代国家优先保证漕运用水,明令禁止农业用水。

明清,京师粮食供应完全依赖漕运。山东运河缺少水源,采取以泉济漕、束水归漕等方法,来保证运河水源。故有漕河禁例,来保证漕运用水。明朝《漕河禁例》规定:"凡河南省内有犯故决河防及盗决,因而淹没田庐,计漂失物价,律该徒流者为首之人并发充军;军人犯者徙于边卫。凡故决山东南旺湖、沛县昭阳湖堤岸,及阻绝山东泰山等处泉流者,为首之人并遣从军;军人犯者徙于边卫。"③即河南、山东境内水源,都要优先保证运河用水,不得随意灌溉农田。《钦定大清会典事例》卷六百九十八《工部·河工禁例》备载清朝自顺治至嘉庆时关于运河的禁例,其中有些禁例是专门禁止山东、河南、直隶、江南等地一切违背运河用水的事例。卫河渠口,顺治五年规定,"卫河渠口,每年四月以后,尽行杜塞,不许偷放";乾隆元年谕:"卫河至临清五百余里,居民往往私泄灌溉。经前任河臣题定,每年于五月初一日尽堵渠口,使卫水全归运河。今日久法弛,卫水来源,小民不无偷放,遂致运河水势涨落不时,重运艰于北上。目前正当紧要之时,所当稽查严禁者,着直隶、河南督

---

① 《元史》卷六十四《河渠志一·御河》。
② 《元史》卷六十四《河渠志一·通惠河》。
③ 王琼:《漕河图志》卷三《漕河禁例》,水利电力出版社1990年。

抚速行办理。务使卫水不致旁泄,粮运遄行无阻。"河南河内县丹河有九渠,康熙三十年规定,为了通卫济漕,雨水充足之年,每年三月初堵塞河渠,使水归小丹河,入卫济漕,仍留涓滴灌田。至五月末重运已过,则开放河渠。亢旱之年,自三月初一至五月十五日,令三日放水济运,一日塞口灌田。雍正二年重申丹河三日放水济运一日塞口灌田的禁令。山东运河各水柜,康熙四十四年规定,嗣后有故决、盗决南旺、昭阳、蜀山、安山积水等湖,并阻绝山东泰安等处泉源,有干漕河禁例者,不论军民,概发边远卫充军。江南运河亦如此,乾隆五十年奏准,江南运河分段设立志桩,以水深四尺为度,如水深四尺以外,任凭两岸农民戽水灌田,如止深四尺,毋致车戽,致碍漕运①。以上这些漕河禁例,其目的都是为了保证漕运用水,但由此就阻碍了农业用水。光绪五年,两江总督沈葆桢分析了运河阻碍灌溉的发展,他说:"民田之与运道,势不两立者也。兼旬不雨,民欲启涵洞以灌溉,官则必闭涵洞以养船,于是而挖堤之案起。至于河流断绝,且必夺他处泉源,引之入河,以解燃眉之急。而民田自有之水利,且输之于河,农事益不可问矣。运河势将漫溢,官不得不开减水坝以保堤,妇孺横卧坝头哀呼求缓,官不得已,于深夜开之,而堤下民田立成巨浸矣。"②这样的描述和分析,可谓痛陈运河之弊。

其三,劝农中的扰民和弄虚作假对农业的影响。元朝设置司农司和劝农使,其工作有成效,这只是问题的一个方面。另一方面,元明官员学者对劝农制度有不同的认识。一是劝农反而扰民。

---

① 《钦定大清会典事例》卷六百九十八《工部河工禁例》。
② 《皇朝经世文续编》卷四十八《户政二十漕运中》,沈葆桢:《议覆河运万难修复疏》。

至元时,胡祗遹说:"劝农之弊,反致劳民,废夺农时。"①王祯在南北都曾为地方官,他认为有些劝农官不懂农事,反而到处扰民:"今长官皆以劝农冒衔,农作之事,己犹未知,安能劝人,借曰劝农,比及命驾出郊,先为移文,使各社各乡预相告报,期会斋敛,祇为烦扰耳!"②这些言论,恐非虚言。二是农民和劝农者及地方官员弄虚作假,上下相蒙。胡祗遹说:"劝之以树桑,畏避一时捶打,则植以枯枝,封以虚土,劝之以开田,东亩熟而西亩荒,南亩治而北亩芜。……力不足也。……农官按治,司县供报簿集数目,似为有功,核实农人筐筥仓廪,一无实效。他日以富贵之虚声达于上,奸臣乘隙而言可增租税矣,可大有为矣,使民因虚名而受实祸,未必不自农功始。"③许有壬回忆自己延祐六年(1319)除山北道廉访司经历时④,亲眼所见,各县上报农桑成果中的弄虚作假:"卑职向叨山北宪幕,盖亲见之,而事发者,亦皆有按可考。以一县观之,一地凡若干,连年栽植,有增无减,较恰成数,虽屋垣池井,尽为其地犹不能容,故世有'纸上栽桑'之语。大司农总虚文,照磨一毕,入架而已,于农事果何有哉!"⑤胡、许说的是北方情况,江南也是如此。至正九年(1349)左右,赵汸说:"尝见江南郡邑,每岁使者行部,县小吏先走田野,督里胥相官道旁有墙堑篱垣类园圃者,辄树两木,大书'畦桑'二字揭之。使者下车,首问农桑以为常。吏前导诣畦处按视,民长幼扶携窃观,不解何谓,而种树之数,已上之大司农矣。"⑥

---

① 《紫山大全集》卷十九《论司农司》。
② 《农书》卷四《劝助篇》。
③ 《紫山大全集》卷十九《论司农司》。
④ 《元史》卷一八二《许有壬传》。
⑤ 《至正集》卷七十四《风宪十事·农桑文册》。
⑥ 《东山存稿》卷二《送江浙参政契公赴司农少卿序》。

以上三段引文说明,元朝官员认为元代劝农中存在许多弄虚作假、上下相蒙的现象。官员弄虚作假是为政绩,农民作假,或因为不乐于听从不懂农事官员的指导,或因上级官员的逼迫,或因为从中得不到实惠,原因相当多。这些都说明检查、统计农桑成果中,普遍存在着弄虚作假现象。但北方距离京师近,这种情况恐怕更严重。所以说,统治者的过分"注意"农业,也是使农业发展不好的原因之一。至于统治者的主观忽略,即京师粮食仰给东南的制度和政策延续,忽略北方农田水利,则更是主要因素。

八 江南籍官员学者发展西北水利的主张、实践与客观效果

1. 北方地力未尽的观点

元明清江南籍官员学者注意到北方水利失修,对北方农业生产的影响。他们认为江南赋重的根本原因是国家都燕,而北方地力未尽。对北方地力未尽的探讨,是对于元明清利用自然条件以发展北方农田水利实际效果的反思。

元朝江南籍官员学者往来南北,沿途所见,南北农业景观迥异。他们对北方土地荒废和水利失修,感到触目惊心。虞集说:"予北游,尝过江淮之间,广斥何啻千里,海滨鱼盐之利,足备国用。汙泽之潴,衍隙之接,采拾渔弋,足以为食。岁有涨淤之积,无待于粪。盖沃土也,而民力地利殊未尽。汉以来,屯田之旧,虽稍葺以赡军事,其在民间者,卤莽甚矣。麦苗之地,一锄而种之,明年晴雨如期,则狼戾可以及众。不捍水势,则束手待毙,散去而已。其弊在于无沟洫以时蓄泄,无堤防以卫冲冒。耕之不深,耨之不易,是

以北不如齐鲁桑蚕之饶,南不及吴楚秔稻之富,非地之罪也。……谁之为地而致其治之之功也?"①这是说江淮间没有充分发挥人力和地利的作用。约至正十年(1350)赵汸说:"大河以北,水旱屡臻,流亡未复,居民鲜少。五帝三王之所井牧,燕赵齐晋梁宋鲁卫之所资以为富强,其遗墟故迹,多芜没不治,安得衮衣博带,从容阡陌间,劳来绥辑,复如中统至元时哉。"②赵汸在对中统至元间地方官员劝农的向往中,表达了大河以北荒废不治的看法。至正十三年(1354),郑元佑说周秦汉唐"莫不以屯田致富强",而"我朝起朔漠,百有余年间,未始不以农桑为急务。……中州提封万井,要必力耕以供军国之需,如之何海运既开,而昔之力耕者皆安在? 此柄国者因循至于今,而悉仰东南之海运,其为计亦左已"③,表达了对自海运后北方农田水利失修的不满。

明朝江南籍官员学者,特别注意到京东、天津一带水利不修的问题。成化间,丘浚说:"臣于京东一带海涯,虽未及行,而尝泛漳、御而下,由白河以至潞渚,观其入海之水,最大之处,无如直沽,然其直泻入海,灌溉不多。"④丘浚看到,由于北运河沿线水利不修,使得灌溉农业不发展。万历三年,徐贞明派人调查京东水利状况:"余所属一二解事者,盖遍历山海之境,阅两月而返,披图指示,如指诸掌也。为言诸州邑,泉从地涌,一决而通,水与田平;一引而至,比比皆然。姑摘其土膏腴而人旷弃,即可修举以肇其端者:自西历东,如密云县之燕乐庄;平谷县之水峪寺及龙家务庄;三河县

---

① 《道园学古录》卷三十二《新喻萧淮仲刘字说》。
② 《东山存稿》卷二《送浙江参政契公赴司农少卿序》。
③ 《侨吴集》卷八《送徐元度序》。
④ 《明经世文编》卷七十二《丘文庄公集》卷之二《屯营之田》。

之唐会庄、顺庆屯,皆其著者也。蓟州城北则有黄崖营,城西则有白马泉、镇国庄,城东则有马伸桥,夹林河而下,城南则有别山铺,夹阴流河而下,至于阴流淀,疏渠皆田也。遵化西南平安城,夹运河而下,及沙河铺地方,又铁厂涌珠湖以下,至韭菜沟、上素河、下素河百余里,夹河皆可成田。迁安县北,徐流营山下涌出五泉,合流入桃林河,又三里桥涌出泉流出滦河,又蚕姑庙涌出泉成河,与滦河相接,夹河皆可田之地。卢龙县燕河营涌泉成河,及营东五泉,漫涌四出,至张家庄,抚宁县西台头营河流,亦自燕河营涌泉而来,皆可田。自西以东,如丰润县南则大寨及刺榆坨、史家河、大王庄之地,东则榛子镇,西则鸦鸿桥,夹河五十余里,皆可田。玉田县清庄坞,导河可田。后湖庄,疏湖可田。三里屯及大泉、小泉引泉可田。其间有民所不业之地、有屯田、有牧马草地、屯草之地,……连阡以弃,鞠为茂草乎。至于濒海可田,则自水道沽关黑崖子墩起,至开平卫南宋家营之地,东西度之百余里,南北度之百八十里,皆隶丰润。……今萑苇弥望,而悉据为势家之产。"[1]徐贞明及其同事,调查了密云、平谷、三河、蓟州、遵化、迁安、卢龙、丰润、玉田、开平等县的水源状况,结果显示,京东各地源泉条件较好,但没有发展农田水利特别是水稻生产,有些鞠为茂草,有些萑苇弥望。徐贞明及其同事对京东水源状况的调查,是元明清第一次有组织的调查京东水利状况,对于正确认识当时京东水利状况,有重要意义。后来讲求西北水利者,往往以京东的情况来说明问题。明末,经世学者陈子龙等对北方广大地区的水利失修,有概括的认识。

---

[1] 《潞水客谈》。

崇祯十一年(1638),陈子龙说:"内则关、陕、襄、邓、许、洛、齐、鲁,外则朔方、五原、云、代、辽西,皆耕地也。弃而芜之,专仰输挽,国何得不重困?"①明末张溥说:"即今幅员,关、陕、襄、邓、许、洛、齐、鲁,与夫朔方、五原、云、代、辽西,其地可耕,等于东南。设仿耕植,导水利,近给京师,大省挽输,何所不赡?"②他们都指出华北西北各地农田水利发展不足,导致粮食生产水平低下,以致造成京师粮食仰给东南。东南重困是由于西北坐食,发展西北水利,才是就近解决京师以及北边粮食供应的途径,从而缓解对东南的粮食压力。徐贞明说:"惟西北有一石之入,则东南省数石之输,所入渐富,则所省渐多,始则改折之法可行,久则蠲租之旨可下,东南民力,庶几再苏"③,即发展西北水利,增加北方粮食产量,使南漕改折,并蠲免东南赋税征收数额。这清楚地说明元明清时期,江南籍官员学者提倡西北水利的最终目的,是使京师及北边就近解决粮食供应,从而缓解京边粮食供应紧张对东南的压力。

清朝,由于河道冲决、漕运艰难等问题突出,有些江南籍官员担任河道总督、漕运总督或东南有漕省份的总督、巡抚或其他有关职务,或往来南北,经历了或体验了办漕、河工的艰难,对西北华北(畿辅)的地力不尽更不满意。当雍正四年朝廷举行畿辅水利时,蓝鼎元说:"愚少长海滨,躬耕作苦,勺水寸地,视若奇珍。及渡江淮,过齐鲁,抵京师,所见万顷平原,枯燥为陆。河湖淀荡,水浅沙淤,至于夏秋霖雨,则又皆成巨浸。每叹北方不习水利,惟苦水害。

---

① 《农政全书·凡例》。
② 《农政全书·序》。
③ 《潞水客谈》。

低徊顾惜,恨不得胼手胝足于其间。"①对华北水利不修表示惋惜,感叹雍正时国家又兴修畿辅水利。道光九年,包世臣"经山东运河,见闸河东岸,自鲁桥至伙头湾,西岸自安沟至枣林,长约八十余里,两岸各宽二三十里,共宽五十余里,土性胶黑,保泽长谷,若以开屯,较马家荡,作力为易,因著《闸河日记》,并有五言诗纪之。此事东河督及济宁牧有心者,皆能为之。"②他希望能发展山东济宁运河两岸的水利。道光十一年,林则徐说:"今畿辅行粮地六十四万余顷,稻田不及百分之二。""而直隶天津、河间、永平、遵化四府州可作水田之地,闻颇有余,或居洼下而沦为沮洳,或纳海河而延为苇荡。"③对畿辅地区水稻生产不多,表示不满。

2. 发展西北水利主张的由来与发展

《农政全书·凡例》说:"水利莫急于西北,以其久废也;西北莫先于京东,以其事易兴而近于京畿也。"什么是西北、什么是西北水利、什么是西北水利议,这得从郭守敬、虞集说起。

元初,郭守敬提出发展畿辅水利的主张。中统三年(1262),郭守敬以习知水利被推荐给朝廷。在上都,他向元世祖"面陈水利六事",除一项是有关解决燕京漕运问题外,其他五项都与华北平原的引水灌溉有关:"……其二,顺德达活泉开入城中,分为三渠引出城东,灌溉其地。其三,顺德澧河东至古任城,失其故道,没民田一千三百余顷,此水开修成河,其田即可耕种。其河自小王村经漳

---

① 《清经世文编》卷一〇八《工政一四直隶水利中》,蓝鼎元:《论北直水利书》。
② 包世臣:《中衢一勺畿辅开屯以救漕弊议》附录,《安吴四种》,黄山书社 1994年,185页。
③ 林则徐:《畿辅水利议》,光绪丙子三山林氏刻本。

沱,合入御河,通行舟筏。其四,磁州东北滏、漳二水合流处开引,由滏阳、邯郸、洺州、永年下经鸡泽,合入澧河,其间可溉田三千余顷。其五,怀、孟沁河虽已浇溉,尚有漏堰余水,东与丹河余水相合,开引东流至武陟县北,合入御河,其间亦可溉田一千余顷。其六,黄河自孟州西开引,少分一渠经由新、旧孟州中间,顺河古岸下至温县南,复入大河,其间亦可溉田二千余顷。"当即受到蒙古国皇帝忽必烈的赞赏,授提举诸路河渠之职。中统四年,任副河渠使。至元元年(1264),郭守敬行省西夏,兴复濒河诸渠,如唐来渠、汉延渠,及"其余四州又有正渠十,……计溉田九万余顷",使诸渠都能灌溉。郭守敬修水利,遍及今河北及宁夏地区。[①]郭守敬对华北水利的初步规划及修水利实践,受到后来讲求西北华北(畿辅)水利者的重视。

虞集是西北水利的创议者。泰定(1324—1328)年间,虞集首倡发展西北水利,在礼部会试策问中,他首先回顾大禹治水和秦蜀以及汉唐循吏兴修水利的历史,然后说:"今畿辅东南,河间诸郡,地势下,春及雨霖,辄成沮洳。关陕之郊,土多燥刚不宜于膜。河南、北平衍广袤,旱则赤地千里,水溢则无所归,……然思所以永相民业,以称旨意者,岂无其策乎?五行之才,水居其一,善用之,则灌溉之利,瘠土为饶。不善用之,则泛滥填淤,湛渍啮食。兹欲讲求利病,使畿辅诸郡,岁无垫溺之患,悉而乐耕桑之业,其疏通之术何先?使关陕、河南北,高亢不乾,而下田不浸,其潴防决引之法何在?江淮之交,陂塘之际,古有而今废者,何道可复?"[②]虞集表达

---

① 苏天爵:《元朝名臣事略》卷九《太史郭公守敬》,中华书局1996年。
② 虞集《会试策问》,见《元文类》卷四十六,国学基本丛书本。

了应该恢复并发展西北水利的思想,他建议首先要在京东举行水利:"尝因讲罢,论京师恃东南粮运为实,竭民力以航不测,非所以宽远人而因地利也。"与同列进言:"京师之东,滨海数千里,北极辽海,南滨青齐,萑苇之场也,海潮日至,淤为沃壤,吴人圩田法,筑堤捍水为田,……则东面民兵数万,可以近卫京师,外御岛夷;近宽东南海运,以纾疲民;遂富人得官之志,而获其用;江海游食盗贼之类,皆有所归。"①

其后,虞集多次在不同场合提倡发展西北水利,他对泰定帝说:"京师之东,濒海数千里,北极辽海,南滨青、齐,萑苇之场也,海潮日至,淤为沃壤。用浙人之法,筑堤捍水为田。"②文宗天历二年(1329)南方大水灾,江浙饥民六十余万户。海运粮夏运至京师者,凡一百四十万九千余石,触礁漂没的粮食达七十万石③,他再次提出发展京东水利的建议:"且京师之东,萑苇之泽,滨海而南者,广袤相乘,可千数百里,潮淤肥沃,实甚宜稻,用浙闽堤圩之法,则皆良田也。宜使清强有智术之吏,稍宽假之,量给牛种、农具,召募耕者,而素部分之,期成功而后税,因重其吏秩,以为之长,又可收游惰弭盗贼,而强实畿甸之东鄙,如此,则其便宜又不止如海运者"④,这是说西北水利,比海运,更能有效地解决大都的粮食供应。在北方,春夏间亢旱不雨,燕南、河北、山东饥民六十七万户,诸路流民十数万。陕西旱灾尤其严重,自泰定二年至天历二年

---

① 欧阳玄:《圭斋文集》卷九《元故奎章阁侍书学士翰林侍讲学士通奉大夫虞雍公神道碑》。《元史·虞集传》。
② 《元史》卷一八一《虞集传》。
③ 《元史》卷三十三《文宗二》。
④ 《道园学古录》卷六《送祠天妃两使者序》。

(1324—1329)连续六年干旱,月月告饥,夏四月饥民达一百二十三万四千余口,诸县流民数十万,饥民至有相食者,民枕藉而死,有方数百里无孑遗者。虞集主张:"大灾之后,土广民稀,可因之以行田制,择一二知民事者为牧守,宽其禁令,使得有为,因旧民所在,定城郭田里,治沟洫畎亩之法,招其流亡,劝以树艺,数年之间,复其田租力役,春耕秋敛,量有所助。久之,远者渐归,封域渐正,友望相济,风俗日成,法度日备,则三代之遗规,将复见于虚空之野矣。"[1]朝廷当时没有接受其建议。但虞集的思想,启发了明代江南籍官员学者的思想。[2]

在江南地区,东南士人领袖郑元祐倡导西北水利,他批评了北方不宜水稻的论调:"水有顺逆,土有柔坚。或者谓北方早寒,土不宜稻。然昔苏珍芝尝开幽州督亢旧陂矣,尝收长城左右稻租矣。隋开皇间长城以北大兴屯田矣,唐开元间河北、河东、河西左右屯田岁收,尤为富赡。由此言之,顾农力勤惰如何,不可以南北限也。"[3]他驳斥了以南北限水利的说法,认为西北有发展水利的条件。郑元祐不满意江南赋税繁重、富民破产、大都仰食海运粮,提倡发展西北水利的态度,实则反映了东南士人的态度。

明代,有更多的江南籍官员学者继承虞集的主张,倡导发展西北水利。成化时,丘浚说:"乞将虞集此策,敕下廷臣计议,特委有心计大臣……先行闽浙滨海州县,筑堤捍海去处,起取士民之知田事者,前来从行,相视可否,讲究利害,处置既定,然后……一如虞

---

[1] 欧阳玄:《圭斋文集》卷九《元故奎章阁侍书学士翰林侍讲学士通奉大夫虞雍公神道碑》。

[2] 王培华:《虞集及元明清西北水利》,《文史知识》1999 年第 8 期。

[3] 《侨吴集》卷八《送徐元度序》。

集之策。……请于(直沽)将尽之地,依《禹贡》逆河法,截断河流,横开长河一带,收其流而分其水,然后于沮洳尽处,筑为长堤,随处各为水门,以司启闭,外以截碱水,俾其不得入,内以泄淡水,俾其不至漫,如此,则田可成矣。"①嘉靖十九年(1540)归有光在乡试对策中提出西北之齐鲁、关中、两河、朔方、河西、酒泉等地,"宜少仿古匠人沟洫之法,募江南无田之民以业之,……不但可兴西北之利,而东南之运亦少省矣"②,提倡在北方恢复古代的沟洫农业。

万历三年(1575),徐贞明为工科给事中,上疏请兴西北水利:"闻陕西、河南,故渠废堰,在在有之;山东诸泉,引之率可成田;而畿辅诸郡,或支河所经,或涧泉自出,皆足以资灌溉。……顺天、真定、河间诸郡,桑麻之区,半为沮洳。……至于永平、滦州,抵沧州庆云,地皆萑苇,土实膏腴。……若仿(虞)集意,招徕南人,俾之耕艺,北起辽海,南滨青齐,皆良田也。宜特简宪臣,假以事权,毋阻浮议,需以岁月,不取近功。或抚穷民而给其牛种,或任富室而缓其征科,或选择健卒分建屯营,或招徕南人许其占籍。俟有成绩,次及河南、山东、陕西"。后来他坐事贬太平知府,经潞河南下,"终以前议可行,乃著《潞水客谈》以毕其说"③。该书进一步论证了兴修西北水利的必要性、可行性,以及具体方法步骤,是西北水利思想的重要著作。

约在万历二十八年至三十二年(1600—1604),冯应京于狱中著成《皇明经世实用编》,历引明太祖以来重农实绩,发挥虞集、徐贞明的西北水利思想,说:"(北京)仓庾无二年之蓄,(江北)水旱有

---

① 《明经世文编》卷七十二《丘文庄公集》卷之二《屯营之田》。
② 《震川先生别集》卷之二上《嘉靖庚子科乡试对策五道》。
③ 《明史》卷二二三《徐贞明传》。

不时之忧,而三辅顾多旷土,海壖率成沮洳,在在可耕可凿","顷者征缮日烦,茧丝遍天下。……臣请言调治之方,则无如重农矣。"①这里,三辅指北京及畿辅广大地区。

汪应蛟,万历二十九年(1601)为天津登莱等处海防巡抚,请广兴直隶水利:"臣境内诸川,易水可以溉金台,滹水可以溉恒山,滱水可以溉中山,滏水可以溉襄国。漳水来自邺下,西门豹尝用之。瀛海当诸河下流,视江南泽国不异。其他山下之泉,地中之水,所在而有,咸得引以溉田。请通渠筑防,量发军夫,一准南方水田之法行之。"②

左光斗,天启元年(1621)出理屯田,说:"北人不知水利,一年而地荒,二年而民徙,三年而地与民尽矣。今欲使旱不为灾,涝不为害,惟有兴水利一法",他提出因天时地利人情、浚川引流、设坝建闸、筑塘设陂、相地、招徕、择人、择将、兵屯力田、富民拜爵等十四条发展西北水利的具体建议③。

徐光启,万历四十一年(1613)以后,经常在天津讲求西北水利。崇祯三年(1630)徐光启上疏:"京东水田之议,始于元之虞集,万历间尚宝卿徐贞明踵成之,今良(乡)、涿(州)水田,犹其遗泽也。臣广其说,为各省直概行垦荒之议;又通其说,为旱田用水之议。然以官爵招致狭乡之人,自输财力,不烦官帑,则集之策不可易也"④,发展了西北水利和东南水利思想及旱田用水理论。后来他在《农政全书》中提出"东南水利"与"西北水利"之说。崇祯三年

---

① 《农政全书》卷三《农本·国朝重农考》。
② 《明史》卷二四一《汪应蛟传》。
③ 《明史》卷二四四《左光斗传》。
④ 《徐光启集》卷五《钦奉明旨条画屯田疏》。

(1638),陈子龙等编辑刊刻《农政全书》,说:西北水利"其议始于元虞集,而徐孺东先生《潞水客谈》备矣。玄扈先生尝试于天津三年,大获其利,会有尼之者而止。此已谈之成效。谋国者,其举而措之",表达了对西北水利的关切,他们都对虞集和徐贞明致以崇高的敬意。

清代,更多的江南籍官员学者(还有个别北方官员学者)讲求西北水利或畿辅水利。康熙时,御史徐越、御史陆陇其、直隶巡抚李光地、工科给事中许承宣、天津总兵蓝理等,或上书倡导发展西北华北(畿辅)水利,或实际进行水利实践,或二者兼有之。康熙十一年,江苏山阳人御史徐越上《畿辅水利疏》,建议大兴畿辅水利,使八旗旗地丰收,无藉京仓拨粮,各府民田尽垦,苏东南之民力,弥近畿之盗贼。今西北水利一兴,则北方米谷多,南漕可照改折解银,在于本京收买足额。朝廷岁可增改折银数百万两,东南办漕之民力可苏。至于西北米多价重,而生理各足,既无旷土,复无游民,不弥盗而盗自弥。①希望发展西北水利解决京师漕粮不足等国计民生问题。

江苏江都人许承宣,康熙时为工科给事中,他著《西北水利议》,提倡发展西北水利,开沟洫,用水源,"燕豫秦晋齐鲁,皆可通行,不必虞集之京东濒海也,不必脱脱之河间、保定、密云、顺义也"。"西北之粟米日增,即东南之岁漕可渐减",并可减少东南人民的加折、增耗,节省上至河漕大臣,下至闸务诸官职的经费,以及每岁治河所需材料费用,并减少东南江河奔腾冲激漂没禾稼之害。

---

① 《清经世文编》卷一〇八《工政一四直隶水利中》,徐越:《畿辅水利疏》。

①他们是倡议讲求水利者。

陆陇其、李光地,既是倡议者又是实践者。康熙二十二年,江苏平湖人陆陇其为灵寿县令,督民浚卫河,修水利,农资灌溉,商则资舟。他《论直隶兴除事宜书》建议:"宜通查所属州县水道,何处宜疏通,何处宜堤防,约长阔若干,工费若干,汇成《畿辅水利》一书进呈。请以次分年举行。"②他提议调查畿辅水利状况,并编写《畿辅水利》一书。他的建议,启发了后来讲求畿辅水利者的思路。康熙三十七年,福建安溪人李光地任直隶巡抚,发布《饬兴水利牒》,"今通饬州县,各因其山川高下之宜,如近山者导泉通河,近河者引流酾渠。若无山无河平衍之处,则劝民凿井,亦可稍资灌溉。……水利之兴,较之积谷备荒,其利不止于倍蓰而什佰也。"③李光地推行凿井的做法,受到后来讲求畿辅水利者的重视。

方苞,字望溪,安徽桐城人,康熙四十五年进士,官至礼部侍郎。他看到山东济宁至清河间,有马兰屯,弥望不见边际,地沃衍而无居人。问何以无耕者?曰:"每水至高丈余,则庐舍没矣。"又尝客淮扬间,见河壖弃地多肥美,问何以然?曰:"恐岁浸而责税急也。或既垦,而原占者来争也。"他建议山东巡抚,上奏朝廷,当"丰年存山东岁赋之半,俟荒浸,募民兴筑,相地势所宜,为大圩数区,起其土为堤,而环堤为大川,通沟浍相输灌,以利船行,官治庐舍,给牛种,募民耕之,此上策也。其次,则先使富民试之,预为奏请,坚明约束;有能开地为圩者,便与为世业,可私买卖,敢以故籍争

---

① 《清经世文编》卷一〇八《工政一四直隶水利中》,许承宣:《西北水利议》。
② 《清经世文编》卷一〇八《工政一四直隶水利中》,陆陇其:《论直隶兴除事宜书》。
③ 《清经世文编》卷四十三《户政十八荒政三》,李光地:《饬兴水利牒》。

者,重罚之。"并建议"徐、豫、兖、冀间,弃地与马兰屯相类者甚众,使次第修举,虽东南之漕,可全罢也"。①

福建漳浦人蓝理,康熙四十三年为天津总兵,开屯田,河渠圩岸,周数十里,垦田二百顷。召浙闽农人数十家,分课耕种,每田一顷,用水车四部,秋收亩三四石。号为蓝田。②陆陇其、李光地、方苞、蓝理都是讲求或实践畿辅水利者。他们的意见和实践,受宋元明讲求华北西北水利者的启发,又极大影响了后来讲求畿辅水利者。

雍正四年至八年,朝廷举行畿辅水利,允祥、朱轼、陈仪、童华、逯选等亲历其事的大小员工,都有著述,直接陈述了发展畿辅水利的方法步骤。允祥、朱轼、陈仪的著述,在后文还要谈到。逯选是大名府通判,参与京南局水利营田,著《畿辅水利志略》六卷、《北河志略》一卷③,今未见原书,不知这两书作于何时。童华,浙江山阴人,雍正初入赀得知县,理京南局水利、正定知府,先后营田三百余顷④。雍正五年童华和逯选联名签署《磁州计版开闸议》,提出了滏阳河上游的磁州和下游各县如何分配水源的建议,为解决畿辅争水的问题,提供了很好的办法,得到直隶总督宣兆熊的批准,本书前面已论述过。

蓝鼎元、赵一清等江南籍官员学者,赞赏雍正时国家发展畿辅

---

① 《清经世文编》卷一〇六《工政一二水利通论》,方苞:《与李觉菴论圩田书》。
② 陈仪纂:《畿辅通志》卷四七《营田》,雍正十三年刻本。
③ 武作成:《清史稿艺文志补编·史部地理类》,中华书局1982年,485页。乾隆五十四年《大名县志》、《大名府续志》、咸丰三年《大名府志》、《三十三种清人纪传资料引得》、《中华人名大辞典》都不见逯选的记载。据陈仪《陈学士文集》卷十二《祭贤王文》知,逯选与陈仪同为雍正时贤王允祥举行畿辅水利营田时的属员。
④ 《清史列传》卷七十五《童华传》。

水利。蓝鼎元,福建漳浦人,从族兄蓝廷珍平台湾,雍正元年以拔贡选太学,三年校书内廷,分修《大清一统志》,雍正六年奏对时务六事。①官至广州知府,有《鹿洲初稿》、《续稿》及《平台纪略》等书②。当雍正四年朝廷举行畿辅水利时,蓝鼎元很感动,他作《北直水利书》分析直隶水道问题症结所在,回顾宋元明讲求畿辅水利者的事迹,批评反对畿辅水利者的疑惑,提倡北直水利。

赵一清,浙江仁和人,以《水经注释》闻名当世,其书被收入《四库全书史部地理类》。雍正五年,朝廷设立水利营田四局。赵一清谈古论今:"明定鼎燕京,尤急漕务。惟资给东南之粟,讲求输运之便已尔,浚河以通漕,护漕则河伤,竭三吴之民力,上供天府之储,而财用常忧其不足。"他拥护雍正时朝廷举行畿辅水利,搜集徐贞明遗事,以为"观于贞明奏议及其首尾兴革之由,实足以资采择"。③他又有《疏消文、大二邑积水议》,主张应于文安、大城弃三四分低洼地来积水,用六七分地种植。④谢启昆推崇其精深地理学和水利学,称:"余读先生集,尤善所言水利事,《书徐贞明遗事》指画尽详,犁然具有本末,直可施行","伟其识见","有裨于治理"。⑤魏源说:赵一清《畿辅水利书》百六十卷,当戴震为直隶总督方观承幕僚时删改成八十卷。嘉庆时,戴震删改本又被吴江通判王履泰偷窃删改为《畿辅安澜志》进呈获赏。⑥此事当考。

乾隆时,国家先后四次大规模修举畿辅水利:乾隆四年至五年

---

① 《清史列传》卷七十五《蓝鼎元传》。
② 《清经世文编》卷首《姓名总目》。
③ 《清经世文编》卷一〇八《工政一四直隶水利中》,赵一清:《书徐贞明遗事》。
④ 赵一清:《东潜文稿》卷下。
⑤ 赵一清:《东潜文稿》之谢启昆《序》。
⑥ 《魏源集》上册《书赵校〈水经注〉后》,中华书局1976年,226页。

(1739—1740)由直隶总督孙嘉淦、天津道陈宏谋主持消除天津积水。乾隆九年至十二年由吏部尚书刘于义、直隶总督高斌等主持畿辅水利。乾隆二十七年至二十九年(1762—1764)由直隶总督方观承、直隶布政使观音保、尚书阿桂、侍郎裘日修等主持直隶水利。乾隆三十五年(1770)命侍郎袁守侗、德成往直隶督率疏消积水,尚书裘日修往来调度,总司其事。乾隆时的几次治理直隶水利,除乾隆九年至十二年(1744—1747)水利是因干旱而兴起外,其余三次都是因积水宣泄不及而兴起,主要目标是消除积水,但也兼及农田水利。当日主持或参与其事的官员都有许多奏疏,探讨疏消畿辅积水的方法及河道工程事宜,汤世昌、史贻直、范时纪则于兴修畿辅农田水利用心颇多。

乾隆九、十年,柴潮生、陈黄中等都提倡畿辅水利。乾隆九年五月初八日,山西道检察御史柴潮生上《敬陈水利救荒疏》,是一篇洋洋洒洒的大文章。柴潮生回顾了自汉至清京畿地区兴水利种稻田的历史,批驳了反对发展畿辅水利的三种意见,建议朝廷派员会同天津、河间二府,疏浚河渠淀泊故迹,开小河大沟,建立水门,递相灌注。①乾隆阅后,要求"速议"。大学士鄂尔泰等会同九卿议覆:"柴潮生所奏,诚非无据",由此启动了乾隆九年至十二年由吏部尚书刘于义、直隶总督高斌等主持的畿辅水利。

大约在乾隆十年,陈黄中著《京东水利议》,分析了永定河筑堤四十余年后,畿辅水灾导致真定、河间二府半为沮洳的原因,提出了治北运河的三种方法。并建议上游十五河疏浚沟渠,引以灌田,以杀水势;下游多开陂池,以著横流。淀之最下者,留以潴水,稍高

---

① 潘锡恩:《畿辅水利四案三案》,柴潮生上《敬陈水利救荒疏》,道光四年刻本。

者,筑圩而田之。如此,"易水可以溉京畿,滹水可以溉真定,溏水可以溉定州,滏水可以溉顺德,漳水自邺而下,西门豹、史起常用之矣。河间当下流之冲,与江南泽国无异。京东永平、滦州抵沧州、庆云,地皆膏壤。元虞集京东水利之议行,则北起辽海,南滨青齐,皆良田也。其他山下之泉,地中之水,所在而有,诚使水无余利,行之十年,岁可得谷千万石,而山东、山西、陕西,亦皆可次第及之。使西北之水利既成,则东南之漕粟可减,且使西北仓庾丰盈,而东南七省之漕,各留本省,则水旱不足为害。"①此议不仅讨论京东水利,更讨论畿辅其他地区西北水利及其可能的效果,与徐贞明的看法如出一辙。

嘉庆、道光时,由于借黄济运,造成运河淤积冲决、漕运困难,嘉庆帝"以谏臣言,饬直隶守土之臣兴水利"。② 有多位江南籍官员学者主张发展西北华北(畿辅)水利。嘉庆十六年至道光元年,翰林院检讨、湖南善化人唐鉴著《畿辅水利备览》,提倡发展畿辅水利,由畿辅而推之西北六省,以二十取一计之,约于现额征科外,岁可益粮一千万石,益银一千六百万两,而东南之漕可减为折色,每年漕运经费与漕督官属,皆可酌裁。③ "《水利备览》为营田而作也。利即所谓农田也,下手则见地开田而已。……九十九淀,现已填淤及一半,疏其未填淤者,而垦其填淤并及旁地,利莫大于此也。"④唐鉴的书,当时刊刻十二本,流传不广。道光十九年海州许

---

① 《清经世文编》卷一〇八《工政一四直隶水利中》,陈黄中:《京东水利议》。
② 包世臣:《中衢一勺·庚辰杂著四》,《包世臣全集》,安徽黄山书社1994年,67页。
③ 唐鉴:《畿辅水利备览》,许乔林《序》,见马宁主编:《中国水利志丛刊》第8册,广陵书社2006年。
④ 《唐确慎公集》卷三《复何丹溪编修书》。

乔林《序》称"自来言畿辅水利,无如此书之备者。……今读是书,语语切要,而又近今而易行"。①唐鉴于咸丰元年、三年两次进奏朝廷:"民食以稻为重,稻田以水为原。……直隶地方,经河十八,纬河无数,又有东淀、西淀、南泊、北泊,渐次填淤,衍为沃壤者,随处皆有。若使引河淀诸水,洒为沟洫,荡为塘渠,则水之利,不异于东南矣。而农民安守故常,止知高粱、小米以及麦菽数种。此数种者,是皆喜燥而恶湿,畏水而不敢近水。凡近水者,皆徙而避之。至使沃土废而不垦,是以有用之水而置之无用之地,而且须用人力以曲防其害,则不善用水之过也。"建议朝廷选派熟悉农田水利者,经理畿辅农田水利。②嘉庆二十二年,直隶永清人朱云锦《豫乘识小录》卷下《田渠说》中,把雍正年间畿辅水利,作为畿辅水利成功的典型。

道光三年,畿辅大水,淹没民田庐舍,刑部尚书蒋攸铦请筹议疏消畿辅积水,朝廷命大学士戴均元驰勘。四年,御史陈沆疏陈畿辅水利,请分别缓急修理。朝廷命江西巡抚程含章署工部侍郎办理直隶水利,会同蒋攸铦履勘。③由此,居于京师宣南的许多官员学者,纷纷讨论发展畿辅水利。几年间,产生了多部畿辅水利著作。道光三年潘锡恩《畿辅水利四案》成书,四年吴邦庆《畿辅河道水利丛书》成书,五年已革职御史蒋时进《畿辅水利志》百卷。④

道光三年,安徽泾县人潘锡恩编辑雍正至乾隆时朝廷数次修

---

① 唐鉴:《畿辅水利备览》,许乔林《序》,见马宁主编:《中国水利志丛刊》第 8 册,广陵书社 2006 年。
② 《唐确慎公集》卷首《进畿辅水利备览疏》,光绪元年刻本。
③ 《清史稿》卷一二九《河渠志四·直省水利》。
④ 《清史稿》卷一二九《河渠志四·直省水利》。

举畿辅水利的档案文献,成《畿辅水利四案》。潘锡恩赞赏清朝国家发展畿辅水利的事业,主张道光时应继续举行畿辅水利:"北方水利之议,自宋何承矩倡之,元郭守敬、虞集益推广之,明徐贞明、汪应蛟皆试之有效,而行不获久,论者惜之。"但宋元明都是臣子力倡其说,只有清朝的雍正、乾隆皇帝重视并多次举行畿辅水利。他说从天时、地利、人情三方面看,道光时国家都应重修畿辅水利:"直隶水皆有用之水,土皆可耕之田,成案具存,率循有自,随时通变,因地制宜,以一省之河淀,容一省之水,而水无弗容;以一省之人民,治一省之河淀,而河淀无弗治。目前以除害为急,害除而利自可以徐兴;异时之兴利可期,利兴而害且可以永去,其于畿辅民生未必无小补云"。①希望雍正、乾隆时畿辅水利经验,能为道光四年的畿辅水利提供借鉴。

道光四年,直隶霸州人吴邦庆,编辑宋元明清畿辅水利的奏章论著,包括他自著《畿辅水利私议》、《泽农要录》等,成《畿辅河道水利丛书》。他说:"历观往牒,谈西北水利者众矣。大抵谓神京重地,不可尽仰食于东南;或谓冀北膏腴,不可委地利于旷弃。"但只有雍正时才切实施行畿辅水利,但"施功未竟,日久渐湮,迄今仅及百年,古迹已多无考"。道光四年,朝廷欲修畿辅水利。他著《畿辅水利私议》"用备刍荛之献"。他提出要从调查畿辅各州县水利现状即河泉水量、闸坝涵洞渠口、水田顷亩等问题入手,以圩田、围田、淤灌等多种用水用地方法,来发展畿辅农田水利。潘锡恩《畿辅水利四案》、吴邦庆《畿辅河道水利丛书》,受到林则徐、桂超万等的推崇,当道光十四、十五年时,桂超万致林则徐信说:"敬读赐示

---

① 潘锡恩:《畿辅水利四案·附录》,道光三年刻本。

《畿辅水利丛书》并《四案》诸编,旷若发蒙。窃谓天下大计,无逾于此。"①

道光六年贺长龄、魏源编成《皇朝经世文编》,其中有《直隶水利》三卷,收录约三十篇关于直隶水利的议论章奏等。元明清时,讲求畿辅水利者主张,河北大河宜于发展水利,而反对者则认为河北水性、土性不适合发展水利。魏源在《皇朝经世文编五例》中声明要对"筹畿辅则水性土性异宜"的章奏,采取"广存"法来收入。而在《皇朝经世文编》之《直隶水利》三卷中,所收入的讲求畿辅水利者的章奏议论,多于反对者的章奏议论,前者有三十多篇,后者则有沈联芳《邦畿水利集说总论》和程含章《覆黎河帅论北方水利书》等。可见,主张发展畿辅水利者,多于反对者。相比而言,魏源还是赞成畿辅水利的。道光二十四五年,他两次从河北固安渡永定河,观察到永定河南北岸大堤坝的情形,于是著《畿辅河渠议》,提出"漳流宜北不宜南,永定河宜南不宜北,南北之间,是为大壑,其性总归就下,其行必由地中"的治水方案,批评了当世治水者"逆水性逆地势",导致"愈治愈决裂"的局面。②他对农田水利似乎没有更多的议论。

道光时,上海崇明县人施彦士分析前代西北水利不能完全实行的原因,为了减少占有大量荒地官员的阻挠,建议"坐拥苇荡者听其自垦,或募垦而收其租",五年起科。他主张发展京东水利:"今自天津东至永平各属近海苇荡,尽行开垦,奚啻五万四千顷。除高地二万余顷种木棉、豆、麦外,其下地三万余顷,以稻人之法种

---

① 《皇朝经世文编续编》卷三十九《户政十一屯垦》,桂超万:《上林少穆制军论营田书》。

② 《皇朝经世文编续编》卷一一〇《工政直隶河工》,魏源:《畿辅河渠议》。

稻。如前议，中岁每顷收米一百五十石，则万顷即得一百五十万石，已远过南漕之数矣。从此南粮粜陈纳新，……如雍正年间，发帑收籴营田稻米旧章，则民不加赋而已省转漕之费，不可胜计矣。前人统计漕运……各款，须费四石而致一石，以丙戌岁（道光六年）天津海运米价二两二钱计，则南粮一石到通，朝廷须费八两八钱。北方既有此米，即岁减南漕之半，亦可岁省银一千余万两。"①

道光十二年，林则徐《畿辅水利议》初稿成书，他提出"直隶土性宜稻有水皆可以成田"的观点，说："天下有水之地，无不宜稻之田。近在内地者无论已，迪化在沙漠之境，而有泉可引，宜禾锡以嘉名。台湾悬闽海之中，而有潮可通，产米甲于诸郡。此皆从古天荒，开自本朝，而一经耕治，遂成乐土。况神京雄居上游，负崇山而襟沧海，来源之盛，势若建瓴；归壑之流，形如聚扇，而又有淀泊以大其潴蓄，有潮汐以资其润泽。水脉之播流于全省，……是有一水即当收一水之用，有一水即当享一水之利者也。"他根据元明清建都以来的水利实践和雍正年间畿辅水利营田的成功经验，指出直隶"土性依然，地利自在，可知稻田之不广，良由人事之未修"。②道光十四、十五年，林则徐曾表示欲于入京觐见时"将面求经理兹事，以足北储，以苏南土"。③十六年十一月入京觐见时准备上奏，但被"当国某尼之，召对亦未及"。④十七年二月觐见时，陈述直隶水利事宜十二条。⑤道光

---

① 《皇朝经世文编续编》卷四十一《户政一三农政上》，施彦士：《沟洫议下》。
② 《林文忠公三种·畿辅水利议》，光绪丙子三山林氏开雕。
③ 《皇朝经世文编续编》卷三十九《户政十一屯垦》，桂超万：《上林少穆制军论营田书》。
④ 冯桂芬：《显志堂稿》卷十一《兴水利议》。
⑤ 《国史列传》卷三十八《林则徐传》。杨国桢：《林则徐传》，人民出版社 1980 年，118 页。

十九年十一月初九日,林则徐于钦差使粤任内,上《覆议遵旨体察漕务情形通盘筹划摺》,讨论"办漕切要之事",提出解决漕运问题的四条主张,其中"本源中之本源"是"开畿辅水利"。①他说:"窃维国家建都在北,转漕自南,京仓一石之储,常縻数石之费。循行既久,转输固自不穷,而经国远猷,务为万年至计,窃愿更有进也。恭查雍正三年命怡贤亲王总理畿辅水利营田,不数年,垦成六千余顷,厥后功虽未竟,而当时效有明征,至今论者慨想遗踪,称道弗绝。盖近畿水田之利,自宋臣何承矩,元臣托克托、郭守敬、虞集,明臣徐贞明、邱浚、袁黄、汪应蛟、左光斗、董应举辈,历历议行,皆有成绩。国朝诸臣,章疏文牒,指陈直隶垦田利益者,如李光地、陆陇其、朱轼、徐越、汤世昌、胡宝泉、柴潮生、蓝鼎元,皆详乎其言之。"因此他主张发展畿辅水利,如在天津、河间、永平、遵化等有水之田种植水稻,"上裨国计者,不独为仓储之富,而兼通于屯政、河防。"②这表明,清朝江南籍官员认为畿辅的水稻生产能力很低,故欲发展水稻生产,并解决国计、屯政、河工等诸多重要问题。

龚自珍关心"天地东西南北之学"③,但对畿辅水利的态度比较矛盾。嘉庆十七、十八年,畿辅旱。龚自珍出都入都,亲见畿辅旱情,"与山东一老父谈,言:吾土确不受水,受亦即竭,安得南边松泥耶!"嘉庆二十、二十一年之际,龚自珍写道:"元虞集、明徐孺东、(洪)[汪]应蛟、董应举、左光斗、朱长孺之伦,皆言西北水利,其言甚美。意者西北地大,土理类东南者必有多处,数公其皆亲履而辨

---

① 《林则徐集·奏稿中》《覆议遵旨体察漕务情形通盘筹划摺》(中华书局)。《国史列传》卷三十八《林则徐传》。
② 《林文忠公三种·畿辅水利议》,光绪丙子三山林氏开雕。
③ 《龚自珍全集》附录吴昌硕《年谱》,604 页。

之与?"①意即西北各地必有可发展水稻之水土,关键在于调查各地水土状况。嘉庆二十五年,龚自珍历时两年而成《西域置行省议》。他说,今中原生齿日繁,河患频仍,国困民贫,提出迁徙京师、直隶、山东、河南、陕西、甘肃之民,及各省驻防八旗到西域,先期引淙泉,泄漫壑,分插南北两路,再供给蒙古帐房、牛犁具、籽种备,分给土地,收取收成十分之一,就储本地仓,以给俸粮。三十年后,改屯田为私田。②这是"尽地力以济之民,实经划边陲至计"。道光元年,他抄录《西域置行省议》,献给新任吐鲁番领队大臣宝兴。后来李鸿章说,龚此议"卒大设施于今日"。③

龚自珍阅读并手校视为"异书"④的沈联芳著《畿辅水利集说》,道光二年闰四月作《最录邦畿水利图说》。⑤道光十八年,他向畿辅大吏陈述种桑之策,"我观畿辅间,民贫非土贫,何不课以桑,治织纫组纴?……我不谈水利,我非剿迁闻。无稻尚有秋,无桑实负春。妇女不懒惰,畿辅可一淳。"⑥但不见采纳,道光十九年他感叹:"满拟新桑遍冀州,重来不见绿云稠。书生挟策成何济,付与维南织女愁。""不论盐铁不筹河,独倚东南涕泪多。国赋三升民一斗,屠牛那不胜栽禾?"⑦对畿辅不桑、江南赋重、京师依赖南漕、河工等问题,深为不满。

---

① 《龚自珍全集》第一辑《乙丙之际著议第十九》,中华书局 1959 年,11 页。
② 《龚自珍全集》第一辑《西域置行省议》,107 页。
③ 《龚自珍全集》附录,吴昌硕《年谱》,604 页。
④ 《龚自珍全集》附录,吴昌硕《年谱》,605 页。
⑤ 《龚自珍全集》第三辑《最录邦畿水利图说》,257 页。
⑥ 《龚自珍全集》第九辑《乞籴保阳》,507 页。
⑦ 《龚自珍全集》第十辑《己亥杂诗》,510 页、521 页。

安徽泾县人包世臣,嘉庆十三年举人,少小见官民相争漕,退休后长期居住金陵,又时时到京师、畿辅,通今时之制,究生民之利病,熟悉河、漕、盐事,"江省督抚遇大兵、大荒、河、漕、盐诸钜政,无不屈节咨询。世臣亦慷慨言之。虽有用有不用,而其言皆足传于后"①。嘉庆十四年春,在北京海淀访问大学士戴某时,包世臣提出发展畿辅水利的主张②,嘉庆二十五年他在北京再次提出其主张③,道光十五年,包世臣提出《畿辅开屯以救漕弊议》。他说:幽冀水利,始于宋臣何承矩。以后为此说者尤多,其详在《潞水客谈》。国朝怡贤亲王与阁臣朱轼,经画粗备,④垦成稻田至三百余万亩,未几罢废,唯存文安、大城数屯。⑤今东南每岁漕粮不及四百万石,是东南膏田中岁二百万亩所产。有田四百万亩,则租入可以当全漕数额。开方法,方百里,可得田五百三十万亩。⑥"宜于畿辅数百里之内,附近河道可通舟处,相地脉,开沟渠,招集江浙老农,用安徽早粳七分,苏杭晚香三分,选其佳种,分试地力所宜,度其地可拓至方三四十里处,乃下手。……一有成效,即可将江浙之赋,或减轻,或酌改为本折兼征,则民气得苏,官困亦解。"⑦西北屯

---

① 《国史列传》卷三十八《林则徐传》。
② 包世臣:《中衢一勺》附录一《海淀问答己巳》,《包世臣集》,黄山书社 1995 年,89 页。
③ 包世臣:《中衢一勺》中卷《庚辰杂著四嘉庆二十五年都下作》,《包世臣集》,黄山书社 1995 年,67 页。
④ 包世臣:《中衢一勺》卷三《庚辰杂著四》,《包世臣全集》,安徽黄山书社 1994 年,69 页。
⑤ 包世臣:《中衢一勺》卷四《附录一海淀问答己巳》,《包世臣全集》,安徽黄山书社 1994 年,91 页。
⑥ 包世臣:《中衢一勺》卷三《庚辰杂著四》。
⑦ 包世臣:《中衢一勺》卷七上《畿辅开屯以救漕弊议》,《包世臣全集》,安徽黄山书社 1994 年,184 页。

田水利等意见,"多见施用"。①

咸、同、光时期,除运河河道及漕运弊端等问题,内忧外患增加,南粮阻梗,购自重洋而运远,运自口外而接济不多,采买无银,收捐无应,京师粮食供应紧张。在这种情况下,更有江南籍官员学者主张发展畿辅水利。咸丰三年,唐鉴进献《畿辅水利备览》,朝廷命给直隶总督桂良阅看,着于军务告竣时,酌度情形妥办。②咸丰九年,亲王僧格林沁督兵津郡,于碱水沽营田三千五百四十亩,葛沽营田七百五十亩。③咸丰十一年,冯桂芬提出发展畿辅水利农桑主张。冯桂芬,江苏吴县人,道光十二年举人,江苏巡抚林则徐誉为"一时无两","入署校《北直水利书》"④二十年进士,授编修。咸丰即位,潘世恩推荐林则徐、姚莹、郝懿辰、冯桂芬入见,丁父忧,服甫阕,而金陵陷。⑤咸丰十一年,冯桂芬经三十年而成《校邠庐抗议》刊刻。冯桂芬说:"国家休养生息二百余年,生齿数倍乾嘉时,而生谷之土不加辟",于是他提出发展畿辅水稻的主张:"夫一亩之稻,可以活一人,十亩之粱若麦,亦仅可活一人。直省田凡七百四十万顷,种稻之田半焉,其余岂尽不宜稻哉?……西北地脉深厚,胜于东南涂泥之土,而所种止粱麦,所用止高壤,其低平宜稻之地,雨至水汇,一片汪洋,不宜粱麦。夫宜稻而种粱麦,已折十人之食为一人之食,况并不能种粱麦乎。然则地之弃也多矣,吾民之天阏

---

① 包世臣:《中衢一勺》卷四《附录一与秦学士书》,《包世臣全集》安徽黄山书社1994年,93页。
② 《清史稿》卷一二九《河渠志四直省水利》。
③ 《皇朝经世文编续编》卷三十九《户政十一屯垦》,李鸿章:《防军试垦碱水沽一带稻田情形疏》。
④ 冯桂芬:《显志堂集》卷十二,《跋林文忠公河儒雪謦图》。
⑤ 冯桂芬:《显志堂集》卷首,李鸿章撰《冯桂芬墓志铭》。

也亦多矣。"冯桂芬受林则徐《畿辅水利议》的影响,赞成林则徐"西北可种稻,即东南可减漕"的观点,但对治水与营田顺序有不同看法,认为应先治水、后成田,"即不能众水全治,亦当择要先治";"水不治而为田,或田其高区而水不及,或田其下地而水大至"。为此要"相其高下,宜疏者疏之,宜堰者堰之,宜弃者弃之,不特平者成膏腴,下者资潴蓄,即高原之水有所泄,粱麦亦倍收矣"。①冯桂芬还认为,西北稻田水利重大不易行,则应于畿辅种桑养蚕。②在畿辅种桑问题上,他与龚自珍一致。

同治元年,御史朱潮请开畿辅水利:"畿辅农民,就河淀山泉近便之处,插秧布种,颗粒丰腴,市肆号为京米",他建议北方凿井,推行水车,发展水稻,解决京师粮食供应。③朝廷命直隶总督文煜调查畿辅水利状况。④同治二年,太平军占领江浙,漕无来源,仅有山东、奉天二省粟米三十余万石,大有都门粮店尽空之虞。监察御史丁寿昌上疏,提出"京师之水利宜兴"。他说:"自元明以来,言畿辅水利者甚多,而见诸施行者盖寡。我朝雍正年间,曾修畿辅水利,设京东、京西、京东南、京西南四局,怡贤亲王总其成,大学士朱轼为之辅,经理三载,得田七千余顷。至今玉田、丰润一带,粳稻盈畴,皆蒙其泽。是畿辅水利确有明征。……此时筹费不易,宜仿其成法,先于京师试行。"⑤他建议在北京西直门外举行水稻生产,以东北旱稻为水稻品种。

---

① 冯桂芬:《校邠庐抗议·兴水利议》,中州古籍出版社,1998年,112—113页。
② 冯桂芬:《校邠庐抗议·劝树桑议》,中州古籍出版社,1998年,120页。
③ 《皇朝经世文编续编》卷四十一《户政十三农政上》,朱潮:《请兴水利以裕民食疏》。
④ 《清史稿》卷一百二十九《河渠志四直省水利》(3847页)
⑤ 《皇朝经世文编续编》卷四十三《户政十五仓储一》,丁寿昌:《筹备京仓疏》。

同治九年十月二十日,上谕:"畿辅水利,本宜讲求,而畿东尤亟,应如何设法宣泄以利农田,着次第兴办。"①同治十二年,朝廷"以直隶河患频仍,命总督李鸿章仿雍正年间成法,筹修畿辅水利"。②李鸿章在治理直隶河道的同时,于同治十三年,要求总兵周盛传在津东开垦水利,"以津沽一带,地多斥卤,旱苗以碱而槁,水田自较合宜。屯田深合古法,前人及近日条陈,多建此策。饬盛传等察酌情形,次第妥筹试办,以尽地利而裨防务。"③周盛传"试垦万亩,虽布种不多,获稻不下数千石。"④李鸿章对此大加赞赏:"津郡为京畿屏蔽,现值海防紧要,力图富强,则开办屯田,筹备军食,无事时藉兴粳稻之利,有事时可限戎马之足……期于畿东水利、海疆防务,两有裨益。"⑤

左宗棠在西北和直隶,都曾致力兴修水利。同治五年,左宗棠西进收复新疆,他说:"西北素缺雨泽阴溉,禾稼蔬苗专赖渠水。地亩价值高下,在水分之多少。"因此他提出"治西北者宜先水利"的主张,在陕、甘、新、宁地区,都兴修或恢复了一些水利工程。⑥光绪七年三月,左宗棠率军入京,请兴办顺天、直隶水利。他说:"畿甸地方,年来旱潦频仍,虽经多方修浚,尚无明效。臣前由井陉、获鹿过

---

① 《皇朝经世文编续编》卷三十九《户政十一屯垦》,光绪元年李鸿章:《防军试垦碱水沽一带稻田情形疏》。
② 《清史稿》卷一百二十九《河渠志四直省水利》。
③ 《皇朝经世文编续编》卷三十九《户政十一屯垦》,光绪元年周盛传:《议覆津东水利禀》。
④ 《皇朝经世文编续编》卷三十九《户政十一屯垦》,光绪元年周盛传:《拟开海河各处引河试办屯垦禀》。
⑤ 《皇朝经世文编续编》卷三十九《户政十一屯垦》,光绪元年李鸿章:《防军试垦碱水沽一带稻田情形疏》。
⑥ 顾浩主编:《中国治水史鉴》,中国水利水电出版社1997年,84—88页。

正定、定州、保定,入顺天府属房山、良乡、宛平各境,道旁冰凌层积,多未融化。其附近高地,则沙尘没辙,或石径荦确,不能容趾,人马均以为苦。回忆道光十三年初次会试入都,及同治七年剿捕捻逆经过各处,俨若隔世。不得水之利,徒受水害,窃虑及今不治,则旱潦相寻,民生日蹙,其患将有不可胜言者!治水之要,须源流并治。下游宜令深广,以资吐纳;上游宜多开沟洫,以利灌溉。"于是他请求以旧将王德榜、王诗正整治桑干河、永定河,"其下游津、沽各处仍由直隶督臣经理。通力合作,当必有益。其军饷仍资之甘肃、新疆,不烦另款支销,于顺天、直隶并无所损。此开浚水利上源大略也。"此奏得到朝廷允准实施,王德榜、王诗正整治永定河上游。[1]但是李鸿章则持反对态度,他说:"左相……所建练旗兵、借洋债、兴畿辅水利,……却近老生常谈,恐有格于时势,不能尽行之处。"[2]

光绪十六年(1890),给事中洪品良以直隶频年水灾,请筹疏浚畿辅水道,发展畿辅水利,遭到李鸿章的反对[3]。李鸿章反对左宗棠和洪品良兴修畿辅水利,其中原因,本书后面还要分析。

综上,元明清时有几十位江南籍官员学者提倡发展西北华北(畿辅)水利,其目的是就近解决京师粮食供应,以解决江南赋重漕重的问题。这是持续了近六百年的重大社会思潮。其根本原因,本书后面将予以分析。

---

[1] 《左宗棠全集》第八册《奏稿》,光绪七年《拟调随带各营驻扎畿郊商办教练旗兵兴修水利折》,岳麓书社1996年。
[2] 《李文忠全集》《朋僚函稿》卷二十,《复丁稚璜宫保》,10页,转引自苑书义著《李鸿章传》,155页。
[3] 《清史稿》卷一百二十九《河渠志四直省水利》。

3. 西北水利、畿辅水利、京东水利

江南籍官员学者不仅认为西北水利有必要和可能,而且认为西北水利要有步骤进行,即由京东而畿辅,由畿辅而西北。但各人侧重点不同。徐贞明重视京东和九边,他说:"京东辅郡,而蓟又重镇,固股肱神京,缓急所必须者。……姑摘其土膏腴而人旷弃,即可修举以兆其端者,盖先之京东数处以兆其端,而京东之地,皆可渐而行也。先之京东,而畿内列郡,……而西北之地,皆可渐而行也,……先之蓟镇,而诸镇皆可渐而行也,……先之于丰润,而辽海以东,青徐以南,皆可渐而行也,……特端之于京东数处,因而推之西北,一岁开其始,十年究其成,而万世席其利也。"[1]"先之京东,而畿内列郡皆可渐而行也;先之畿内列郡,而西北之地皆可渐而行也;在边陲则先之蓟镇,而诸镇皆可渐而行也;至于濒海,则先之丰润,而辽海以东,青、徐以南,皆可渐而行也。"[2]徐贞明认为兴修西北水利的步骤,应该是由蓟镇而九边,由辽海而青州、徐州以南;由京东而畿辅,由畿辅而西北,循序渐进。实际上,徐贞明就是首先调查并举行京东水利。明末,陈子龙总结了徐光启、徐贞明的农政水利思想,概括地指出了元明西北水利主张的几个范围和步骤:由京东而畿辅,由畿辅而西北。崇祯三年(1638),陈子龙等编辑刊刻《农政全书》,叙述了西北水利的具体步骤:"水利者,农之本也,无水则无田矣。水利莫急于西北,以其久废也;西北莫先于京东,以其事易兴而近于郊畿也。"[3]陈子龙等概括了徐贞明、徐光启发展西北水利的步骤,即由京东而畿辅,由畿辅而西北。

---

[1] 《潞水客谈》。
[2] 《潞水客谈》。
[3] 《农政全书·凡例》。

清代讲求西北水利者，往往主张发展畿辅水利。康熙间，蓝理、李光地、陆陇其；雍正间，朱轼、陈仪、童华、逯选、蓝鼎元、赵一清等；乾隆间，徐越、汤世昌、胡宝泉、柴潮生等，都有章疏文牒，提倡畿辅水利。道光间，潘锡恩《畿辅水利四案》、吴邦庆《畿辅河道水利丛书》、蒋时《畿辅水利志》、林则徐《畿辅水利议》等，包世臣、冯桂芬等，都主张在畿辅发展农田水利，特别是水稻生产。龚自珍除了主张发展畿辅农桑，还主张迁徙内地人民到西域发展生产。

以后，随着情形紧急，讲求西北水利者，提倡在北京西直门外扩大水稻生产，再扩大到京南。而朝廷则比较重视天津海滨屯田。道光时，曾经承运海运米的崇明县举人施彦士主张"必择天津左右近海近河不耕之官荡而辟之"。[1]同治二年，监察御史丁寿昌主张在京师西直门外举行水稻生产，他说："西直门外长河一带，直到西山，处处有水，可种稻田，内务府所管稻田厂，皆资以灌溉。京师民惰，不知水田之利，多种杂粮，若令改种稻田，听挑渠引水，获利必多，即派内务府经营稻田厂熟悉农务之司员，专司其事，先行试办，以为民倡，择稻田厂左右可耕闲田，及园亭附近之旷土，广为开垦，引昆明湖玉泉山之水，疏成沟渠，因势利导，……并劝谕左近有田之农民，有情愿改旱田为水田者，许其挑渠引水，教以蓄泄之法，……数年之后，稻田必多，不加钱粮，止征本色，……京师行之有效，再……推行于京东西有水之州县，使北方丰歉有备，不全仰给于南漕。"[2]这是认为可以先在北京西直门外举行水利，再推行到京南有水州县，乃至北方。

---

[1] 《皇朝经世文编续编》卷四十一《户政一三农政上》，施彦士：《沟洫议上》。
[2] 《皇朝经世文编续编》卷四十三《户政一五仓储》，丁寿昌：《筹备京仓疏》。

实际上,咸丰、同治时更重视畿东即津东水利。咸丰九年,亲王僧格林沁督兵津郡,于碱水沽营田三千五百四十亩,葛沽营田七百五十亩。同治三年,前通商大臣崇厚复派员勘办,由官给资,招佃承种。同治九年十月二十日,上谕:"畿辅水利,本宜讲求,而畿东尤亟,应如何设法宣泄以利农田,着次第兴办。"这是更重视京东天津海滨一带屯田。同治十三年,总兵周盛传先在新城以南,挑浚引河一道,分建桥闸、沟洫、涵洞,试垦万亩,[①]获稻不下数千石。[②]光绪元年,李鸿章奏请并海防与水利为一事,在天津碱水沽一带屯垦,试种稻田。"津郡为京畿屏蔽,现值海防紧要,力图富强,则开办屯田,筹备军食。无事时藉兴粳稻之利,有事时可限戎马之足,……期于畿东水利、海疆防务,两有裨益。"[③]

总之,元明清讲求西北水利者,其所谓西北,指黄河流域以北地区,包括今天华北、西北两大地区;且西北包含有几个不同的地理范围。从大范围讲,西北指今日西北、华北(畿辅)广大地区。从中范围讲,指畿辅地区,即今日河北、天津、北京等地。从小范围讲,指今日京东地区。这是元明及清道、咸以前,讲求西北、畿辅水利者主张中的几个步骤和范围。到同治、光绪时,畿辅水利的范围,甚至缩小到京师西直门外,或津东海滨一带。西北水利,指元明清江南籍官员学者(后来还有北方的个别学者)提倡发展西北、华北(畿辅)等地区的农田水利,特别是水稻生产,以就近解决京师

---

① 《皇朝经世文编续编》卷三十九《户政一一屯垦》,李鸿章:《防军试垦碱水沽一带稻田情形疏》。

② 《皇朝经世文编续编》卷三十九《户政十一屯垦》,周盛传:《拟开海河各处引河试办屯垦禀》。

③ 《皇朝经世文编续编》卷三十九《户政十一屯垦》,李鸿章:《防军试垦碱水沽一带稻田情形疏》。

的粮食供应。西北水利议,指元明清江南籍官员学者提倡发展西北华北等地区的农田水利的议论著作。

西北水利到底有什么"利"? 徐贞明列举兴修西北水利的十四项大利,大致有两方面,第一,解决西北诸问题,主要是解决京师粮食供应问题。西北之地,旱则赤地千里,潦则洪流万顷,惟寄命于天,水利兴而旱涝有备;今西北之地平原千里,寇骑得以长驱,若使沟渠尽举,则田野之间皆金汤之险,而田间植以榆柳枣栗,既资民用,又可以设伏而避敌;近边田垦,转输不烦;募(浮)农以修水利,修水利以举屯政;近塞水利既修,屯政大举,田垦而人聚,人聚而兵足,可以省远募之费,可以苏班戍之劳,可以后停勾补之苦;官以垦田分给宗室,使雄杰者不失为富家翁,庸劣者可以耕田力穑。

第二,解决东南重赋等问题。国家财赋取给东南,西北水利既兴,则田畴之间要皆仓庚之积;"东南转输,每以数石而致一石,民力竭矣。而国计所赖,欲暂纾之而未能也。惟西北有一石之入,则东南省数石之输。所入渐富,则所省渐多。先则改折之法可行,久则蠲租之旨可下,东南民力,庶几获甦";"东南之境,生齿日繁,地苦不胜其民,而民皆不安其土。乃西北蓬蒿之野,常疾耕而不能遍。……今若招抚南人,修水利以耕西北之田,则民均而田亦均矣。"[①]元明清时期,讲求西北水利者的根本目的,是通过西北华北(畿辅)水利,就近解决京师的粮食供应,缓解京师对东南的经济财政压力,并可以解决江南赋重民困的问题。

清代官员学者对西北水利寄托更多的希望。康熙十一年,徐

---

① 《农政全书》卷十二。

越《畿辅水利疏》认为,畿辅水利,除了能缓解京师对东南的粮食压力,还能解决八旗生计问题。①沈梦兰把西北水利之利,归结为十五条。有些项目,与徐贞明所列大致相同,如:旱涝有备、硗确悉成膏腴、沟涂纵横阻固北方民族铁骑戎马、旱涝保收、西北民有盖藏、民食自裕、西北有一石之收则东南省数石之赋、屯兵不费饷而额足、同井共助。有些条目,则是沈梦兰的新观点,如:淤泥肥田;商业贸易可解决运输问题,省去车夫从通州至京师的运粮脚价,平抑粮价;百姓从事陇亩,无游民,无邪教;五省遍开沟洫,可减少大河径流冲决;并因此减少修筑河堤工费;民间无争占土地水利之弊端,地方里胥无分洒赋税之弊。②沈梦兰把西北水利,与减少河工费用、减少北方大河径流溃决、平抑粮价、预防邪教、解决民间争地争水矛盾联系起来,这是对西北水利赋予更多的希望。

当运河河道屡次发生问题,漕运弊端日益突出时,江南籍官员认为,发展畿辅水利,不仅能解决江南重赋,还能解决运河与黄河的矛盾,以及漕运中产生的诸多弊端。嘉道时,江苏巡抚陶澍,总结讲求西北水利的目的是,"议者谓漕米至京,一石费二十余金,官民交困。不若于直隶一带大兴水利,则南漕可减,而河费可省。此诚探本之论"。③道光时,林则徐说,"南漕四百万石之米",如果在畿辅发展农田水利,"成田千顷,即得米二十余万石,或先酌改南漕十万石,折征银两解京,……行之十年,而苏、松、常、镇、太、杭、嘉、湖八府州之漕,皆得取给于畿辅。如能多多益善,则南漕折征,岁入数百万两。不仅如此,粮船既不需起运,凡漕务中例给银米,所

---

① 《清经世文编》卷一〇八《工政一四直隶水中》,徐越:《畿辅水利疏》。
② 《清经世文编》卷一〇六《工政十二水利通论》,沈梦兰:《五省沟洫图则四说》。
③ 陶澍:《陶文毅公全集》卷四十,《复王坦夫先生书》。

省当亦称是,且河工经费,因此更可大为撙节。漕弊不禁自绝,更无调剂旗丁之苦。"①这是把省河工经费、减少南漕数量等都寄托在畿辅水利一事上。道光时,施彦士主张,如果能在天津近海近河之处发展水利,开地五万顷,高地二万顷可种木棉豆麦,下地三万顷可种水稻,中岁每顷收米一百五十石,则万顷即得一百五十万石,已远过南漕之数。北方既有此米,即岁减转漕之半,亦可岁省银一千余万两。②施彦士,崇明人,举人,曾承运道光六年海运粮至天津,深知转运之费,及天津海滨屯田之利。

总之,元明清时期,江南籍官员学者提倡发展西北水利,其实质是江南人对东南和西北两大区域经济发展不平衡与赋税负担不均问题的解决方案之一。他们认为京师粮食供应仰给东南(含山东、河南、江南),一方面使江南赋重民贫,另一方面又使西北产生很大的依赖性,并使西北生态环境、社会经济日益落后。所以,他们提倡发展西北水利,提高北方农业水平,使京师就近解决粮食供应,从而缓解对东南的压力。

4. 民垦、军垦、官办及农师

对华北、西北水利的用工,虞集、徐贞明、徐光启、柴潮生、潘锡恩、吴邦庆、林则徐等人有不同的方案。大约有民垦、军垦、官办三类。

民垦。这里又分为四种情况。第一种是用富民垦种,并依垦种数量授以世袭官爵。最早由虞集提出,而又为徐光启所发展。

---

① 林则徐:《畿辅水利议》,光绪丙子三山林氏开雕。
② 《皇朝经世文编续编》卷四十一《户政一三农政上》,施彦士:《沟洫议下》。

虞集的方法是"听富民欲得官者,合其众分授以地,官定其畔以为限,能以万井耕者,则为万夫之长,千夫、百夫亦如之。……三年,视其成,以地之高下,定额于朝廷,以次渐征之;五年,有积畜,命以官,就所储给以禄;十年,佩之符印,得以传子孙,如军官之法。"① 徐贞明称赞虞集此法为"良法",而徐光启认为"第一宜戒此","更须议",徐光启说"祖述其说,稍觉未安者别加裁酌,期于通行无滞"。对虞集关于招徕人员、安置垦田者的办法,徐光启认为是不可易之策,"招徕之法,计非如虞集所言不可",但他发展了给垦田者以世袭官职的办法,"臣所拟者,不管事,不升转,空名而已。田在爵在,去其田去其爵矣。即世袭又空名也。名为之给禄,禄其所自垦者,犹食力也。事例之官,为天下之最大害者,为其理民、治事、管财耳。……但恐空衔无实,人未乐趋,故必以空衔为根着,而又使得入籍登进以示劝。……另立屯额,科举乡试不与士人相参也。"即以空衔代替实授,不让其理民、治事、管财,允许其子弟以优惠条件参加科举考试,作为世守屯业的办法。② 他大概是看到世袭官、捐官的危害,从而考虑到用科举吸引富户垦种的办法。

第二种,指流民,或无地农民。徐贞明提出的用工办法,是"优复业之人,立力田之科,开赎罪之条"。优复业之人,指招徕流民恢复农业生产;立力田之科,是要仿照汉朝的作法,依垦田纳税数额来授给一定的散职或任为胥吏,或在吏部等待铨选;开赎罪之条,就是允许犯罪而有资财者,捐赀垦田,垦田之费与赎罪之费相等,重罪者可就近垦田赎罪而不必远配。③ 应该说,这一意见,对清代

---

① 《元史·虞集传》。
② 王重民辑校:《徐光启集》卷五《垦田疏稿·用水第二》。
③ 《潞水客谈》。

水利有启发。清代畿辅水利中，使用效力人员，效力营田者，酌量工程难易，顷亩多寡，分别录用；讹误降调革职人员，效力营田者，准其开复，流徙以上人犯效力营田者，准予减等。[①]新疆屯田中，有遣犯屯田，也有罪遣人员的捐资兴修水利。或许应该说，是受此启发。龚自珍《西域请置行省议》则提出，迁徙京师及华北等地区无地农民前往新疆屯田。

第三种是用灾民垦田，或者叫做以役代赈，以工代赈。柴潮生说："徒费之于赈恤，不如大发帑金，遴选大臣，经理畿辅水利，俾以济饥民、消旱潦，且转贫乏之区为富饶。"具体办法是"将现在受赈饥民及外来流民，停其赈给，按地分段，就地给值，酌予口粮，宁厚无减。一人在役，停其家赈粮二口；二人在役，停其家赈粮四口。其余口及一户皆不能执役者，仍如例给赈。其疏浚之处，有可耕种，即借予工本，分年征还。"这是变消极的救济为积极的修水利致富。清代乾隆二十七、二十八年畿辅水利中，就使用以工代赈这种用工形式。

第四种是募民垦田，如汪应蛟在天津募民垦田。

军垦。徐贞明说："若不费公帑，不烦募民，而田功自举者，予又得而熟筹焉。边地屯田以饷军，其道有三：倡力耕之机，定赏功之典，广世职之法而已。"这就是鼓励边将带领士卒屯垦。他认为战时和平时军功各有不同，"敌刃既接，军功为先。边烽稍宁，屯政急矣。倘屯政举而边地垦，食足兵强，虏来而应之有胜算，又何军功之足羡乎？若徒赏军功，则忽内修而启外衅，非国家之福也。

---

① 吴邦庆：《畿辅河道水利丛书》，《畿辅水利私议》。

……即兵兴之时,转饷勤劳,亦得与对垒者论功"。① 谭伦等所进行的屯田,即用军垦。汪应蛟分析了几种可能的用工方法:北人慵惰,惮于力作;南人善耕,但难胜远役;富商志在赢利,不肯投资垦种,以上三种,都不可行。"臣今为计,惟有用军垦田,以田分民。军能垦而不能尽种,民能种而不必自垦。军有月粮,而无雇值之费。民无劳役,而有可耕之田。"请求用防海军官滨海垦地、开渠畜泄、筑堤防涝。并"召募边地殷实居民,及南人有资本者,听其分领承种,……,取水种稻。本年开耕,姑免起科,以偿其牛种器具之费。次年每亩定收稻米五斗"。② 汪应蛟天津海滨屯田,兼用军垦和民垦。倭寇为乱主要在嘉靖中,朝廷加强了边防,隆庆初倭患渐息,但边兵不减,"欲留兵,不免于病民;欲恤民,无以给兵。"徐贞明、汪应蛟所以提出用军垦田,不是偶然的,而是考虑到这一情况的。军费一直是困扰封建国家财政的主要问题。汪应蛟用军垦田,合海防与水利为一事,于国计有益。清代乾隆二十五年后新疆伊犁中,就大规模地使用绿营兵屯田。后来,同治光绪之交,李鸿章"并抽调淮、练各军分助挑办"。③用淮军、练军兴修水利。周盛传自言他用练军在天津碱水沽等屯田,是受汪应蛟的启发。周盛传说:"海上营田之议,自虞文靖集始发其端,至徐氏贞明而大畅其旨。元脱脱丞相、明左忠毅公,皆尝试办。着有成效。万历中,汪司农应蛟遂建开屯助饷之议。并水利海防为一事,与今日情势略

---

① 《潞水客谈》,转引自《农政全书》卷三十二。
② 《农政全书》卷八,引汪应蛟《海滨屯田疏》。
③ 《皇朝经世文编续编》卷一一〇《工政直隶河工》,李鸿章:《覆陈直隶河道地势情形疏》。

有同者。"①所以周盛传受李鸿章支持,用练军修水利屯田。

官办。这里又分三种意见。一种意见主张设立专官。许承宣《西北水利议》建议在西北各省专设农田官,以其所捐纳之数,募耕夫、买牛储种、补偿民之弃熟田为水稻者,五年复租,十年以赋额考核农田官。这实际上是由私人入财为官,以其赀财为修水利之费用。雍正年间兴畿辅水利,是设四局以领其事,"以南运河与臧家桥以下之子牙河、苑家口以东之淀河为一局,令天津道领之;苑家口以西各池及畿南诸河为一局,大名道改清河道领之;永定河为一局,以永定分司道领之;北运河为一局,撤分司以通永道领之:分隶专官管辖。"不久又设京东、京西水利营田使各一名。②雍正间畿辅水利,是设立了专门机构水利营田四局来主持兴修畿辅水利,并取得成效。唐鉴主张,朝廷设立专官主持畿辅水利:"凡创举之事,必筹万全,不可求速效、拘成法、安故常、畏人言也。西北水利,……不得不谓之创举也。创举之事,须分外设官,破格用人,……西北六省,其事更大,须得一贤明能当大事之吏以总督六省水利。"③

另一种意见主张,不必设专官,只应责成地方守令。徐贞明、林则徐持此意见。徐贞明认为,应该责成地方官员兴修水利,"不必如宋人专以劝农之名,亦不必如今制,责以水利之职。盖劝农而兴水利,牧养斯民之首务也。……今惟择守令,久任而责成之,殿最系焉,利兴而民不知者,可坐致也。"即不必设立专职水利官员,或劝农官员,而应责成地方官员。可以"暂出官帑,募愿就之民。

---

① 《皇朝经世文编续编》卷三十九《户政十一屯垦》周盛传:《议覆津东水利禀》。
② 《清史稿·诸王六》。
③ 唐鉴:《畿辅水利备览》卷首《臆说》,见马宁主编:《中国水利志丛刊》第8—10册,广陵出版社2006年。

……若概以水利役民,使贫民苦于追呼,妨其生业,而富家反擅其利"。① 乾隆时,工部议覆御史汤世昌《西北各省疏筑道沟疏》:"应如所奏,行令各该督抚,严饬所属,于每年农隙时,亲往履勘督办,工竣后,册报道府,前往查勘,果系实心任事之员,行之有验,即备详督抚,于考课殿最时,胪为一条。"即县令要亲自履勘督办水利,乾隆的四次畿辅水利,朝廷派大员与地方督抚合力勘察、规划,并责成所属官员亲自勘察督办。

林则徐主张,畿辅水利"责成地方官兴办,毋庸另设专官"。他分析了设专官的弊病和责成守令的优点:"若设官专领,于民情之苦乐,地方之利病,未必周知。而既无司牧之权,则令未必行,禁未必止。公事恐多牵掣。若仍须会同地方官,又易起推诿歧视之渐。且多一衙门多一冗费。即乡村董劝之人,如农师、田长等名目,亦不必设,恐奉行日久,实去名存,徒滋闾阎浮费也。守令为亲民官,情形熟,呼应灵,择其勤恤民隐、实心任事者,属之经理,以成田之多寡,得稻之盈绌,课其殿最,不烦更张,而事可集。"即另设专官,不熟悉地方情形,无地方权力,牵制多、推诿多、费用多。地方官员熟悉地方情形,有实权,还可省费用。所以林则徐综合前人观点和实践的优点,提出:"当创行之始,相度水泉,经画地亩,以及招募农民试种,倡导章程,自宜专简大员核定办理。俟事有端绪,效可广推,则专责之地方官为便。"②即督抚大员核定办理初期事务,然后由地方守令负责推广和管理后期事务。

第三种意见,主张专官与地方官员、乡老并用。吴邦庆持此意

---

① 《潞水客谈》。
② 林则徐:《畿辅水利议》,光绪丙子三山林氏开雕。

见。专官,必须符合两个条件:一是"职有专辖而权无旁挠",如雍正四年畿辅水利时,怡贤亲王总其成,大学士朱轼为之辅,又有营田观察使、副使等;二是对应办水利事宜要集思广益,不固执己见,即调查和规划中要听从专官、学者和地方乡老等各方面的意见。在调查水利状况和规划水利事宜中,要坚持"委员与乡耆并用"的原则。委员,即州县佐贰,佐贰事简,且多兼水利;乡耆,即学官和老年土人。学官与本地士子较为亲切,当地父老不能详知河道水泉之故迹,而老生耆宿多知之。傍水之地,老年土人于每年水势旺弱与其力之所及,阅历既久,知之必详。然而乡里之人,多止于一隅起见,或地居上游,则不顾下游,或欲专其利,则不顾同井。因此,要求委员参用,协同访求,提出详细的规划,然后张榜公布,民间如有异疑,应允许其在委员处申报,务期有利无弊,照顾上游、下游及共同用水的需要。遴选工程技术人员,规划工程土方、工料、占地等。工程经费,大工借支官项,将来以获利地亩带征还款;次工,可由富户或急公好义者认修工段,官员议叙,民人加奖赏;零星小工,则派用水各村庄通力合作,克期完工。工程竣工后,要设渠长或闸夫,制定用水则例,以杜绝争端,设立专职巡行。[①]这里所说的民垦、军垦和官办,只是相对的,而不是绝对的,有时不决然分开,事实上民垦、军垦也只有在朝廷组织下才能进行;而所谓官办,官员只是组织者,而具体工役还是要靠农民。在实际中,能取得成效的水利事业,或是在朝廷施政下进行,或是在官员组织下进行,完全靠个人的努力,如徐光启的实验,是不会取得成功的。

这里,还要谈谈水利,特别是水稻种植的技术人才问题。自虞

[①] 吴邦庆:《畿辅河道水利丛书》,《畿辅水利私议》。

集、郑元祐开始,讲求西北华北(畿辅)水利者,多主张要招募南方江浙地区老农到北方做农师。至正十三年,脱脱主持畿辅水利时,确实派人到江浙一带招募了一千名农师。元明清讲求西北水利的江南籍官员学者,大多数都认为,要兴修西北华北(畿辅)水利,必须招募江浙农师,亲自示范指导,如蓝鼎元说:"召募南方老农,课导耕种。"①雍正时畿辅水利的水稻技术人员,就是"召募南方老农,课导耕种"②,而吴邦庆、桂超万则有不同的意见。吴邦庆主张,由"留心斯事"的官员示范种稻、用水、用土等技术给农民,比招募南方农师更合适。他说,古者士农合一。后世农勤末耜,士习章句,判若二途;农习其业,不能笔之于书;士鄙其事,未由详究其理。《齐民要术》、《农桑辑要》诸书,亦不过供学者之流览,于服田力穑者毫无裨补。余家世农,未通籍时,颇留心耕稼之事。道光三年,直隶各地雨水成灾,农民有治稻畦种稻者,他询问其种植之方法,有与农书合者;他又把他了解的农业知识告诉农民,农民跃然试之,有成效。始知古人不我欺,而农家者流诸书为可宝贵。"北人艺稻者少,种植收获之方,终多简略。余因取《齐民要术》、《农桑辑要》,及王桢《农书》、徐光启《农政全书》中有关于垦水田、艺粳稻诸法,皆详采之。"又录《授时通考》所载清帝耕图诗"于水耕火耨者大有裨助",编成《泽农要录》六卷,希望"留心斯事者,得是书而考之,暇时与二三父老,课晴问雨之余,详为演说,较诸召募农师,其收效未必不较捷"。③即以有心讲求畿辅水利的官员,亲自演示给农民一些种植水稻的技术。

---

① 《清经世文编》卷一○八《工政一四直隶水利中》,蓝鼎元:《论北直水利书》。
② 潘锡恩:《畿辅水利四案初案》,允祥、朱轼:《请设营田疏》,道光三年刻本。
③ 吴邦庆:《畿辅河道水利丛书》,《泽农要录序》,421页。

桂超万，字丹盟。安徽贵池人。道光十三年进士，苏州知县。十四年，署阳湖知县。十六年栾城知县，二十一年调万全县令，二十三年巡视张家口坝工，二十八年调苏松常太镇粮道。①他与林则徐、包世臣都有交往。道光十五年十二月，林则徐嘱托桂超万校勘《北直水利书》②，桂超万很赞赏潘锡恩《畿辅水利四案》、吴邦庆《畿辅水利丛书》和林则徐的《畿辅水利议》三书，说："天下至计，无逾于此。"但桂超万对招募南方老农有不同看法，他认为玉田、丰润、磁州等各邑四郊，现有开田种稻之乡，稻农对畿辅水利情形较熟悉，他请林则徐考虑，是否可就近招募玉田、丰润等地农民："农者必召南人，……抑或募玉田、磁州等处种稻之农，风土略同者，往来较便。宜筹备者三。"③这是以玉田、磁州等有水稻地区的农民来指导畿辅其他地区的农民。看来，由于实践与认识的发展，人们对发展畿辅水利的具体技术措施，考虑得更加仔细。

5. 西北水利实践的成效与遗憾

元泰定帝、文宗认为虞集建议很好，但都没有付诸实践。泰定帝赞赏虞集的建议，但是遇到不同意见就动摇："议定于中，说者以为一有此制，则执事者必以贿成，而不可为矣。事遂寝。"④文宗天历二年南方大水，江浙饥民六十余万户。海运粮夏运至京师者，凡一百四十万九千余石，触礁漂没的粮食达七十万石，虞集再次提出

---

① 《清史列传》卷七十六《桂超万传》。
② 《林则徐集·日记》，中华书局1962年，214页。
③ 《皇朝经世文编续编》卷三十九《户政十一屯垦》，桂超万：《上林少穆制军论营田书》。
④ 《元史》卷一百八十一《虞集传》。

发展京东水利的建议,"时宰以为迂而止"。①针对陕西等地的旱灾,文宗"问虞集何以救关中",虞集建议行"治沟洫畎亩之法",②文宗称善,虞集进一步要求到地方实施此法,左右大臣言虞集此举是欲辞官,文宗遂罢其议。③至正十二年(1352)海运不通时,十二月宰相脱脱建议:"京畿近地水利,召募江南人耕种,岁可得粟麦百万余石,不烦海运而京师足食④。"十三年正月,朝廷实施西北水利,命悟良哈台、乌古孙良桢兼大司农司卿,给分司农司印,主管"西自山西,南至保定,北至檀、顺,东至迁民镇"范围的官地及原管各处屯田。为此,朝廷给分司农司钞五百万锭,以供分司农司用于工价、牛具、农器、谷种、召募江南农师等费用。⑤朝廷遣使者徐元度等出使江南,"召募江南有赀力者授之官,而俾之率耕者相与北上"⑥,从江浙、淮东等处召募能种水田及修筑围堰之人各一千名为农师,教民播种;农师可以召募农夫,以召募多少定官品⑦。此时,虞集已去世五年,江南籍学者把西北水利的希望寄托在江南农师身上。郑元佑参加了吴中士人欢送徐元度的聚会,并且写了《送徐元度序》,回顾汉唐时期西北水利的发展,郑元佑显得有些伤感:"余老矣,尚庶乎其或见之。"⑧陈基则对西北水利前景相当乐观,他说京畿水利"驱游食之民转而归之农,使各自食其力,变泻卤为

---

① 《道园学古录》卷六《送祠天妃两使者序》。
② 《圭斋文集》卷九《元故奎章阁侍书学士翰林侍讲学士通奉大夫虞雍公神道碑》。
③ 《元史》卷一百八十一《虞集传》。
④ 《元史》卷四十二《顺帝纪五》。
⑤ 《元史》卷七十四《乌古孙良桢传》,《元史》卷四十三《顺帝纪六》。
⑥ 《侨吴集》卷八《送徐元度序》。
⑦ 《元史》卷四十二《顺帝纪五》。
⑧ 《侨吴集》卷八《送徐元度序》。

稻粱,收干戈为耒耜,……将见漳水之利不专于邺,泾水之功不私于雍"。①至正十五年(1355)时陈基说,西北水利成功后,"将见中土之粟,又百倍东南矣。岁可省夏运若干万,分饟淮楚,因时变通,以攒漕事,此千载一时"②。京畿农田水利当年得谷二十余万石③,部分地解决了京粮问题。后人认为脱脱建议的畿辅水利,实际就是接续虞集的事业,"虞文靖公之议颇详,丞相脱脱即踵其议,而惜未能竟。"④但元朝大势已去,无救其亡。张士诚据吴后,东吴士人不再忠于朝廷:"东吴当元季割据之时,智者献其谋,勇者效其力,学者售其能,惟恐其或后"⑤,原先力倡西北水利的郑元佑,也进入张士诚幕府,"最为一时耆宿"⑥。至正十九年"元遣使以御酒龙衣赐士诚,征海运粮,自是士诚每岁运粟十余万至燕京",当"二十三年九月,士诚自称吴王,请命于元,不报"时,他拒绝提供海运粮:"自是征粮不与"⑦,这未必没有东吴士人之"谋"的因素,这也清楚地说明了江南籍学者讲求西北水利的初衷。

明万历、天启、崇祯时,西北水利设想在北京附近,时兴时废。徐贞明《潞水客谈》受到一些官员赞同并有所实践:"谭伦见而美之,曰:'我历塞上久,知其必可行也。'已而顺天巡抚张国彦、副使顾养谦行之蓟州、永平、丰润、玉田,皆有效。"⑧万历十三年(1585

---

① 《夷白斋稿》卷一三《送丁经历序》。
② 《夷白斋稿》卷一五《送强彦粟北上诗序》。
③ 天顺四年云间钱溥《清闷阁集》序。
④ 吴邦庆:《畿辅河道水利丛书》,《畿辅水利辑览序》,357页。
⑤ 《元诗选》郑元佑小传,长洲秀野草堂刊本。
⑥ 《姑苏志》卷三六《平乱》。
⑦ 《姑苏志》卷三六《平乱》。
⑧ 《明史》卷二二三《徐贞明传》。

贞明还朝,内阁首辅申时行"缘尚宝卿徐贞明议,请开畿内水田"①,"御史苏赞、徐待力言其说可行,而给事中王敬民又特疏论荐,……户部尚书毕锵等力赞之",朝廷"命贞明兼监察御史领垦田使",贞明"躬历京东州县,相原隰,度土宜,周览水泉分合,……贞明先诣永平,募南人为倡。至明年二月,已垦至三万九千余亩"。正当徐贞明准备继续开垦荒地时,因遭到北方官员的反对而终止。②万历二十九年(1601),天津、登、莱等处海防巡抚汪应蛟,"见葛沽、白塘诸田尽为汙莱,询之土人,咸言斥卤不可耕。应蛟念地无水则碱,得水则润,若营作水田,当必有利。乃募民垦田五千亩,为水田者十之四,亩收至四五石,田利大兴"。他在保定组织垦田七千顷,每顷得谷三百石。后来他请广兴直隶水利,但卒不能行③。天启后京东水利,时见成功。天启元年(1621)左光斗提出发展京东水利,"其法犁然具备,诏悉允行。水利大兴,北人始知艺稻。邹元标尝曰:'三十年前,都人不知稻草何物,今所在皆稻,种水田利也'。"④稍后,董应举受命经理天津至山海关屯务,用公帑六千买民田十二万亩,合闲田凡十八万亩,召募安置在顺天、永平、河间、保定的辽人,给工廪、田器、牛种,浚渠筑防,教之种稻,"费两万六千,而所收黍麦谷五万五千余石"⑤。崇祯十二年(1639)李继贞继任天津巡抚,经理屯田,"白塘、葛沽数十里间,田大熟"⑥。

徐贞明发展西北水利中途而废,江南籍官员学者很痛心。归

---

① 《明史》卷二一八《申时行传》。
② 《明史》卷二二三《徐贞明传》。
③ 《明史》卷二四一《汪应蛟传》。
④ 《明史》卷二四四《左光斗传》。
⑤ 《明史》卷二四二《董应举传》。
⑥ 《明史》卷二四二《李继贞传》。

有光之子归子宁说:"乃今西北之水田既废已久,而惟仰给东南之一隅,假使一旦有梗,其弊有不可言者,……夫使治西北而能不赖于东南,治东南而不必倍加输挽之费于西北,则犹一人之身而荣卫贯通矣,……子宁每怀杞人之忧。"①徐光启西北水利的建议,也遭到朝中北方籍官员的反对,他感到恸苦:"西北之水一开浚,遂可无患而为利。大要浚上流入淀,浚下流入海而已。余尝为有司及乡缙绅言之,以为然,而当事者不知此,遂中止";"富教先劳,亦私议于车尘马足之间而已,痛哉!可为恸苦者也"②。李自成起义后,方贡岳说:"在数十年之前,行文定公之法,东起辽东,西尽甘凉,因地势而相土宜,分军垦种,凿沟堑,远烽墩,九边岁有蓄积,皆成雄镇,何至胡马陆梁?"③对朝廷没有及早实行徐光启的西北水利设想,感到无限遗憾。

清朝康熙时,天津镇总兵蓝理在海河上游一带屯田,后来被称为"蓝田",到同治光绪时,海光寺南犹有莳稻者。直隶巡抚李光地在河间兴水利,灵寿县令陆陇其兴修水利,这是个别官员的积极作为。雍正、乾隆时,有数次举行直隶水利活动。雍正三年至八年(1725—1730)怡贤亲王允祥、大学士朱轼主持,侍读学士陈仪参与的畿辅水利,取得了成功。雍正三年,畿辅大水,诸河泛滥,坏民田庐舍无数。雍正帝命怡贤亲王允祥、大学士高安、朱轼主持畿辅水利营田事宜。五年,设水利营田四局,一曰京东局,统辖丰润、玉田、蓟州、宝坻、平谷、武清、滦州、迁安,自白河以东,凡可营田者咸隶焉。一曰京西局,统辖宛平、涿州、房山、涞水、庆都、唐县、安肃、

---

① 《三吴水利录》附录《论东南水利复沈广文》。
② 《农政全书》卷三,《农本·国朝重农考》。
③ 《农政全书》附录《平露堂本原序·方岳贡后序》。

新安、霸州、任邱、定州、行唐、新乐、满城,自苑口以西,凡可营田者咸隶焉。一曰京南局,统辖正定、平山、井陉、邢台、沙河、南和、磁州、永年、平乡、任县,自滹、滏以西,凡可营田者咸隶焉。一曰天津局,统辖天津、静海、沧州暨兴国、富国二场,自苑口以东,凡可营田者咸隶焉。……自五年分局,至于七年,营成水田六千顷有奇,稻米丰收,雍正帝"念北人不惯食稻",又恐怕谷贱伤农,于是"每岁秋冬,发帑收粜,民获厚利。向所称淤莱沮洳之乡,率富完安乐"。[①] 雍正年间畿辅水利营田的成功,以实践批判了元明时胡祗遹、王之栋等关于河北诸水不宜发展农田灌溉的观点。

乾隆时,朝廷四次举行畿辅水利:乾隆四年至五年(1739—1740)由直隶总督孙嘉淦、天津道陈宏谋主持的消除天津积水;乾隆九年至十二年(1744—1747)由吏部尚书刘于义、直隶总督高斌等主持的直隶水利;乾隆二十七年至二十九年(1762—1764)由直隶总督方观承、布政使观音保、尚书阿桂、侍郎裘曰修等主持的直隶水利。乾隆三十五年(1770)侍郎袁守侗、德成往直隶督率疏消积水,尚书裘曰修往来调度,总司其事。乾隆时的几次治理直隶水利,除乾隆九年至十二年(1744—1747)是因干旱而兴修水利外,其余三次都是因积水宣泄不及而兴起,主要目标是消除直隶积水,但也兼及农田水利。"乾隆十年及二十九年、三十六年,修治水利案内,迭次从事疏浚,而稻田迄未观成。仅葛沽一带,民习其利,自知引溉种稻,至今不绝。"[②] 这是指乾隆时的三次兴修水利田,在天津地区多无成功。只有明万历时汪应蛟在白塘、葛沽的屯田,到清代

---

① 《畿辅通志》卷四十七《水利营田》,雍正十三年刻本。
② 《皇朝经世文编续编》卷三十九《户政十一屯垦》,周盛传:《议覆津东水利禀》。

同治光绪间,还有遗泽留香。

嘉庆、道光时,畿辅有几次大的水灾。特别是道光三年畿辅大水,畿辅七十余州县被灾,朝廷先后命刑部尚书蒋攸铦、江西巡抚署工部侍郎程含章等,办理直隶水利。于是官员学者中,又再次出现了倡导畿辅水利的高潮,纷纷著书立说,潘锡恩著《畿辅水利四案》,吴邦庆著《畿辅河道水利丛书》等。程含章等考察畿辅河道后,认为应该先除水害,然后兴水利,请先理大纲,兴办大工九,如疏浚天津海口,浚东西淀和大清河,疏子牙河积水,复南运河旧制等,朝廷允准施行。[①]程含章不久就调仓场侍郎,五年授浙江巡抚。[②]畿辅水利中道而废,又引起了江南籍官员学者的痛恨和惋惜。道光十二年,林则徐说"道光三年举而复辍"[③];道光十九年龚自珍赋诗:"不论盐铁不筹河,独倚东南涕泪多。国赋三升民一斗,屠牛那不胜栽禾?"[④]由于漕粮运输不继,江南漕重费大,河工耗费巨大,江南籍官员学者,仍对畿辅水利抱有很大信心,这在林则徐那里表现得尤其明显,以至在道光十九年钦差广州时期仍上疏请求发展畿辅水利,作为解决国家根本问题的"本源之本源"。

咸、同、光时,内忧外患,京师粮食供应困难,江南籍官员学者亟亟讲求畿辅水利,如咸丰元年、三年,唐鉴两次向朝廷进献《畿辅水利备览》,临终前还托曾国藩把他《进〈畿辅水利备览〉疏》献给朝廷。冯桂芬于咸丰十一年定稿的《校邠庐抗议》中提出了发展畿辅

---

① 《清史稿》卷一二九《河渠志四直省水利》。
② 《清史稿》卷三八一《程含章传》。
③ 林则徐:《畿辅水利议》,光绪丙子三山林氏开雕。
④ 《龚自珍全集》第十辑《己亥杂诗》,521 页。

水利的主张。但总的说来,这一时期的畿辅水利,只在天津海滨有所发展。咸丰九年,亲王僧格林沁督兵天津,于碱水沽营田三千五百四十亩,葛沽营田七百五十亩。同治三年,前通商大臣崇厚复派员勘办,由官给资,招佃承种。同治八年职员赵佩兰呈请交银认种,不领官本,每年交租二百石。讵十年以后,迭遭水患,田庐耕具,漂没无存。……暂停租课,另行设法招垦。同治五年,崇厚遵旨试垦军粮城稻田四百七十余顷,但成熟者不过十分之一,亦因连年被水,渐就荒芜。据天津道详请,改归练军及护卫营勇试垦。同治十三年,总兵周盛传先在新城以南,挑浚引河一道,分建桥闸、沟洫、涵洞,试垦万亩,①获稻不下数千石。②到光绪七年,李鸿章称"抽调淮、练各军分助挑办,淮军统领周盛传更于津东之兴农镇至大沽,创开新河九十里,上接南运减河,两旁各开一渠,以便农田引灌。其兴农镇以下,又开横河六道,节节挖沟,引水营成稻田六万亩,且耕且防,海疆有此沟河,亦可限戎马之足。"③

光绪七年,左宗棠率军进京,请兴办顺天、直隶水利④。他以旧将王德榜整治永定河,王德榜在永定河右岸修建城龙渠,北起龙泉镇城子,南到卧龙岗,长二十一里,数十年间,淤灌田内,薄沙地变良田。⑤十六年,有人建议兴修畿辅水利,李鸿章对此予以批驳

---

① 《皇朝经世文编续编》卷三十九《户政十一屯垦》,李鸿章:《防军试垦碱水沽一带稻田情形疏》。

② 《皇朝经世文编续编》卷三十九《户政十一屯垦》,周盛传:《拟开海河各处引河试办屯垦禀》。

③ 《皇朝经世文编续编》卷一一〇《工政直隶河工》,光绪七年李鸿章:《覆陈直隶河道地势情形疏》。

④ 《清史稿》卷一二九《河渠志四直隶水利》。

⑤ 尹钧科、吴文涛:《历史上的永定河与北京》,北京燕山出版社 2005 年,309 页。

从此,持续近六百年的西北华北(畿辅)水利思潮,就逐渐退出江南籍官员学者关注的视野。但其时,距清朝以及为京师供应粮食的漕运制度,退出历史舞台,已为时不远了。

九　江南籍官员学者提倡西北水利的经济根源与社会根源

元明清讲求西北华北(畿辅)水利者,以江南籍官员学者为多:虞集是江西临川人,郑元佑是浙江处州遂昌人,吴师道是婺州兰溪人,陈基是浙江临海人,丘浚是广东琼崖人,归有光、郑若曾和顾炎武都是江苏昆山人,徐贞明是江西贵溪人,冯应京是安徽盱眙人,汪应蛟是江西婺源人,左光斗是安徽桐城人,董应举是福建闽县人,徐光启是上海人,方贡岳是襄西人,陈子龙是华亭人,张溥是太仓人,王夫之是湖南衡阳人,黄宗羲是浙江余姚人,朱泽云是江苏宝应人,蓝理是福建漳浦人,李光地是福建安溪人,陆陇其是江苏平湖人,徐越是浙江山阴人,赵一清是浙江仁和人,蓝鼎元是福建漳浦人,童华是浙江山阴人,许承宣是江苏江都人,柴潮生是浙江仁和人,陈黄中是江苏吴县人,沈梦兰是浙江乌程人,唐鉴是湖南善化人,施彦士是上海崇明县人,潘锡恩、包世臣都是安徽泾县人,冯桂芬是江苏吴县人,林则徐是福建闽侯人,桂超万是安徽贵池人,龚自珍是浙江仁和人等,只有陈仪是直隶文安人,吴邦庆是直隶霸州人,而逯选、蒋时等则不知其籍贯。为什么江南籍官员学者提倡发展华北西北水利?这其中有更深刻的经济根源与社会根源,即元明清定都北京,但京师百官及北边军队所需粮食,却需要依赖东南漕粮,这一基本国策执行了几百年,其最直接的后果是江南赋重民贫、河难、漕难漕弊,而西北日益荒废。

1. 元朝江南赋重漕重意识的产生及初步论证

元朝许多江南籍官员学者都提出了江南赋重的问题[1]。他们认为江南赋税为天下最,吴赋又为东南最,吴赋中又以松江和长洲为重。赵汸说:"方今经费所出,以东南为渊薮"[2],吴师道说:"江浙财赋之渊,经费所仰,曰盐课,曰官田,曰酒税,其数不轻也。以三者而论,盐课,两浙均之;官田,浙西为甚;酒税,止于杭州而已"[3],指出了江浙财赋中盐课、官田、酒税各占的比例。陈旅说:"浙江行省……土赋居天下十六七"[4]。杨维桢说:"江浙粮赋居天下十九,而苏一郡又居浙十五"[5]。贡师泰至正十九至二十二年(1359—1362)在福建以闽盐易粮给京师,说:"闽粤诸郡……租入之数不当东吴一县"[6],从江浙闽粤租税比较中说明了江浙赋重。后至元年间,郑元佑说:长洲"秋输粮夏输丝也,粮以石计至三十有万,丝以两计至八万四千有奇,余盖皆略之也。……其困疲之极若此"[7];"吴独擅天下十之五,而长洲一县又独擅吴赋四之一"[8],"中吴号沃土,壮县推长洲。秋粮四十万,民力疲诛求"[9]。至正二十二至二十五年(1362—1365)戴良说:"东南民力乃多在于吴郡,吴

---

[1] 育菁:《元代江南赋税之重》,《北京师范大学学报》1999年第2期。
[2] 《东山存稿》卷二《送浙江参政契公赴司农少卿序》,文渊阁四库全书电子版。
[3] 《礼部集》卷十九《国学策问四十道》,文渊阁四库全书电子版。
[4] 《安雅堂集》卷九《浙江省题名记》,文渊阁四库全书。
[5] 《东维子集》卷二十九《送赵季文都水书吏考满诗》,文渊阁四库全书电子版。
[6] 《玩斋集》卷六《送李尚书北还序》,文渊阁四库全书电子版。
[7] 《侨吴集》卷十一《长洲县达噜噶齐元童君遗爱碑》,文渊阁四库全书电子版。
[8] 《侨吴集》卷九《长洲县儒学记》。
[9] 《侨吴集》卷一《送刘长洲》。

郡所需乃多出于长洲,……岁出田赋上送于官者为财五十余万"①。上述对江南赋税在天下赋税中比例的认识不尽相同,但都肯定江南赋税重。河南人王沂的说法,可以作为江南人对江南海运粮比例认识的旁证,他说:"当今赋出于天下,江南居十九。浙之地,在江南号膏腴,嘉禾、吴松江又号粳稻,厌饫他壤者,故海漕视他郡居十七八。"②

江南赋重,海漕是田赋的一部分,江南赋重即海漕重。自唐宪宗以来,天下财赋分为上供、送使和留州三部分。上供指财赋运往京师,留州指财赋留在州县,而送使指解运节度使。唐末五代,节度使把持地方财政,地方财赋很少上供给中央,而且还任意加赋。宋承唐制,财赋仍分上供、留州;惩五代之弊,收夺节度使一级的财政权。自宋室南渡,江南财赋多上供朝廷。元明清江南财赋,特别是苏松财赋往往尽数起运至北京,成为京粮或白粮。特别是元朝,江南财赋起运至京师,逐渐从几万石增加至三百万石。《经世大典》载:"至元十九年,用丞相伯颜言,初通海道漕运抵直沽,以达京城。……初岁运四万余石,后累增及二百万石,今增至三百余万石。然春夏分二运,至舟行风信有时,自浙西不旬日而达于京师,内外官府、大小吏士,至于细民,无不仰给于此。于戏!世祖之德,淮安王之功,逮今五十余年,裕民之泽,曷穷极焉。"③他们既承认海运对大都粮食供应的功绩,又不满于国家对东南尽地而取的海运政策:"世祖皇帝岁运江南粟以实京师,……于今五十年,运积至

---

① 《九灵山房稿》卷十《吴游稿第三·长洲县丞杨君去思碑》,台湾商务印书馆影印文渊阁四库全书。
② 《伊滨集》卷十四《送刘伯温序》。
③ 《永乐大典》卷一五九四九,《经世大典·漕运》。

数百万石以为常。京师官府众多,吏民游食者,至不可算数,而食有余,贾常平者,海运之力也。……奈何独使东南之人竭力以耕,尽地而取,而使之岁蹈不测之渊于无穷乎?"①,对尽取东南以供京师表示不满。有些学者认为"古者甸服,度地远近,制为总秸粟米之赋,九州方物之贡,以水致于京师,皆重民力也",元朝"国家造都于燕,岁转输东南米以实之",应该"悬重利使贾人自致粟"于京师,即依靠商业贸易,为首都提供粮食等物资,以重民力即爱惜民力②,隐含对大都仰食东南海运粮的不满。有些学者,明确表示对国家用海运粮供给京师游食之民的不满,郑元祐说:"京畿之大,臣民之众,梯山航海,云涌雾合,辏聚辇毂之下者,开口待哺以仰海运,于今六七十年矣"③;"(海运)其初不过若干万,兴利之臣岁增年益,今乃至若干万,于是畿甸之民开口待哺以迄于[今]。……此柄国者因循至于今,而悉仰东南之海运,其为计亦左已"。④郑元祐是吴中文人领袖,他对大都仰食海运粮的不满,实则代表一大批东南士人的态度。吴师道《国学策问》中向国子生发问:"问:先王之治崇本抑末,惰游有禁,况乎京师者,四方之所视效,其俗化尤不可以不谨也。今都城之民,类皆不耕不蚕而衣食者,不惟惰游而已,作奸抵禁实多有之,而又一切仰县官转漕之粟,名为平粜,实则济之。夫其疲民力冒海险,费数斛而致一钟,顾以养此无赖之民,甚无谓也。驱之而尽归南亩,则势有不能,听其自食而不为之图,则非所以惠恤困穷之意,翳欲化俗自京师始,民知务本而国无耗财,

---

① 《道园学古录》卷六《送祀天妃两使者序》。
② 《安雅堂集》卷七《旌德县便民政绩记》。
③ 《侨吴集》卷十一《前海道都漕运万户大名边公遗爱碑》。
④ 《侨吴集》卷八《送徐元度序》。

则将何道而可？愿相与言之。"①明确表示反对国家用海运粮供应京城"不耕不蚕而衣食者"。国学策问的对象是出身于蒙古贵族的国子生，吴师道要有足够的胆量才能说出这番话。

江南籍官员学者认为，江南赋税与其土壤质量、疆域面积不相称。《至正金陵新志》记载江南赋税等则与土壤等级不相称："《禹贡》扬州厥土涂泥，厥田下下，惟人工修而山泽之利广，故其赋反居下上，杂出中下，不与田之等相当。……以《宋史》考之，东南之取于民者，亦已悉矣。……今国家都燕，大资海运，岁漕东南粟数百万"。②至正十一年(1351)陈基说："吴之土不如雍州之黄壤，其田不及豫州之中上，而其赋视梁州乃在下之上者，……古今殊时，风气异宜，涂泥之土贡倍于黄壤，下下之田赋浮于上上。"③这都隐含了对东南赋税与土壤质量相差悬殊的不满。郑元祐认为"长洲旧为平江望县，其以里计，未必数倍子男封邑也"④，所以他对长洲赋重感到愤愤不平。

元代江南籍官员学者，还追溯江南赋重的历史根源与现实根源。江西赋较少，但揭奚斯对"贡赋之变，未尝不再三深致其意"⑤，表示了对赋税问题的思考意识。后至元末，吴师道说："官田者，盖仍宋公田之旧，输纳之重，民所不堪"⑥，认为官田赋税额重。至正二年(1341)后，宋禧研究了松江赋重的历史："松江……疆实宋之一邑，而赋之出，至今益重。宋绍熙间，米之赋于秋者，为

---

① 《礼部集》卷一九《国学册问四十道》。
② 《至正金陵新志》卷七《田赋志》，中华书局 1990 年影印，宋元方志丛刊本。
③ 《夷白斋稿》卷一三《送丁经历序》，文渊阁四库全书电子版。
④ 《侨吴集》卷十一《长洲县达噜噶齐元童君遗爱碑》。
⑤ 《文安集》卷八《丰水续志序》，文渊阁四库全书电子版。
⑥ 《礼部集》卷一九《国学策问四十道》，文渊阁四库全书电子版。

石十有一万二千三百有奇,其季世有公田之役而赋以增,国初理土田,增于宋赋。延祐间复理而增之,前后以罪人家田没入于官,其赋又再增之。盖今七倍于绍熙者矣,民其困矣乎。……凡赋之积逋,至至正二年十余万石,其民益困,……松江之民受困如是乎?"①,指出南宋后期的公田法、元朝的两次经理土田,以及籍没罪人的没官田,使元朝松江赋税总额比宋绍熙时增加七倍。陈旅说:"皇王既壹宇内,以东南财赋足以裕国用矣,乃以故宋水衡少府之所有,与其宗室之所私,其大臣之尝籍入者,设官掌之,以备宫壶之奉,而天子得以致孝养焉。至元十六年,始立江浙等处财赋总管府,二十六年改江淮府,至大元年始立江淮等处都总管府,至顺元年复立焉。大抵财赋之隶东朝者,不总于大农,而使数官岁集褚泉三百余万缗、米百余万石于江淮数千里之地"。②陈旅认为江南官田租重是江南民困的原因之一。

　　江南籍官员学者认为江南重赋的直接后果是江南民贫,即盛者衰,登者耗,富者贫,贫者或死或徙。《至正金陵新志》云:"豪民大家笼水陆之利,人莫能与之争,田连阡陌,其取于农者十尝五六,官不为之限制也。及陷于罪没入之,又即其私租以为税额,计日责收,处以严刑,重以他色贡敛,故小民乐岁食常不足,一有水旱之灾,不徙而死耳。江淮以南,大抵皆然"③。作者不仅指出了江南私租重,"又即其私租以为税额"这个江南赋重的原因,还指出了江南赋重情况下人民"不徙而死"的后果。吴莱诗云:"自从唐季来,吴越无兵械。至于宋南徙,淮蜀此都会。大田连阡陌,居第拟侯

---

① 《庸庵集》卷一二《送宇文先生后序》,文渊阁四库全书电子版。
② 《安雅堂集》卷九《江淮等处财赋都总管府题名记》。
③ 《至正金陵新志》卷七《田赋志》中华书局1990年影印,宋元方志丛刊本。

王。锦衣照车骑,玉食溢酒浆。居然甲东南,遂以侈济侈,剖克自此多","富家仅藏蓄,官府更急粮。贫偻徒艰馁,妻子易徙向。散行向淮壖,随便拾秬粟。虽然远乡土,庶可完骨肉。……国家自充实,财赋有渊薮"①,郑元佑诗云:"昔时兼并家,夜宴弹筝篌。今乃呻吟声,未语泪先流。委肉饿虎蹊,于今三十秋。亩田昔百金,争买奋智谋。安知征敛急,田祸死不休。膏腴不论值,低洼宁望酬。卖田复有献,惟恐不见收。日觉乡胥肥,吏台起高楼"②。两诗均道出吴赋重的原因及后果。郑元佑还说:"旧号兼并而以财雄吴下者,数年来困于诛求,殚于剖剥,至荡析奔溃,父子兄弟不相保"③;"江南归职方……六七十年之久,……然其间衰荣代谢,何有于今日人事之亏成,天运之更迭,非惟文献故家,牢落殆尽,下逮民旧尝脱编户齿士籍者,稍觉衣食优裕者,亦并消歇而靡有孑遗。若夫继兴而突起之家,争推长于陇亩之间,彼衰而此盛,不为少矣。"④余阙说:"东南民力自前已谓之竭矣,况今三百余年,昔之盛者衰,登者耗,今其贫者力作以苟生,富者悉力以供赋,有持其产为酒食予人,人皆望而去之,其穷而无告甚于前世益远矣"⑤。郑元佑诗"江南乔木几家存"⑥可以概括他们的认识。

上述元代江南籍官员学者对江南赋重的议论,探究了江南重

---

① 《渊颖集》卷三《方景贤回吴中水涝甚戏效方子清俲言》,文渊阁四库全书电子版。
② 《侨吴集》卷一《送刘长洲》。
③ 《侨吴集》卷十一《前平江路总管道童公去思碑,代贡推官作》。
④ 《侨吴集》卷八《鸿山杨氏族谱序》。
⑤ 《青阳集》卷二《送樊时中赴都水庸田使序》,台湾商务印书馆影印文渊阁四库全书。
⑥ 《侨吴集》卷二《送范子方掌故》。

赋的根源,并叙述江南重赋的后果,但他们的议论,多是零散的片段,间或有较深入的分析,但其大致方法,即从土壤等级与赋税等则、耕地面积、公田租重等方面探讨江南赋税之重,启发了明清江南籍官员学者继续探讨这个问题。

2. 明清"苏松二府田赋之重"观念的发展及论证

自唐代韩愈提出"赋出天下而江南居十九"[①]的论点后,元朝江南籍官员学者产生了江南赋重意识。明朝许多江南籍官员学者都有江南赋税之重的意识,人们言谈中往往说江南赋重,嘉靖九年谕德顾鼎臣奏:"今天下税粮,军国经费,大半出于东南,苏、松、常、镇、杭、嘉、湖诸府,各年起运,存留不下百万"。[②] 是说除起运外,存留不下百万。嘉靖十六年礼部尚书顾鼎臣又疏奏:"苏、松、常、镇、嘉、湖、杭七府,财赋甲天下。"[③]万历十四年侍读赵用贤奏:"天下财赋,东南居其半,而嘉、湖、杭、苏、松、常六府者,又居东南之六分;他舟车诸费又六倍之。是东南固天下财赋之源也。"[④]万历十五年御史徐元题:"苏、松、常、杭、嘉、湖六府,钱粮颇重。"[⑤]除赵用贤说江浙六府占东南六分是定量描述外,其他人都随口而出,言者、听者都无异议,江浙财赋甲天下,似成为不争之论。直到顾炎武《日知录》提出"苏松二府田赋之重"的命题时,这才成为天下共识。

---

① 《韩昌黎集》卷十《送陆歙州诗序》。
② 《明世宗实录》卷一一八,嘉靖九年十月辛未。
③ 《明世宗实录》卷二〇四,嘉靖十六年九月戊戌。
④ 《明神宗实录》卷一百八十二,万历十四年七月己酉。
⑤ 《明神宗实录》卷一百八十三,万历十五年。

有些江南籍官员学者则论证了江南赋重的存在,并探究其成因,寻找解决方案。这里以丘浚和郑若曾的论证为代表,说明江南籍官员学者对江南赋重问题的认识。丘、郑引用《诸司职掌》、《明会典》、《弘治会计录》及其他史料,论证了江南赋税之重的问题。成化间,丘浚《大学衍义补》说:"以今观之,浙直又居江南十九,苏、松、常、嘉、湖又居浙直十九也。"丘浚进一步论证其观点,其一,洪武中,天下夏税秋粮二千九百四十三万余石,而浙江、苏州府、松江府、常州府占七百三十二万余石。"此一藩三府之地,其田租比天下为重,其粮额比天下为多"。其二,"今国家都燕,岁漕江南米四百余万石,以实京师。而此五府者,几居江西、湖广、南直隶之半"。其三,洪武时,苏州府垦田占全国垦田八十八分之一弱,税粮二百八十万九千余石,约居全国税粮的十分之一弱[①]。

嘉靖、隆庆间,江南昆山人郑若曾提出"今日赋额之重,惟苏松为最"的观点,郑若曾著《论财赋之重》和《苏松浮赋议》,用《明会典》、《弘治会计录》的数据证明苏松重赋。他从四方面论证这个问题。

其一,明代苏松赋额比宋元重。宋代苏州府赋米三十余万石,松江府赋米二十余万石。元延祐间苏州府多至八十万石。明太祖定天下田赋,苏州府共计二百八十余万石,松江府共计一百零三余万石,正统元年周忱减苏松秋粮,但苏州府尚存浮额二百万石,松江府尚存浮额九十万石,明代苏松赋税比宋元时增加三倍。

其二,苏松赋比湖广、福建二省重。弘治十五年,苏州税粮二

---

① 《大学衍义补》卷二十四《经制之议》,顾炎武《日知录》卷十"苏松二府田赋之重"条,岳麓书社,1994年。

百零九万石,松江府税粮一百零三万石;而湖广税粮二百一十六万石,福建税粮八十五万石,两省"每亩仅科升合"。苏松一岁一熟,湖广、福建一岁两熟:"苏属一州七县之额粮,反浮于全楚一十五府十六州一百七县之赋税。松属二县之正供,较多于全闽八府一州五十七县之输将"。

其三,同年,直隶的应天、凤阳、扬州、淮安、庐州、徽州、宁国、池州、太平、安庆、常州、镇江十二府十二州七十八县的夏秋税粮一百六十五万石,而同年实征苏松税粮数额三百多万石,"直隶十二府属十二州七十八县赋额计之,不及苏州一府;举凤阳府属五州十三县赋额计之,不及苏州府一小县;尤不平者,又如苏州府属崇明一县,每亩额征亦谨以升合计,而长、吴、昆、太等州县则数倍之"。通过比较,郑若曾指出"今日赋额之重,惟苏松为重"①。"天下惟东南民力最竭,而东南之民又惟有田者最苦"。②

其四,他又从土地亩数与税粮额数进行比较。万历六年全国垦田七百零一万三千九百七十六顷,苏州府垦田九万二千九百五十九顷;弘治十五年全国夏秋两税共计二千六百七十九万石,浙江布政司二百五十一万石,苏州府二百零九万石,松江府一百零三万石,常州府七十六万石,他说:"此一藩三府之地,其民租比天下为重,其粮额比天下为多";③"其征科之重,民力之竭,可知也"。④

丘、郑,特别是郑若曾,论证江南赋重有两个特点,一是引用《诸司职掌》、《明会典》、《弘治会计录》的方法,用纵向比较(宋元

---

① 《郑开阳杂著》卷十一《苏松浮赋议》。
② 《郑开阳杂著》卷十一《苏松浮赋议》。
③ 《江南经略·凡例》。
④ 《郑开阳杂著》卷二《财赋之重》。

明)和横向比较(苏松和湖广、江西等)的方法,来说明苏松赋税之重,是让人信服的。二是他们以法典的规定来反对法典,以上诸引书,不仅是官方文献,而且更重要的是,《诸司职掌》《明会典》都具有行政法典性质,以法典的规定来反对法典,这很能说明,明朝江南籍官员学者不仅具有江南赋重的意识,同时也具有反对江南赋重的强烈意识和方法。

明代江南籍官员学者不仅论证江南赋重的存在,而且着力探讨江南赋重的现实原因和历史根源。关于江南赋重的现实原因,江南籍官员学者有许多分析,归结起来,大要有三。其一,江南田地分官田、民田。"官田,官之田也,国家之所有,而耕者,犹人家之佃户也。民田,民自有之田也。各为一册而征之,犹夫《宋史》所谓'一曰官田之赋,二曰民田之赋',《金史》所谓'官田曰租,私田曰税'者"①。江南官田在总垦田数中比重大,官田税粮在总夏税秋粮中比重大。宣德七年直隶苏州知府况钟言:"本府所属长洲等七县,旧有民三十六万余户,秋粮二百七十七万九千余石,其中民粮止一十五万三千一百七十余石,官粮二百六十二万五千九百三十余石。"②顾炎武引用况钟的奏疏,推论说,苏州"一府之地土无虑皆官田,而民田不过十五分之一也。……吴中之民,有田者什一,为人佃作者十九。其亩甚窄,而凡沟渠道路,皆并其税于田之中。岁仅秋禾一熟,一亩之收不能至三石,少者不过一石有余"③。上引文表明,江南籍官员学者认为江南官田、官粮在总田数、粮数中占的比重大。

---

① 顾炎武《日知录》卷十"苏松二府田赋之重"条,岳麓书社,1994年。
② 《明宣宗实录》卷九十一,宣德七年六月戊子。
③ 顾炎武《日知录》卷十"苏松二府田赋之重"条,岳麓书社,1994年。

其二，官田税粮之轻重，决定了江南赋税之轻重。江南官田租重，依私租起税，故江南赋重。洪熙元年（1425），广西右布政使周幹自苏、常、嘉、湖等府巡视民瘼还朝，言："臣窃见苏州等处人民多有逃亡者，询之耆老，皆云由官府弊政困民及粮长、弓兵害民所致"，"吴江、昆山民田，亩旧税五升，小民佃种富室田，亩出私租一石，后因没入官，依私租减二斗，是十分而取其八也。拨赐公侯驸马等项田，每亩旧输租一石，后因事故还官，又如私租例尽取之"。①总之，人们认为江南官田租重是江南赋重的主要原因之一。实际上，宣宗承认江南官田租重。宣德五年宣宗诏："各处旧额官起科不一，租粮既重，农民弗胜。自今年为始，每田一亩，旧额纳粮自一斗至四斗者，各减十分之二；自四斗一升至一石以上者，减十分之三，永为定例。"②江南民田少，官田多，官田税粮是漕粮的主要部分。官田租重，即江南赋重，即江南税粮甲天下。

至于为什么没官田要依私租起税，人们多认为是明太祖怒吴民附张士诚。万历初，郑若曾说："因张士诚负固坚守，苏松久攻不下，怒民附寇，遂没豪家征租私薄，准作税额，一时增加，有一亩征粮至七斗以上者，于是苏州府共计二百八十余万石，松江府共计一百三十余万石，并著令苏松人不得官户部，……江浙赋独重而苏松准私租起税，特以惩一时顽民耳"。③宣德七年，宣宗赋诗："官租颇繁重，在昔盖有因。而此服田者，本皆贫下民。耕作既劳勤，输

---

① 《明宣宗实录》卷六，洪熙元年闰七月丁巳。
② 《明宣宗实录》卷六十三，宣德五年二月癸巳。
③ 《郑开阳杂著》卷十一《苏松浮赋议》，台湾商务印书馆影印文渊阁四库全书。

纳亦苦辛。"①万历二十一年大学士王锡爵题:"江南财赋甲于天下,相传国初太祖高皇帝愤百姓为张士诚固守,抗拒天兵,贼平之日,遂将富民租薄定为粮额。累朝二百年来,头绪转多,如王府粮、练兵银之类,但有增加,并无宽减。连年虽因水旱频仍,每年蠲缓之令,而蠲租止于存留,已属虚名;缓征并于别年,反滋扰累。……言甚切挚,不报。"②王圻说:"太祖怒其附寇,持城不降,乃取诸豪族租薄,俾有司加税,故苏赋特重,而松江、嘉湖次之。盖以惩一时云。"③顾炎武根据况钟所奏苏州情况,说:"且夫民田仅以五升起科,而官田之一石者,奉诏减其十之三,而犹为七斗,是则民间之田一入于官,而一亩之粮化而为十四亩矣。……而私租之重者至一石二三斗,少亦八九斗。佃人竭一岁之力,粪壅工作,一亩之费可一缗,而收成之日,所得不过数斗,至有今日完租而明日乞贷者。"④总之,明清人们认为,江南官田租重,是出于明太祖的一时愤怒,以及后来累朝增加的王府粮、练兵银等。其实,明初皇帝承认江南赋重是明太祖惩罚吴民,并且有意缓解这种状况。洪武七年,"上以苏、松、嘉、湖四府,近年所籍之田,租税太重,特令户部计其数,如亩税七斗五升者除其半,以苏民力"。⑤ 十三年,"命户部减苏、松、嘉、湖四府重租粮额"。⑥建文帝说:"江浙赋独重,而苏松官田

---

① 《明宣宗实录》,顾炎武《日知录》卷十"苏松二府田赋之重"条引,岳麓书社,1994年。
② 《明神宗实录》卷二六三,万历二十一年八月乙未。
③ 《续文献通考》卷三,《历代田赋》。
④ 顾炎武《日知录》卷十"苏松二府田赋之重"条,岳麓书社,1994年。
⑤ 《明太祖实录》卷八九,洪武七年五月癸巳。
⑥ 《明太祖实录》卷一三〇,洪武十三年三月壬辰。

悉准私税,用惩一时,岂可为定则。"①明太祖和建文帝的话,证明以上诸人对江南重赋直接原因的探讨,是符合实际的。

其三,永乐迁都北京后,京师宗藩多,京边军队多。江南粮户在京仓、通仓交纳官粮,费用大增,"有二三石纳一石者,有四五石纳一石者"。洪熙时周幹对仁宗说:"粮长之设,专一催征税粮,……征收之时,于各里内置立仓囤,私造大样斗斛而倍量之;又立样米、抬斛米之名以巧取之,约收民五倍,却与平斗正数付与小民运赴京仓轮纳,沿途费用,所存无几,及其不完,着令陪纳,至有亡身破家者"。②宣德七年,松江人杜宗桓③上书周忱,说:"独苏松二府之民,则因赋重而流移失所者多矣。今之粮重去处,每里有逃去一半上下者。请言其故。国初籍没土豪田租,……有司……将没入田地,一依租额起粮,每亩四五斗、七八斗,至一石以上,民病自此而生。何也?田未没入之时,小民于土豪处还租,朝往暮回而已。后变私租为官粮,乃于各仓送纳,运涉江湖,动经岁月,有二三石纳一石者,有四五石纳一石者,有遇风波盗贼者,以致累年拖欠不足"。④ 宣德七年,宣宗敕谕:"近年百姓税粮远运艰难,官田粮重,艰难尤甚",命自宣德七年始,减免官田(古额、近额)税粮。⑤弘治八年(1495)兵部尚书马文升奏:"近来宗藩位多,武职太滥,边务方殷,小民之粮,尽拨京边上纳。每粮一石,少则用银八九钱,多则一两二钱;丰年用粮八九石,方得易银一两,欠年则借取富室,加倍

---

① 《明史》卷四《恭闵帝本纪》。
② 《明宣宗实录》卷六,洪熙元年闰七月丁巳。
③ 唐文基:《明代赋役制度史》,中国社会科学出版社,1991年。
④ 杜宗桓:《上巡抚侍郎周忱书》,顾炎武《日知录》卷十"苏松二府田赋之重"条,岳麓书社,1994年。
⑤ 《明宣宗实录》卷八十八,宣德七年三月庚申。

偿还。往年京通仓库,易于上纳,近年使用之钱,过于所纳之数。……江南兑运京仓并各衙门粮米,每正粮一石,亦该二石之上,甚至三四石者。"①周幹、杜宗桓、马文升的奏论表明,人们认为江南粮户于京通二仓交纳官粮,是江南赋重的第二个主要原因。

明清江南籍官员学者分析江南赋重的更深远原因,有三个主要论点:其一,江南赋重是自唐安史之乱后,京师财赋仰给东南的财政政策及历史传统的延续。唐至德元年(756),第五琦对唐玄宗说:"方今之急在兵,兵之强弱在赋;赋之所出,江淮居多",②确定了京师粮食供应依赖江淮财赋的基本国策。唐宪宗说:天宝以后军事方殷,"军国费用,取资江淮"③。韩愈说:"赋出天下而江南居十九。"④这都说明京师军国费用取资江淮,不仅成为唐中期以后国家的基本经济政策,而且成为当时人们的普遍认识。宋都大梁,有四河以通漕运,曰汴河、黄河、惠民河、广济河。四河所运,惟汴河最重。⑤汴河漕运江南、淮南、两浙、荆湖诸路租米至京师,汴河漕粮的大部分成为"太仓蓄积之实",供应京师及河南府、应天府二陪都所需粮食,小部分转运河北补充军食不足⑥。漕运数量,逐年增加。太平兴国六年(981)规定各河岁运定额:"汴河岁运江淮米三百万石,菽一百万石;……(四河)凡五百五十万石。……至道初,汴河运米五百八十万石。(真宗)大中祥符初,至七百万石。"⑦

---

① 《明孝宗实录》卷一〇三,弘治八年八月丁丑。
② 《资治通鉴》卷二一八《唐纪》。
③ 《全唐文》卷六十三,《宪宗元和十四年七月二十三日上尊号敕》。
④ 《韩昌黎集》卷十《送陆歙州诗序》,四部丛刊本。
⑤ 《文献通考》卷二十五《国用考三》。
⑥ 《包拯集》卷十《请支拨汴河粮纲往河北》。
⑦ 《宋史》卷一七五《食货志上三·漕运》。

京师漕粮中,汴河所漕江淮米占漕粮的三分之二以上,体现了汴河漕运对国家的重要。熙宁五年(1072)张方平奏论汴河利害:"国家漕运,以河渠为主。……上供年额:汴河斛斗六百万石,广济河六十二万石,惠民河六十万石。……汴河专运粳米,兼以小麦,此乃太仓蓄积之实。今仰食于官廪者,不惟三军,至于京师士庶以亿万计,太半待饱于军稍之余,故国家于漕事,至急至重。"①张方平论述了汴渠漕运对于保证京师军队以及百姓生活的重要。史载:"富弼读其奏,漏尽十刻,帝称善。弼曰:'此国计大本,非常奏也。'悉如其说行之。"②这种状况,到南宋、元明清时尤其严重。郑若曾说:"东南,财赋之渊薮也,自唐以来,国计咸仰于是,其在今日尤为切要重地也。"③王夫之说:"自唐以上,财赋所自出,皆取之豫、兖、冀、雍而已足,未尝求足于江淮也。恃江淮以为资,自第五琦始。当其时,贼据幽冀,陷两都,山东虽未尽失,而隔绝不通,蜀赋既寡,又限以剑门栈道之险,所可资以赡军者唯江淮,故琦请督租庸自汉水达洋州,以输于扶风,一时不获已之计也。乃自是以后,人视江淮为腴土,刘晏因之辇东南以供西北,东南之民力殚焉,垂及千年而未得稍纾。"④第五琦的一时权宜之计,提供了唐京师军国所需粮食,但此后成为惯例,"而唐终不倾者,东南为之根本也。唐立国于西北,而植根本于东南,第五琦、刘晏、韩滉皆籍是以纾天子之忧,以抚西北之士马而定其倾。东南之民,自六代以来,习尚柔和,而人能勤于耕织,勤俭足以自给而给公,故……竭力以供西北而不

---

① 张方平:《乐全集》卷二十七《论汴河害事》。
② 《宋史》卷三一八《张方平传》。
③ 《江南经略·凡例》,文渊阁四库全书电子版。
④ 《读通鉴论》卷二十三《唐肃宗三》。

敢告劳"①。王夫之认为,唐朝自安史之乱后,北方藩镇割据,第五琦运江淮粮至京师,开京师粮食依赖江南供应的历史。在探讨明代江南赋税之重问题上,王夫之比较深刻地指出了江南赋税之重的历史根源,是起源于唐朝天宝以后京师以东南为财赋根本重地的国家政策。

其二,江南赋重,是自唐两税法以来赋税层累地增加的结果。南唐根据土地肥瘠于税外加赋,使人民以有田为累。使"有田不如无田,而良田不如瘠土也。是劝民以弃恒产而利其莱芜也。……故自宋以后,即其全盛,不能当汉、唐之十一,本计失而天下瘠也。……乃相承六百年而不革。"②这是说南唐根据土地肥瘠决定征税等级之制度,使民以有田为累,导致"南方之赋役所以独重"、"相承六百年而不革"的局面。王夫之认为,两税法为法外之征,宋朝役法为庸外加役,明一条鞭法是两税外的加派,三饷为一条鞭外之加征③,这样,王夫之揭示了自唐至明赋税层层加额的实质。王夫之从唐宋元明赋税层累地增加方面,分析明朝江南赋重的赋税制度原因。顾炎武认为,"此固其极重难返之势,始于(宋)景定,讫于洪武,而征科之额,十倍于绍熙以前者也"。④

黄宗羲论赋税制度,认为赋税有积累之害,即田税之外复有户税,户税之外有丁税,两税法并庸调入于租实为重出之赋。一条鞭法,并银力二差入两税,实为重出之差。合三饷为一,是新饷、练饷又并入两税。所以,明末两税比汉唐不止增加十倍。历代统治者

---

① 《读通鉴论》卷二十六《唐宣宗九》。
② 《读通鉴论》卷三十《五代下五》。
③ 《读通鉴论》卷二十四《唐德宗四》。
④ 顾炎武:《日知录》卷十"苏松二府田赋之重"条,岳麓书社,1994年。

以"其时之用制天下之赋",赋额日增,"吾见天下之赋日增,而后之为民者日困于前。……今天下之财赋出于江南,江南之赋至钱氏而重,宋未尝改;至张士诚而又重,有明亦未尝改。故一亩之赋,自三斗起科至于七斗,七斗之外,尚有官耗私增。……乃其所以至此者,因循乱世苟且之术也。"①王夫之、黄宗羲对赋税制度层累地增加的探讨,既是对江南赋重问题的探讨,也是中国古代关于赋税制度演变实质的高度总结和概括,其理论高度,今天仍无人可及。以上黄、王论述了唐朝京师依赖江淮漕运、两税法之后赋税制度的积累之害对明朝江南赋税之重的影响,顾炎武"苏松二府田赋之重"的论点,习为人知,影响很大,实际上明朝许多江南籍官员学者都论及了江南赋重问题,并探究其现实根源和历史根源。

其三,江南赋重,与运河水源条件不足而导致的漕运弊端,互为因果。清朝,江南籍官员学者揭示了漕运的三大制度性弊端。第一,运河跨越江、淮、汶、泗、河、济、漳、沽等流域或水系,南北气候水源条件各不相同,长途漕运困难。王夫之比较开河漕运与沿河置仓递运的优劣,认为转漕有"五劳"即五项弊端,即"闸有启闭,以争水之盈虚,一劳也;时有旱涝,以争天之燥湿,二劳也;水有淤通,以勤人之浚治,三劳也;时有冻冱,以待天之寒温,四劳也;役水次之夫,夺行旅之舟以济浅,五劳也。而又重以涉险漂沈、重赔补运之害,特其一委之水,庸人偷以为安,而见为利耳。"②漕运五劳,即五项劳弊或弊端,指山东段运河水源不足、旱涝变化不常、运河水道淤塞而需要浚治、冬季气候寒冷而运船需要守冻、役使许多夫

---

① 《明夷待访录·田制一》。
② 《读通鉴论》卷十九《隋文帝五》。

役,且以客船济浅,漕船沉没漂失致使运丁有赔补之害。这五劳弊或弊端中,有四项是凭人力难以解决的气候和水源不足问题,一项是用人力维持漕河疏通的巨额费用,加上漂没赔偿以及沿途费用,漕运弊大于利。长途漕运,造成诸多经济社会及环境弊端:"以一舟而历数千里之曲折,崖阔水深,而限之以少载;滩危碛浅,而强之以巨舰;于是而有修闸之劳,拔浅之扰,守冻之需迟,决堤之阻困;引洪流以蚀地,乱水性以逆天,劳劫生民,縻费国帑,强遂其径行直致之拙算,如近世漕渠,历江、淮、汶、泗、河、济、漳、沽,旷日持久,疲民耗国,其害不可胜言。皆唯意是师,而不达物理者也。"①长途漕运的弊端,即修闸之劳、拔浅之扰、守冻之需迟、决堤之阻困、劳民、縻费国帑,以及对山东运河沿线造成的生态环境问题。漕运既违反水性,又破坏徐兖二州的生态,并且縻费钱财。元明漕运为"乱政",他说,元朝放弃了前代沿河置仓递运法,实行长运,是强水之不足,开漕渠以图小利,"劳于漕挽者,胡元之乱政也。况乎大河之狂澜,方忧其泛滥,而更为导以迂曲淫漫,病徐、兖二州之土乎"?②"近世"漕运即元明清漕运的特点是:长途漕运、壅水行舟、冒险求便、径行求速,都是违反自然条件的,并加剧了人民的负担,以及国家开河等工程的费用。

第二,山东运河水源不足,于是借泉济运,阻碍山东运河沿线农业发展。而借黄济运,黄河淤沙沉积多,又导致运河冲决运河,治河治运即河工费用巨大,苏北里下河低洼洪涝,民生困难。由于山东运河的水源严重不足,元明清都实行以山东运河沿线诸泉济

---

① 《读通鉴论》卷二十二《唐玄宗十四》。
② 《读通鉴论》卷十九《隋文帝五》。

运的借泉方法,把山东运河沿线一百多泉通过汶泗等水调入运河,影响了灌溉的发展。光绪五年,两江总督沈葆桢分析运河阻碍灌溉的发展,他说:"民田之与运道,尤势不两立者也。兼旬不雨,民欲启涵洞以灌溉,官则必闭涵洞以养船,于是而挖堤之案起。至于河流断绝,且必夺他处泉源,引之入河,以解燃眉之急。而民田自有之水利,且输之于河,农事益不可问矣。运河势将漫溢,官不得不开减水坝以保堤,妇孺横卧坝头,哀呼求缓,官不得已,于深夜开之,而堤下民田立成巨浸矣。"①沈葆桢对漕运用水阻碍农业灌溉弊端的分析,可谓敢言。因此,他坚决反对运河漕运。至于借黄济运,造成的问题更严峻。黄河泥沙沉积严重,又使运河善淤善决。清初,江苏宜都人任源祥说:"黄河,则运河之大利害也,淮徐间八百余里,资黄河以通,可谓大利,而黄河迁徙倏忽,未有十年无变者。……黄河者,运河之贼也。"②这是说,运道自南而北,黄河自西而东,一纵一横,脉非同贯。以黄济运,可得水源之助;但全河奔流,运不能容,势必冲决,又对运河不利。后人称任源祥所著漕运、赋役等文,"皆能指其得失"③。雍正时,蓝鼎元说:"京师民食专资漕运,每岁转输东南漕米数百万,……山东、北直运河水小,输挽维艰,……仅恃运河二三尺之水。"④这是说,山东至北直水源条件的不足。后人称蓝鼎元对时务的意见,得到清世宗的赞赏。⑤光绪五年,两江总督沈葆桢分析借黄济运的弊端:"运河势将漫溢,官不得

---

① 《皇朝经世文编续编》卷四十八《户政二十漕运中》,沈葆桢:《议覆河运万难修复疏》。

② 《清经世文编》卷四十六《户政二十一漕运上》,任源祥:《漕运议》。

③ 《清史列传》卷七十《任源祥传》。

④ 《清经世文编》卷四十八《户政二十三漕运下》,蓝鼎元:《漕粮兼资海运疏》。

⑤ 《清史列传》卷七十五《蓝鼎元传》。

不开减水坝以保堤,妇孺横卧坝头,哀呼求缓,官不得已,于深夜开之,而堤下民田立成巨浸矣。……地方官何必全无天良,其所以旋浚旋淤者,则借黄济运之害为尤烈。前淤尚未尽去,下届之运已连樯接轴而来。高下悬殊,势难飞渡,于是明知借黄之非计,而舍此无以资浮送。又百计逆水之性,强令就我范围"[1]。他说,实事求是地讲,河运万难,应施行海运。

第三,漕运费用巨大。道光六年贺长龄、魏源编成《清经世文编》,第四十六、四十七、四十八卷收录清初至道光五年有关漕运三十六篇议论章奏;光绪二十三年盛康、盛宣怀编辑《皇朝经世文编续编》,卷四十七、四十八、四十九收录道光元年至光绪二十三年的漕运议论章奏四十二篇。这些文章作者都指出了漕运的费用巨大。顺治时,太仓人陆世仪说:"闻之官军运粮,每米百石,例六十余石到京,则官又有三十余石之耗。是民间出米[三]百石,朝廷止收六十石之用也。朝廷岁漕江南四百万石,而江南则岁出一千四百万石,四百万石未必尽归朝廷,而一千万石常供官旗及诸色蠹恶之口腹,其为痛哭可胜道邪。是以江南诸县,无县不逋钱粮。"[2]由于制度弊端,明清每年漕运四百万石,而江南漕运费用在一千万石以上,这是使江南赋重的根本原因之一。雍正时,蓝鼎元说:漕运"为力甚劳而为费甚巨,大抵一石至京,靡十石之价不止"。[3]道光十五年,包世臣分析漕运弊端"今京通两仓存粮,曾不足以支岁半。运河略闻浅滞,则都下人心为之惶惑"。"南漕专藉江浙,尤以苏松

---

[1] 《皇朝经世文编续编》卷四十八《户政二十漕运中》,沈葆桢:《议覆河运万难修复疏》。

[2] 《清经世文编》卷四十六《户政二十一漕运上》,陆世仪:《漕兑揭》。

[3] 《清经世文编》卷四十八《户政二十三漕运下》,蓝鼎元:《漕粮兼资海运疏》。

为大,近年吴中民户、田租所入,仅足当漕"。运丁兑费和旗丁津贴,不敷沿途闸坝起拨及盘粮交仓之费用。是"民困、官困、丁困,皆至于不可复加。"①道光二十六年,包世臣又说:"赋重之区,民力本弊。又数十年无此贱米,数百年无此贵银。漕运者米,而费用皆银。"银荒又加剧了漕运费用。②咸丰时,冯桂芬分析漕运弊端:乾隆以前,清漕无弊。嘉庆以后,帮费无艺。至每石二两外,白粮三两外,于是帮官穷泰极侈,提闸之费,一处或至五十金。③咸丰十一年,冯桂芬《校邠庐抗议》成书。他说,由于八旗兵丁及官员都不习惯食米,他们领取漕米,以米易钱,一石米只换取银钱一两多,再购买杂粮。但南漕的运输费用巨大:"南漕自耕获、征呼、驳运,经时累月数千里,竭多少脂膏,招多少蟊蠹,冒多少艰难险阻,仅而得达京仓者,其归宿为每石易银一两之用,此可为长太息者也。且也,嘉庆中,协办大学士刘权之疏有云'南漕每石费银十八金',……必确有所见。……以今计之,浮收也(帮费或海运经费皆在内),漕项也(给丁苦盖各费在内),漕项之浮收也,给丁耗米、行月米、五米贴运米、给还米等也,缮军田租也,漕河工费也,漕督粮道以下员弁兵丁公私费用也。虽不能得其确数,大约去刘说不远。乃其归宿为每石易银一两之用,此又可长太息者也。"④冯桂芬对漕运费用的分析,可谓切中漕运弊端之要害。他提出发展畿辅水利,南漕改折,以银钱市米、海运南粮等主张。

---

① 包世臣:《畿辅开屯以救漕弊议》,《安吴四种》之《中衢一勺》卷七上。
② 《皇朝经世文编续编》卷四十八《户政二十漕运中》,包世臣:《答桂苏州第一书》。
③ 《皇朝经世文编续编》卷四十八《户政二十漕运中》,冯桂芬:《致曾侯相书》。
④ 《校邠庐抗议》之《折南漕议》,中州出版社,127页。

运河是京师的生命线,漕运在供应京师粮食上发挥了很大作用,故此,历朝统治者都高度评价漕运的积极作用,而元明清江南籍官员学者认为,漕运制度一利而百害,其最大弊端有:水源不足,而以泉济运、以黄济运,造成黄淮冲决、河工耗费;山东运河沿线生态环境问题;漕运费用巨大,得不偿失,江南重赋;西北过度依赖东南,生产水平不高。故他们坚决反对漕运制度。如果我们不违心地称赞元明清漕运之利,就会发现,元明清江南籍官员学者关于漕运的认识,是符合实际的,也是值得肯定的。元明清时期江南籍官员学者关心这些重大问题,说明我国自唐至清一千多年间,漕运使江南重赋民贫与西北坐食荒废的问题日益严重,以至引起了江南籍官员学者的强烈反对,如林则徐、包世臣、冯桂芬、沈宝桢等,都发表了强烈反对运河漕运的意见。[①]

江南籍官员还论述了江南赋重漕重的后果,其直接的后果是江南民贫。洪武三年,明太祖问户部:"天下民孰富?产孰优?"户部臣对曰:"以田税之多寡较之,惟浙西多富民巨室。以苏州一府计之,民岁输粮一百石以上至四百石者,四百九十户;五百石至千石者,五十六户;千石至二千石者,六户;二千石至三千八百石者,二户。计五百五十四户,岁输粮十五万一百八十四石。"[②]这启发了明太祖迁富民于京师和籍没富民田产入官的念头,也说明洪武时苏州富民之多。弘治十四年,南京官员夏𡎺说:"今国家之可忧有甚于北虏者。……本州(指浙江天台)之民,逃亡多于现在,饥寒困苦者十八九。邻近州府,大率皆然。去是则为杭,天下称繁华

[①] 王培华:《元明北京建都与粮食供应》,北京出版社2005年,283—286页。
[②] 《明太祖实录》卷四十九,洪武三年二月庚午。

矣。然多为浮靡之物，以夸诱人财，苟营日给，非内不足，则不暇为。是繁华乃所以为贫地。又去是则为嘉、湖、苏、常，天下称殷富焉。然一家而兼十家之产，则一家富而十家贫。是以贫者反倍于他州，而富者亦不免为贫矣。江南如此，江北可知。淮扬以至畿甸，所过州县市集，类皆人烟萧索。虽临清、徐、济，号为繁盛，又皆游商，土著无几。臣沿途问之，人皆曰：今幸少熟，不然尤甚。陛下之民，憔悴如此，加以强虏扇摇于外，供挽骚动于内，则岂独虏为可忧哉？"①夏埙所说的这几个地方，都是漕粮所出、漕运所经之地，他认为是供、挽等造成江浙以至徐、济间的萧条。嘉靖时，归有光认为江南富民破产，贫民逃亡，"东南之民困于粮役蹙耗尽矣"、"富家豪户往往罄然"、"吴中罕有百年富室"、"吴中无百年之家"，这类话在《震川先生集》中比比皆是。根本原因是赋役负担的过重，倭变以来"又加以额外之征，如备海防、供军饷、修城池，置军器，造战船，繁役浩费，一切取之于民。……东南赋税半天下，民穷财尽，已非一日。今重以此扰，愈不堪命，故富者贫，而贫者死"。②尽管有些家族靠入仕取得优免赋役的好处，从而使家族衰而复振，但大部分家族都一蹶不振。嘉靖十九年（1540）归有光在乡试对策中说："东南之民，始出力以给天下之用"、"以天下之大而专仰给于东南。"③隆庆万历初，郑若曾说："西北之供役仰给东南"、"我国家财赋取给东南者十倍于他处，故天下惟东南民力最竭"④。清朝，有些官员学者对江南赋重漕重的后果，有更进一步的认识。陆世仪

---

① 《明孝宗实录》卷一七二，弘治十四年三月癸亥。
② 《震川先生集》卷八，《上总制书》。
③ 《震川先生别集》卷之二上《嘉靖庚子科乡试对策五道》。
④ 《江南经略》卷十一《财赋之重》。

对漕运弊端分析最为透彻,说,由于漕运费用巨大,江南州县日就贫瘠,小民逋负不已,势必逃亡。①嘉庆、道光时,江南粮户控漕之案迭起。龚自珍《西域置行省议》指出当时形势:今中国生齿日益繁,气象日益隘,黄河日益为患,自京师始,概乎四方,大抵富户变贫户,贫户变饿者。②这是针对全国情况而言,应当包括江南地区。

江南籍官员学者还认为,江南重赋的深远后果,是造成了南北经济更加趋于不平衡发展。王夫之说,自唐朝以来,"朝廷既以为外府",即京师依赖江南赋税的制度,大体实行了一千年,这造成了两个客观结果,一方面是江南赋重民贫,一方面是西北因坐食江南而日益荒废:"自唐以上,财赋所自出,皆取之豫、兖、冀、雍而已足,未尝求足于江淮也",自第五琦后,"人视江淮为腴土,刘晏因之辇东南以供西北,东南之民力殚焉,垂及千年而未得稍纾。"③王夫之追溯了江南重赋与西北仰食东南的财政决策渊源,失误及其后果,即由于南北区域经济的不平衡发展,以及具体的政策失误,使京师仰给东南,由此又造成了新的不平衡,即江南重赋与西北坐食,比较完整地体现了江南籍官员学者关于江南赋税之重与西北坐食荒废的看法,代表了元明清江南籍官员学者对江南与西北两大区域经济社会发展不平衡认识的总成就。其所说西北包括今天的西北和华北,东南指今天长江流域广大地区。同时,王夫之还涉及了一个问题,即一时之功业与千载之是非的问题。

以上,元明清江南籍官员学者论证了江南重赋、漕重、漕运弊

---

① 《清经世文编》卷四十六《户政二十一漕运上》,陆世仪:《漕兑揭》。
② 王培华:《明中期至清初江南籍官员学者的民生思想与实践》,《史学论衡》(3),北京师范大学出版社 1999 年。
③ 《读通鉴论》卷二十三《唐肃宗三》。

端等问题,探讨了其现实根源和历史根源,分析了直接和间接后果,提出了一些解决方案,如减租、减税额,海运,招商海运,改折,发展三吴水利、发展西北华北(畿辅)水利等主张[①]。

3. 对元明清江南赋重议论的辨析

元明清江南籍官员学者论证了江南赋重漕重,是指江南原额科则重,加耗重,沿途需索重。轻重,都是相比较而言。北方赋役负担状况如何,是需要讨论的问题。弄清这个问题,有助于从赋役负担上作南北对比,有助于正确评价江南籍官员学者认识是否准确。元明清时期许多江南籍官员学者主要关心本地区的经济、社会状况,一致认为江南赋重民贫,并没有考察北方地区赋税徭役负担的情况。有些论者则说,元代"南困于粮,北困于役",即江南赋重漕重,而北方劳役负担重。到了明代"论者皆知,东南之民,困于税粮;西北之民,困于差役",[②]明代"江南之患粮为最,河北之患马为最"[③],江南"赋重而役轻",北方"赋轻而役重"[④]。今日,杨学涯教授认为,"虽然这种说法并不完全正确,但大体上也可以说明南北人民赋役负担的情况",明代北方重役,包含工役、徭役、马政、铺行之役,明自中期以后,徭役越来越多,北方杂役较重,流民较多,

---

① 王培华:《明中期至清初江南籍官员学者的民生思想与实践》,《史学论衡》(3),北京师范大学出版社 1999 年。
② 钱思元:《吴门外乘》卷一,转引杨学涯:《略论明代中后期北方地区的重役》,《河北师范大学学报》1985 年第 2 期。
③ 顾炎武:《天下郡国利病书》第一册《北直中》。
④ 顾炎武:《天下郡国利病书》第七册《常镇·里徭》。

"不当差"成为农民起义的口号①。田培栋教授从赋税、徭役、兵役三方面进行比较,认为明代北方五省赋役负担沉重。单以田赋说,明代全国田赋总额二千六百余万石,北方五省田赋总额占五分之二;(万历)《明会典》载:弘治十五年北方五省每年输送京师及北边军仓粮食三百八十三余万石,万历六年为五百九十四余万石。从这个比额可知北方五省的经济在全国所处的地位。"过去人们只知道江南地区的苏、松、嘉、湖、杭及江西的赋税沉重,殊不知北方五省的赋役负担更为沉重。明朝自永乐之后,建都北京,每年虽从江南漕运大米四百万石供应北京,但小麦及各种豆类和杂粮的需求,仍需仰给于北直隶、山东及河南等地。再加上北边对蒙古的防御,沿长城一线驻军60—70万,每年军粮的供应,以及马料、马草的输送,都出自北方五省。这五省还要负担各种沉重的各项徭役,及明中期以后的民兵征派等。从总的负荷量来看,该地区大大超过了江南地区的负担。"②杨、田两位教授的论文,对于我们认识明代北方赋税负担有积极的意义。

上引文主要是对客观历史的研究,即对事实的研究;同时,应注意对主观认识的研究。把二者结合起来,或许会对元明时期北方赋税徭役负担的情况,取得较为合理的认识。明朝官员认为,北方各省税粮负担很重:第一,北方各省负担的京粮、边粮、马草、马料占全国总田赋的三分之一。弘治时,户部马文升奏疏说:"山、陕之民,供给各边粮饷,终岁劳苦尤甚"。③ 隆庆时户部尚书马森说:

---

① 杨学涯:《略论明代中后期北方地区的重役》,《河北师范大学学报》1985年第2期。
② 田培栋:《论明代北方五省的赋役负担》,《首都师范大学学报》1995年第4期。
③ 《明孝宗实录》卷一〇三,弘治八年八月丁丑。

"祖宗旧制:河淮以南,以四百万石供京师;河淮以北,以八百万石供边境。"①以弘治十五年和万历六年全国夏税秋粮二千六百万石计②,则八百万石边粮占田赋的三分之一。这两位官员认为北方各省税粮负担很重;如果考虑到北方粮一石随草一大束或二小束③,则北方粮草负担更重。第二,北方省份存留粮,只够当地宗禄一半。嘉靖四十一年,御史林润说:"天下岁供京师粮四百万石,而诸府禄米凡八百五十三万石。以山西言,存留百五十二万石,而宗禄三百十二万;以河南言,存留八十四万三千石,而宗禄百九十二万。是二省之粮,借令全输,不足供禄米之半,况吏禄、军饷皆出其中乎?"④林润认为,山西、河南两省宗禄四百万石,两省存留粮共二百三十多万石,勉强够宗禄所需的一半。隆庆五年,礼部官员回复河南巡抚官栗永禄、杨家相、礼科都给事中张国彦奏:"以天下通论之,国初,亲郡王、将军,才四十九位,今则玉牒内现存者共二万八千九百二十四位,岁支禄粮八百七十万石有奇。……是较之国初,殆数百倍矣。天下岁供京师者止四百万石,而宗室禄粮则不啻倍之。是每年竭国课之数,不足以供宗室之半也。"⑤以上所引,反映了明朝官员对宗禄在田赋中所占比例的认识。以万历六年全国夏税秋粮二千六百万石计,则宗禄占田赋的三分之一。以上两点认识显示,明朝人们认识到北方各省税粮在全国田赋中的比重

---

① 《明经世文编》卷二九八,《马恭敏公奏疏·国用不足乞集众会议疏》。
② 《明会典》卷二十四《户部十一·会计一·税粮一》,《明会典》卷二十五《户部十二·会计二·税粮二》。
③ 张之俊修、张昭美纂:《五凉全志六德集》之《武威县志》第一卷《地理志·田亩》,乾隆十四年刻本。
④ 《明史》卷八十二,《食货志六·宗禄》。
⑤ 《明穆宗实录》卷五十八,隆庆五年六月丁未。

很大,以及在供应京边粮食中的重要地位。

明朝官员认为北方力役重。弘治八年八月,兵部尚书马文升:"今天下之民,河南者,因黄河迁徙不常,岁起夫五六万,每夫道里费须银一二两,逐年挑塞以为常。近因修筑决河,又起河南、山东夫不下二十万。江南、苏松等府挑浚海道,亦起夫二十万。南北直隶、河南、山东沿河沿江烧造官砖及湖广前后修吉、兴、歧、雍四王府,用夫匠役,不下五十余万。江西前后修益、寿二王府,山东青州修衡王府,二布政司,又该用夫数十万。……山、陕之民,供给各边粮饷,终岁劳苦尤甚。及今派天下各王府校尉、厨役、斋郎、礼生,每当一名,必至倾家荡产。即今在京各项工程,亦众操军,连岁少休;及在外诸司官私造作者亦多。里河一带直抵南京,近因三次亲王之国,接应夫役,不下数十余万。役繁民困,未有甚于近岁者也。"①弘治三年十二月南京礼部尚书童轩上疏言:"近年以来,东南之民恒困于岁办,西北之民恒疲于力役。……力役如牵船、送扛之类,有赍公文一角,而索车数辆;有带军册一本,而起船一只者。小民被役,月无虚日,户无闲丁。民当里甲之差,而又有此分外之役。"②弘治三年十二月监察御史涂升说:"南方之民困于转输,北方之民困于差役。"③以上弘治时官员对北方力役负担情况的认识,有助于我们认识明朝北方力役的状况,即山东河南沿黄河、运河各处,出夫修河挽船多;山西、陕西沿边各处供给边饷多;从南京至北京,沿途烧砖、接应夫役多;北直隶附近出夫修筑维护京师工程多,全国各地修筑王府力役多。童轩之"东南之民恒困于岁办,

---

① 《明孝宗实录》卷一〇三,弘治八年八月丁丑。
② 《明孝宗实录》卷一〇七,弘治八年十二月戊辰。
③ 《明孝宗实录》卷四十六,弘治三年十二月辛酉。

西北之民恒疲于力役",涂升之"南方之民困于转输,北方之民困于
差役"的说法,反映了人们对南北赋役负担各有所重之特点的认
识。

清朝畿辅官员认为畿辅力役重。举例说,南粮漕运至通州后,
由于水浅船重,还要用近畿通州、武清、宝坻、香河、东安、永清一州
五县六百只剥船接运漕粮①,自明朝崇祯十二年间,每船一支,船
户在库领银九十两。清朝顺治四年,每船拨给大粮民地十顷。②总
计六百余只剥船,拨给征粮民地六千多顷。清朝定都北京后,畿辅
内土地多被八旗圈占。拨给通州、武清、宝坻、香河、东安、永清一
州五县六百余船户的民地多在七八百里外。如东安县见今实在应
运剥船共五十三支,共拨给征粮民地五百三十顷,其中九十顷在东
北的墨尔根、一勒兔等处③。剥船弊端很多。康熙时,武清人户科
给事中赵之符指出,剥船之弊,大致有以下几条,其一,既给以地,
则造船驾驶水手及水手工食篷桅席片等一切费用,都要船户自己
承担,但船户力田则不能运粮,运粮则不能力田。其二,各州县距
运河甚远,在河干雇商船代为应役,一船之费一年约用价银五六十
两,比原地纳粮增加一倍。而被雇的商船接运漕粮时往往盗卖掺
和,甚至将漕粮尽数盗卖,然后故意沉船。运官则还是让船户赔
偿,船户以至倾家荡产。其三,南漕告剥虽在仓场衙门,而领船船
户实则天津钞关部差统辖之。每岁河冰未泮之时,船户往往千里

---

① 马钟秀等纂修:民国《安次县志》卷十《艺文志外编》,赵之符:《陈剥船苦累疏》。
② 张堮等纂修:《东安县志》卷之二《河浅》,民国二十四年《安次县旧志四种合刊》
本。
③ 张堮等纂修:《东安县志》卷之二《河浅》,民国二十四年《安次县旧志四种合刊》
本。

匍匐赴津，有差提、过堂、守候等各种费用。其四，荒年时纳粮之地被蠲免赈济，船户地则不能被蠲免。其五，畿辅土地被圈占后，船户土地拨补于他州县，远者千余里，近者亦七八百里，往来征取地租不便，或者因征租不起而流落异乡。地方官按名征船，访无正户，即株连亲族破产赔垫，代为应役。其六，照地应船，有数家共应一只者，有十数家共应一只者。穷民往往逃亡，众户为之赔累。相率逃亡，则田地多抛荒，而船差亦无着落。是以欲速漕反而误漕。其七，每年给水脚银十余两，六百余只船约费库银六七千金。而每船只可运百石。或雇船运粮，费用不过五六两。设立船差，得不偿费。①这六百只剥船，就成为近畿一州五县船户的沉重负担。船差如此，其他可知。

  为什么会形成"南方之民困于转输，北方之民困于差役"这种特点？江南之民困于转输，即困于漕运，江南籍官员学者论证江南赋重漕重问题，是对这个问题的回答。关于北方之民劳役重的问题，弘治时兵部尚书马文升的奏疏已经指出，北方各地人民力役的地区特点，即山东河南沿黄河、运河各处，出夫修河挽船多；山西、陕西沿边各处供给边饷多；从南京至北京，沿途烧砖、接应夫役多；北直隶附近出夫修筑维护京师工程多。还有北京宫殿祭坛多处，其日常维护人工都由畿内各县派人，或交纳银钱雇役。北京宫廷衙门所用炭薪亦由附近山东、山西、北直隶供应，或改输银价。成化九年巡抚山东左佥都御史牟俸的奏疏，可以提供一点解释。他说："易州山厂供用柴炭，始皆用人采输，所以惟取山东、山西、北直隶夫役，而不及河南、江南者，盖以南方之民轻财赋而重力役，北方

---

① 马钟秀等纂修：《安次县志》卷十《艺文志外编》，赵之符：《陈剥船苦累疏》。

之民轻力役而重财赋,故各就其所便役之。今诸山采取殆尽,柴炭类输银价,犹独取给于山东、山西、北直隶之民,而江南、河南财赋所出之地,乃不之及,殊于立法初意不侔。姑以山东一处言之,岁额夫二万八百八十四人,人征价三两,共六万二千六百五十二两。"[①]牟俸说的是供给京师惜薪司夫役情况,其他可知。明初赋役确立的原则,恐怕不会如此简单,但牟俸提供了对京师采薪力役确立原则的解释,即北方力役的征派有地区特点。

十 元明清江南籍官员学者西北水利思想的历史价值与局限性

1. 西北水利思想的历史价值

元明清时期,江南籍官员学者提出发展西北水利的主张,有其历史价值。

第一,他们揭示了元明清时期东南与西北两大区域经济不平衡发展与赋税负担不均问题的实质及其原因,并提出了解决问题的办法,如减赋、海运、南漕改折并在北京附近购买粮食、发展西北华北(畿辅)水利等。自唐末五代以来,因自然条件的变化,黄河流域和长江流域经济呈现不平衡发展状态,并且与政治统治有极大关系。江南籍官员学者着重指出,由于元明清国家采取京师粮食供应依赖东南的基本国策,造成了新的不平衡。他们认为,南北经济不平衡发展,既有南北自然条件变化的因素,也有统治者确立京师粮食依赖江南的基本国策,这种国策,一方面使江南赋重民贫,

---

① 《明宪宗实录》卷一百二十一,成化九年十月乙亥。

另一方面又使西北产生很大的依赖性,并使西北生态环境、社会经济日益落后,造成了江南与西北两个区域经济新的不平衡。他们提出发展西北华北(畿辅)水利,提高北方农业水平,使京师就近解决粮食供应,从而缓解对东南的压力。这个问题,涉及了东南与西北两大区域经济持续发展与生态环境变迁以及政治统治的关系等问题。他们的认识,符合自唐宋以来中国历史实际。他们勇于实践的精神,令人敬佩。

第二,江南籍官员学者(包括个别北方学者),提倡发展西北华北(畿辅)水利,不仅有许多章奏议论,还有许多水利史专著,如:徐贞明《潞水客谈》、徐光启《农政全书·西北水利》、赵一清《畿辅水利书》、陈仪《畿辅通志营田》、逯选《畿辅水利志略》、唐鉴《畿辅水利备览》、潘锡恩《畿辅水利四案》、吴邦庆《畿辅河道水利丛书》、蒋时《畿辅水利志》、林则徐《畿辅水利议》等,这些章奏议论和著述,组成了元明清时期西北华北(畿辅)水利史系列专著。我国二十五史中,只有七种史书有《河渠志》。江南地区,因为是唐宋元明清时期国家的粮食基地,国家比较重视江南的农田水利建设,有许多江南地区的水利史专著。而北方,除了地方志中的水利或河渠一门外,水利史专著比较少。多种畿辅水利专著的出现,使畿辅水利著述蔚为大宗,也使畿辅水利史、江南水利史与地方志中水利或河渠一门,成为区域农田水利史的三个重要方面。

同时,因为有北方官员从水性、土性等方面论述畿辅不宜发展水利,促使江南籍官员学者研究如何利用畿辅的水土条件来发展畿辅的农田水利,徐贞明提出了利水之法,徐光启提出了旱地用水五法二十八则,王心敬提出了井利说,乔光烈提出了推广水车说,出身直隶霸州的吴邦庆因为熟悉北方水土情况而提出了一些畿辅用水之法。这些,在当时有益于农业,在今天仍有其现实的意义。

第三,连带出现了一些研究有关问题的认识成果,如土地丈量、赋税等级、减赋减租、用水理论等。关于用水理论,本书后面还要专门论述。这里着重谈谈土地丈量、赋税等级和减赋减租等问题。这两个问题起源很早,也很复杂。自先秦始,就存在土地亩制不一等度量衡制度不统一的情况,如有二百四十步为亩和三百六十步为亩。秦朝统一度量衡,但由于中国地域广大、朝代变更频繁,各地对于土地面积和度量衡单位,都有不同的计量方法和标准。明初,主要在北方实行迁狭乡民就宽乡政策,屯田搀杂民田之间,造成了屯田与民田顷亩大小不一。嘉靖六年十二月癸丑吏部尚书桂萼言:"分豁南北粮土之说,不可以不讲焉。祖宗时,以北方民寡,徙山、陕无田之民分屯其地。当时,本民占地,顷亩广,屯民后至,顷亩狭。故北方之土,有小亩、广亩之异。至于则壤成赋,虽历朝因革不同,而轻者居多。若我朝则江南多抄没之粮,当时所收籍册,即以民间所入客租为粮,谓之官粮。故南方之粮,有轻则、重则之殊。此不均之怨,所难免也。今北方官豪之家,欲独享广亩之利,不肯为屯民分粮。南方官豪之家,欲独出轻则之粮,不肯为里甲均苦。间有巡抚守令,欲为均则、量地者,即上下夤缘,多方阻抑。故臣愿以均平之。"[①]这里所说,指北方的山东、河南、河北等。桂萼所奏,反映这种情况:北土民田、屯田有大亩小亩之分,北方官豪之家,欲独享广亩之利,不肯多承担税粮。南粮赋税等则有轻则重则之别,南方官豪之家,欲独出轻则之粮,不肯为里甲均粮。历

---

① 《明世宗实录》卷八十三,嘉靖六年十二月癸丑。

来巡抚守令欲改革粮、土不均,以致遭到反对。同时,反映了桂萼"均则、量地"的主张,即按照平均的精神,划分南方官粮的等则即纳税等级,丈量北方民田顷亩,使民田与屯田一样计亩纳粮。但明世宗说:"南北粮土,则版籍已定,姑已之。"①否定了桂萼的主张。这说明历来改革南北赋役不均、田亩大小不一弊端的建议,都遭到有势力之家与朝中某些官员的反对,即"上下夤缘多方阻抑"。明清时期,北方各地亩制大小不一,南方亩制比北方亩制小,这使南方赋重。林则徐指出:"以臣所见,南方地亩狭于北方。"②冯桂芬受林则徐的启发,有感于江南赋重而提倡西北华北(畿辅)水利,认为江南赋重漕重的原因之一,是苏松地区土地顷亩制度比其他省区小。他说,江南苏松地区,"以宽窄而论,则二百四十步为亩,有缩无赢,不如他省或以三百六十步、五百四十步为亩。而赋额独重者,则由于沿袭前代官田租额也"③。他指出,江南赋重的一个根本原因,是江南以二百四十步为亩,而北方盛行弓步尺,或以三尺二三寸、四尺五寸至七尺五寸为一弓,或以二百六十步、七百二十弓为一亩,长芦盐场以三尺八寸为一弓、三百六十弓、六百弓、六百九十弓为一亩,山东明藩田以五百四十步为亩,直隶大名府以一千二百步为一亩,"今度则有工部尺、匠尺之别,衡则有库平、曹平、二两平等之别,各省又有市尺、市平,量更各省不同",因此他提出统一各种度量衡标准,丈量各县土地,平均各地赋税,采用宋朝五等法来确定赋税等级。④同治二年冯桂芬代李鸿章草拟《请减苏松太

---

① 《明世宗实录》卷八十三,嘉靖六年十二月癸丑。
② 林则徐:《畿辅水利议》,光绪丙子三山林氏刻本。
③ 冯桂芬:《显志堂集》卷九,《请减苏、松、太浮粮疏》。代李鸿章作。
④ 冯桂芬:《校邠庐抗议》之《均赋税议》《壹权量议》。

浮粮疏》,得到朝廷允许,减苏州、松江、太仓漕粮三分之一,常州减漕粮十分之一。同时,他提出"减赋自宜减租","每亩一石以内正数减为九七折,一石以外零数五折,仍不得逾一石二斗①"。丈量土地和减租的建议,在当时未见实施,但对后人有启示。同治二年,江苏元和人王炳燮写信给冯桂芬,对减租问题发表意见。光绪十年,江苏元和人陶煦提出减租论,其减租思想与冯桂芬的减赋观点有一定关系。②光绪十五年和二十四年,翁同龢和孙家鼎分别向光绪帝推荐了冯桂芬《校邠庐抗议》。百日维新时,光绪帝令直隶总督荣禄印刷一千部,发给官员阅读评论。③

第四,江南籍官员学者发展西北水利主张中的某些具体建议,如关于发展经济时要注重增加人民蓄积、兴修水利时要在田间渠岸种植榆柳枣栗、召募江南富民到西北兴修水利、治理黄河水患与开发农田水利相结合等,有合理之处。

2. 西北水利思想的历史局限性

如果说,江南籍官员学者发展西北水利的思想有局限性,那么,主要表现在两点。首先,有些讲求西北华北(畿辅)水利者,主张尽改旱田为水田。这是有局限性的。畿辅地区发展农田水利,特别是发展水稻生产,受自然条件的限制多,有水利上的困难。而有些大河,如永定河和滹沱河下游横决漫溢。明万历时,内阁首辅申时行认为,旱田可以不必完全改水田,旱地作物可以不必完全改

---

① 冯桂芬:《显志堂集》卷四,《江苏减赋记》。
② 钟祥财:《中国土地思想史稿》,上海社会科学院出版社1995年,217页、220页。
③ 龚书铎:《中国近代文化探索》,北京师范大学出版社1988年,127—128页。

水稻。清道光四年,吴邦庆提出:"地成之后,但资灌溉之利,不必定种粳稻,察其土之所宜,黍稷麻麦,听从其便。"[①]申时行是南畿人,他的建议,是对徐贞明建议的补充或修正。吴邦庆是顺天霸州人,他的意见,更是几百年后对元明清西北水利倡议的修正。林则徐主张畿辅有水之处皆可成稻田,是吸取了前人的经验教训。

其次,讲求畿辅水利者,着重论述了畿辅水利的利水之法,但是对于畿辅地区如何聚水蓄水,则没有过多涉及。畿辅河流众多,有五大河(永定、大清、滹沱、北运、南运)及其六十余支流,还有东淀、西淀、南泊、北泊等九十多淀泊。但是畿辅地势西北高,东南低,冬春干旱少雨,降雨集中在夏季,造成河流淀泊盛涨,并在天津海口入海。从徐贞明开始,强调"散水""用水"则利,"聚水""弃水"则害。这种主张,不利于畿辅地区在夏季河水暴涨季节多蓄积水源,以备冬春使用。徐光启主张用池塘水库蓄水。但是清代讲求畿辅水利者,继承和发扬了虞集、徐贞明等主张发展畿辅水稻的思想,似乎对徐光启的思想没有多大继承。明清治理畿辅河道,往往以消除积水为主。反对畿辅水利者如王之栋主张开滹沱河不便,李鸿章强调五大河径流无法利用,不可开渠引水灌溉。而讲求畿辅水利者,主要强调如何用淀泊发展水稻,并回应永定河上游可以利用水利,而没有讲求在山区、在五大河及其重要支流的上游,发展水库蓄水。这是有局限性的。

3. 畿辅水利最终不能完全实现的可能原因

明嘉靖以前水稻不普及,隆庆、万历、崇祯年间较为发展,清顺

[①] 吴邦庆:《畿辅河道水利丛书》之《畿辅水利私议》。

治康熙年间水稻生产有所减退,雍正年间有较大的恢复发展,乾隆以后又趋于衰落,光绪时仍未恢复旧观①。为什么清代许多江南籍官员学者(包括雍正时的北方官员陈仪、道光时的北方学者吴邦庆等)大力提倡畿辅水利,而客观实际上只是在雍正时畿辅水利有发展,而且畿辅地区只是个别州县的个别村庄有水稻生产? 其中原因相当复杂,既有政治、经济与社会等方面的因素,也有自然条件的因素。这些,本书前面不同的部分,已经对这个问题有所论列。现在,再着要总结一下。大致说来,有这么几个原因:

其一,既得利益者,即北方占有大量荒地的势家和官豪之家及其代表的强烈反对。势家和官豪之家占有大量滨海荒地或西北垦田荒地,明神宗时首辅申时行说:"贵势有力家侵占甚多,不待耕作,坐收芦苇薪刍之利;若开垦成田,归于业户,隶于有司,则己利尽失。"②申时行认为北方贵势之家担心坐收失芦苇薪刍之利。万历十三年户部尚书姚学闵指出北方官员"惧加粮之遗累"③,是北方官员反对西北华北(畿辅)水利的原因。北方官员担心失去既得利益和"惧加粮之遗累",而反对畿辅水利;西北势力之家多占水利,与北方官豪之家欲独占广亩之利,他们都反对发展西北水利。清后期,施彦士分析前代西北水利不行的根本原因:"前代西北水利之所以不行乎,一则北方地广人稀,且多游惰;二则巨族世家恐水田既开,失苇荡自然之利;三则虑额外增赋,贻无穷之害,遂致百计阻挠,使虞集、徐贞明之策,掣肘不行。"④这是来自上层力量对

---

① 游修龄:《中国稻作史》,中国农业出版社1995年,285页。
② 《明史》卷八十八《河渠志六》。
③ 《明神宗实录》卷一百六十六,万历十三年闰九月庚申。
④ 《皇朝经世文编续编》卷四十一《户政十三农政上》,施彦士《沟洫议下》。

畿辅水利的阻挠。

其二,来自下层的阻挠,使畿辅水利难以全面实现,即"农民劳动习惯的阻力。北方农民长期以来习惯于旱地劳动,在田多人少的条件下从事较粗放的经营,即可获得相当收成。而水田种稻要求集约耕作、灌水排水管理等都较麻烦,劳力时间均感不足"。①首辅申时行说:"北方民游惰好闲,惮于力作,水田有耕耨之劳,胼胝之苦。"②申时行认为北方民众惮于力作,是使西北水利不能发展的社会根源及经济根源。后来蓝鼎元、柴潮生等都指出农民积习对畿辅水利的阻挠。以新安县为例,乾隆、嘉庆时,都有作者指出农民不习惯水田耕作。乾隆八年,高景、孙孝芬说:"北方之人原不善于种稻,而又爱惜人力。一旦强之开沟开渠,用车戽水,遂以为烦苦我也。况新安之淀河,俱系平流,非若山泉建瓴之水,引放可以任意,虽建设闸座,水小原可以引,水大断不能放。当营田之时,连年大收者,亦天时之偶然耳。三五年后水涸,民仍种麦种秋,所收不减种稻。若必强之种稻,实为厉民矣。然遇有积水,不能种麦种秋,自然栽稻。"③《畿辅安澜志》作者④,承认河北新安"邑为九河尾闾,与江南泽国无异",但又认为雍正时畿辅水田后来改作旱地之原因有三,其中一条是说,当地农民不习惯水田耕作:"水利营田,京西一局惟新安为最,盖邑为九河尾闾,与江南泽国无异也。迄今数十余年,所营稻田多有改为岸地者,大约其故有三:北方民

---

① 游修龄:《中国稻作史》,中国农业出版社1995年,298页。
② 《明史》卷八十八《河渠志六》。
③ 高景、孙孝芬纂修:《新安县志》卷一《舆地志水利》,乾隆八年刻本。
④ 《魏源集》上册《书赵校〈水经注〉后》说,赵一清《畿辅水利书》为戴震窃取、又为王履泰偷窃删改而成《畿辅安澜志》。

习农家之业,水田耕耨,其劳十倍岸地,多致坐废生业,人事不齐。"[1]这种习惯旱作的传统习惯影响了畿辅水利的发展。

其三,为了保证运河用水,元明清三朝都施行严格的"漕河禁例",在运河河道中,粮船先过,官船次之,商民船最后;在山东、河南、河北、天津等运河及运河水源地区,严厉禁止使用水源灌溉农业[2]。元明清三朝的"漕河禁例",分别载在《元典章》、《明会典》和《钦定大清会典事例》,不仅是漕运部门的行政法规,而且具有国家法典的性质。光绪五年两江总督沈葆桢说:"且民田之与运道,尤势不两立者也。兼旬不雨,民欲启涵洞以灌溉,官则必闭涵洞以养船,于是而挖堤之案起,至于河流断绝,且必夺他处泉源,引之入河,以解燃眉之急。而民田自有之水利,且输之于河,农事益不可问矣。运河势将漫溢,官不得不开减水坝以保堤,妇孺横卧坝头,哀呼求缓,官不得已,于深夜开之,而堤下民田,立成巨浸矣。"[3]沈葆桢此论,描述了运河用水对农业灌溉的阻碍,可谓切中要害。元明清三朝兼有行政法规和国家法典性质的"漕河禁例",及其严格执行,使运河两岸和山东、河南、河北运河水源地的生产受到限制,这是连两江总督沈葆桢都不得不承认的事实。

其四,对畿辅水性、土性认识上的歧异,阻碍着畿辅水利的发展。尽管元明清有几十位江南籍官员(还有雍正时文安人学士陈仪、道光时霸州人翰林院编修吴邦庆等)讲求畿辅水利,蓝鼎元、朱

---

[1] 李培祐、恭钧、张豫峚:《保定府志》卷二十一《舆地略水利》,引《畿辅安澜志》,光绪十二年刻本。
[2] 《钦定大清会典事例》卷六百九十八《工部河工禁例》。
[3] 《皇朝经世文编续编》卷四十八《户政二十漕运中》,沈葆桢:《议覆河运万难修复疏》,光绪五年。

轼、柴潮生、李昭光、潘锡恩、吴邦庆、唐鉴、林则徐、包世臣、冯桂芬等,都根据历史经验和当代事实论证了畿辅水性、土性可以举行水利,而且徐贞明、徐光启、吴邦庆等还论述了畿辅的利水之法和用田之法,何承矩、徐贞明、汪应蛟、董应举、左光斗等还主持了京东、畿南的水利实践,雍正四年允祥、朱轼等主持畿辅水利,左宗棠还在光绪七年率部在永定河上游修建引水工程,并卓有成效,甚至李鸿章、周盛传在同治末光绪初还赞成京东水利,并在天津海滨实施水利工程,但是对畿辅水利的反对意见从来就没有停止,从元朝的胡祗遹,到明朝的王之栋,再到清朝的沈联芳、陶澍、李鸿章,都是明确地以畿辅水性、土性不同于南方为理由,而反对发展畿辅水利的。这种对畿辅水性、土性的不同认识,无疑会阻碍畿辅水利的发展。嘉庆时《安澜志》作者分析雍正时畿辅水利成功而后来改作旱地的原因有三,其中第二条仍是沿袭前代南北水性土性不同的传统认识:"南方之水多清,北方之水多浑。清水安流有定,浑水迁徙不常。北水性猛,北土性松,以猛流遇松土,啮决不常,利不可以久享,地利不同。"[①]这是认为北方水性土性是造成畿辅水利不能成功的原因之一。可见对畿辅水性土性习惯性的认识对畿辅水利的影响。

其五,畿辅五大河及其支流,如永定河、滹沱河、漳河,发源于西北,流经华北平原,地势建瓴,形成多沙、善淤、善决、善徙的特点。明清两朝,在永定河、北运河、南运河两岸修建多处堤坝、减河等人工设施。但是"堤可防小水,而不能以遏横流,横流遏,则无所

[①] 李培祐、恭钧、张豫垲纂修:《保定府志》卷二十一《舆地略水利》引《畿辅安澜志》,光绪十二年刻本。

容,而无所泄,冲我城垣,坏我庐舍,杀禾害稼"。①清朝治理直隶河道,但收效甚微。嘉庆时《畿辅安澜志》作者分析雍正时畿辅水利成功而后来改作旱地的原因有三,第三条说:"直隶诸大水渠,发源西北,地势建瓴,浮沙碱土挟之而下,石水斗泥,深者淤浅,浅者淤平,当其下流,尤易淹塞,疏瀹之功,不能常施,坐失美利,人事地利两有未尽。"②这是认为直隶大河人工维护不到位是造成畿辅水利收效甚微的原因之一。光绪七年,李鸿章回顾同治十年前后直隶河道的情形:同治十年前后,畿辅永定、大清、漳沱、北运、南运五大河及其六十余支河,原有闸坝堤埝,无一不坏。减河、引河,无一不塞。正河河身淤垫愈高。南泊、北泊、东淀、西淀,早被浊流填淤,或竟成民地。其河淀下游则恃天津三汊口一线海河,迤逦出口,平时不畅,秋令海潮顶托倒灌。节节皆病。适遇积潦盛涨,横冲四溢,连成一片。这样的河流状况,使畿辅难于修筑水利工程,"河道本来狭隘,既少余地开宽,土性又极松浮,往往旋挑旋塌。且浑流激湍,挑沙壅泥,沙多则易淤,土松则易溃"。③既然水利工程难以奏效,那么农田水利就不易成功。

其六,元明清历时近七百年,华北地区气候与水利条件有变化,但大趋势是干旱。大致说来,十三世纪初偏旱,中期又偏涝,后来除十四世纪末至十五世纪初、十七和十八世纪中期以外,在现代小冰期内基本以偏旱为主。④近五百年内京津渤海地区平均两年

---

① 《新安县志》卷一《舆地志堤堰》按语。乾隆十八年刻本。
② 李培祐、恭钧、张豫塏纂修:《保定府志》卷二十一《舆地略水利》引《畿辅安澜志》,光绪十二年刻本。
③ 《皇朝经世文编续编》卷一一〇《工政直隶河工》,光绪七年李鸿章:《覆陈直隶河道地势情形疏》。
④ 李克让主编:《中国气候变化及其影响》,海洋出版社1992年,250页。

多有一次干旱,其中连续干旱两年或两年以上者有 103 年。明朝神宗和清康熙帝都曾对臣下指出北方气候干燥,水量少而不均,不能大规模种稻的道理。①清朝人们对全国及畿辅气候变化趋势有直观的认识。康熙三十七年,李光地说:"北土地宜,大约病潦者十之二,苦旱者十之八。"②嘉庆二十五年,包世臣说:"国家休养生息百七十余年,……其受水患者,不过偏隅,至于大旱,四十余年之中,惟乾隆五十年,嘉庆十九年两见而已。"③即自乾隆三四十年至嘉庆二十五年的四十多年中,水灾多发生在偏隅,而大旱之年有乾隆五十年(1785)和嘉庆十九年(1814)。以上情况是针对全国情况而言。道光三年,潘锡恩说:"曩者,十年之中,忧旱者居其三四,患涝者偶然耳。自嘉庆六年以来,约计十年之中,涝者无虑三四。"④即嘉庆六年以前,畿辅气候旱灾为多,水潦偶尔发生;自嘉庆六年至道光时,直隶水患居多。当多水时期,水稻生产面积扩大,而干旱时期又缩小。乾隆八年有作者说,畿辅农民遇有积水,不能种麦种秋,自然种稻。三五年后水涸,民仍种麦种秋,所收不减种稻。⑤在多水时期扩大的水稻生产,干旱时无法应对。如乾隆二十七年,乾隆帝上谕:"倘将洼地尽改作秧田,雨水多时,自可藉以储用,雨泽一歉,又将何以救旱?"⑥清朝后期,北方气候日渐干旱,直隶九十九淀,填淤干涸,缺乏地表水资源,使以发展水稻生产为主要目的畿辅水利,受到干旱条件的限制。

---

① 游修龄:《中国稻作史》,中国农业出版社 1995 年,297 页。
② 林则徐:《畿辅水利议》,李光地:《饬兴水利牒》,光绪三山林氏刻本。
③ 包世臣:《安吴四种》卷二十六《庚辰杂著二》。
④ 潘锡恩:《畿辅水利四案》之附录,道光三年刻本。
⑤ 《新安县志》卷一《舆地志水利》,乾隆十八年刻本。
⑥ 《清史稿》卷一二九《河渠志四》。

其七,畿辅降水条件与水稻生长季节不符。道光时桂超万的说法比较有代表性。桂超万,安徽桂池人。道光十五年,他受林则徐委托校勘林著《畿辅水利议》,很赞成畿辅水利。自道光十六年起,任直隶栾城县知县。① 在畿辅地区为官八年,他对畿辅水利的态度发生转变。他认为,畿辅地区不能全部改行水稻田:"后余官畿辅八年,知营田之所以难行于北者,由三月无雨下秧,四月无雨栽秧,稻田过时则无用,而乾粮则过时可种,五月雨则五月种,六月雨则六月种,皆可丰收。北省六月以前雨少,六月以后雨多,无岁不然。必其地有四时不涸之泉,而又有宣泄之处,斯可营田稻耳。"② 畿辅冬春少雨、夏季多雨,而水稻生产则需要春季有雨水。所以畿辅的水热条件,不适宜水稻生产,只有四时泉水不竭才可种植水稻。光绪七年,李鸿章说,畿辅河流"其上游之山槽陡峻,势如高屋建瓴,水发则万派奔腾,各河顿形壅涨,汛过则来源微弱,冬春浅可胶舟,迥不如南方之河深土坚,能容多水,源远流长,四时不绝也"。③ 由于畿辅夏季多雨,冬春少雨,使得畿辅水稻生产只限制在少数水源充沛的地方。

最后,元明清时期,江南籍官员学者提倡西北华北(畿辅)水利,其根本目的是通过发展北方的水稻生产,使京师就近解决其粮食供应,从而减轻江南的赋重漕重问题。当运河不畅;或者江南赋重漕重民困,以致导致江南抗漕风潮不断;或者农民起义军占领江

---

① 《清史列传》卷七十六,《桂超万传》。
② 《皇朝经世文编续编》卷三十九《户政十一屯垦》,桂超万:《上林少穆制军论营田书》。
③ 《皇朝经世文编续编》卷一一〇《工政直隶河工》,光绪七年李鸿章:《覆陈直隶河道地势情形疏》。

浙,而使京师和通州粮食储备不足;或者当畿辅大水时,许多江南籍官员学者(还有个别的北方官员如文安人陈仪、霸州人吴邦庆)等,都提倡西北华北(畿辅)水利。但是,当同治二年经过李鸿章奏请朝廷允许减少苏、松、太赋税后,或者当招商海运、漕粮折征银两、东北农业的发展、粮食贸易的活跃后,京师无需依赖东南漕粮,则发展畿辅水利的根本目标就不存在了,这或许是李鸿章最终反对畿辅水利的根本原因,或许也是畿辅水利最终不能有大成效的政治因素。

十一　元明清北方籍官员反对华北西北水利的经济根源

元明清时期,由于东南赋重漕重、漕运费用巨大、漕运困难、黄河河工费用浩大等问题,一方面,有许多江南籍官员学者为了缓解江南苏松的漕粮压力,著书立说,提倡发展西北华北(畿辅)水利;另外还有一二直隶官员如清朝雍正时的学士文安人陈仪、道光时官员霸州人吴邦庆等,出于对直隶大水民生艰难的忧虑,提倡并实施畿辅水利主张。但另一方面,北方官员则反对发展畿辅水利。其反对的理由有许多,有些反对者纯粹是从对水性、土性的不同认识上来立论的,有些反对者则是从发展水利会损坏自身既得的经济利益上立论的。到光绪时,李鸿章从支持畿辅水利转变为反对畿辅水利,表面上的理由仍是畿辅水性土性等理论,而根本的原因则是江南浮赋已经减轻,有其他更多的途径来供应北京的粮食,另外还有与左宗棠的明争暗斗及军费等方面的考虑这些因素搀杂其间。这里,主要研究元明清北方官员反对西北华北水利的经济根源,而对西北华北(畿辅)水性土性不同看法的认识根源,则将在"华北西北水利的用水理论"中专门论述。

元明清江南籍官员学者所倡导的西北华北(畿辅)水利,其实践活动只限于近京附近,如京东、天津等地,而且也没有得到充分发展。徐贞明主持京东水田事业半途而废,是因为遭到占有大量荒地的官员和宦官(大多是北方人)的反对,其中有对北方水土特性不同看法的认识根源,但更主要的是经济根源。

北方官员及有势力之家,占有大量荒闲土地,坐收芦苇薪刍之利,他们"惧加粮之遗累",即担心修水利后,像江南一样交纳赋税,失去既得的经济利益,于是反对发展西北农田水利。当王之栋提出滹沱河不可开发利用的十二条理由后,首辅申时行对神宗说:"垦田兴利谓之害民,议甚舛。顾为此说者,其故有二。北方民游惰好闲,惮于力作,水田有耕耨之劳,胼胝之苦,不便一也。贵势有力家侵占甚多,不待耕作,坐收芦苇薪刍之利;若开垦成田,归于业户,隶于有司,则已利尽失,不便二也。然以国家大计较之,不便者小,而便者大。惟在斟酌地势,体察人情,沙碱不必尽开,黍麦无烦改作,应用夫役,必官募之,不拂民情,不失地利,乃谋国长策耳。"①申时行总结了北方官员及贵势之家反对徐贞明发展畿辅垦田水利建议的两条理由,一是北方民众惮于力作,二是北方贵势之家惧怕失去既得利益,这指出了西北水利不能继续发展的社会根源及经济根源。同时他建议不必尽改旱田为水田,可以发展旱田的水利灌溉等。且"工部议之栋疏,亦如阁臣言",但是神宗已经听信王之栋,欲追罪徐贞明,用阁臣言而止,于是"贞明得以无罪,而

---

① 《明史》卷八八《河渠志六》。

水田事终罢"①。申时行回忆说："北人官京师者,倡言水田既成,则必仿江南起税,是嫁祸也,乃从中挠之。御史王之栋疏请罢役,而中官在上左右者多北人,争言水田不便,上意亦动。"②万历十三年,户部官员姚学闵指出宣府不肯修复水利之经济、社会原因："宣府该科,曾经阅视目击,沿河数处类多水田,尚有滨河旷衍,弃为榛莽而不垦者,惧加粮之遗累,与屯军之告争也。"③"惧加粮之遗累"这种经济担忧,即北方官员及有势力之家,占有大量荒闲土地,坐收芦苇薪刍之利,担心发展水利后,会像江南人一样纳税,故反对发展西北水利。另外,还有两种势力反对发展西北水利,即西北势力之家多占水利,与北方官豪之家欲独占广亩之利,他们都反对发展西北水利。在西北地区,有水源就有了农业生产的保证。明代河北、甘肃、宁夏、河北等大小军官侵占水利,如果按照徐贞明的设想,重新招募富民耕垦,划分地亩,则西北势力之家,必失去既得的水利资源和土地收入。西北地区,亩制不一,屯田亩小,民田亩大④。民田,多为官豪势家之田。如果发展西北水利,重新招募富民耕垦,划分地亩,则官豪之家,也势必失去既得的广亩土地资源,所以也反对发展西北水利。这些,都是北方官员反对发展西北水利的经济原因。

元明两朝,北方官员反对发展西北华北(畿辅)水利,既有他们对畿辅水性、土性认识上的不足,也有"惧加粮之遗累"这个根本的经济根源。而且,以滹沱河不宜开发水利,就断言河北诸水都不宜

---

① 《日下旧闻考》卷五《形胜》引《赐闲堂杂记》,文渊阁四库全书。
② 《日下旧闻考》卷五《形胜》引《赐闲堂杂记》,文渊阁四库全书。
③ 《明神宗实录》卷一百六十六,万历十三年闰九月庚申。
④ 《明世宗实录》卷八十三,嘉靖六年十二月癸丑。

发展水利,存在以偏概全之问题。

十二　元明清反对者对畿辅水性土性的认识

元明清北方官员反对西北华北(畿辅)水利的理由,既有"惧加粮之遗累",惧怕失去多占水利之利、独占广亩之利,及坐收芦苇刍薪之利等经济利益的根源,还有对畿辅水性土性的不同看法之认识根源。关于经济根源,本书前面已经论述过。这里,着重谈对畿辅水性土性不同看法的认识根源。元朝,有个别北方官员认为,河北诸水根本不宜发展农田水利。明朝,有些北方官员认为,滹沱河不宜发展水利。清朝,情况比较复杂。讲求西北华北(畿辅)水利者中,江南籍官员学者占十之八九。但有一二直隶官员,如文安人陈仪、霸州人吴邦庆,从畿辅桑梓利害关系出发,都主张发展畿辅水利。在反对畿辅水利者中,既有出身满族的官员如直隶总督衲尔经额,更有江南籍官员如两江总督陶澍、直隶总督李鸿章等。由于有反对者的意见,讲求畿辅水利者,都着力论证畿辅水性土性宜于发展水利,提出了西北华北(畿辅)旱地和低洼地区的用水理论,并指导了农业实践。

1. 河北诸水不宜发展农田水利的论说

元代以河北、山东、山西之地为腹里。明代,以畿内之地直隶六部,与诸省州县各统于布政司者不同,故称北直隶,指今河北、天津。清代,特置直隶巡抚,以专统辖。大体上,畿辅地区包括今河北和京、津两市和晋北。河北、天津有许多自然水系和人工渠道,"天津、河间二府经流之大河有三:曰卫河,曰滹沱河,曰漳河。其余河间分水之支河十有一,潴水之淀泊十有七,蓄水之渠三;天津分水之支河十有三,潴水之淀泊十有四,受水之沽六。水道至多"[1]。但是,元明清时,有些官员如元朝的胡祗遹,明朝的王之栋等,都认为河北诸水不宜发展农田水利,清朝的沈联芳认为河北有的河道不宜发展水田。这里以元世祖时胡祗遹《论司农司》的论述来说明这个问题。他认为河北诸水不适宜兴修农田水利,大约至元十九年(1282)左右,廷议拟"分立诸路水利官",胡祗遹著文论此事有"六不可":

均为一水,其性各有不同,有薄田伤禾者,有肥田益苗者,怀州丹、沁二水相去不远。丹水利农,沁水反为害。百余年之桑枣梨柿,茂材巨木,沁水一过,皆浸渍而死,禾稼亦不荣茂,以此言之利与害与?似此一水不唯不可开,当塞之使复故道,以除农害,此水性之当审,不可遽开,一也。

荆楚吴越之用水,激而使之在山,此盖地窄人稠,无田可耕,与其饥殍而死,故勤劬百端,费功百倍,以求其食。我中原平野沃壤,桑麻万里,雨风时若,一岁收成得三岁之食,荒闲之田,不蚕之桑尚十之四,但能不夺农时,足以丰富。何苦区区劳民,反夺农时,一开不经验之水,求不可必之微利乎?此二不可也。

前年在京,以水上下不数里,小民雇工有费钞数贯,过于一岁所有丝银之数,竟壅遏不能行。何况越山逾岭,动辄数百里,其费每户岂止钞数贯,其功岂能必成?……此三不可也。

且如滏水、漳水、李河等水,河道岸深,不能便得为用,必

---

[1] 《清史稿》卷三〇六《柴潮生传》。

于水源开凿,不宽百余步,不能容水势,霖雨泛溢,尚且为害,又长数百里,未得灌溉之利,所凿之路,先夺农田数千顷,此四不可也。

十年以来,诸处水源浅涩,御河之源尤浅涩,假诸水之助,重船上不能过唐庄,下不能过杨村,倘又分众水以灌田,每年五六百万石之粮运,数千只之盐船,必不可行,此五不可也。

四道劝农,已为扰民,又立诸道水利官吏,土功并兴,纷纷扰扰,不知何时而止,费俸害众,此六不可也。①

其中一、二、四、五条是说水性各异不可开发水利、中原沃野不需开发水利、修河渠未沾灌溉之利反而占夺农田、灌溉农田必妨碍漕运粮盐,三、六两条是说费钞侵夺农时,因此,他反对"分立诸路水利官"。他的有些看法,并无道理。如中统二年(1261)在沁河上修成长六百七十里的广济渠,二十余年中每年灌溉民田三千余顷②,何曾为害?中原之民一岁得三岁食,也只是个别地区的情况,如山西汾水流域。但是,他关于在农业灌溉用水与漕运用水发生矛盾时,要优先保证漕运河道畅通的认识,是元明清占统治地位的思想认识,这种认识和实践对发展畿辅水利很不利。

2. 滹沱河不宜水利的认识根源

元明清江南籍官员学者所倡导的西北华北(畿辅)水利,其实践活动只限于近京附近,如京东、天津等地,而且也没有得到充分发展。徐贞明主持京东水田事业半途而废,是因为遭到占有大量

---

① 《紫山大全集》卷二十二《论司农司》,文渊阁四库全书电子版。
② 《元史》卷六十五《河渠志二·广济渠》。

荒地的官员和宦官(大多是北方人)的反对,其中有对北方水土特性不同看法的认识根源。

万历十四年(1586)二月,徐贞明"遍历诸河,穷源竟委,将大行疏浚","奄人、勋戚之占闲田为业者,恐水田兴而已失其利也,争言不便,为蜚语闻于帝,帝惑之,……御史王之栋,畿辅人也,遂言水田必不可行,且陈开滹沱不便者十二"[①]:

一谓水迅土沙,难以修筑。征派(分)[纷]出,地方滋扰;二谓埋塞无定,故道难复,三谓深州故道,枉费无成;且水势漂湃,流派难分;四谓挑浚狭浅,难杀水势;且淤沙害田,难资灌溉;五谓费少不敷,必资剥削,恐生民怨;六谓群聚不逞,勤劳不息,恐致他变;七谓引流入卫,恐妨运道;八谓三辅库藏仓储,不可罄竭;九谓减价易地,夺民业生怨;十谓工夫鳞集,踩躏为害;十一谓不可偏候附邑;十二谓供费浩繁,羽士募化非体。[②]

王之栋,畿辅人,提出十二条理由反对兴修滹沱河水利。有些是关于自然条件的,如水土不宜、水势散漫、淤沙害田等;有些是关于社会条件的,如经费紧张、水利工程占夺民地、引流入卫恐妨运道等等。这些理由,有些属于经济政治及社会问题,有些属于认识问题。

清代,即使在讲求畿辅水利最盛的嘉庆、道光年间,同样存在着对水性的不同意见。这里只叙述嘉庆年间沈联芳的不同意见。

沈联芳,江苏元和人,乾隆二十一年(1756)举人。他著有《邦

---

① 《明史》卷二二三《徐贞明传》。
② 《明神宗实录》卷一七二,万历十四年三月癸卯。

畿水利集说》。从文中所谈最近史事为嘉庆六年大水,"乾隆三十六年高宗纯皇帝巡幸山东……三十余年来"行文,及潘锡恩道光三年成书的《畿辅水利四案》收录其文等事实看,此文当作于嘉庆六年或其后不久。他说:"近代以来,蓟(州)、永(平)、丰(润)、玉(田)、(天)津、霸(县)等处,营成水田,并有成效。使尽因其利而利之,畿南不皆为沃野乎?然利之所在,即害之所伏。其在圣祖、世宗年间,淀池深广,未垦之地甚多,故当日怡贤亲王查办兴利之处居多。迨乾隆二十八九年间,制府方恪敏时,除害与兴利参半。今则惟求除害矣。"①即康熙雍正时畿辅水利多于水害;乾隆时利害参半;嘉庆时则不求水利只求除害。这种观点,在嘉庆至道光间,给兴修畿辅水利造成了负面影响,受到潘锡恩的批评。从除水害的观点出发,沈联芳对发展畿辅农田水利,提出了四难、四宜和三不宜之说。

四难:指永定河堤坝内流沙易积,有些河身皆成淤地,洼下行水处变为高原;东淀日就淤浅,三角淀、叶淀、沙家淀圜积,无可分潴。东淀与南北两运,争夺三岔口入海,导致泛涨;乾隆五十九年后,北泊淤平大半,滹沱频决东堤,将淹没新城、冀县;文安居九河下梢,素称水乡,历来筹议河防者,迄无良策。嘉庆六年大水后,长堤荡决,居民任其通流荡漾,不以筑堤为事。这是针对畿辅河淀淤积等问题而发。

四宜:指青县和沧州两减河宜改闸、天津和静海运河西岸宜设堤防、疏天津七闸引河分泄海河盛涨、开沟叠道。四宜是对四难所

---

① 《清经世文编》卷一○九《工政十五直隶水利下》,沈联芳:《邦畿水利集说总论》。

提出的解决方案。

三不宜:指"浊水不宜分流"、"河间不宜水田"、"淀泊淤地不宜耕种"。浊水不宜分流,指滹沱河、漳河上游不可分流,分流则水势弱,易于淤积,无法利用其水。其余两条不宜,说:

> 河间不宜水田。直隶水田之兴,自宋何承矩置斗门以引水灌田,其后踵而行之者,在元则有虞集、托克托,在明则有徐贞明、汪应蛟、张国彦、顾养谦、左光斗诸人。我国朝怡贤亲王奏请设立营田专官,以经理其事,凡畿疆可以兴利之处,靡不浚流圩岸,遍获丰饶,独何以不及河间?在昔汪应蛟云:"瀛海当众河下流,视江南泽国不异,若建闸通渠,可得水田数万顷。"其说本于徐贞明,贞明亦本于元虞集。国朝李相国光地,亦曾上言河间宜兴水田,未得请而止。论者谓河间其壤坟而疏,且多沙碛,圩田之法,未可施用,其说固当。而要其水田之可营不可营,不系乎是。……所虑今昔水道不同耳,河间旧为唐河下游,又有滹沱支流经其地,源流不绝,可以引而灌,故元明之间,群主可兴水田之说。迨明季、国初,唐、滹之流渐弱,故虽有建议,旋即中止。今二河并皆改流,不由河间,河间既无恒流,艺稻自非所宜。即唐、滹二河开挖深通,亦只为西南一带沥水宣泄之道。春水无源,水田无藉,非特土地有异宜,实时候有异用也。……

> 淀泊淤地不宜耕种也。畿辅地方平衍,河道纵横,入海之处,惟海河一门,全赖大泽以容蓄众流,传递归海。计畿内大泽有六,曰大陆泽、曰宁晋泊、曰西淀、曰东淀、曰塌河淀、曰七里海,皆能收束众流,缓其奔突之势,实水道之关键,众流之纲领也。川无泽不止,泽无川不行,二者相为表里,讲求水利者

当以此为先务矣。迩者北泊为滹沱淤塞大半,渐成平陆,东淀受浑河、子牙之淤,水广而浅,塌河淀、七里海为民占种,西淀中多淤田,甚或报垦升科。地方有司,受其所惑,殊不知阻遏水道,其咎系重,惟是积重难反,围圩耕种之地,未能悉行除去,是不可不详查,如有实在阻塞水道之处,宜急为铲挖,永行禁止,乃为有益。①

河间不宜水田,指元明河间处唐河下游,又有滹沱支流经其地,源流不绝,可以引而灌。明末清初,唐、滹渐弱;嘉庆时,二河改流,不由河间,河间无径流,自然不能种稻。这种根据河间"今昔河道不同"而提出的意见是合理的。淀泊淤地不宜耕种,指淀泊可以作为河流潴留之地,不可因眼前的"围圩耕种"利益而破坏其蓄水功能。嘉庆六年、十三年畿辅大水,八年至十年黄河两度南决,当时畿辅水利的目标是解除积水,根据这种情况而提出疏消畿辅积水的意见也是合理的。沈联芳的主张,道光初受到龚自珍的重视,认为是"异书",他阅读并手校《畿辅水利集说》②,道光二年闰三月,龚自珍作《最录邦畿水利图说》。③但是,河间不能修水稻田,那么旱地作物如何灌溉?如果河北淀泊都用以潴水,那么淀泊周围农民有何田可耕?沈联芳考虑除水害多,考虑用水用田之利少。他在嘉庆时提出的一些意见,到道光时,有些就不合适了。潘锡恩编《畿辅水利四案》、贺长龄和魏源编《皇朝经世文编》时就注意到了这个

---

① 潘锡恩编:《畿辅水利四案附录》,道光三年刻本。贺长龄、魏源编:《皇朝经世文编》卷一百九《工政十五直隶水利下》,沈联芳:《畿辅水利事宜》。

② 《龚自珍全集》附录吴昌硕《龚自珍年谱》,中华书局1959年12月第一版,605页。

③ 《龚自珍全集》第三辑《最录邦畿水利图说》257页。

问题,表示应"随时斟酌"。吴邦庆《畿辅河道水利丛书》提出了淀泊如何用水之法。

从胡祗遹到沈联芳,时间过去了五百多年。从河北诸水皆不宜发展水利,到河间不宜发展水田,这说明,随着时间推移和实践发展,人们对畿辅水利的认识是有进步的。从总的情况来说,元明清时反对发展畿辅农田水利的意见,来自两个方面,一个方面是人们对畿辅水性土性的认识不同,如元朝的胡祗遹、清朝的沈联芳等;另一个方面是处于经济利益的考虑,如明朝的王之栋,他反对畿辅水利,是因为他代表着北方占有大量荒地者的经济利益。

十三　清代畿辅水利论者对反对者认识的批判

清朝,仍有许多官员学者,如康熙间,李光地、陆陇其、徐越、蓝鼎元;雍正间,朱轼、陈仪、逯选[①];乾隆间,柴潮生、汤世昌、史贻直、胡宝泉、许承宣、范时纪、沈联芳、陈黄中;嘉庆间,唐鉴、朱云锦;道光间,潘锡恩、吴邦庆、蒋时、陈沄、林则徐、魏源等;咸丰间,包世臣、冯桂芬等;同治间有朱潮、丁寿昌;光绪间有洪品良等。除了允祥、陈仪、朱云锦、吴邦庆是北方人外,大多数是南方人,多有章奏或议论评说,提倡发展畿辅水利。清朝雍正、乾隆时的数次畿辅水利,促成了记载、研究这种治水活动的学术著作的产生:雍正间,陈仪纂《畿辅通志》特置《河渠》一门,逯选著《畿

---

① 乾隆十八年兰雪斋刻本陈仪《陈学士文集》卷十二《祭贤王文》:雍正八年,贤王允祥谓逯选曰:"直隶之田所营才十三四,何以欲速为!"据此,逯选与陈仪同为雍正时贤王允祥举行畿辅水利营田时的属员。

辅水利志略》六卷、《北河志略》一卷①，赵一清著《畿辅水利书》百六十卷②。嘉庆、道光时的数次畿辅大水、运河河道不畅、咸丰年的内忧外患，都促成了多部畿辅水利著作的产生：嘉庆十六年至二十二年(1811—1821)，唐鉴著《畿辅水利备览》，并于咸丰元年(1851)、三年进奏此书。③道光三年畿辅大水，畿辅七十余州县被灾，冲毁无数民田庐舍，由此引发了朝野有识之士关心畿辅水利的热潮，出现了多种畿辅水利著作。道光四年，南运河黄水骤涨，高堰漫溢决口，高邮、宝应至清江浦运道梗塞，漕船受阻，京师粮食恐慌，有识之士除了讨论或实施海运南粮外，仍关心畿辅水利。道光三四年的畿辅水利思潮，一直延续到道光中后期。道光三年(1823)潘锡恩编成《畿辅水利四案》，四年吴邦庆编著《畿辅河道水利丛书》成书，五年蒋时进《畿辅水利志》百卷④，十一年林则徐《畿辅水利议》初稿完成⑤，道光十五年包世臣提出《畿辅开屯以济漕弊议》。咸丰十一年冯桂芬《校邠庐抗议》刊刻，其中《兴水利议》就是提倡发展畿辅水利的。共计雍正间产生了三部畿辅水利书，嘉

---

① 武作成：《清史稿艺文志补编·史部地理类》，中华书局1982年，485页。乾隆五十四年刊印《大名县志》、《大名府续志》、咸丰三年《大名府志》、《三十三种清人纪传资料引得》、《中华人名大辞典》都不见有逯选的记载。据上条注解，逯选与陈仪同为雍正时贤王允祥举行畿辅水利营田时的属员。

② 《魏源集》上册《书赵校〈水经注〉后》，中华书局1976年，226页。

③ 《清史稿》卷一二九《河渠志四》。

④ 《清史稿》卷一二九《河渠志四》。《三十三种清人纪传资料引得》不见有蒋时的记载。

⑤ 林则徐约在嘉庆十九年(1814)酝酿写作《北直水利书》(杨国桢：《林则徐传》，人民出版社1981年，28页)，道光十二年(1832)冯桂芬应林则徐召入江苏巡抚衙署校《北直水利书》(来新夏：《林则徐年谱》，上海人民出版社1981年，108页)。道光十九年十一月初九林则徐于钦差使粤任内在《覆议遵旨体察漕务情形通盘筹划摺》内陈述了《畿辅水利议》的中心思想(《林则徐集·奏稿中》，中华书局1965年，723—724页)。

道间产生了五部畿辅水利书。此外,还有许多议论章奏,或著述,继续提倡发展畿辅水利,并针对反对发展畿辅水利的种种疑惑,进行了批判。这里以蓝鼎元、朱轼、柴潮生、李昭光、吴邦庆为例,来说明这个问题。

1. 雍正年间畿辅水利论者对反对者认识的批判

清雍正年间举行的畿辅水利及其成功,从实践和理论上,对元明时期反对畿辅水利的认识根源和经济根源进行了批判。雍正四年,怡贤亲王允祥、大学士朱轼主持举行畿辅水利,其《请设营田专官事宜疏》:"至浮议之惑民,其说有二:一曰北方土性不宜稻也。凡种植之宜,因地燥湿,未闻有南北之分,即今玉田、丰润、满城、涿州以及广平、正定所属,不乏水田,何尝不岁岁成熟乎;一曰北方之水,暴涨则溢,旋退即涸,能为害而不能为利也,夫山谷之泉源不竭,沧海之潮汐日至,长河大泽之流,遇旱未尝尽涸也,况陂塘之储,有备无患乎。"[①]这有力地反驳了关于畿辅不宜种稻和畿辅水不能为利的观点。这份奏疏,促成了雍正年间畿辅水利营田四局的设立,并受到后人的高度重视。道光四年至六年,就多次被收入丛书中,道光四年潘锡恩编《畿辅水利四案初案》、同年吴邦庆编著《畿辅河道水利丛书》之《怡贤亲王疏抄》,道光六年贺长龄和魏源编《清经世文编》卷一〇八《工政十四直隶水利中》等,都收入此篇奏疏。

雍正四年,蓝鼎元著《论北直水利疏》,对北方不宜发展水田、

[①] 潘锡恩:《畿辅水利四案初案》,道光四年刻本;吴邦庆:《畿辅河道水利丛书》之《怡贤亲王疏抄》,道光四年刻本;《清经世文编》卷一〇八《工政十四直隶水利中》,朱轼:《畿南请设营田疏》。

北地无水和北方不宜修筑堤岸之疑惑,进行辨析:"今所虑者,或谓南北异宜,水田必不宜于北方。此甚不然。永平、蓟州、玉田、丰润,漠漠春畴,深耕易耨者,何物乎？或谓北地无水,雨集则沟浍洪涛,雨过则万壑焦枯,虽有河而不能得河之利。此可以闸坝蓄泄,多建堤防,以蕴其势,使河中常常有水,而因时启闭,使旱潦不能为害者也。或谓北方无实土,水流沙溃,堤岸不能坚固,朝成河而暮淤陆,此则当费经营耳。然黄河两岸,一概浮沙,以苇承泥,亦能捍御。诚不惜工力,疏浚加深,以治黄之法,堆砌两岸,而渠水不类黄强,则一劳永逸,未尝不可恃也。"①即北方宜于发展水田如京东等地,北方可以用闸坝蓄水,北土宜于修筑堤岸如黄河堤坝等。蓝鼎元从对水性、土性认识上支持了畿辅水利的开展。

2. 乾隆年间畿辅水利论者对反对者认识的驳正

乾隆九年五月初八日,山西道监察御史柴潮生上《敬陈水利救荒疏》,受到乾隆帝和朝廷大臣的赞赏,由此启动了乾隆九年至十二年的畿辅水利。柴潮生列举了几种反对北方水利的认识,即北土高燥,不宜稻种;土性沙碱,水入即渗;挖掘民地,易起怨声。他对这些认识问题,一一批驳。关于"北土高燥不宜稻种"的问题,柴潮生回顾京畿地区种稻的历史:汉渔阳太守张堪在狐奴(今北京昌平区)开稻田八千顷,民有麦穗之歌;北齐裴延雋为幽州刺史,修督亢陂(在今河北涿州),溉田百万亩,为利十倍;北宋何承矩为河北制置使,开河北塘泊(东西二淀),兴堰六百里灌田,次年水稻大熟,

---

① 贺长龄、魏源编:《清经世文编》卷一〇八《工政十四直隶水利中》,蓝鼎元:《论北直水利疏》。

边粮充足；明朝天津巡抚汪应蛟，捐俸自开天津稻田（十字围）二千亩，亩收四五石。并且证之近事：清朝直隶巡抚兴河间水田，一亩易银十两；石景山修姓庄头引浑河灌田，比常农亩收数倍；蠡县富户自行凿井灌田，愈逢旱岁，其利益饶；现任霸州知州朱一蜚于二三月间，曾劝民开井二十余口，今颇赖之。他又"访闻直隶士民，皆云有水之田，较无水之田，相去不啻再倍"。古今修水利种水稻的事实，使他坚信直隶水利可兴，他说："九土之种异宜，未闻稻非冀州之产。现今玉田、丰润，粳稻油油，且今第为之兴水利耳，固不必强之为水田也，或疏或浚，则用官资，可稻可禾，听从民便，此不疑者一也。"即既可种稻，也可种禾。柴潮生重视水利，但不拘泥于水稻种植，是考虑了客观实际的复杂性。

关于"土性沙碱水入即渗"的问题，即水的渗漏问题，柴潮生说："土性沙碱，是诚有之，不过数处耳，岂遍地皆沙碱乎，且即使沙碱，而多一行水之道，比听其冲溢者，犹愈于已乎，不疑者二也。"开渠多则多一行水之道，当然有其道理。但他没有提出如何解决沙漏渗水的问题。关于这个问题，光绪元年，淮军统领周盛传遵照李鸿章的意见，在天津海滨开垦屯田，周盛传研究了前代津东水利旋修旋废的原因，"窃查津东南一带斥卤之区，非惟旱谷苦碱，即前人锐意兴治水利，亦旋修旋废，为时不久，其故盖缘引水河沟，规制太窄，海滨土质松懈，一遇暴雨横潦，浮沙松土，并流入沟，惰农不加挑挖，不数年而淤为平地，此沟洫所以易废也"。即前人没有解决土性松懈易于流入沟渠并淤积的问题，他提出了用石灰或三合土铺砌沟渠底部以防冲荡的方法："南方置闸，只须嵌用灰石，铺砌牢固。海上沙土，遇水则泄，非用三合土锤炼镶底丈余，不足以御冲荡。闸板须置两层，则水不能过，泥亦易捞。前人建闸，或亦未尽如法。潮汐上下，坍刷日久,必至倾圯垫淤,此闸洞所以易废也。"①

关于"挖掘民地,易起怨声"的问题,即水利渠道占夺民地的问题,在雍正年间举行畿辅水利时,已有成功经验。朱轼《畿南请设营田疏》建议渠道堤岸占用民地,要计亩均摊,通融拨抵,视本田亩数,加十之二三;占用熟田升科的河淀洼地,以附近官地照数拨补。柴潮生说:"若以沟渠为损地,尤非知农事者。凡力田者务尽力,而不贵多垦。……今使十亩之地,损一亩以蓄水,而九亩倍收,与十亩之田皆薄入,孰利?况损者又予拨还,不疑者三也。"开沟渠不仅能增加产量,而且还能得到官府拨补的土地,这是力图从多方面解决水利工程设施占用民地的问题。

柴潮生从历史和现实角度,论证了畿辅水利的可行性、必要性,反驳了在畿辅水利问题上的认识疑惑或错误,为国家举行畿辅水利提供了重要历史根据和理论依据,对于乾隆九年开始的畿辅水利有直接推动作用。史载,乾隆阅后,要求"速议"。大学士鄂尔泰等会同九卿议覆:"柴潮生所奏,诚非无据"②,由此启动了乾隆九年至十二年由吏部尚书刘于义、直隶总督高斌等主持的畿辅水利。

雍正、乾隆时的多种畿辅地方志,如雍正十三年陈仪纂《畿辅通志营田》总结了各县雍正时的水利成绩,并对畿辅用水理论有贡献。李光昭,浙江山阴人,乾隆八年东安知县。周琰,浙江萧山人。③乾隆十四年,李光昭修、周琰纂《东安县志》卷十五《河渠志》论永定河利弊,有助于廓清人们在利用永定河水利上的错误认识。

永定河是否可以开渠?李光昭认为,浑河两岸,不可开渠,使

---

① 《皇朝经世文编续编》卷三九《户政十一屯垦》,周盛传:《议覆津东水利稿》。
② 潘锡恩:《畿辅水利四案》《二案》,道光三年刻本。
③ 马钟秀等纂修:民国《安次县志》卷十《艺文志外编》。

分道浇灌。"浑河水浊而性悍,水浊则易淤,性悍则难制,虽有沟洫,其如所过辄淤,四散奔突",自康熙三十七年筑坝后,"河日淤高,堤日增长。现在堤身外高二丈有余,内高不过五六尺。乾隆七、八两年大汛之时,七工以下水面离堤顶相距,不及一尺。若非诸坝为之分泄,势必平漫矣"。那么如何利用永定河水利?"两旁多种高粱,皆获丰收,菽粟或有损伤。浑河所过之处,地肥土润,可种秋麦。其收必倍。谚云:一麦抵三秋,此之谓也。小民止言过水时之害,不言倍收时之利。此浮议之不可轻信者也。余尝称永定河为无用河,以其不通舟楫,不资灌溉,不产鱼虾。然其所长独能淤地,自康熙三十七年以后,水窖堂、二铺、信安、胜芳等村宽长约数十里,尽成沃壤。雍正四年以后,东沽港、王庆坨、安光、六道口等村,宽长几三十里,悉为乐土。兹数十村者,皆昔日滨水荒乡也。今则富庶甲于诸邑矣。与泾、漳二水之利,何以异哉。故浑河者,患在目前,而利在日后。目前之患有限,而日后之利无穷也。"即可以用永定河进行淤灌。

东西两淀周围淤地是否可占种耕垦?李光昭认为,淀泊周围淤地不可耕种,宜留为容水之区即泄洪区。"北方之淀,即南方之湖,容水之区也。南方河港多而湖深,北方河港少而淀浅,是淀之利害,尤甚于湖也。读雍正四年怡贤亲王条奏:'今日之淀,较之昔日淤几半矣。'淀池多一尺之淤,即少受一尺之水。淤者不能浚之复深,复围而筑之,使盛涨之水,不得漫衍于其间,是与水争地矣。下流不畅,容纳无所,水不旁溢,将安之乎?是故借淀泊所淤之地,为民间报垦之田,非计之得者也。盖一村之民,止顾一村之利害,一邑之官,止顾一邑之德怨。而治水之法,不能有利而无害,不能尽德而无怨。惟在司其柄者,相其机宜,权其轻重,当弃则弃,毋务小利以悦民,当兴则兴,毋惑浮言而(掣)肘,斯得之矣。"即可以用东西两淀周围淤地作泄洪蓄水区。

水利占地如何补偿?永定河下口水占之地,按亩给价除粮,但民情有愿有不愿者,原因何在?李光昭说,愿者,顾及目前利益。不愿者,谋计将来利益。从当前补偿费用看,定例:河占之地,每亩给价六钱,东安、武清下洼之地,有每亩只值二三钱者,官价已倍其值,这是顾目前者愿售的原因。但浑河经由之处,数年淤成沃壤,其所值或数倍,或什倍。东安旗圈投充之地,什居其六,民间恒业甚少,一领官价,淤出之后,即成官地,不得复归原业,这是谋计将来者不愿售地的原因。富家可以度日,贫民失地后无生活来源。李光昭认为,浑河下口入淀,势必水占数村。比较好的办法是,地方官查实永定河水占地段落顷亩,按原征科则,造册报部存档,不必给价,暂且除粮。俟高涸后,允许原业主自行耕种,照原先科则征粮。这是安顿永定河下口水占地小民的较好方法。① 李光昭论述了可以利用永定河,以及如何利用永定河的问题,指出了人们在利用永定河上的一些错误认识。章学诚、马钟秀等都认为"李光昭《东安县志》论永定河利弊,最为详明"②,并分别在其纂修的《永清县志》和《安次县志》中全文引用了李光昭的论述。

3. 道光年间北方籍官员对反对者意见的批判吸收及解决方法

道光三年,畿辅大水,朝廷派员勘察直隶水灾河道情形。京师

---

① 乾隆十四年刊刻,李光昭修、周琰纂:《东安县志》卷十五《河渠志》,民国《安次旧志四种合刊》本。
② 章学诚纂:《永清县志·水道图第三》,乾隆四十四年刻本。马钟秀《安次县志》。

宣南官员学者欢欣鼓舞,纷纷著书立说,搜集历代及当代畿辅水利事迹,试图为畿辅水利提供借鉴。道光四年,吴邦庆编撰《畿辅河道水利丛书》,从理论认识上,批判了元明时北方官员反对兴修畿辅水利的种种观点。

第一,关于畿辅河流不宜发展农田水利的观点,吴邦庆归纳了反对者的三种理由,一是"水田胼胝之劳,十倍旱田,北方民性习于偷逸,不耐作苦";二是,"南方之水多清,北方之水多浊,清水安流有定,浊水迁徙不常,又北水性猛,北土性松,以松土遇猛流,啮决不常,利不可以久享";三是,"直隶诸水,大约发源西北,地势建瓴,浮沙碱土,挟之而下,石水斗泥,当其下流,尤易淹塞,疏瀹之功,难以常施"。①即畿辅民性、水性、土性都不宜发展农田水利。吴邦庆就反对者关于畿辅水性、土性的意见,进行了批判。他说:"畿辅诸川,非尽可用之水,亦非尽不可用之水;即用水之区,不必尽可艺稻之地,亦未尝无可以艺稻之地。"②这是从辩证的角度来看待畿辅河道是否能发展农田水利和种植水稻。他认为,畿辅只有永定河、滹沱河、漳河不能用以灌溉:"畿辅有三大水不可用:永定也;滹沱也;前北行入界之漳河也。其流浊,其势猛,其消落无常,势不受制;惟善肥地,所过之处,往往变斥卤为腴壤;至欲设闸坝,资浇灌则不能。"③他以雍正年间畿辅水利成功的经验,论述畿辅多数河川都可以灌溉:"试历数之:滹沱、永定,此以性悍流浊不可用者。南北运河关系漕运,此无庸议者。他如磁州、永年之滏河,顺德之牛尾;阜平、行唐之沙河、唐河;涞水之涞河;平谷之泃河;此皆可用河以成田者。邢

---

① 吴邦庆:《畿辅河道水利丛书》之《水利营田图说吴邦庆跋》。
② 吴邦庆:《畿辅河道水利丛书》之《水利营田图说吴邦庆跋》。
③ 吴邦庆:《畿辅河道水利丛书》之《潞水客谈序》。

台之百泉;正定之大鸣、小鸣;满城之一亩、鸡距;望都之九龙、坚功;定州之白龙、马跑;平谷之水峪寺、龙家务;滦州之暖泉、馆水;此皆可用泉以成田者。他如宁河、宝坻、天津,则可用潮汐以成田;附近淀泊之隆平、宁晋、新安、安州及霸州、文安等处,则皆可筑圩通渠以成田。至宣化之蔚州、保安、怀安则并用永定之上游矣。"以上吴邦庆历数畿辅各县河流泉源潮汐,或"可用河以成田",或"可用泉以成田",或"可用潮汐以成田",或"筑圩通渠以成田",即使难以利用的永定河,也可以用其上游之水。①他反驳说:"安在其有弃水也。若以一水之不可用,遂并众水而弃之;见一处之湮塞难通,遂谓通省皆然,则似难语以兴修乐利矣。"因此他得出结论:"水性清浊、土性刚柔之说,有不可尽信者。至谓北土民惰,不耐水耕火耨之劳,夫民岂有定性哉,齐之以法,诱之以利,转变在岁时耳!不足致疑,故无庸置辩云。"②吴邦庆从畿辅河道、水利的土性、水性方面,论证了前人成说不可尽信、畿辅河流可以灌溉农田。同时,吴邦庆认为畿辅农田水利,由于农民的物力、财力、人力有限,及地方利益的局限,民间和各州县难以独力兴办:民力不能独办闸坝工程,不能使水利达到极致;水渠有疏浚处,则疆界既分,惟就一隅筹利害,不能通盘计通塞,往往纷争聚讼。因此,他认为,必须发挥国家在兴修水利中的职能作用:"其势必须专员周行相度,于工之稍巨者,或于州县中计亩出夫,协力修理,或为之申请借帑,分年征还。于水道之宜疏浚者,较量通局利害;堤防之宜修者复之,宜开者决之,占用地亩,价购而豁除之,不畏嫌怨,不阻浮言,则河道可以通畅,而水无遗利矣。"③这

---

① 吴邦庆:《畿辅河道水利丛书》之《水利营田图说吴邦庆跋》。
② 吴邦庆:《畿辅河道水利丛书》之《水利营田图说吴邦庆跋》。
③ 吴邦庆:《畿辅河道水利丛书》之《水利营田图说吴邦庆跋》。

正是雍正年间畿辅水利营田成功的经验。

第二,关于北方人惧怕水田成后,东南漕储将派于西北的担忧,吴邦庆提出在畿辅农田水利发展、收成增加后,应实行"折漕于南,收籴于北"的办法。吴邦庆敬佩徐贞明兴修京东水利的事迹,他在《潞水客谈序》中写道:《明史徐贞明传》载"伍圣起谓:北人惧水田成后,东南漕储将派于西北,故土人多沮之,贞明默然。夫苟虑此,何妨疏陈于上,谓国家东南之漕,岁以四百六十万石计,每石运费约若干。今畿辅修治水田可得万余顷,以亩收二石计之,可得二百万石。若折漕于南,收籴于北,则所省运费不赀,且可以备缓急而尽地利,小之可以宽吴越之赋,推之且省江广之漕。惟土人有畏改赋之浮议,因多观望,请天语昭示,以释百姓疑虑之怀,则北人亦奚所惧,而百计阻挠之哉!孺东计不及此,亦窃为惜之"[①]。即他认为,发展西北水利后,西北华北米谷多,南漕可以改折解银,在京畿收买粮食,既可以缓解京师对南漕的依赖,又对北方民生有益。吴邦庆的认识,来源于雍正时畿辅水利成功的经验。雍正五年至七年,畿辅水利营田七千亩,岁以屡丰,陈仪又虑谷贱伤农,奏请发帑金采买,以充天庚[②]。雍正帝"念北人不惯食稻,恐运粜不时,售大贾巨积,则贱而伤农,于每岁秋冬,发帑收粜,民获厚利"。[③]以国家财力收购北粮的做法,解除了北人的担忧。吴邦庆吸收并发展了雍正年间畿辅水利成功的经验,提出南漕改折,是从财赋征收上论证了解决北人反对畿辅水利经济根源的办法。后来林则徐、包世臣、冯桂芬等都提出发展畿辅水利以便南漕改折的主张,

---

① 吴邦庆:《畿辅河道水利丛书》之《潞水客谈序》。
② 吴邦庆:《畿辅河道水利丛书》之《陈学士文钞陈学士家传》。
③ 陈仪纂:《畿辅通志》卷四七《水利营田》,雍正十三年成书。

是对吴邦庆建议的继承。

第三,关于水利营田后,是否种植水稻的问题,吴邦庆提出:水利田"地成之后,但资灌溉之利,不必定种粳稻,察其土之所宜,黍稷麻麦,听从其便。又开渠则设渠长,建闸则设闸夫,闸头严立水则,以杜争端,设立专职,以时巡行,牧令中有能勤于劝导,水田增辟者,即登荐剡以示鼓励"。① 针对北人以北方不宜种稻为理由来反对畿辅水利,吴邦庆提出"但资灌溉之利"的目标。关于水稻问题,后来咸丰、同治、光绪时,天津海滨屯田仍然种植水稻。同治二年,监察御史丁寿昌提出,应该在北京西直门外一带发展水稻,应让奉天农民捐输旱稻,稻谷一石抵粟米二石,由海运至天津,再运至京师,"且此项旱稻,可为谷种。若于京城设局,令农民赴局买种,每人不过一斗,以资种植。近畿本有旱稻,得此更可盛行。将来畿辅有水之地,可种水稻;无水之地,可种旱稻,较之粟米高粱,其利数倍"。② 以东北旱稻作为北京稻种,让北方无水之地种植旱稻,这是比较实际的看法。

总之,清代讲求畿辅水利者,回顾了元明及清前期讲求畿辅水利的历史,总结了历史的经验和教训,论证了畿辅水性、土性、民情等各方面的问题,驳斥了反对畿辅水利的各种意见,补充并完善了具体的技术问题如用水、用田、水稻品种等问题,可以说清代畿辅水利观点达到一种比较完善的境地。

---

① 吴邦庆:《畿辅河道水利丛书》之《畿辅水利私议》。
② 盛康、盛宣怀编:《皇朝经世文编续编》卷四三《户政十五仓储一》,同治二年丁寿昌:《筹备京仓疏》。

1. 主张发展西北水利者的江南籍官员

主张发展西北水利者	籍贯	备注
虞集	江西临川	
吴师道	江西婺州兰溪	
郑元佑	浙江处州遂昌	后居苏州
陈基	浙江临海	
丘浚	广东琼崖	
归有光	江苏昆山	
郑若曾	江苏昆山	
顾炎武	江苏昆山	
徐贞明	江西贵溪	
汪应蛟	江西婺源	
冯应京	安徽盱眙	
左光斗	安徽桐城	
董应举	福建闽县	
徐光启	上海	
陈子龙	上海华亭	
方贡岳	湖北襄西	
王夫之	湖南衡阳	
黄宗羲	浙江余姚	
张溥	江苏太仓	
朱泽云	江苏宝应	
陆陇其	江苏平湖	
蓝理	福建漳浦	
蓝鼎元	福建漳浦	
李光地	福建安溪	
徐越	浙江山阴	
童华	浙江山阴	
赵一清	浙江仁和	
沈梦兰	浙江乌程	
柴潮生	浙江仁和	
许承宣	江苏江都	
陈黄中	江苏吴县	

冯桂芬	江苏吴县	
施彦士	上海崇明	
潘锡恩	安徽泾县	
包世臣	安徽泾县	
唐鉴	湖南善化	
林则徐	福建闽侯	
桂超万	安徽贵池	后来转变态度
李鸿章	安徽	后来转变态度
左宗棠	湖南	

其中,江苏9人、浙江8人、福建5人、安徽5人、江西4人、上海3人、湖南3人、湖北1人

2. 主张发展畿辅水利的北方籍官员

陈仪	直隶文安	
吴邦庆	直隶霸州	
禄选	待考	
蒋时	待考	

3. 反对发展西北水利者及其籍贯

人员	地区
王之栋	畿辅
中官(宦官)在上左右者	北人
北人官京师者	北人
农民	北人
桂超万	安徽贵池
李鸿章	安徽

十四 程含章、陶澍和李鸿章等反对畿辅水利的理由

清朝嘉庆时,唐鉴、林则徐、包世臣等都酝酿写作畿辅水利著

作,到道光时出现了多种畿辅水利著作。在这一时期,朝野存在着不赞成畿辅水利的声音。嘉庆时,历任山东兖沂曹道、山东按察使的程含章,就认为畿辅水利不可行。嘉庆时,陶澍对唐鉴的畿辅水利主张持怀疑态度,桂超万开始很赞成林则徐的畿辅水利主张,后来发生改变。衲尔经额则认为畿辅水利难以成功,建议改行凿井。同治末光绪初,李鸿章指示周盛传在天津海滨进行水利屯田。光绪七年三月左宗棠上疏请求兴办直隶水利,李鸿章反对;光绪十六年洪品良上疏请兴直隶水利,李鸿章上奏反驳。其间原因,值得探究。

1. 程含章论北方水利不能实现的六条理由

程含章,云南景东人。乾隆五十七举人。嘉庆初,始任知县。历山东兖沂曹道、山东按察使、河南布政使。道光初调山东巡抚、又调江西巡抚。道光四年,署工部侍郎,治直隶水利。大约嘉庆二十年至道光二年之间,南河河道总督黎世序,致信山东巡抚程含章,请他发展北方水利,程含章不同意,作《覆黎河帅论北方水利书》[①]。信中写道:"今读来教,谆谆以水利相劝勉,敢不拜嘉。惟北省兴修水利以资灌溉,则南漕可以量减之说,私心尚有未尽然者,敬为左右陈之。"即河道总督黎世序主张北方发展水利,可以减少南漕,从而减少河工费用等。但程含章认为,转漕东南是国家大

---

① 程含章《覆黎河帅论北方水利书》:"自到山东之后,检查旧卷,无岁不报水灾,……是正本清源之法,必先除去水灾,故多刊告示,劝民疏通河道。"《清史稿》卷三八一《程含章传》云,大约嘉庆十九年时,程含章任山东兖沂曹道、山东按察使、河南布政使,道光初调山东巡抚。《清史稿》卷三六〇《黎世序传》云,嘉庆十七年黎世序署河道总督,三年后实授,道光四年卒于官。故此信作于嘉庆二十年至道光二年间。

一统后的政治经济需要,与水利兴废无关。他说:"三代以前,所以不须转漕东南,中土不虞乏食者,非必尽沟洫之故,缘其时天子与诸侯,各君其国,各子其民,王朝事简,设官无多,而又寓兵于农,不须粮饷,故第收畿内之粟,已足供王国之需。今则中外一统,天下之政,取裁京师,官职之众,甲兵之多,千倍于昔。虽起禹、汤、文、武于今,亦不能不转东南之粟以供京师之食。道固然也。"这是从国家统一、建都的角度来论证京师粮食供应问题,与南宋吕祖谦的论述有相同之处。吕祖谦认为,漕运与都城所在地有关;漕运与兵制、军费有关。①吕祖谦和程含章关于统一皇朝首都的建立及其巩固,使得京师的粮食供应,需要更广大地区农业生产来支持的论述,是符合秦汉以后中国统一皇朝首都与粮食等物资供应关系的。

程含章认为,古代沟洫即农田水利制度不能实行于今日,有许多自然条件和社会条件的限制。他说:"自阡陌开而沟洫之制遂坏,二千年来不能复古,岂惟人事,亦若天时、地利、物性、人心,皆有断断难复之势。"为什么?北方水利之议始于虞集,至徐贞明而大畅其旨,但卒不能行,尚且可说当时上无明君下无贤臣。但我朝雍正时,世宗主持,又有贤王允祥和相国高安朱轼赞襄,选用才俊为属,大兴直隶水利,分设四局,经理三年,用银至数百万两,开田七千余顷,可谓千载一时,大有成效。但自贤王逝世后,不数年而荒废殆尽;小民趋利如水性就下,严刑峻法犹不能禁止,苟水利之有便于民,何致弃成功而不悔?根本原因在于"天时、地利、土俗、人情,与夫牛种、器具之实有未便者"。他分析元明及雍正间畿辅水利不能最终成功,有六项原因。其一,种稻必资雨泽。东南山

---

① 王培华:《元明北京建都与粮食供应》,北京出版社 2005 年,280 页。

多,春夏积阴,故常多雨,播种栽秧,可以按节而作。西北地皆平坦,春夏少雨,栽插难以及时,苟过其时,秧节已老。其二,粳稻须常得水养,而杂粮止须土润,便能发生。东南土性坚实,随处可以开塘蓄水。西北沙土浮松,不易渗漏。即曰凿深丈余,水亦不漏,而一遇大雨,四面泥沙俱下,池塘淤浅。愚民以常须挑浚为苦。其三,北方不种粳稻,已千数百年,人民生理,不惯食稻饭,亦不愿种稻谷。即用南人教之,而心非所乐,则学亦不精。收获不多,便觉劳苦数倍于杂粮,而收获反不如杂粮多,则不愿继续种稻。其四,稻田工作较多,非如杂粮可以粗耕粗作。收获时,家中劳力不足,而雇请不到人工。南人往助,不能处处给足,且南人无工作时又无生计。其五,水田必须牛耕,非如陆田可用驴马。北方水草不便养牛,从南方购买水牛则价格昂贵,且不善饲养。阴阳燥湿之间,易致倒毙。一家牛毙,则全家忧虑,反怪官府。其六,水田农具多端,与陆地农具不同。且北方木铁购买较难,工匠不熟悉。即起南匠往造,而水火物料不能一一如南。如水车,家家必需。但使分寸稍差,即窒障而不合用。频繁修整,工匠难求,迟误已多。①以上六条意见,第一、二两条是说,天时地利制约北方水稻生产。即北方春夏干旱少雨,而这正是水稻的插秧时节,雨热条件与水稻生长季节不同步,制约水稻生产;北方土性浮松,遇夏季暴雨,河水泥沙多,挑浚不便。第三、四条是说,北方人民生活、生产习惯不同于南方,不利于水稻种植。即北方人不食稻亦不愿学习种稻,水稻种植辛苦,收获不多,劳力不足等。第五、六两条是说,

---

① 《清经世文编》卷一〇八《工政十四直隶水利中》,程含章:《覆黎河帅论北方水利书》。

北方不具备水稻生产所需要的水牛和农具,购买南方水牛易于致病,请南方人制造农具也多有不便。这些看法,初看很有道理,但推敲起来则不然。天时地利诚然如此,但北方水源丰沛之地种稻不少,如河北的玉田、磁州、丰润,京西、东北、新疆伊犁等地。至于说到生产生活习惯,则可以改变。农具可以造作。程含章既然反对北方水利,那么,道光三年,朝廷命他署工部侍郎,"办理直隶水利事务",虽然不能说是所托非人,但是程含章奉命办理直隶水利,只是兴办大工九,没有进行农田水利建设,除了因为他"寻调仓场侍郎。五年授浙江巡抚"[①]外,恐怕与他反对北方发展农田水利的态度,不无关系。

2. 陶澍和唐鉴在发展畿辅水利和招商海运上的分歧

陶澍(乾隆二十四年—道光十九年,1779—1839年),湖南安化人,嘉庆五年举人,嘉庆七年进士后,多数时间在京师任职。道光元年(1821)任安徽布政使,三年升安徽巡抚,五年调任江苏巡抚,十年升两江总督,直至道光十九年去世[②]。陶澍在江南为官历时最长,政绩最巨,其最突出的是江苏水利、漕运、盐务改革,并在大学士户部尚书英和主持下,组织了道光六年春夏海运江南漕粮至天津一事。陶澍在京师居于宣武门外椿树头条胡同。嘉庆九年,他发起组织了最负盛名的宣南诗社,诗社除了具有消寒会友功能外,还"时复商榷古今上下,其议论足以启神智而扩见闻,并不独诗也"[③]。这种讨论,不局限于古今诗画碑帖的鉴赏品评,还涉及

---

① 《清史稿》卷三八二《程含章传》。
② 《清史稿》卷三七九《陶澍传》。
③ 胡承珙:《求是堂诗文集・消寒吟社序》。转引杨国桢:《林则徐传》,472页。

时政。嘉庆道光年间,士大夫讨论的国家大计问题有三,一是剔除漕弊整顿漕运,二是恢复海运,三是发展畿辅水利。主张畿辅水利者有包世臣、唐鉴、潘锡恩、吴邦庆、林则徐等。包世臣在嘉庆十四年《海淀答问己巳》和嘉庆二十五年《庚辰杂著嘉庆二十五年都下作》中都提出畿辅水利主张。唐鉴在嘉庆十六年至嘉庆二十一年之间著《畿辅水利备览》;林则徐约于嘉庆二十四年开始酝酿写作《北直水利书》。陶澍与唐鉴私人关系较为密切①,但是在畿辅水利问题上,二人主张不同,唐鉴主张恢复古代沟洫制,陶澍则在私下里表示畿辅水利不易施行。大约在嘉庆二十三四年②,他写道:

---

① 从交游关系看,陶澍与唐鉴及父唐仲冕(字陶山)交往较密切。嘉庆十六年至二十一年,陶澍与唐鉴,同在史馆,陶澍与唐鉴,时常结伴同游、饮酒宴会。《陶澍全集》中有多首与唐鉴的酬唱和之作。唐鉴在嘉庆十九年三四月还朝夕照顾病中的陶澍,并赠药陶澍。因为他们都是湘南人士,陶澍与唐鉴又是同岁,而且相邻居于上斜街。《陶澍全集》卷五十五《谢唐镜海太史惠丸药》云:"我庐君屋咫尺间(余居椿树头条胡同,君居二条胡同),街南道北时往还。"《陶澍全集》卷五十九《雪意和镜海》:"同年(虹蚄先生同举庚申)同岁(镜海同戊戌生)此相依,居连比舍交尤洽,谊视诸昆意人微。"《陶澍全集》卷六十三《题镜海扇上画兰》:"论心别在无言外,同是湘南九畹人。"但是陶澍对唐仲冕、唐鉴的评价不一样。陶澍认为唐仲冕是循吏,经济适时用,《陶澍全集》卷五十四《调琴饲鹤图应唐远副镌》:"君家老方伯,循良众所推。经济适时用,博雅宏风仪";唐鉴是书生,有抱负,但不见得实用,《陶澍全集》卷五十六《题唐镜海老屋读书图即送其重官粤西(贵州)》:"唐君家传一枝笔,风雨纵横书满案。平生雅抱致君心,读破万卷不读律。早年出守粤之西,口碑载道遍荒江黎。……此行仍作粤江行,却载图书过湘麓。湘中垒垒多奇士……四海人推楚宝贤,难得君家名父子。"

② 陶澍:《陶文毅公全集》卷四十,《复王坦夫先生书》:"卯秋长沙一别,弹指十二年。……是以甲戌冬(嘉庆十九年)上疏……"。此信大约作于嘉庆二十三四年。自嘉庆七年中进士到道光十九年,有丁卯(嘉庆十二)、己卯(嘉庆二十四)、辛卯(道光十一)、丁卯(嘉庆十二)以上诸人除吴邦庆外,还都没来北京;辛卯(道光十一年)是林则徐《畿辅水利议》初稿成书时,距道光十九年陶澍去世只有九年,与"弹指十二年"不符,不可能写作此信。从时间上看,只有己卯(嘉庆二十四)年比较接近。从"近掌吏科"云云看,当作于嘉庆二十一年八月授吏部掌印给事中和二十二年任吏科给事中之后。陶澍此论针对畿辅水利主张而发。嘉庆时,主张畿辅水利者有包世臣、唐鉴、林则徐等。

"治河之费,每年修筑,实属不赀。然京师百万生灵,皆仰给于东南,治河即所以治漕,是亦断不可少之工也。议者谓漕米至京,一石费二十余金,官民交困。不若于直隶一带大兴水利,则南漕可减,而河费可省。此诚探本之论。但沟洫之制,自秦以来久废,北方沙土,既无引水之路,又无储水之区,种稻非宜。且以一旦而复三代之制于二千年以上,恐利未见而民已扰矣。非常之原,谈何容易。"①陶澍认为发展畿辅水利可减南漕省河费,是探本之论,但实施起来则有困难,其一是土性不同,二是水性异宜,三是扰民。其实,此前蓝鼎元、朱轼、陈仪、柴潮生等,对这些反对畿辅水利的意见,都有评论和辩证思考,并提出了相应的解决方案。陶澍对此持反对态度,是由于他对这个问题有不同的认识。后来他担当皖苏两省大吏,认为海运南漕易于解决京师粮食供应,故在道光六年他组织实施了海运。

3. 桂超万对畿辅水利态度的前后转变及原因

桂超万②,开始很赞成林则徐的畿辅水利主张。道光十五年

包世臣在嘉庆十四年《海淀答问己巳》、嘉庆二十五年《庚辰杂著嘉庆二十五年都下作》、道光十五年《畿辅开屯以济漕弊议乙未》中都提出畿辅水利主张;唐鉴在嘉庆十六年至嘉庆二十一年之间著《畿辅水利备览》并刊刻十二本,卷首《臆说》讨论古今南北沟洫之制。故陶澍此信,可能作于嘉庆二十三四年(戊寅、己卯年)。

① 陶澍:《陶文毅公全集》卷四十,《复王坦夫先生书》。
② 《清史列传》卷七十六《桂超万传》:桂超万,字丹盟,安徽贵池人。道光十三年进士,苏州知县。十四年署阳湖知县,十六年栾城知县,二十一年调万全县令,二十八年调苏松常太镇粮道。《清史稿》卷四七八《循吏传·桂超万》:道光十二年进士,任阳湖知县四十日,巡抚林则徐贤之,补荆溪。未任,父忧去。十六年署直隶栾城。二十三年擢授江苏扬州知府。逾两年,调苏州。(43册)

十二月,江苏巡抚林则徐请桂超万校勘《北直水利书》[①]。不久,桂超万《上林少穆制军论营田书》,云:"昨谒白门,重承矩诲,仰惟大人建节江南,开孟渎、浏河等处水利,又寻早稻种于楚、闽。……兹因超(万)服阙,将北行,示以《畿辅水利》,并谕入觐匪遥,将面求经理兹事,以足北储,以苏南土。此伊尹任天下之重,希文先天下之忧也。敬读赐示《畿辅水利丛书》并《四案》诸篇,旷若发蒙。窃谓天下至计,无逾于此。……今玉、丰各邑四郊,现有开田种稻之乡,岂利于此而不利于彼。诚能成怡贤亲王未竟之业,俾虞、徐克验其言,是禹、稷复见于世矣。"林则徐不仅请桂超万校勘自著《北直水利书》即《畿辅水利议》,还把潘锡恩《畿辅水利四案》、吴邦庆《畿辅河道水利丛书》刊本送给桂超万阅读。桂超万阅读后,感觉畿辅水利可行,他又提出四条意见,请林则徐加以考虑,其中一条是关于畿辅水利中的水稻技术人才问题,他认为可以从直隶的玉田、磁州请人来担当畿辅水稻种植的技术人才,另外三条是关于开水利营田的时间及如何消除阻挠等问题。大约在道光二十三年(1843),桂超万在畿辅为官八年后,对畿辅水利的态度大为转变,他说:"后余官畿辅八年,知营田之所以难行于北者,由三月无雨下秧,四月无雨栽秧,稻田过时则无用,而乾粮则过时可种,五月雨则五月种,六月雨则六月种,皆可丰收。北省六月以前雨少,六月以后雨多,无岁不然。必其地有四时不涸之泉,而又有宣泄之处,斯可营田稻耳。"[②]即畿辅降雨季节在六月以后,水稻下秧、插秧时节在三四月,雨热不同季节,使水稻生产缺少必要的水利条件,只有泉源充

[①] 《林则徐集·日记》,中华书局,1962年。
[②] 《皇朝经世文编续编》卷三十九《户政十一屯垦》,桂超万:《上林少穆制军论营田疏》。

沛且有宣泄的地方,才可以营田,或进行水稻种植。桂超万从赞成畿辅水利,到后来认为畿辅发展水稻生产困难,其根本原因是他认识到畿辅大部分地区雨热不同季的水热条件,不适宜发展水稻。只有玉田、丰润、磁州等水源充分地方,适宜发展水稻。

道光二十三年(1843),"直隶总督讷尔经额疏陈直隶难以兴举屯政水利,略云:'天津至山海关,户口殷繁,地无遗利。其无人开垦之处,乃沿海碱滩,潮水碱涩,不足以资灌溉。至全省水利,历经试垦水田,屡兴屡废,总由南北水土异宜,民多未便。而开源、疏泊、建闸、修塘,皆需重帑,未敢轻议试行。但宜于各境沟洫及时疏通,以期旱涝有备,或开凿井泉,以车戽水,亦足裨益田功。'如所议行。"[1]讷尔经额论述了直隶全省尽兴水田的经费、海潮碱涩、民情等困难,并建议开凿井泉以车戽水。

4. 李鸿章最终放弃畿辅水利的根本原因

李鸿章对畿辅水利的态度,前后有变化。光绪初年,李鸿章还比较支持畿辅水利。同治九年十月二十日,上谕:"畿辅水利,本宜讲求,而畿东尤亟,应如何设法宣泄以利农田,着次第兴办。"[2]同治十二年,朝廷"以直隶河患频仍,命总督李鸿章仿雍正年间成法,筹修畿辅水利"。[3]朝廷多次下旨,要求直隶总督宣泄直隶积水,兴办水利,特别是畿东水利。同治十三年,李鸿章以"津沽一带,地多斥卤,旱苗以碱而槁,水田自较合宜。屯田深合古法,前人及近日

---

[1] 《清史稿》卷一二九《河渠志四》。
[2] 《皇朝经世文编续编》卷三十九《户政十一屯垦》,光绪元年李鸿章:《防军试垦碱水沽一带稻田情形疏》。
[3] 《清史稿》卷一二九《河渠志四·直省水利》。

条陈,多建此策"。于是他指示淮军统领周盛传筹办天津海滨屯田水利,"以尽地利而裨防务"。①周盛传是南方人,他在天津建新城,"往来津、静、南洼之交,见海河两岸,空廓百余里。地废不耕,弃为沮洳。窃尝咨嗟太息。以为海潮一日两至,天然穿引溉田之资,而土人不知借引,深为可惜"。为天津海河两岸水土荒废而感到惋惜。当得到李鸿章的指示后,周盛传"留心履勘,讯问乡农,博访昔人成法,略识历次兴修之绪"。他回顾近六百年来的历史,说:"海上营田之议,自虞文靖集始发其端,至徐氏贞明而大畅其旨。元脱脱丞相、明左忠毅公,皆尝试办。着有成效。万历中,汪司农应蛟遂建开屯助饷之议。并水利海防为一事,与今日情势略有同者。……创试于葛沽、白塘二处,后逐年增垦。……我朝康熙间,蓝军门理为津镇,倡兴水田二百余顷,皆在城南就近处所,海河上游,至今海光寺南犹有莳稻者。雍正年间,怡贤亲王修复闸座引河,多循汪公旧迹。乾隆十年及二十九年、三十六年,修治水利案内,迭次从事疏浚,而稻田迄未观成。仅葛沽一带,民习其利,自知引溉种稻,至今不绝。"认为海上营田可以并水利海防为一事。同时,他分析以往海滨水利屯田不能长久的原因,"引水河沟,规制太窄,海滨土质松懈,一遇暴雨横潦,浮沙松土,并流入沟,惰农不加挑挖,不数年而淤为平地,此沟洫所以易废也。南方置闸,只须嵌用灰石,铺砌牢固。海上沙土,遇水则泄,非用三合土锤炼镶底丈余,不足以御冲荡。闸板须置两层,则水不能过,泥亦易捞。前人建闸或亦未尽如法。潮汐上下,坍刷日久,必至倾圮垫淤,此闸洞所以易废也"。于是他计划:"就海河南岸略加测步,除去极东滨海下梢,由

---

① 《皇朝经世文编续编》卷三十九《户政十一屯垦》,周盛传:《议覆津东水利稿》。

碱水沽至高家岭,延长约百里,广十里,计算可耕之田已不下五十余万亩。就中疏河开沟,厚筑堤埂,略仿南人圩田办法,广置石闸涵洞,就上游节节引水放下,以时启闭宣泄,田中积卤,常有甜水冲刷,自可涤除净尽,渐变为膏腴。"①挑浚引河一道,分建桥闸、沟洫、涵洞,试垦万亩②,获稻不下数千石。周盛传又拟开海河各处引河试办屯垦,在碱水沽建闸增挑引河,导之东下,以资浇灌新城附近之田。又拟在南运河建闸、另开减河、分溜下注,洗涤积卤,开垦海河南岸荒田③。到光绪七年,李鸿章称"抽调淮、练各军分助挑办,淮军统领周盛传更于津东之兴农镇至大沽,创开新河九十里,上接南运减河,两旁各开一渠,以便农田引灌。其兴农镇以下,又开横河六道,节节挖沟,引水营成稻田六万亩,且耕且防,海疆有此沟河,亦可限戎马之足"。④

光绪七年三月,左宗棠上奏陈述治理直隶水利的主张,李鸿章对畿辅水利态度发生转变。首先他认为前代畿辅河道水利难收实效,畿辅河道,"自宋元迄明,代有兴作,实效鲜闻。惟北宋何承矩就雄、霸等处平旷之地,筑堰为障,引水为塘,率军屯垦,以御戎马,专为预防起见。今之东西淀皆其遗址。维时河朔本多旷土,堰外即属敌境,听其旱潦,无关得失,故可专利一隅。厥后人民日聚,田畴日辟,野无弃地,不能如前之占地曲防,故治之之法,亦复不易"。

---

① 《皇朝经世文编续编》卷三十九《户政十一屯垦》,周盛传:《议覆津东水利稿》。
② 《皇朝经世文编续编》卷三十九《户政十一屯垦》,光绪元年李鸿章:《防军试垦碱水沽一带稻田情形疏》。
③ 《皇朝经世文编续编》卷三十九《户政十一屯垦》,光绪元年周盛传:《拟开海河各处引河试办屯垦禀》。
④ 《皇朝经世文编续编》卷一一〇《工政直隶河工》,光绪七年李鸿章:《覆陈直隶河道地势情形疏》。

乙 水利思想和用水理论

其次,他认为康乾时先后历时数十年,浚筑兼施,始克奏功,仍难免旱潦。嘉道以后,河务废弛日甚。即使雍正四年刚报竣工,五年夏秋永定等河漫决多口,被水者三十余州县;营田因缺雨难资灌溉,不久多改旱田。同治十年前后,畿辅淀泊淤积,闸坝废弃,引河减河填塞,天津海口不畅。最后,他认为畿辅河道水利难以奏效的根本原因,是"河道本来狭隘,既少余地开宽,土性又极松浮,往往旋挑旋塌。且浑流激湍,挑沙壅泥,沙多则易淤,土松则易溃。其上游之山槽陡峻,势如高屋建瓴,水发则万派奔腾,各河顿形壅涨,汛过则来源微弱,冬春浅可胶舟,迥不如南方之河深土坚,能容多水,源远流长,四时不绝也"。① 即永定河等土性松浮,易于溃决,泥沙多,易于淤积,水利工程不易持久;再则永定河流域夏季暴雨集中,冬春无雨,不能确保有水可灌。以上分析,兼论河道、水利,但其不赞成畿辅水利营田之态度,已很明显。

光绪十六年(1890)给事中洪品良以直隶频年水灾,请筹疏浚以兴水利。直隶总督李鸿章上奏反对:

> 原奏大致以开沟渠、营稻田为急,大都沿袭旧闻,信为确论。而于古今地势之异致,南北天时之异宜,尚未深考。……(直隶径流)沙土杂半,险工林立,每当伏秋盛涨,兵民日夜防守,甚于防寇,岂有放水灌入平地之理?今若语沿河居民开渠引水,鲜不错愕骇怪者。

> 且水田之利,不独地势难行,即天时亦南北迥异。春夏之交,布秧宜雨,而直隶彼时则苦雨少泉涸。今滏阳各河出山

---

① 《皇朝经世文编续编》卷一一〇《工政直隶河工》,光绪七年李鸿章:《覆陈直隶河道地势情形疏》。

处，土人颇知凿渠艺稻。节界芒种，上游水入渠，则下游舟行苦涩，屡起讼端。东西淀左近洼地，乡民亦散布稻种，私冀旱年一获，每当伏秋涨发，辄遭漂没。此实限于天时，断非人力所能补救者也。

以近代事考之，明徐贞明仅营田三百九十余顷，汪应蛟仅营田五十顷，董应举营田最多，亦仅千八百余顷，然皆黍粟兼收，非皆水稻。且其志在垦荒殖谷，并非藉减水患。今访其遗迹，所营之田，非导山泉，即傍海潮，绝不引大河无节制之水以资灌溉，安能藉减河水之患，又安能广营多获以抵南漕之入？

雍正间，怡贤亲王等兴修直隶水利，四年之间，营治稻田六千余顷，然不旋踵而其利顿减。九年，大学士朱轼、河道总督刘于义，即将距水较远、地势稍高之田，听民随便种植。可见直隶水田之不能尽营，而踵行扩充之不易也。

恭读乾隆二十七年圣谕"物土宜者，南北燥湿，不能不从其性。倘将洼地尽改作秧田，雨水多时，自可藉以储用，雨泽一歉，又将何以救旱？从前近京议修水利营田，始终未收实济，可见地利不能强同"。谟训昭垂，永宜遵守。

即如天津地方，康熙间总兵蓝理在城南垦水田二百余顷，未久淤废。咸丰九年，亲王僧格林沁督师海口，垦水田四十余顷，嗣以旱潦不时，迄未能一律种稻，而所废已属不赀。光绪初，臣以海防紧要，不可不讲求屯政，曾饬提督周盛传在天津东南开挖引河，垦水田千三百余顷，用淮勇民夫数万人，经营六七年之久，始获成熟。此在潮汐可恃之地，役南方习农之人，尚且劳费若此。若于五大河经流多分支派，穿穴、堤防、浚沟，遂于平原易黍粟以粳稻，水不应时，土非泽填，窃恐欲富民而适以扰民,欲减水患而适以增水患也。①

李鸿章不赞成畿辅水利,其理由有三,一是地势土性不宜,二是南北天时不同,三是畿辅五大河径流(永定、大清、漳沱、北运、南运)及其六十余支河不宜开渠引水。

李鸿章的意见,是也？非也？这要具体分析。关于地势土性不宜,明清讲求畿辅水利者中已有人论证过,有水皆可成田,李鸿章的反对没有道理。关于南北天时不同,即畿辅种植水稻,缺少常年水源保证,确实有一定道理。畿辅冬春少雨,暴雨集中于六月,水稻的下秧插秧季节都在三四五月,雨热时节与水稻播种季节不符。但是,明清讲求畿辅水利者中,已经有人提出,旱田不必全部改作水田,如明万历时首辅申时行已经指出"沙碱不必尽开,黍麦无烦改作"的主张②,道光时翰林院编修吴邦庆提出"但资灌溉之利,不必定种粳稻,察其土之所宜,黍稷麻麦,听从其便"的主张③,李鸿章以此反对畿辅水利,是没有道理的。

关于五大河径流不宜直接开渠引水,是非参半。五大河径流多有堤坝,堤坝可以束水,但开掘堤坝,则可能使河水四散奔突。如永定河,自康熙三十七年修筑堤坝以后,河日淤高,堤日增长。乾隆七八两年大汛时,七工以下水面,离堤顶相距不及一尺。乾隆十三年左右,堤身外高二丈有余,内高不过五六尺。在堤坝上开渠,不可取。④清朝后期,永定河工程失修,未进行治理。李鸿章

---

① 《清史稿》卷一二九《河渠志四》。
② 《明史》卷八八《河渠志六》。
③ 吴邦庆:《畿辅河道水利丛书》之《畿辅水利私议》。
④ 李光昭修、周琰纂:《东安县志》卷十五《河渠志》,乾隆十四年刻本(民国二十四年《安次旧志四种合刊》)。

说,同治十年前后,畿辅五大河及其六十余支河,原有闸坝堤埝,无一不坏,减河引河,无一不塞。永定河底,高于河外民田数丈。南北二泊,东西二淀,或填淤,或变成民地。河淀下游则仅恃天津三汊口一线海河迤逦出口,平时不畅,秋令海潮顶托倒灌,每遇积潦盛涨,横冲四溢,连成一片。顺天、保定一带水患特重。[①]同治十二年至光绪七年,李鸿章、左宗棠主持了一些疏浚直隶河道工程,如挑浚大青河下游、另开滹沱河减河、疏浚永定河上游桑干河等。[②]五大河径流不可开渠引水,左宗棠部下王德榜还不是在永定河右岸修了城龙渠?明清时滏阳河流域不是一直在利用水利发展稻麦生产?当然海河流域水患颇多,治水难度大,确是实情。那么支流是否可以开渠?这些都不能一概而论。李鸿章的理由不充分。

在这种情况下,李鸿章反对畿辅水利,根本原因何在?本书前面曾反复论证,元明清时期,江南籍官员学者提倡发展西北华北(畿辅)水利,其根本目的是就近解决京师粮食供应,以缓解江南赋重漕重的问题。光绪时期,一方面,当时国家经费困难,而轮船招商海运、东北农业的发展、粮食贸易的活跃,能为京师提供一定的粮食供应。所以从京师粮食需求角度来看,讲求畿辅水利的必要性大大减少了。另一方面,从减轻江南赋重漕重角度看,讲求畿辅水利的必要性也大大减少了。因为,自道光、咸丰、同治以来,江南督抚,如陶澍、林则徐、曾国藩、李鸿章都致力减轻江南浮赋。苏松太"漕粮之额,十倍他省,重以水利不修,十收九歉,野无盖藏。嘉庆季年,帮费无艺,白粮至石二金,州县借口厚敛,辙征三四石当一

---

① 《皇朝经世文编续编》卷一一〇《工政直隶河工》,光绪七年李鸿章:《覆陈直隶河道地势情形疏》。

② 《清史稿》卷一二九《河渠志四直隶水利》。

石。民不堪命,听之则激变,禁之则误兑。进退无善策。"[1]道光十三年,江苏巡抚林则徐陈述江苏钱漕之重,水灾之苦,坚请缓征一二分者,甚者三四分,得到允许。岁以为常。[2]同治元年冯桂芬入李鸿章幕府。二年五月十二日,冯桂芬代李鸿章拟稿《请减苏、松、太浮粮疏》上奏朝廷:"今天下之不平不均者,莫如苏松太浮赋。上溯之,则比元多三倍,北宋多七倍。旁证之,则比毗连之常州多三倍,比同省之镇江等府多四五倍,比他省多一二十倍不等。以肥硗而论,则江苏一熟,不如湖广、江西之再熟。以宽窄而论,则二百四十步为亩,有缩无赢,不如他省或以三百六十步、五百四十步为亩。而赋额独重者,则由于沿袭前代官田租额也。夫官田亦未尝无例矣。伏查《大清户律》载官田起科,每亩五升三合五勺,民田每亩三升三合五勺,重租田每亩八升五合五勺,没官田每亩一斗二升,是官田亦有通额,独江苏则不然。……今苏州府长洲等县,每亩科平斛三斗七升以次不等,折实粳米多者几及二斗,少者一斗五六升,远过乎《律》载官田之数。此苏松太重赋之源流也。自明以来,行之五百年不改。……前明及国初赋额虽重,大都逋欠准折,有名无实而已。嗣是承平百余年,海内殷富,为旷古所罕有,江苏尤东南大都会,……故乾隆中年以后,办全漕者数十年。无他,民富故也。惟是末富非本富,易盛亦易衰。至道光癸未(三年)大水,元气顿耗,商利减而农利从之,于是民渐自富而之贫,然犹勉强支吾者十年,追癸巳(十三年)大水而后,始无岁不荒,无县不缓。"根据道光十一年至咸丰十年这三十年中的实际起运漕粮数,请求"每年起运

---

[1] 冯桂芬:《显志堂集》卷三,《林文忠公祠记》。
[2] 冯桂芬:《显志堂集》卷三,《林文忠公祠记》。

交仓漕白、正、耗米一百万石以下,九十万石以上,著为定额,南米丁漕,照例减成。即以此开征之年为始,永远遵行,不准更有垫完民欠名目"①。李鸿章的奏请,五月二十四日得到允许②。"减漕之举,文忠导之于前,公与曾、李二公成之于后。"③即冯桂芬参与了同治二年苏松太减赋事件。这一事件,对苏、松影响甚巨,光绪二年,俞樾说:"一减三吴之浮赋,四百年来积重难返之弊,一朝而除,为东南无疆之福。"④既然江南赋重漕重问题已经解决,江南籍官员学者讲求畿辅水利的根本目标就不存在了,这或许是李鸿章反对畿辅水利的根本原因。而出于对练兵经费紧张的考虑、与左宗棠的明争暗斗、持论相左等,都是比较表面的原因。

十五　明清西北华北旱地用水蓄水理论及其价值

　　明清时期,由于华北、西北气候干旱,徐光启、李光地、王心敬、乔光烈等人,对水的自然循环状态和水旱周期的认识更加深入,他们提出了华北、西北旱地用水蓄水的理论与方法,经过各级官员的劝导,指导了农业实践,取得了良好效果。他们解决旱地用水蓄水问题的广阔思路,具体方法,以及节水意识,对今日解决西部开发中最关键的水资源短缺问题,仍有其启示意义。

---

① 冯桂芬:《显志堂集》卷九,《请减苏、松、太浮粮疏》。代李鸿章作。
② 冯桂芬:《显志堂集》卷四,《江苏减赋记》。
③ 冯桂芬:《显志堂集》卷首,吴大澂光绪三年春正月《序》。
④ 冯桂芬:《显志堂集》卷首,俞越光绪二年《序》。

1. 徐光启的旱田用水五法和凿井之法

徐光启对用水利和去水害问题,有接近科学的看法。其一,关于农田水利与国家财富的关系,他在《垦田疏稿·用水第二》说:"当今之世,银方日增而不减,钱可日出而不穷",但是缗钱和银"是皆财之权也,非财也。所谓财者,食人之粟,衣人之帛。……前代数世之后,每患财乏者,非乏银钱也;承平久,生聚多,人多而又不能多生谷也。其不能多生谷者,土力不尽也;土力不尽者,水利不修也。……用水而生谷多,谷多以银钱为之权。"①这是把兴修水利当作解决人口繁多和增加国家财富的先决条件。

其二,关于水利与水旱、水涝的关系,《垦田疏稿·用水第二》说:"能用水,不独救旱,亦可弭旱。灌溉有法,滋润无方,此救旱也。均水田间,水土相持,兴云歊露,致雨甚易,此弭旱也。能用水,不独救潦,亦可弭潦。疏理节宣,可畜可泄,此救潦也;地气发越,不致郁积,既有时雨,必有时阳,此为弭潦也。"②这是把兴修水利与解决干旱、水涝问题结合起来。

其三,关于兴修农田水利与治理江河泛滥决口之关系,《垦田疏稿·用水第二》说:"三夏之月,大雨时行,正农田用水之候,若遍地耕垦,沟洫纵横,播水于中,资其灌溉,必减大川之水。先臣周用曰:使天下人人治田,则人人治河也,是可损决溢之患也。故用水一利,能违数害。调燮阴阳,此其大者。"③这是把农田灌溉与解决江河决溢之患结合起来。

徐光启经过二十多年的总结和实践,才提出旱地用水法。明

---

① 王重民辑校:《徐光启集》卷五《垦田疏稿·用水第二》。
② 王重民辑校:《徐光启集》卷五《垦田疏稿·用水第二》。
③ 王重民辑校:《徐光启集》卷五《垦田疏稿·用水第二》。

万历四十一年(1612),徐光启从外国传教士那里学习到蓄积雨雪之水以抗旱的技术方法。《泰西水法》是意大利传教士熊三拔在北京口述、徐光启笔记的一部水利工程专著,专论抽水机械、水井和水库等工程技术要求。徐光启认为这是有益于抗旱的"实学",故极力推广[1]。该书所述求泉源之法有四(即气试、盘试、缶试、火试),凿井之法有五(即择地、量浅深、避震气、察泉脉、澄水),试水美恶辨水高下之法有五(即煮试、日试、味试、称试、纸帛试)[2]。这些方法简便易行,对旱地凿井有很大的帮助。他认为在北方沟洫水利不足时,可以使用水库、水井以蓄积雨雪之水;在人力、畜力以及传统的桔槔、辘轳等机械的动力不足时,可以借鉴使用外国的抽水机械。次年,他到天津开辟水田,试验在北方种稻,并试用新的水法。

明崇祯三年(1630),徐光启上奏"旱田用水疏",他根据对历史经验和水的自然循环系统的认识,并借鉴《泰西水法》中的蓄积雨雪之水以抗旱方法,提出了旱田用水理论。"旱田用水五法",指的是用水之源、用水之流、用水之潴、用水之委、作原作潴以用水。这是简明扼要的系统性的用水理论。他扩大了用水的范围,不仅用水源,也用流、潴、委,并提出凿井挖渠,充分考虑到北方旱地的实际情况。每一方法都有细目,共计二十八条。

徐光启对旱田用水五法二十八条,均有解释以及具体的实施办法。用水之源,指用水的源头,即源泉,或者山下出泉,或平地仰泉。用法有六。其一,源来处高于田,则开沟引水。其二,溪涧傍

---

[1] 王重民辑校:《徐光启集》卷二《泰西水法序》。
[2] 《农政全书》卷二十,又见吴邦庆《畿辅河道水利丛书》之《泽农要录》卷五《用水第九》。

田而卑于田,急则激之,缓则车升之。激者,因水流之湍急,用龙骨翻车、龙尾车、筒车之属,以水力转器,以器转水,升入于田也。车升者,水流既缓,则以人力、畜力、风力运转其器,以器转水入田也。其三,源之来甚高于田,则为梯田,以递受之。其四,溪涧远田而卑于田,缓则开河导水而车升之,急者或激水而导引之。其五,泉在于此,用在于彼,中有溪涧隔绝,则跨涧为槽而引之。其六,平地仰泉,盛则疏通而用之,微则为池塘于其侧,积而用之。即根据泉水来源不同,以及泉水源地和田地高下不同,设计不同的机械工程(如车水机器)、水利工程(如水渠、渡槽),或整治不同的田地形状(如梯田)。

用水之流,指用水的支流,如川、江、河、塘、浦、泾、浜、港、汊、沽、沥等。用法有七。其一,江河傍田则车升之,远则疏导而车升之。其二,江河之流,筑闸坝,酾而分之为渠,疏而引之以入于田。田高则车升之,其下流复为之闸坝以合于江河;欲盈,则上开下闭而受之,欲减,则上闭下开而泄之。其三,塘浦泾浜港,近则车升之,远则疏导而车升之。其四,江河塘浦之水,溢入于田,则堤岸以卫之;堤岸之田,而积水其中,则车升出之。其五,江河塘浦源高而流卑易涸,则于下流之处,多为闸以节宣之。旱则尽闭以留之,潦则尽开以泄之,小旱潦则斟酌开阖之,为水则以准之。其七,流水之入海者,而迎得潮汐者,得淡水迎而用之;得盐水闸坝遏之,以留上源之淡水。[1] 即根据支流形态的不同,设计不同的水利工程(闸坝)和机械工程。

用水之潴,指用积水,如湖、荡、淀、海、波、泊。用法有六。其

---

[1] 《徐光启集》卷五《垦田疏稿·用水第二》。

一,湖荡之傍田者,田高则车升之,田低则堤岸以固之。其二,湖荡有源而易盈易涸、可为害可为利者,疏导以泄之,闸坝以节宣之。其三,湖塘之上不能来者,疏而来之,下不能去者,疏而去之。来之者免上流之害,去之者免下流之害。其四,湖荡之洲渚,堤以固之。其五,湖荡之潴太广而害于下流,从其上源分流。其六,湖荡之易盈易涸者,当其涸时,际水而艺之麦。① 在湖荡的上游或下游分流灌溉,不仅得灌溉之利,而且还收分杀水势之利。

用水之委,指用水的末委,即海水,包括潮汐、岛屿、沙洲。用法有四。其一,潮汐之淡可灌者,迎而车升之;易涸,则池塘以蓄之,闸坝堤堰以留。潮汐不淡者,入海之水,迎而返之则淡。其二,潮汐入而泥沙淤垫者,为闸坝窦,以遏浑潮而节宣之。其三,岛屿而可田,有泉者疏引之,无泉者为池塘井库之属以灌。其四,海中之洲渚多可灌,又多近于江河而迎得淡水也,则为渠以引之,为池塘以蓄之。② 这是对海水或海岛、沙洲上水利的利用方法。

作原作潴以用水。作原者,井也;作潴者,池塘水库也。高山平原与水违,雨泽所不至,开挑无施其力,故以人力作之。凿井及泉,犹夫泉也;为池塘水库,受雨雪之水而潴焉,犹夫潴也。高山平原,水利之所穷也,惟井可以救之。池塘水库皆井之属。作之法有五。其一,实地高无水,掘深数尺而得水者,惟池塘以蓄雨雪之水,而车升之,此山原所通用。其二,池塘无水脉而易乾者,筑底椎泥以实之。其三,掘土深丈以上而得水者,为井以汲之,此法北土甚多,特以灌畦种菜。宜广推行之。井有石井、砖井、木井、柳井、苇

---

① 《徐光启集》卷五《垦田疏稿·用水第二》。
② 《徐光启集》卷五《垦田疏稿·用水第二》。

井、竹井、土井,则视土脉虚实纵横及地产所有也。其法有桔槔、辘轳、龙骨木斗、恒升筒。用人、用畜,高山旷野或用风轮也。其四,井深数丈以上,难汲而易竭者,为水库以蓄雨雪之水。他方之井,深不过一二丈。秦晋厥田上上,则有数十丈者,亦有掘深而得碱水者。其为池塘,为浅井,亦筑土椎泥而水留不久者,不若水库之涓滴不漏者,千百年不漏也。其五,不能为井为水库者,宜多种木。种木者,用水不多,灌溉为易,水旱蝗不能全伤之。既成之后,或取果,或取叶,或取材,或取药,不得已而择取其落叶根皮,聊可延旦夕之命。① 这是针对北方旱地提出的凿井修池塘水库方法。

以上,是徐光启提出的用水五法二十八则。徐光启认为:"用水之术,不越五法。尽此五法,加以智者神而明之,变而通之,田之不得水者寡矣,水之不为田用者亦寡矣。"他关于旱田用水五法二十八条,是在明朝北方干旱严重时提出的抗旱方法,他把所闻所见的各地用水蓄水技术方法,结合《泰西水法》中的抽水技术和水库水井等工程技术要求,运用于旱田用水。这对于扩大农田水利的给水源,是积极的探索,对后来北方的抗旱起了理论方法和技术指导作用。

徐光启的用水五法,被清人继承。康熙时,许承宣主张用水源,"水之流盛于东南,而其源皆在西北。用其流者,利害常兼;用其源者,有利而无害。其或有害,则不善用之之过也"②。道光元年,朱云锦准备考订畿辅水利,撰为一书,"经之以巨川,如滏阳、滹沱、清河、白沟、桑干、潞河、滦河是也;纬之以支流,如滱、洺、徐、白

---

① 《徐光启集》卷五《垦田疏稿·用水第二》。
② 《清经世文编》卷一〇八《工政十四·直隶水利中》,许承宣:《西北水利议》。

是也;广之以淀泊,北之淀泊,即南之湖。如东西淀、宁晋泊、七里海是也。继之以水泉,如鸡距、半亩是也;终之以沿海,如天津、静海、附海是也"①。这虽然是说他考订畿辅水利书的结构,但从其中巨川、支流、水泉、沿海的顺序安排看,应该说是受到徐光启对水类型分类的影响。道光四年(1824),吴邦庆编辑《畿辅河道水利丛书》,他很重视徐光启的用水五法和凿井法,说:"谈水学者,所宜宝贵,故详录之。至引流稍远之地,则凿井而种区田,亦补救之一术也。并采其凿井之诸法,备列于后。"②因此他在《泽农要录》中全文抄录徐光启的"旱田用水疏"以及《泰西水法》中的凿井技术。光绪三年刊刻的湖南《善化县志》卷五,水利篇摘要收录了《泰西水法》中的"取江河水用龙尾车纪略"。这些方法的传播,不仅对西北华北,就是对南方广大地区农田水利的发展,特别是推广井灌也是有益的。

2. 王心敬的井利说和乔光烈的水车说

明清气候干旱,时人对此有直观的认识。李光地说:"北土地宜,大约病潦者十之二,苦旱者十之八。"北方苦旱,遂至于不可支者,由于水利不修。王心敬说:"夫天道六十年必有一大水旱,三十年必有数小水旱,即十年中,旱歉亦必一二值。"因此,凿井法和水车技术受到比较普遍的重视。康熙时,直隶巡抚李光地《饬兴水利牒》:"今通饬州县,各因其山川高下之宜,如近山者,导泉通沟,近河者,引流酾渠,若无山无河平衍之处,则劝民凿井,亦可稍资灌

---

① 朱云锦:《潞水客谈书后》,见吴邦庆《畿辅河道水利丛书》之《畿辅水利辑览》。
② 吴邦庆:《畿辅河道水利全书》之《泽农要录·用水第九》吴邦庆前言。

溉。若一县开一万井,则可溉十万亩,约计亩获米一石,十县之入已当通直全属之仓贮矣。一沟之水又可当百井,一渠之水又可当十沟。以此推之,水利之兴,较之积谷备荒,其利不止于倍蓰而什佰也。"[1]他在直隶各属县推行凿井法及其他水利措施,并希望各司道府厅要求各属县官亲自调查境内何处可通沟渠,何处应修堤障,水之源流何去何从,地之高下何蓄何泄,何处平壤宜劝穿井,何处水乡应疏河道,一一绘图,简洁详明,以备将来檄发遵行。李光地"一县万井可溉十万亩",是以一井可浇十亩计。

雍正十年(1732),关中理学家王心敬著《井利说》、《井利补记》。他根据亲历亲闻,提出在华北和西北发展井灌的主张。他说:"掘井一法,正可通于江河渊泉之穷,实补于天道雨泽之阙。吾生陕西,未能遍行天下,而如河南、湖广、江北,则足迹尝及之。山西、顺天、山东,则尝闻之。大约北省难井之地,惟豫省之西南境,地势高亢者,井灌多难。至山东、直隶,则可井者,当不止一半,特以地广民稀,小民但恃天惟生,畏于劳苦,而历来当事,亦畏于草昧经营,故荒岁率听诸天,坐待流离死亡耳。惟山西则民稠地狭,为生艰难,其人习于俭勤,故井利甲于诸省。然亦罕遇召父杜母为监司,故井处终不及旷土之多。……惟地下之水泉终无竭理,若按可井之地,立掘井之法,则实利可及于百世。"他特别论述了陕西省适宜凿井的自然区域:"至于吾陕之西安、凤翔二府,则西安渭水以南诸邑,十五六皆可井,而民习于惰,少知其利。独富平、蒲城二邑,井利顺盛,如流渠、米原等乡,有掘泉至六丈外,以资汲灌者,甚或用砖包砌,工费三四十金,用辘轳四架而灌者,故每值旱荒时,二邑

---

[1] 林则徐:《畿辅水利议》,李光地:《饬兴水利牒》,光绪丙子三山林氏刻本。

流离死亡者独少。凤翔九属,水利可资处,又多于西安,而弃置未讲者,亦且视西安为多"①,故他认为应该在西北华北大力推行凿井。

王心敬详细论述了凿井的具体问题。关于凿井的具体数目,他认为"凡乏河泉之乡,而预兴井利,必计丁成井,大约男女五口,必须一圆井,灌地十亩;十口则须二圆井灌地十亩;若人丁二十口外,得一水车方井,用水车取水。然后可充一岁之养,而无窘急之忧"。关于凿井的地势,他认为必视地势高下浅深之宜,"地势高,则为井深而成井难;地势下,则为井浅而成井易。然又有虽高而不带沙石,成井反易也。地下而多有沙石,成井反难也"。关于凿井的准备,他说:"凡近河近泉近泽一二里间,水可以引到之处,则襄江水车制可用,至于井深二丈以上,则山陕汲井之车,无不可用。但井须砖石包砌,工费颇多,……维砖料先备,则临时一井,数日可完,虽水面降落,泉不易竭矣。"②

关于凿井投入和井灌能力,他说:"凡为井之地,大约四五丈以前,皆可以得水之地,皆可井。然则用辘轳则易,用水车则难。水车之井,在浅深须三丈上下。且即地中不带沙石,而亦必须用砖包砌,统计工程,井浅非七八金不办,井深非十金以上不办,而此一水车,亦非十金不办。然既成之后,则深井亦可灌二十余亩,浅井亦可灌三四十亩,但使粪灌及时,耘耔工勤,即此一井,岁中所获,竟可百石,少亦可七八十石。夫费二三十金,而荒年收百石,所值孰多?……至于小井……工费亦止在三五金外,然一井可及五亩,但得工勤,岁可得十四五石谷,更加精勤,二十四五石可得也。夫费

---

① 民国《续修陕西通志稿》卷六十一《水利·附井利》。
② 《续修陕西通志稿》卷六十一《水利·附井利》。

三五金,而与荒年收谷十四五石,甚至二十余石,所值孰多? 且即八口之家,便可度生而有余,是则用辘轳之井,尤不可忽也。"①这些,对于凿井是有益的。另有蒋炳《谕民凿井疏》云:"凡有井之地,悉为上产,每大井可溉田二十余亩,中井亦十余亩,雨泽倘衍,足资绠汲。请令将臣详议,晓谕农民,有能凿大井者,给口粮工本,中井半之。地方官亲为相度,计及久远,庶硗瘠可变膏腴。"②是以大井灌田二十亩,中井十亩立论的。

王心敬的《井利说》被陕西巡抚接受,《区田法》、《圃田法》、《井利论》、《井利补记》诸篇"皆可起行。桂林陈宏谋官陕时,用其说,小试辄效。"③道光初,贺长龄、魏源编《清朝经世文编》时还摘要收录其内容。民国《陕西通志稿》收录其内容。蒋炳《谕民凿井疏》,当林则徐编《畿辅水利议》时,摘要收录其内容。明代以至清初,凿井取水只是用于农家园圃,"盖人挽牛汲,多在园圃。用力既勤,溉田无多故也"。④ 所以徐光启的旱田用水五法,王心敬的井利说,对于扩大农田水利的给水源是很有必要的。

徐光启旱田用水五法二十八则,多处讲到要用水车车水,以灌溉高地农田。明清时,由于气候干旱,朝廷致力在西北地区推行水车。康熙五十三年,朝廷九卿提出发展甘肃农业的四条措施,其中第二条是兴修甘肃水利,"令地方官相度地势,有可以开渠引水者,募夫开浚;可以用水车者,雇匠制车,可以穿井造窖者,即行穿造。

---

① 《续修陕西通志稿》卷六十一《水利·附井利》。
② 林则徐《畿辅水利议》引,光绪丙子三山林氏刻本。
③ 《清史列传》卷六十六《王心敬传》。
④ 《续修陕西通志稿》卷六十一《水利·附井利》。

其应用银两,亦于存库银内动用"①。这次提到要用开渠、造水车、凿井和造水窖四种方法开发甘肃水利。清代有多位江南籍官员提倡华北、西北地区使用水车提水。乔光烈,江苏上海人,乾隆二年进士,官至湖南巡抚。②当他在陕西同州府为官时,曾主张同州地区发展水利。同州领潼关、华州、大荔、朝邑、澄城、蒲城、华阴、白水、合阳、韩城十州县。只有潼关、韩城、合阳三县土地得到全面开垦耕种,其余七县共计有荒地五千余顷,古有而今废的渠道泉源约计一百六十三处。他认为,"尽地力者亦非必尽于稼穑,可田者田之,其地瘠确与五种不宜者,则树之果蓏材木,故树之桑足以供蚕丝,树之枣栗芋魁,足以供货鬻备凶荒"。同州荒地五千余顷,非硗确不毛,即濒河漫决难施人力。因此,他到各县巡视时,曾再三讲求适合当地的水利措施,要求所属各县官劝民栽种果木,务使野无旷土。并于平衍之区,劝民多凿井泉,且于渭、洛两河制造水车、桔槔等,令民观法以收水利。③乔光烈"尽地力者亦非必尽于稼穑"的观点,受到后人推崇,魏源等认为此语"扼西北水利得失之键"。

陕西同州是灌溉条件较好的地区,原有引水灌溉或水排设施,"每逢灌溉之期,民间俱立水排,依其次序,放水不紊。若所灌地亩,各就渠水大小,分派支流"④。但是有些田地低于河岸的地区,则需要有提水工具水车。乔光烈《下属县水车檄》:"同州地处高原,土厚泉深,雨泽偶愆,即征旱象。渭洛黄流,萦环十邑,一切濒河地土,大概坐视旱乾。揆厥所由,皆以岸高,不知设法收灌溉之

---

① 《清实录经济史料》第二分册。
② 《清经世文编》《姓名总目一》。
③ 《清经世文编》卷三十八《户政一三农政下》,乔光烈:《同州府荒地渠泉议》。
④ 《清经世文编》卷三十八《户政一三农政下》,乔光烈:《同州府荒地渠泉议》。

功耳。东南地土火耕水耨,濒河之地,虽悬岸数十丈,制车盘戽,由近及远,无不田畴润渥。同此地土河流,岂有南北异宜之理。近闻眉县生员谈明远,能造水车,已延致其人,捐制戽水轮车一部,试行之于县之城南村,河岸高二丈有余,一人运动,水缘而上,直达田畴。其车环列二十八桶,每桶可容纳水二升。一车所费,不过六七金,而一日之功,可灌田一十五亩。若河流湍急之处,水触其枢,自能运动,更可不烦人力。虽通邑之田,未能概沾水利,于此濒河地土,用之可补农功。今饬属县官吏,即将所捐制轮车,畀城南乡保收领,听濒河有地小民由近及远,以次周流,戽水灌地,其有乐于从事,愿照造施用者听。至于广为劝导,使民知用力少而见功多,岸高之处,或递置水车,曾转接运,俾益究其利,又在贤有司之善于倡率也。"这篇檄文探究了同州高原濒河地土干旱的原因,提出了用水车解决高原旱田灌溉的方法,并论述了他请人制造水车,以及水车的形制、功能。这对于提高同州高原旱地的灌溉能力,有促进作用。

　　水车的使用,由内地向西北传播,由于官府的支持和民众的热心,在甘肃黄河两岸得到广泛使用。文献记载,甘肃黄河两岸,主要用水车、翻车引水灌溉,并得到官府支持,如靖远县,沿河上下亦多制水车开渠引灌。[1] "水利于皋兰,宜莫如黄河者,郡人段续创为翻车,倒挽河流,以灌田亩,致有巧思,然有力自办,无力官贷修补之。工无岁无之,遇旱则水落而车空悬,遇涝则水涨而车漂没。必水势得平车机乃能无滞,所灌半亩半园,通计东西夹河滩及南北两岸之上,仅二百余顷,而水之及时与否不可预定,是所济不普而利非自然也。"[2] 水

---

[1] 龚均等协修:《兰州府志》卷二《地理下·川·水利附》,道光十三年刻本。

[2] 梁济瀛:《皋兰县志》乾隆四十三年本。

车借水力运转机械,能节省人工,又能昼夜不停,是继灌溉、航运及水磨利用后又一项利水之法。

同治、光绪时期,西北各省迭遇旱荒,东南复多水患,京师粮食供应困难,又有人提倡西北凿井、使用风车提水之法。同治二年,朱潮主张北方凿井、推行水车,地势低者,掘地二三丈可以得水,地势高涸者,或三四丈,或五六丈无不得水,一县开千井,可灌田万亩。水车一部可灌数亩。道光间,侍郎徐士芬造水车一部,送军机处。他建议招募工匠造水车,令民演习,如式推行,较南方水车为便。①

李东沉提出应对干旱的三条建议,第一条用风车车水,这是他根据淮扬一带风车车水而提出的。他说,有水之地尽开水道,无水之地讲求沟洫遗法,"平旷之区,可仿泰西风车之法,(风车法,淮扬一带水乡多有之,如滩河水碓之制。可见机器不尽属泰西也)以代人力之劳。遇旱则挖深井,以风力汲水灌溉田畴。遇潦则开水道以风力戽水,导注江海,工费既省,昼夜弗辍"。② 风车是利用风力以运转机械提水之法,在淮扬一带水乡盛行,后来在西北的新疆有风车车水,使水利利用又增加了一种新的动力。

第二条是水粪法,第三条是种树法,这两条是李东沉把他了解到的日本和西人之法用于西北水利。他从东游日本的人那里了解到水粪法:做粪池储积人畜粪溺及一切垢秽之水,种麦后,浇灌垄沟,滋润土脉,以后在麦苗长至二三寸高、吐穗、结实时各浇灌一次,共计四次浇灌水粪。"东洋麦田所以无患天旱者,大率恃此"。西北各省宜于种麦,应使用水粪多种宿麦、莽麦,以备干旱。李东

---

① 《皇朝经世文编续编》卷四十一《户政十三·农政上》,朱潮:《请兴水利以裕民食疏》。

② 《皇朝经世文编续编》卷四十二《户政十四·农政下》,李东沉:《治旱条议》。

沅从西人那里了解到,种树可以滋润土脉,"树根入土不啻竹竿插地,上施巧力,可使水由本达末,暗长潜滋。地势平衍、去水较远之区,若无时雨沾濡,复令桔槔灌溉。惟有树以吸水,则枝叶固茂。且阴森之气又浸淫而生水,自上而下,归于地中,土脉愈润,上下呼吸,长养不穷。虽值旱乾,犹不至于速槁。倘若忽然得雨,还能将前此未尽之水汽,合后来雨泽,接续滋荣。尤为神速。若无树则虽时雨偶降,而水性就下,苗根入土,不过数寸,水已入地尺余,吸引无资,涸可立待"。① 这是说植树对于调协雨泽的作用。值得注意的是,李东沅的三条建议,其中一条是从淮扬一带风车得到启发,两条是把外国的经验运用到西北,这是继徐光启之后对旱地用水法的新方法,说明清末气候干旱使西北农业形势严峻,人们探索了更多的西北利水之法。而且他的粪田法和种树法,明显具有科学因素。光绪时,夏同善建议,筹款开井灌田,为西北水利要务。畿南各属地势平旷,缺乏水利以资灌溉,惟顺德、定州间有以井灌田者。督臣李鸿章莅任以来,屡次檄饬各府州县劝民开井,而应者寥寥。每井费五六千文,拟筹措四万两银,每井须制钱五千,可开一万二千井,以一井灌地十亩计之,可灌地十二万亩。② 清代后期,华北凿井热潮的出现,与当时地方官员大力推广凿井有关。

3. 华北西北旱田用水蓄水的实践效果

徐光启的旱田用水五法及凿井法,王心敬的井利说,对于指导华北和西北的凿井起了重要作用,使华北和西北出现了以凿井抗

---

① 《皇朝经世文编续编》卷四十二《户政十四·农政下》,李东沅:《治旱条议》。
② 《皇朝经世文编续编》卷四十二《户政十四·农政下》,夏同善:《请饬筹款开井灌田疏》。

旱的局面,并取得了显著效果。

乾隆二年(1737),陕西巡抚崔纪采纳王心敬的"井利说",开始推广凿井法,他上奏乾隆帝,得到允准。七月,乾隆帝表彰"甘肃巡抚德沛到任后,即以兴水利、裕仓储为请,署西安巡抚崔纪亦有劝民凿井灌田之奏,尚能留心民食,知本计之所当先"[①]。崔纪说:"陕西平原八百余里,农作率皆待泽于天,旱即束手无策。窃思凿井灌田一法,实可补雨泽之阙。……西安、同州、凤翔、汉中四府,并渭南九州县,地势低下,或一二丈,或三四丈,即可得水。渭北二十里州县,地势高仰,亦不过四五丈,六七丈得水。但有力家,可劝谕开凿,贫民实难勉强,恳将地丁耗羡银两,借给贫民,资凿井费,分三年完缴,再凿井耕田,民力况瘁,与河泉水利者不同,请免以水田升科",崔纪的奏请,得到允行。当年统计,陕西新开井包括水车大井、豁泉大井、桔槔井、辘轳井共计六万八千九百八十余口,约可灌田二十万余亩。[②] 次年三月,乾隆帝因"崔纪办理未善,只务多井之虚名,未收灌溉之实效",将他改调湖南巡抚。[③]

乾隆十三年(1749)继任的陕西巡抚陈宏谋,调查了崔纪推行凿井的数量,肯定了凿井的功效:"乾隆二年,崔前院曾通行开井,西、同、凤、汉四府,乾、邠、商、兴四州,共册报开成井三万二千九百余眼,而未成填塞者,数亦约略相同。其中有民自出资开凿者,有借官本开凿分年缴还者。……崔院任内所开之井,年来已受其利。"陈宏谋受王心敬《井利说》的影响,进一步推广凿井:"前次莅陕,见鄠(今作户)县王丰川先生所著《井利说》,甚为明切,悉心体

---

① 潘锡恩:《畿辅水利四案附录》,道光四年刻本。
② 《续修陕西通志稿》卷六十一《水利・附井利》。
③ 《续修陕西通志稿》卷六十一《水利・附井利》。

访,井利可兴,凡一望青葱烟户繁盛者,皆属有井之地。……曾行令各属巡历乡村,劝民开井甚多。去冬今春,雨雪稀少,夏禾受旱,令各属分别开报,维旧有井泉之地,夏收皆厚;无井之地,收成皆薄。即小民有临时掘井灌溉者,亦尚免于受旱,则有井无井,利害较然,凿凿不爽。此外,刻意开井而未开之地,亦正不少。"他普查了陕西适宜开井的地方:"大概渭河以南,开井皆易;渭河以北,高原山坡,不能开井。其余平地开井稍难。然开至四丈,未有不及泉者。除延、榆、绥、鄜(今作富)四属难议开凿外,其余各府州难易不同。"①于是,陕西再次出现凿井高潮。《续修陕西通志稿》作者说:"虽所开数目,后无所闻,而各地井利,必有增无减,可断言也。《大荔采访册》言,大荔县境洛南渭北即古沙苑,地东西绵亘七十里,约不下千余井,每井灌田二三亩,四五亩,多至七八亩。闻系陈公抚陕时遗法,农圃之利,至今赖之。"②

明清时期,除西北的陕西外,华北各省凿井事业也有发展。山西,徐光启称"所见高原之处,用井灌畦,或加辘轳,或藉桔槔,……闻三晋最勤"。③ 王心敬认为山西"井利甲于诸省",晋西南"平阳一带、洪洞、安邑等数十邑,土脉无处无砂,而无处无井多于豫、秦者"。④ 崔纪籍居蒲州,他说,蒲州、安邑农家多井,"小井用辘轳,大井用水车"。⑤ 河北,徐光启说"真定诸府大作井以灌田,旱年甚获其利,宜广推行之"。⑥ 乾隆时"直省各邑,修井溉田者不可胜

---

① 《续修陕西通志稿》卷六十一《水利·附井利》。
② 《续修陕西通志稿》卷六十一《水利·附井利》。
③ 《农政全书》卷十九。
④ 《丰川续集》卷十八《答高安朱公》。
⑤ 《续修陕西通志稿》卷六十一《水利·附井利》。
⑥ 《徐光启集》卷五《旱田用水疏》。

纪"。① 乾隆《无极县志》卷末《艺文》的一篇文章记载："直隶地亩，惟有井为园地。园地土性宜种二麦、棉花，以中岁计之，每亩可收麦三斗，收后尚可接种秋禾。……其余不过种植高粱、黍、豆等项，中岁每亩不过五六斗，计所获利息，井地之与旱地，实有三四倍之殊。"②像这类记载，地方志中还有很多，以上只是举其大者而已。

4. 明清旱地用水理论与实践的现代借鉴价值

从西北农业可持续发展的角度看，明清西北旱地用水理论与实践，有其借鉴价值。首先，他们解决干旱半干旱问题的广阔思路值得今人借鉴。我国的西北华北地处干旱半干旱地带，解决水源短缺问题，不能单靠一种方式方法，要多渠道多途径，这就需要人们开阔思路。徐光启提出旱田用水五法二十八条的思路，把他所闻所见的各地行之有效的方法，加以整理介绍，力图在华北和西北推广，如他认为宁夏的唐来渠、汉延渠引水方法，应该"因此推之，海内大川，仿此为之，当享其利济"；北方用于园圃灌溉的水井，应该推广到农田；对南方的"水则"制度，即"水则者为水平之碑，置之水中，刻识其上，知田间深浅之数，因知闸门启闭之宜"，他认为"他山乡所宜则效"。这种广阔思路是我们应该学习的。

其次，他们提出的旱地用水的具体方法，如，在有条件的地方凿井以利用地下水，做池塘水库以蓄积利用雨雪之水，利用海水，这些对于解决西北干旱半干旱区水源短缺，扩大农田的给水源，也不失为行之有效的途径。近年来，华北和西北部分缺水地区，利用

---

① 嘉庆《枣强县志》卷十九。
② 乾隆《无极县志》卷末《艺文》。

雨水资源,取得了显著效果;利用积雪资源以蓄水,也应该很有前景。目前世界上多数海水淡化厂集中于中东,我国海水淡化还刚刚起步。徐光启提出的用水之委,即在海滨地带利用淡化后的海水,以灌溉农田,这种方法值得提倡。

第三,他们都具有强烈的节水意识。徐光启在提倡蓄水时注重节水,他提出"为池塘而复易竭者,筑土椎泥以实之,甚则为水库以蓄之……筑土者,杵筑其底;椎泥者,以椎椎底作孔,胶泥实之,皆令勿漏也。水库者,以石砂瓦屑和石灰为剂,涂池塘之底及四旁,而筑之平之如是者三,令涓滴不漏也。此蓄水之第一法也"。[①]王心敬提出凿井必须用砖石包砌,实际就是为了节约水源,不使得之不易的水源渗漏掉。目前,西北和华北农田灌溉中的大水漫灌、渠道水库渗漏浪费了60%以上的水资源,如果进行防渗处理,就可以增加三分之一的灌溉面积。从西北农业可持续发展角度看,明清时期旱地用水蓄水理论与实践,今天仍有其借鉴价值,以上所论只是其中的几点,有识之士,可以变通而借鉴之。

十六 明清畿辅淀泊低洼地区农田水利方法及价值

徐光启、王心敬的用水方法,多为旱地用水而发。但是畿辅地势,西北高昂,东南低洼。冬春少雨干旱,降雨集中在夏季。畿辅有五大河(永定、大清、滹沱、北运、南运)及六十余支河,还有众多湖泊、洼淀。由于地势和降雨的特点,如何利用低洼湖泊地区积水

---

① 《徐光启集》卷五《屯田疏稿·用水第二》。

以发展农田水利,是湖泊洼淀地区面临的实际问题。明万历时,徐贞明提出了利水之法。清康熙、雍正、乾隆、道光时,畿辅地区曾经发生几次大水。如何在消除积水后,利用河流,发展畿辅湖泊洼地的农田水利,成为讲求畿辅水利者关注的重点。陈仪、逯选、吴邦庆、林则徐等,对这个问题有较多的理论思考和学术著述。雍正年间,陈仪纂《畿辅通志》特置《河渠》一门,并收录他自撰的多篇畿辅水利奏疏,提出了畿辅水利的利水之法,并指导了雍正年间的畿辅水利实践。逯选著《畿辅水利志略》六卷、《北河志略》一卷①,今未见。嘉庆二十二年,朱云锦著《豫乘识小录田渠说》。道光四年,吴邦庆编著《畿辅河道水利丛书》成书,十一年林则徐《畿辅水利议》初稿成书。② 这些撰述,研究了畿辅农田的用水方法。这里只谈徐贞明、陈仪、吴邦庆等关于畿辅用水的观点。

1. 明代徐贞明的利水之法

徐贞明对水的自然性和社会性有一总看法,"水之在天壤间,本以利人,非以害之也。惟不利,斯为害矣。人实贻之,而咎水可乎? 聚之则害,散之则利。弃之则害,用之则利。……东南之地,争涓滴于尺寸之间,而西北则苦水害,岂不异哉!"③意即水天性利

---

① 逯选为大名府通判,武作成:《清史稿艺文志补编·史部地理类》,中华书局 1982 年,485 页。乾隆五十四年《大名县志》、《大名府续志》、咸丰三年《大名府志》、《三十三种清人纪传资料引得》、《中华人名大辞典》都不见有逯选的记载。据陈仪《陈学士文集》卷十二《祭贤王文》知,逯选与陈仪同为雍正时贤王允祥举行畿辅水利营田时的属员。

② 林则徐约在嘉庆十九年(1814)酝酿著《北直水利书》(杨国桢:《林则徐传》,人民出版社 1981 年,28 页),道光十二年(1832)冯桂芬应召入江苏巡抚衙署校《北直水利书》(来新夏:《林则徐年谱》,上海人民出版社 1981 年,108 页)。道光十九年十一月初九林则徐于钦差使粤任内在《覆议遵旨体察漕务情形通盘筹划摺》内陈述了《畿辅水利议》的中心思想(《林则徐集·奏稿中》,中华书局 1963 年,723—724 页)。

③ 《潞水客谈》。

人,人类要提供条件"散之"、"用之",才能有水利,而"聚之""弃之"则有水害。徐贞明的这些观点,有些是正确的,有些则不正确。河流不存在天性利人或害人的特性。人类社会施加具体的条件,使河流具有灌溉、航运、水产、饮用等社会功能。因此,可以说,徐贞明关于人类要提供条件即"散之""用之"这一观点是正确的,而河流天性利人的观点是不正确的。同时,河流的水文要素包括径流、泥沙、水质、冰情等,其中最活跃的是径流,径流有律情,一年中有汛期、中水期和枯水期;径流有年际变化,不同年份有丰水年、平水年和枯水年。[①] 河流的这些特性,使利用河流成为一件复杂的事情,不是简单地"散之""用之"就能使河流为社会服务,而是要根据河流的不同律情和不同年份的水情变化,来规划实施河流利人。而"聚之"也能产生灌溉、航运等功能,元明清山东运河,必须聚山东诸泉为航运服务。上游"弃之"还能利于下游。从这个角度看,徐贞明关于"弃之""聚之"则害人的观点,不见得完全正确。但是,聚散弃用的说法,是中国古代关于用水的基本观点,影响到后来人们关于华北(畿辅)西北农田水利的看法。

如何散水?徐贞明提出沿河开沟洫的设想。他说,古代沟洫之制度,本以利民,"亦以分杀支流,使不助河为虐也。周定王后,沟洫渐废,而河患遂日甚。今河自关中以入中原,泾、渭、漆、沮、汾、泌、伊、洛、瀍、涧及丹、沁诸川数千里之水,当夏秋霖潦之时,无一沟一浍可以停注,于是旷野横流,尽入诸川,诸川又汇入河流,则河流安得不盛,其势既盛,则其性愈悍急而难治。今诚自沿河诸郡邑,访求古人故渠废堰,师其意不泥其迹,疏为沟浍,引纳支流,使

---

① 钱正英、陈家琦、冯杰:《人与河流和谐发展》,《新华文摘》2006年第4期。

霖潦不致泛滥于诸川,则并河居民得资水成田,而河流亦杀,河患可弭矣"①。黄河淤沙堆积,冲决运河,潘季驯等提出"分沙杀水"之法以解决黄运泥沙难题。徐贞明效法其说而提出以沟洫分杀水流之说,散水即用水,大河径流散为沟渠,使开农田沟洫与减少河患结合起来,这是一个比较新颖的观点。

如何用水?徐贞明认为:"利水之法,高则开渠,卑则筑围,急则激取,缓则疏引。其最下者,遂以为受水之区,各因其势不可强也。然其致力,当先于水之源。源分则流微而易御,田渐成而水渐杀。水无泛滥之虞,田无冲击之患。"②徐贞明提出了四种农田用水方法,即"高则开渠,卑则筑围,急则激取,缓则疏引",强调有水泉处兴作水田,这是徐贞明利水之法的第一个特点。如何利用水源?以滹沱河、丹沁水为例,真定在滹沱河下游冲决之道,怀庆在丹沁下游,应当在桑干河上游引水为田,以杀下游水患。瀛海之间,如元城洼一带淀洼地区,连阡黑壤,废为水区。徐贞明还认为低洼地区的水流必须泄掉,不可利用,这是徐贞明利水之法的第二个特点。这是强调了在低洼地区的疏导泄水,近于汉贾让治河三策中的中策,不过贾让只注意黄河,而徐贞明则扩大到西北和畿辅地区。

徐贞明的利水之法对后人有影响,并得到补充和发展。其一,徐光启很赞赏徐贞明治水的试验,但有其"独见"。他不同意徐贞明只重视解决水田的泄水杀涝而不重视旱田的见解,说:"北方之可为水田者少,可为旱田者多。公只言水田耳,而不言旱田。不知北人之未解种旱田也。"③《垦田疏稿》中对垦田的规格有明确规定,"凡

---

① 《潞水客谈》。
② 《潞水客谈》。
③ 《农政全书》卷十二。

垦田必须水田种稻,方准作数。若以旱田作数者,必须贴近泉溪河沽淀泊,朝夕常流不竭之水,或从流水开入腹里,沟渠通达,……仍备有水车器具,可以车水救旱;筑有四围堤岸,可以捍水救潦"[1]。即必须以开水田为主,旱田须开渠凿井引水和车水器具,以防旱涝。其二,清代雍正时举行的畿辅水利,其消除积水、发展水田的指导方针受到徐贞明的影响。赵一清评价徐贞明的发展西北水利主张,说是"明代良策,无逾此者"。雍正时开水利营田府于近畿,诚至计也。"观于贞明奏议及其首尾兴革之由,实足以资采择云。"[2]以后,道光时,潘锡恩、朱云锦、吴邦庆、林则徐等提倡发展畿辅水利,无一例外地继承了徐贞明发展畿辅水利的思想遗产。

2. 清雍正时畿辅水利及其水利方法

清朝讲求华北(畿辅)西北水利者,都研究过畿辅用水方法。有人主张用水源,许承宣说:"水之流盛于东南,而其源皆在西北。用其流者,利害常兼;用其源者,有利而无害。其或有害,则不善用之之过也。"[3]在用水源上,他和徐光启是一致的。有人主张用水潴或凿井掘塘,柴潮生提出的水利论,主张疏浚河渠淀泊,并在河渠淀泊旁,各开小河、大沟、建立水门,以利灌溉泄水。在离水较远的田亩,凿井掘塘,以供灌溉。他建议:"第为之兴水利耳,固不必强之为水田也。"[4]以疏导泄水为主、以兴水利为主,这都与徐贞明的理论是一致的。有人提出综合的用水之法,嘉庆时朱云锦认为:

---

[1] 王重民辑校:《徐光启集》卷五,《垦田疏稿垦田第一》。
[2] 《清经世文编》卷一百八《工政十四直隶水利中》所收赵一清《书徐贞明遗事》。
[3] 许承宣:《西北水利议》。
[4] 《清史稿》卷三百六《柴潮生传》。

"大约经流可用者少,故滹阳、桑干用于上流,而不用于下流,支流则为闸坝用之;淀泊则为围圩用之;水泉则载之高地,分酾用之;沿海则筑堰建闸蓄清御碱用之。"①这基本没有超出徐光启的用水理论范围。但只有雍正时实际参与畿辅水利的陈仪的利水之法见诸实践。

雍正时的畿辅水利,是以泄水为主,疏通直隶卫河、东西两淀、子牙河、永定河下游支流,以泄水势。陈仪撰《祭贤王文》,洋洋洒洒二千余字,论述了允祥对畿辅水利的五大功劳:

其一,疏通南北泊周边积水。南泊指大陆泽,北泊指宁晋泊,南北两泊为众水停蓄游衍之区。畿辅大水时,漳水入南泊,五沟形成倒灌之势滹沱河入北泊,在七里口处断绝滹阳河归泊通道,涨溢四出,任县、隆尧、宁晋之间,无复宁宇。贤王主持自穆家口开河四十里,使南泊北流;又疏浚黄儿营至上村河道千余丈,使北泊畅泄。二泊叠相传送,周边积水顿消,沮洳为田,不可胜数。

其二,扩大东西两淀入海通道。东淀,"跨顺天府之保定、霸州、文安、大城、东安,天津府之静海、天津,凡八州县"②,"东西亘一百六十余里,南北二三十里及六七十里不等。盖七十二清河之所汇潴也,永定河自西北来汇入,子牙河自西南来,咸入之"。③ 大体上即今文安洼和东淀。西淀,"跨保定府之安州、新安、雄县、高阳,河间府之任邱县境","计东西袤一百二十里,南北广二三十里至六七十里,周回三百三十里"④。"西北诸山之水皆汇焉。"⑤大体

---

① 朱云锦:《潞水客谈后》。
② 吴邦庆:《畿辅河道水利丛书》之《直隶河道管见·东淀》。
③ 吴邦庆:《畿辅河道水利丛书》之《直隶河渠志·东淀》。
④ 吴邦庆:《畿辅河道水利丛书》之《直隶河道管见·西淀》。
⑤ 吴邦庆:《畿辅河道水利丛书》之《直隶河渠志·西淀》。

上即以今白洋淀为主体的湖群。畿辅大水时,西淀的咽喉赵北口桥座卑隘障流,使白羊河、猪龙河不能东流。东淀脉络石沟、台头一河,清浊骈闐,使七十二河不能北流。泛滥无归,决溃堤岸,上自高阳,下至文安,皆被其害。贤王主持增修赵北口桥座、永定河别引一道,使河道通畅,滨河数十县安澜。

其三,减少入天津三岔河入海水量。南运河、北运河、淀河,都汇入天津东北三岔口至大沽口长一百二十里的河道。伏秋之交,南运河和北运河并涨,淀水挟子牙河争趋三岔口,入海尾闾不畅。贤王主持开通中亭河四十里,分流北去,玉带河水十减二三;在南北运各建闸开河,减水分流,重开北运河沧州捷地减河,拓展筐儿港减河旧坝,分流三岔口入海水量,于运道、民生皆有利。

其四,由于永定河下流入胜芳淀,使淀河三条支流无法进入胜芳淀,文安城郭宛如洲渚。贤王主持开胜芳河七十里,泄捞挖石沟、台头淤浅处,使下游通畅。数年间,清流湍驶,堤防安然,霸州、保定、文安、大城之间,禾黍被野,粳稻与菰蒲并茂。

其五,修浚疏通畿辅境内众多水流,滹沱河漫流于束鹿、深州、冀州,牤牛河漫流于良乡、涿州,风河漫流通州、武清、鲍丘、窝头二河漫流香河、宝坻,皆坏民田庐舍,不可胜数。[①] 贤王主持修浚了以上诸多河流。

以上,是陈仪所称颂贤王之五大功劳,实际就是雍正四年至八年畿辅水利的主要河道水利工程,都是以排除畿辅积水为目标的治水活动。在消除积水后,又开展畿辅水利营田,自雍正五年至七

---

① 陈仪:《陈学士文集》卷十二,《祭贤王文》;又见《畿辅河道水利丛书》所收陈仪:《直隶河渠志》。

年,营成水田六千顷有奇,稻米丰收,朝廷于每岁秋冬,发帑收粜,民获厚利。

雍正时畿辅水利营田,受到前代讲求西北华北(畿辅)水利者的影响。雍正三年,贤王允祥、相国朱轼《请设营田专官事宜疏》说:"畿辅土壤之膏腴,甲于天下,东南滨海,西北负山,有流泉潮汐之滋润,无秦晋岩阿之阻格,豫徐黄淮之激荡,言水利于此地,所谓用力少而成功多者也。宋臣何承矩于雄、莫、霸州、平永、顺安诸军,筑堤六百里,置斗门引淀水溉田。元臣托克托大兴水利,西自檀顺,东至迁民镇,数百里内,尽为水田。明万历间,徐贞明、汪应蛟言之凿凿,试之有效,率为浮议所阻,自是无复有计议及斯者矣。……臣等请择沿河濒海、施功容易之地,若京东之滦、蓟、天津,京南之文、霸、任邱、新、雄等处,各设营田专官,经画疆理,召募南方老农,课导耕种。小民力不能办者,动之正项,代为经理,田熟,岁纳十分之一,以补库帑,足额而止。其有力之家,率先遵奉者,圩田一顷以上,分别旌赏。违者督责不贷,有能出资,代人管治者,民则优旌,官则议叙,仍照库帑例岁收十分之一,归还原本。至各属官田,约数万顷,请遣官会同有司,首先举行,为农民倡率,其浚流圩岸以及潴水、节水、引水、屏水之法,一一仿照成规,酌量地势,次第兴修。"①允祥、朱轼陈述的发展畿辅京东和京南水利的必要性、可能性、兴工办法、奖励措施、招募江南农师,都与徐贞明的主张一致。他们对徐贞明、汪应蛟的主张不能完全实现而感到遗憾。同时,允祥、朱轼还批判了两种认识上的错误,即"北方土性不宜稻"

---

① 吴邦庆:《畿辅河道水利丛书》之《怡贤亲王疏钞》;潘锡恩:《畿辅水利四案初案》收《请设营田疏》;贺长龄、魏源编:《清经世文编》卷一○八《工政十四直隶水利中》所收朱轼《畿南请设营田疏》。

和"北方之水,暴涨则溢,旋退即涸,能为害不能为利也"。针对前者,他们反驳说:"凡种植之宜,因地燥湿,未闻有南北之分,即今玉田、丰润、满城、涿州以及广平、正定所属,不乏水田,何尝不岁岁成熟",有水皆可成田。对后者,他们说:"夫山谷之泉源不竭,沧海之潮汐日至,长河大泽之流,遇旱未尝尽涸也,况陂塘之储,有备无患乎。"①即畿辅山泉、潮汐、径流、陂塘遇旱不竭,也可以发展水田。这都与徐贞明等前代讲求西北华北(畿辅)水利者的认识相同。

雍正时,贤王允祥主持畿辅水利,实际上,许多规划都出自陈仪之手。乾隆时,符曾撰《陈学士家传》说,雍正三年,畿辅大水,朝命允祥偕朱轼相度浚治。贤王欲得善治河者与俱,难其人。朱轼推荐陈仪。四年春,陈仪随允祥行视畿内水利。朱轼以亲忧南归,"教令牍奏,皆出公手"。②摄天津同知。五年,"领天津局,文安、大城堤工皆隶焉。……公既深悉直隶河道源流,且病急任劳,畿辅七十余河,疏故浚新,公所堪定者十之六七。论者谓燕、赵诸水,条分缕析,前有郦道元,后有郭守敬,公实兼之"。③陈仪对畿辅水道的认识,当然要比郦道元、郭守敬细致。潘锡恩《畿辅水利四案·初案》和魏源《清经世文编》卷一百八《工政十四直隶水利中》收录多篇题名允祥、朱轼的奏疏,实际都应是出自陈仪之手。

陈仪对畿辅各地如何用水提出了具体意见。第一,永定河两岸应效仿怀来、保安、石景山引渠之法,引河水淤灌。"永定浊泥,善肥苗稼,凡所淤处,变瘠为沃,其收数倍。……河所经由两岸,洼

---

① 吴邦庆:《畿辅河道水利丛书》之《怡贤亲王疏钞》。
②③ 符曾:《陈学士家传》,《畿辅河道水利丛书》。

碱之地甚多,若相其高下,开浚长渠,如怀来、保安、石径山引灌之法,分道浇溉,则斥卤变为肥饶,而分水之道既多,则奔腾之势自减,从高而下,自近而远,一河之润,可及十余州县,此亦转害为利之一奇也。"① 可收"一水一麦之利"。② 且永定河漫溢不过二三日,这是欲以永定河上游淤灌法推行于中下游。

第二,文安农民只受水害,不享水利。应于保定县界立闸引水防旱,龙塘湾立闸泄水防涝,中间疏凿沟渠,联络相通。高昂之田,听民种禾,引水资灌;低洼之田,教民种稻,蓄水为池。使旱涝无虞,瘠土变为沃壤。③

第三,玉田后湖,外周围堰,山涨固不内侵,而雨泽过多,则内水亦难外泄。留湖心毋垦,以为潦水归宿之所,田功乃可以完全。舍尺寸之利,而远无穷之害。其效果是"围不毁于水,而田以屡丰"。宜保留湖心苇地,只收苇草之租,以为围堤岁修之费。不宜垦荒,不宜升科。后湖一区,"实营田之始基,……为畿辅州邑之表式"。④

陈仪的用水理论,明显受到徐贞明的影响,陈仪著名的《后湖官地议》就是受到"徐尚宝《潞水客谈》所谓'后湖庄疏湖可田'"的影响。⑤ 又发展了徐贞明的"弃之""散之"说法。陈仪说:"水之不去,则田非吾田也,尚何营水。害去而营田随之。则沟渠洫浍,浚亩距川,无往非所以行水也,即无往非所以分水也。水聚则害,水

---

① 吴邦庆:《畿辅河道水利丛书》之《直隶河渠志》。
② 陈仪:《陈学士文集》卷二,《治河蠡测》。乾隆十八年(1753)兰雪斋刻本。
③ 陈仪:《陈学士文集》卷二,《文安河道事宜》。乾隆十八年(1753)兰雪斋刻本。
④ 陈仪:《陈学士文集》卷二,《后湖官地议》。乾隆十八年(1753)兰雪斋刻本。
⑤ 陈仪:《陈学士文集》卷二,《后湖官地议》。乾隆十八年(1753)兰雪斋刻本。

乙 水利思想和用水理论　299

分则利,水行则利,水壅则害。一川之水散为百沟,一沟之水散为千亩,常恐其不足,而何患其有余。南人争水如金,北人畏水如仇。用不用之异也。吾使之用水以为田,即使之用田以分水,田成而水已散,利兴而害乃去矣。是故巡视水利之时,已占度营田之地。后湖,湖也,疏泉可田;大殷淀,淀也,开河可田;天津、宝坻,陆种之区也,引潮可田;任县、宁津,蛙蝈之区也,围泊可田。于是分局委员,授以方略:水高于地,沟而导之;地与水平,壅而溉之;水卑于地,车而升之。围埝以防霖潦,闸洞以备蓄泄。"①徐贞明主张在京东有水泉地方发展水田,没有谈到如何利用对畿辅河淀积水。陈仪主张"用水为田","用田分水",利用河淀区发展水田;一川之水散为百沟,一沟之水散为千亩。这都是陈仪发展徐贞明利水之法的地方。

　　形成这种状况的原因是多方面的。其一,陈仪比徐贞明更熟悉畿辅河道、水利和民情。陈仪是畿辅文安人,自康熙二十九年中举后,会试屡次失利,于是他"益讲求经世之务,于礼乐、制度、盐法、河防,莫不考究其得失,而以畿辅河道,尤关桑梓利害,凡桑乾、沽、白、漳、卫、滹沱诸水之脉络贯注,及迁徙壅决之由,疏瀹浚导之法,若烛照数计"。②他经常往来于天津、文安与京师间,又有雍正年间在畿辅巡视水利、为天津同知、营田副使的经历,更熟悉畿辅河道水利和文献,以及如何发展畿辅水利。

　　其二,陈仪比徐贞明更关心畿辅水利,因为"畿辅河道,尤关桑梓利害"。这一点,可以从陈仪把讲求畿辅水利的源头追溯到宋何承矩上看出来。宋太宗端拱二年,沧州节度副使何承矩上书请求

---

①　陈仪:《陈学士文集》卷十二,《祭贤王文》;又见《畿辅河道水利丛书》所收陈仪:《直隶河渠志》。
②　符曾:《陈学士家传》,《畿辅河道水利丛书》57页。

发展关南(瓦桥关之南)屯田水利,建议:"若于顺安寨(今河北高阳)西开易河蒲口,导水东注于海,东西三百余里,南北五七十里,资其陂泽,筑堤贮水为屯田,可以遏敌骑之奔轶。俟期岁间,关南诸泊悉壅阗,即播为稻田。"①朝廷最终接受其建议,经过几年的实践,"由是自顺安以东濒海,广袤数百里,悉为稻田,而有莞蒲蜃蛤之饶,民赖其利"②。何承矩水利屯田的地区,正是陈仪的家乡文安及其周边地区。陈仪赞赏、继承徐贞明的主张,更敬重宋朝何承矩讲求畿南水利的事业。何承矩在河北即畿南经营水稻屯田,徐贞明只在京东实施其水利主张,雍正三年,题名为允祥、朱轼《请设营田专官事宜疏》中,就把何承矩屯田雄县、霸州等地的事迹,列于徐贞明、汪应蛟前。

陈仪的用水理论,被后人继承和发扬。例如,关于永定河两岸用水问题,陈仪提出淤灌法。乾隆十四年,东安知县李光昭说:"浑河所过之处,地肥土润,可种秋麦。其收必倍。谚云:一麦抵三秋,此之谓也。小民止言过水时之害,不言倍收时之利。此浮议之不可轻信者也。余尝称永定河为无用河,以其不通舟楫,不资灌溉,不产鱼虾。然其所长,独能淤地,自康熙三十七年以后,水窖堂、二铺、信安、胜芳等村宽长约十里,尽成沃壤。雍正四年以后,东沽港、王庆坨、安光、六道口等村,宽长几三十里,悉为乐土。兹数十村者,皆昔日滨水荒乡也,今则富庶甲于诸邑矣。与泾、漳二水之利,何以异哉。故浑河者,患在目前,而利在日后。目前之患有限,而日后之利无穷也。"③充分肯定了淤灌的作用,并对永定河水利

---

① 《宋史》卷二百七十三《何承矩传》。
② 《宋史》卷二百七十三《何承矩传》。
③ 李光昭修、周琰纂:《东安县志》卷十五《河渠志》,乾隆十四年刻本。

提出了辩证的看法,不能不说受到陈仪的影响。陈仪的用水理论,对吴邦庆启发很大,并得到发展。

清朝乾隆时,四次大规模地兴举直隶水利:乾隆四年至五年(1739—1740)由直隶总督孙嘉淦、天津道陈宏谋主持的消除天津积水;乾隆九年至十二年(1744—1747),由吏部尚书刘于义、直隶总督高斌等主持的直隶水利;乾隆二十七年至二十九年(1762—1764)由直隶总督方观承、直隶布政使观音保、尚书阿桂、侍郎裘日修等主持的直隶水利。乾隆三十五年(1770)命侍郎袁守侗、德成往直隶督率疏消积水,尚书裘日修往来调度,总司其事。乾隆时的几次治理直隶水利,除乾隆九年至十二年(1744—1747)是因干旱而兴起,其余三次都是因积水宣泄不及而兴起,主要目标是消除积水,有利于生产和生活。这三次以消除积水为主要目标的治水,当然是根据当时洪涝情况而定,但更有徐贞明关于畿辅低洼地区宜先泄去积水观点的影响。

3. 吴邦庆关于畿辅用水之法的认识

嘉庆、道光时,由于运道梗塞、畿辅大水,朝廷官员中出现了两种主要思潮。一是讲求恢复海运以省河运,魏源说,"道光五年夏,运舟陆处,南士北卿,匪漕莫语"。[①] 因此嘉庆、道光时出现许多讲求海运的论著。二是讲求发展畿辅水利,吴邦庆说,道光二三年,畿辅雨潦成灾,朝廷赈济后,"特简练习河事大员,俾疏浚直隶河道,并将营治水田,于是京师士大夫多津津谈水利矣"。[②] 这一时

---

① 《魏源集》上册,《筹漕篇上》,中华书局 1976 年。
② 吴邦庆:《畿辅河道水利丛书》之《潞水客谈·序》。

期出现了许多讲求畿辅水利的论著。赵一清、唐鉴、包世臣、潘锡恩、吴邦庆、林则徐等都有撰述,其中吴邦庆出于关心家乡的目的,研究畿辅用水之法,用功多,成果多,而且他提出的用水方法,比较符合畿辅水土实际。

吴邦庆很早就关心用水之法。嘉庆十九年,他奉命查事北运河,挑挖浅阻,注意到北运河堤坝外农民的一种凿井奇法,他说,农民在"距堤坝数武外,多凿井丈许,穴地置巨竹,若阴沟然,引河水入井,设辘轳三四具,日可灌田数十亩,名曰通竿井,即江南运河涵洞之意。但人工较费,如用畜转龙骨车,其收利当更溥。斯法诸书不载,书之冀广流传。堤岸稍高不能升引之地,皆可仿行,斯亦用水之一奇云"[①]。这种通竿井,实际是北运河沿线农民用运河水灌溉的做法,吴邦庆欲加以推广、流传,是更看重了农民的灌溉利益。嘉庆二十一、二十二年,他在河南巡抚任内,注意到水田的收获多于陆田:"余备藩豫中时,尝计通省垦熟之田七十二万余顷,而盛世滋生人口,大小共二千余万,人数日增而田不能辟,计惟有营治水田一法为补救之良策,盖陆田每夫可营三十亩,水田不过十亩,而岁入倍之。"[②]乾隆后人多地少的矛盾日益突出,水田用地少而收获多,可以解决人口增加对粮食的需求。吴邦庆想在河南任内,以水利营田来解决人口增长对土地的压力,这当然是良好的愿望。

道光四年,吴邦庆在编辑《泽农要录》时,就谈到了用水之法的重要,说:"谚曰:'水利兴,民力松。'甚矣,水之为益于农亩也!然不得其用之之法,则或致弃灌溉之利,而反受漫溢之患。畿辅之

[①] 吴邦庆:《畿辅河道水利丛书》之《泽农要录·用水第九前言》。
[②] 吴邦庆:《畿辅河道水利丛书》之《畿辅水利辑览·序》。

间,近山则泉多,近海则潮盛,清浊之流,辐辏交通,淀泊之区,容受深广,何一非可用之水,然非讲求于地形高下之宜、水势通塞之便,疏瀹排障之方,大小缓急之序,亦难言经理得宜,操纵由我。"①在畿辅地区,水利有益于农田灌溉,但如何根据地形、水势、工程、需要等各种情况,来安排水的使用,则显得尤其重要。自元明以至清,反对畿辅农田水利者,都以畿辅水性、土性不适宜灌溉为主要理由。吴邦庆批判了这种观点,"水性清浊、土性刚柔之说,有不可尽信者"②。同时,针对人们对畿辅农田灌溉的种种疑惑,他以全国各地用水的情况来说明畿辅灌溉的可行,说:"余尝论用水之法,如吴越之间,地势平衍,易于引流,故古称平江路,此易于见功之地也。然钱氏窃据,及宋南渡时,皆设撩浅夫,修治湖港,岁费巨万,亦非坐享乐利已。或谓水在高处难用,则江西、湖广等处,引山泉自上而下,凿山为田,如列坂然,非用山上泉乎?如谓流激难用,余尝行闽、楚间,诸山河槽,置石为滩,以壅其流,旁设风轮,激水而上以注于塘,非用急流乎?至运道所关系重也,而淮、扬之间,傍运东岸,设闸座涵洞,放水灌田,运道亦未尝有碍也。如谓滨海之地,苦于潮碱,则如通、泰之间,范公堤设立闸凿,堤以御碱卤之潮,闸以泄有余之水,亦何尝不收其利乎?即如漳水至今无用者,而西门、史起用之于前,曹魏用之于后,史言曹公设十二磴,转相灌输,惜此法不传耳!"③既然在全国其他地区,平地水源可用,山上泉水可用,急流可用,运道水可用,海滨潮碱之水可用,那么,畿辅也可利用上述各种水,即使近代废弃不用的漳水,只要找到古人遗法,也

---

① 吴邦庆:《畿辅河道水利丛书》之《泽农要录用水·第九前言》。
② 吴邦庆:《畿辅河道水利丛书》之《水利营田图说·跋》。
③ 吴邦庆:《畿辅河道水利丛书》之《畿辅水利辑览·序》。

是可用的。吴邦庆论证了畿辅河流可灌溉的可能性,特别提出要研究失传的漳河用水法,是一个比较重要的问题。

畿辅地区,具体的利水方法有哪些?吴邦庆专门研究了这个问题。他说:"水之属,为泉、为河、为引淀泊之流,为蓄近海之潮。泉源宜疏畦以引之;经流宜开渠设涵洞以析之;形势就下,宜建闸以蓄之;来源太猛,宜修陂以缓之;他如水潦易及之处,则宜为围、为圩;山麓荦确之地,则宜布石留泥;超壑越涧之处,则宜腾桥筒车,水性不外此数则,用法亦不外此数种。"①这里他提出了七种用水法,似是对徐光启旱田用水五法二十八条的概括。实际上,这七种用水方法,每一种都是针对畿辅地区的实际情况提出的。如第二种,"开渠设涵洞"法,是针对如何利用泾流(包括南北运河)的方法,嘉庆十九年,他就注意到北运河堤坝外农民的一种凿井奇法即通竿井,记述并欲加以推广;第六种,水潦处为围田圩田法,是针对畿辅西淀、东淀周围地区,如安州、文安、新安等县,如何利用水潦后土地的方法,吴邦庆尤其重视围田圩田法。他说:东西两淀南北附近民田,无堤防处,水长即行倒漾,三四十里之间,汪洋一片。秋冬水退,或不及艺种二麦。明年如遇夏潦,复被淹没。又安州、文安等处,偶遇堤防溃决,则河水分灌,既无分泄之路,三四年间不堪耕种,居民苦之。大江之南,沮洳之区,筑土成围,水浸其外,而耕艺者自若,如丹阳湖太平圩、永丰圩。"今若行此法于附近淀泊之地,是护田以防水,非占水而为田也。"②霸州台山村有雍正时营田副使王钧捐资建筑的营田一所,四面筑围,归官管理收租,自雍正

---

① 吴邦庆:《畿辅河道水利丛书》之《畿辅水利私议》。
② 吴邦庆:《畿辅河道水利丛书》之《畿辅河道管见·清河》。

至道光,居民大受其益。此即明验。安州、文安等处,既开减河,复创围田,则接堤成围,复以围护堤,或更筑涵洞,引水成渠,水利之兴,亦可权舆于此。第七种"布石留泥"法,是针对如何利用滹沱河水的方法,即淤灌法,他记载了平山、井陉两县农民所用的方法:"而平山、井陉诸县,滹沱经过之地,水浊泥肥,居人置石堰捍御,随势疏引,布石留淤,即于山麓成田。淤泥积久,则田高水不能上,复种黍秫以疏之,俾土平而水可上,水旱互易,获利甚饶。此亦历来农书之不载者。"①元明时,北方官员反对利用滹沱河水,理由是水浑浊不可用。淤灌法,以具体的技术措施,反驳了这种意见。吴邦庆在《泽农要录》卷二《田制第二》提出"因水为田之法"八种,除区田外,其余七种,都是针对畿辅地区而提出的水土利用方法,即:"曰围田,曰柜田,此近淀泊及苦水潦之所可用者;曰涂田,此天津、永平濒海而受潮汐之所可用者;曰梯田,则西北一带山麓岭坡所可用者;曰圃田,则濒海及凿井之乡所当用者;曰架田,惟闽、粤有之,吴、越间不多见也,然淀泊巨浸中,居民难于得土,或亦可试行之;曰沙田,江海沙渚之田也,然永定、滹沱浊流之旁,亦间有焉。"②这七种方法,与上述七种方法,互为发明。他讲求畿辅水利,其目标是使畿辅"高田仍可有丰稔之收,低处亦可获补种之益"。③

吴邦庆不仅究心用水之法,而且还在工余实践他的水利营田,并指导霸州家乡农民实践他的用水法。嘉庆二十四年,吴邦庆奉

---

① 吴邦庆:《畿辅河道水利丛书》之《泽农要录》卷四,《树艺第五》。
② 吴邦庆:《畿辅河道水利丛书》之《泽农要录》卷二《田制第二》。
③ 吴邦庆:《畿辅河道水利丛书》之《畿辅水道管见书后》。

命查马营坝工[1],"修防之暇,率道员厅捐赀造水车,就马营坝北及蔡家楼大洼积水地七千余亩试行垦治"[2]。道光三年春,他回乡修坟。是年夏秋雨潦,诸水漫溢为灾,邻县文安浸泡水中已两年,让他触目惊心。[3]他看到附近农民往往有营治稻畦、种植水稻田者,于是他"问询其种艺之方,则有与诸书合者;或取诸书所载而彼未备者,以乡语告之,彼则跃然试之,辄有效"。[4]这里所说诸书,指《齐民要术》、《农桑辑要》、王祯《农书》和徐光启《农政全书》等。他把从古农书上了解的农田水利知识,用地方话指导霸州农民用水之法,辄有成效。于是他编辑了《泽农要录》,希望关心此事者"暇时与二三父老,课晴问雨之余,详为演说,较诸召募农师,其收效未必不较捷"。[5]希望关心畿辅水利者能亲自指导当地的农民。道光十二年开始,吴邦庆担任三届河东河道总督,他在"重运过竣,启堰以利农田",[6]重视山东运河沿线农民利用运河水灌溉农田的问题。

关于畿辅水利的技术人才问题,前人多主张招募南方老农,而且元明清畿辅水利实践中,多是招募南方有经验农民到北方来。道光后期,桂超万主张招募直隶玉田、磁州农民。吴邦庆则认为,士人应担当帮助农民掌握扩大水利田方法的重任,在一定程度上恢复古代社会士农合一的遗意。他说,古代士农合一,无不学之农,少不农之士。后世农勤耒耜,士习章句,判若二途:故农习其

---

[1] 吴邦庆:《畿辅河道水利丛书》之《畿辅水道管见书后》。
[2] 《清史稿》卷三百八十三《吴邦庆传》。
[3] 吴邦庆:《畿辅河道水利丛书》之《畿辅水道管见书后》。
[4] 吴邦庆:《畿辅河道水利丛书》之《泽农要录·序》。
[5] 吴邦庆:《畿辅河道水利丛书》之《泽农要录·序》。
[6] 《清史稿》卷三百八十三《吴邦庆传》。

业,但不能笔之于书;士鄙其事,因此不能详究其理。世传《齐民要术》、《农桑辑要》诸书,亦不过供学者之浏览,于服田力穑者毫无裨补。余家世农,未通籍时,颇留心耕稼之事。道光三年,直隶各地雨水成灾,农民有治稻畦种稻者,他询问其种植之方法,有与农书合者;他又把他了解的农业知识告诉农民,农民跃然试之,辄有成效。始知古人不我欺,而农家者流诸书为可宝贵。道光三年,朝廷饬谕直隶大臣疏浚河道,并将兴修水利。"北人艺稻者少,种植收获之方,终多简略。余因取《齐民要术》、《农桑辑要》,及王桢《农书》、徐光启《农政全书》中有关于垦水田、艺粳稻诸法,皆详采之。"①又录《授时通考》所载清帝耕图诗"于水耕火耨者大有裨助"②,编成《泽农要录》六卷,希望"留心斯事者,得是书而考之,暇时与二三父老,课晴问雨之余,详为演说,较诸召募农师,其收效未必不较捷"。③ 这是对畿辅农田水利的技术人才问题提出了新见解。

同治、光绪时,还有周盛传等讲求畿辅水利的用水之法。周盛传的用水方法,主要是针对天津海滨的。本书前面已经有所论列,此不赘言。

---

① 吴邦庆:《畿辅河道水利丛书》之《泽农要录·序》。
② 同上。
③ 同上。

丙　畿辅水利文献及其价值

  元明清时期，有五六十位江南官员学者，还有几位北方官员学者，主张发展西北华北（畿辅）水利。他们都有关于西北水利、畿辅水利的著述。郭守敬面陈水利六事，虞集作《礼部会试策问》，丘浚著《屯营之田》，归有光作《嘉靖庚子科乡试对策》，徐贞明奏《请亟修水利以预储蓄疏》并著《潞水客谈》，冯应京著《国朝重农考》，汪应蛟奏《滨海屯田疏》，董应举奏《请修天津屯田疏》，左光斗奏《屯田水利疏》，徐光启著《农政全书·西北水利》和《旱田用水疏》，许承宣著《西北水利议》，陆陇其著《论直隶兴除事宜书》，李光地作《请开河间府水田疏》、《请兴直隶水利疏》和《饬兴水利牒》，方苞作《与李觉菴论圩田书》，沈梦兰著《五省沟洫图则四说》，陈黄中著《京东水利议》，蓝鼎元著《论北直水利书》，徐越奏《畿辅水利疏》，柴潮生奏《敬陈水利救荒疏》，赵一清著《畿辅水利书》，唐鉴著《畿辅水利备览》，朱轼和允祥合奏《畿南请设营田疏》、《京东水利情形疏》和《京西水利情形疏》等。陈仪纂《畿辅通志》卷四十七《营田》和《陈学士文集》，逯选著《畿辅水利志略》，包世臣作《海淀问答己巳》、《庚辰杂著四》和《畿辅开屯以济漕弊议》，潘锡恩著《畿辅水利四案》，吴邦庆编《畿辅河道水利丛书》，蒋时著《畿辅水利志》，冯桂芬著《校邠庐抗议·兴水利》，林则徐著《畿辅水利议》，丁寿昌奏《筹备京仓疏》，周盛传作《议覆津东水利稿》和《拟开海河各处引河试办屯垦禀》,李鸿章奏《防军试垦碱水沽一带稻田情形疏》,左宗棠奏《拟调随带各营驻扎畿郊备办旗兵兴修水利折》。清代题名为畿辅水利的议论章奏很多,以上所举只是其荦荦大者。本书在"元明清华北西北水利思想"中,已经介绍江南官员学者的籍贯和他们关于华北西北水利的思想。现在,着重探讨清嘉庆、道光间几部比较重要的畿辅水利文献。

十七　唐鉴《畿辅水利备览》的撰述旨趣和进奏流传及历史地位

唐鉴(乾隆四十三年—咸丰十一年,1778—1861),字镜海,清代湖南善化人。嘉庆十二年举人,十四年进士,十六年改翰林院检讨,由翰林改六部员外。道光元年至四年,十一年三月至十三年春,两任广西平乐知府。道光五年至十年守父母丧。十三年五月补授安徽宁池太广道员,十月到任。十四年春调补江安粮道。历官至太常卿。当时官员如曾国藩、倭仁、何桂珍等都从唐鉴问学。退休后主讲南京金陵书院。谥号确慎。著有《国朝学案小识》、《省身日课》、《畿辅水利备览》等①。文集名《唐确慎公集》。其理学思想、著述及影响,历来受到注意和重视。实际上,唐鉴一生极为关心畿辅水利。嘉庆十六年至道光元年,唐鉴编纂《畿辅水利备览》十四卷,刊刻了十二本。道光二十年和二十一年,唐鉴两次向林则徐陈述其主张,希望由林则徐来主持畿辅水利。咸丰元年皇帝召对时,唐鉴向咸丰帝陈述其发展畿辅水利的思想主张,并把刻本进

---

① 《清史稿》卷四百八十《儒林传一·唐鉴》。

奏给军机处。咸丰三年他又进给朝廷《畿辅水利备览》,朝廷又转赠给直隶总督桂良,直到咸丰十一年临终前,仍然托其弟子曾国藩把他在咸丰元年的《进〈畿辅水利备览〉疏》再次进献给朝廷,足见其对畿辅水利的殷切期望。唐鉴认为,发展西北六省(直隶、山东、山西、河南、陕西、甘肃)水利后,可以减东南之漕粮为折色,可裁减每年漕运经费和漕督官属;发展直隶水利,只应开垦直隶水田,不必深究河道;并论述了如何开展畿辅水利营田的具体方法和步骤。唐鉴关心畿辅水利,既是他的学识和经历使然,又有历史的和现实的经济社会原因。

1. 撰述年代、流传及上奏情况

关于唐鉴写作《畿辅水利备览》的时间,唐鉴自述:"臣自通籍以来,往来南北,留心此事,稽古谘今,著有《畿辅水利》一书。"[①]通籍,指进士初及第。这是说他自嘉庆十四年(1809)进士及第开始,往来南北,对于南北方不同的土地利用方式,特别是直隶地利不修,京师仰给江南漕粮及其漕运艰难等颇为留心,追寻古代北方地利遗迹或文献,并咨询当今有关直隶土地利用的情况,初步酝酿写作《畿辅水利备览》。但其后三年的庶吉士学习期间,是不可能进行写作的。曾国藩认为,唐鉴是在翰林院时著《畿辅水利备览》:"时时论著以垂于后。在翰林时,著有《朱子年谱考异》、《省身日课》、《畿辅水利》等书。"[②]唐鉴何时在翰林院?清代,凡用庶吉士,曰馆选,入翰林院学习,三年考试散馆,优者留为翰林院编修、检

---

① 《唐确慎公集》卷首《进畿辅水利备览疏》,光绪元年刻本。
② 缪荃孙:《续碑传集》卷十七,曾国藩:《太常寺卿谥确慎唐公墓志铭》,光绪十九年江苏书局校刊。

丙 畿辅水利文献及其价值 311

讨①。依曾国藩的记载,唐鉴《畿辅水利备览》大致写于嘉庆十六年(1811)授翰林院检讨,至二十一年(1816)五月为浙江道监察御史②。但咸丰元年(1851)唐鉴说:"三十年前著一书,欲将水利补灾备。"藏之箧衍万千日。③则由此上推三十年,即道光元年(1821)。总之,关于唐鉴著书时间,大致始于嘉庆十六年(1811)授翰林院检讨时,至道光元年(1821)外放为广西平乐知府时成书。

关于《畿辅水利备览》的刊刻时间和地点,唐鉴自述:"《畿辅水利》一书,刻成十二本。因坊本粗具,不敢进呈。谨交军机以备查采"④。这是说,此书成书后,只刊印十二本,流传不广。那么这书是什么时候刊刻的呢? 很可能刊刻于道光十九年。理由是现在确知,唐鉴赠书给他人,都在道光十九年后。今本《畿辅水利备览》道光十九年冬许乔林为《畿辅水利备览》作《序》。其后,道光二十年,唐鉴致信给身在广州任钦差大臣的林则徐,陈述发展畿辅水利的主张。道光二十一年秋,唐鉴向还在河南河工效力的林则徐,再次写信,陈述发展畿辅水利主张,并赠送《畿辅水利备览》和《省身日课》等。道光二十一年左右,唐鉴向何桂珍陈述《畿辅水利备览》主旨,并讨论应当由什么人主持此事的问题,即要有"一明晓农务之总管,以经纬之",使见之真,筹之备,守之坚,任之力,举之当。⑤这书刊刻于什么地方? 有可能是南京。许乔林,江苏海州官员,当道光二十年淮北士民公刊《陶文毅公全集》时,许乔林的校勘前言,

---

① 《清史稿》卷一百零八《选举志二》。
② 《林则徐集·日记》,中华书局 1962 年出版,45 页。
③ 《唐确慎公集》卷八《到京召见十一次纪恩四章》。
④ 《唐确慎公集》卷三《复何丹溪编修书》。
⑤ 《唐确慎公集》卷三《复何丹溪编修书》。

自称门下士,充校勘文字之任,是受知于陶澍的江苏海州官员。《畿辅水利备览》刊刻于道光十九年,许乔林亦可能担当校勘之任。且后来光绪元年(1875)贺瑗刊刻《唐确慎公集》时说:"所著《畿辅水利备览》、《省身日课》等书,行世已久,惜藏板俱付之金陵劫火中矣。未能覆刻,是有待于将来。"①此书刻板原藏于南京寓所,即可证明此书刊刻于南京。

关于《畿辅水利备览》及其思想主张的流传,根据师友弟子关系及复何桂珍信件,可知,唐鉴可能赠书给倭仁、曾国藩、何桂珍、陆建瀛、陶澍、贺长龄等。陶澍、唐鉴同为湘南人,又是同岁、同事、朋友。陶澍,嘉庆十四年任国史馆纂修。唐鉴,嘉庆十六年为翰林院检讨。自嘉庆十六年起,陶澍、唐鉴、贺长龄等时常有结伴同游、宴饮或作诗题画之举,其中嘉庆十九年三四月,陶澍为会试同考官时生病,唐鉴朝夕护侍。同时他们在京师宣武门外的居所相近,交往密切②,因此陶澍很了解唐鉴的读书生活和学术思想③,嘉庆二十二三年,陶澍谈到,畿辅水利不易实行④,似乎是针对《畿辅水利

---

① 《唐确慎公集》贺熙龄《序》、贺瑗《题跋》。
② 陶澍和唐鉴在宣武门外居所相近,交往密切。《陶澍全集》卷五十五《谢唐镜海太史惠丸药》云:"我庐君屋咫尺间(余居椿树头条胡同,君居二条胡同),街南道北时往还。"卷五十九《雪意和镜海》:"……同年(虹蚋先生同举庚申)同岁(镜海同戊戌生)此相依,居连比舍交尤洽,谊视诸昆意人微。"卷六十三《题镜海扇上画兰》:"论心别在无言外,同是湘南九畹人。"
③ 《陶澍全集》卷五十四《题唐镜海万卷书屋图》:"结庐湘江限,万卷森位置。坟典罗殽馔,京都供鼓吹。……松烟蕉雨中,坐拥百城归。想见宿櫺间,日与古贤比。为富匪多文,妙筹荃蹄弃。"此诗约作于嘉庆十六年至道光元年。《陶澍全集》卷五十六《题唐镜海老屋读书图即送其重官粤西》:"唐君家传一枝笔,风雨纵横书满室。平生雅抱致君心,读破万卷不读律。……此行仍作粤江行,却载图书过湘麓。湘中垒垒多奇士……四海人推楚宝贤,难得君家名父子。"此诗约作于道光十一年。
④ 《陶澍全集》卷四十,《覆王坦夫先生》,道光二十年(1840)淮北士民公刊,许乔林校刊。

备览》卷首《臆说》首二段关于古代沟洫田制就是水利田的观点而发。此时,《畿辅水利备览》还未刊刻,但以唐鉴与陶澍的关系,陶澍很可能先睹卷首《臆说》的大部分内容。吴邦庆似阅读此书部分内容,道光四年,吴邦庆撰述《畿辅水利私议》,提出今日讲求畿辅水利为因循非创举的观点,这似乎是针对唐鉴的西北水利为创举的观点而发。道光十九年十一月林则徐在广州上奏朝廷,请求发展畿辅水利,但朝廷没有采纳。唐鉴对畿辅水利表示关心。道光二十年,唐鉴致信林则徐,向林则徐陈述发展畿辅水利的必要和可能。道光二十年四五月间(1840)林则徐在广州致信唐鉴,信中提到:"畿辅水田之请,本欲畚挶亲操,而未能如愿闻已作罢论矣,手教犹惓惓及之,曷胜感服。"①道光二十一年秋季,当林则徐还在河南黄河河工工地时,唐鉴写信给林则徐并赠书两种,其中一种是《畿辅水利备览》。② 约道光二十一年,唐鉴向何桂珍陈述了编撰《畿辅水利备览》的旨趣,信中还提到"立夫于此事甚为明白,但避嫌不肯为越俎之举"。③ 即指陆建瀛可能得到唐鉴的赠书。咸丰元年(1851)唐鉴献书给军机处④,咸丰三年又进书给朝廷,朝廷又转赠给直隶总督桂良⑤,当仍是唐鉴说的坊刻本。唐鉴文集《唐确慎公集》是在他去世后由嗣子唐尔藻、子婿贺瑗相继编辑,并于光绪元年刊刻的,其前有道光二十年秋七月善化贺熙龄写的《序》,《序》言:"余嘉庆丁卯岁(嘉庆十二年)与镜海先生同举于乡,以文

---

① 《林则徐全集》第七册《信札》第 259《致唐鉴》,道光二十年四五月间于广州。海峡文艺出版社 2002 年。
② 《林则徐全集》第七册《信札》第 397《致唐鉴》,道光二十二年六月间于西安。
③ 《唐确慎公集》卷三,《复何丹溪编修书》。
④ 《唐确慎公集》卷八《到京召见十一次纪恩四章》。
⑤ 《清史稿》卷一百二十九《河渠志四·直省水利》。

章相切磨。嗣先生官翰林。……余与先生交三十余年矣,不鄙浅陋,而命序其文。"这说明唐鉴在道光二十年七月之前曾自编文集,可能因《畿辅水利备览》已经单独刊刻,而不收录。光绪元年(1875)贺瑗刊刻《唐确慎公集》时,没有收录《畿辅水利备览》,原因是此书印板毁于太平军金陵大火,贺瑗说:"所著《畿辅水利备览》、《省身日课》等书,行世已久,惜藏板俱付之金陵劫火中矣。未能覆刻,是有待于将来。"①这也说明咸丰十一年唐鉴去世后,嗣子唐尔藻编辑其文集,但没有刊刻该书。光绪三年,张先抡纂《善化县志·续艺文》只收录其《恭谢赏加二品衔回江南主讲书院疏》和《学案小识后序》,《善化县志·人物》说唐鉴"著书二百余卷,如……《畿辅水利》诸书,皆多心得之言"②。光绪十年,黄彭年纂《畿辅通志·艺文略》有经史子集四目,四目外增方志一类,"凡直隶统部及府厅州县志书,无论是否畿辅人所撰,皆编存其目,取便考查"。③ 但查《畿辅通志·艺文略》,没有著录《畿辅水利备览》,或者是出于疏忽,或者是张先抡和黄彭年等,都没有看到《畿辅水利备览》原书。《中国丛书综录》、武作成《清史稿艺文志补编》等,也没有著录此书。要之,此书流传不广。

关于唐鉴向皇帝陈述《畿辅水利备览》的情况,文献记载有两次。一次是咸丰元年(1851)入京时,另一次是咸丰三年(1853)唐鉴由南京返回湖南宁乡时。第一次,曾国藩所撰写的唐鉴墓志铭以及光绪三年《善化县志》卷二十四《人物》都记载为:咸丰元年唐鉴赴京,召对十五次。唐鉴有两首诗记述了十五次召对的感受,其

---

① 《唐确慎公集》贺熙龄《序》、贺瑗《题跋》。
② 张先抡纂:《善化县志》卷三十二,卷二十四,光绪三年刊本。
③ 黄彭年纂:《畿辅通志·凡例》,光绪十年刊本。

中《到京召见十一次纪恩四章》之一章曰:"三十年前著一书,欲将水利补灾备。藏之箧衍万千日,送入枢廷六月初。稼穑艰难关帝念,邦畿丰阜足民储。才非贾谊无长策,祗此区区敬吐摅"。① 所说水利书即《畿辅水利备览》,此次唐鉴不仅向咸丰帝陈述了他关于畿辅水利的想法,并把此书送给军机处。依《唐确慎公集》卷首《进〈畿辅水利备览〉疏》所言:"坊刻粗具,不敢进呈。谨交军机以备查采",唐鉴并未把该书进献给咸丰皇帝。但是,李元度说:"著《畿辅水利书》,召对时曾以进,诏嘉纳焉。"②可能把进给军机处扩大化为进给咸丰帝。

第二次,史载,"(咸丰)三年,太常卿唐鉴进《畿辅水利备览》,命给直隶总督桂良阅看,并著于军务告竣时,酌度情形妥办"。③此时,唐鉴正在江南主讲金陵书院,"以贼犯湖南,急欲归展先茔。咸丰三年,乃自浙还湘,卜居于宁乡之善岭山"。④ 情况如此危急,唐鉴向咸丰进奏《畿辅水利备览》,说明他对此事的重视。

咸丰十一年,唐鉴去世,"当永诀时,具遗摺,函寄两江总督曾国藩代奏"。⑤"其家函封遗疏,邮寄东流军中。国藩以闻。天子轸悼。予谥确慎。"⑥那么"遗疏"指哪些遗疏呢?《唐确慎公集》卷首有《恭谢赏加二品衔回江南主讲书院疏》、《请立民堡收恤难民

---

① 《唐确慎公集》卷八《到京召见十一次纪恩四章》之一。
② 李元度:《国朝先正事略》卷三十一,四部备要本。
③ 《清史稿》卷一百二十九《河渠志四·直省水利》。
④ 曾国藩《唐公墓志铭》和光绪《善化县志》卷二十四均记为咸丰三年回湘,《清史稿·本传》记为咸丰二年回湘,此从曾国藩及《县志》所记。
⑤ 张先抡纂:《善化县志》卷三十二,卷二十四,光绪三年刊本。
⑥ 缪荃孙:《续碑传集》卷十七,曾国藩:《太常寺卿谥确慎唐公墓志铭》,光绪十九年江苏书局校刊。

疏》、《进畿辅水利备览疏》三篇奏疏。《唐确慎公集》卷八《到京召见十一次纪恩四章》有小注"献筑堡寨恤难民疏",疑即《请立民堡收恤难民疏》;《恭谢赏加二品衔回江南主讲书院疏》也应是咸丰元年所作;从《进〈畿辅水利备览〉疏》的"坊刻粗具,不敢进呈。谨交军机以备查采"及《到京召见十一次纪恩四章》的"送入枢廷六月初"看,很可能是咸丰元年的奏稿。这三篇奏疏,可能就是他的"遗疏",这表明唐鉴、曾国藩、唐尔藻、贺瑗等对这三篇奏疏的重视。唐鉴去世时又要曾国藩代为上奏遗疏,说明唐鉴对畿辅水利的重视。

总之,唐鉴自嘉庆十四年(1809)进士及第时酝酿畿辅水利思想,嘉庆十六年(1811)至道光元年完成《畿辅水利备览》。道光二十年、二十一年向林则徐陈述畿辅水利主张并赠书,希望由他向朝廷请求主持此事,咸丰元年向皇帝进言关于畿辅水利的主张、进书给军机处,咸丰三年进书给朝廷,至咸丰十一年去世,由家属及曾国藩上奏"遗疏"包括《进〈畿辅水利备览〉疏》,用心于《畿辅水利备览》前后约五十年。那么这是一本什么样的书?为什么唐鉴如此重视这部书?这书有什么历史价值或历史意义呢?

2.《畿辅水利备览》的编纂体例特点和主要内容

《畿辅水利备览》共十四卷,卷首《臆说》,卷一至卷六《历代水利源流》,卷七至卷十《经河图考》,卷十一至十四《纬河图考》。今本卷五、卷六毁缺。

《畿辅水利备览》的体例特点有四。一是作者关于发展畿辅水利的主张在卷首叙出,题名为《臆说》,形似谦虚,但排于卷首,实则表达了他主张发展畿辅水利的坚决态度。道光二十年、二十一年唐鉴两次向林则徐陈述发展畿辅水利主张,并赠书给林则徐。咸丰时,唐鉴两次向咸丰帝上奏建议发展畿辅水利,这种老而弥坚的态度,与他在书中表达的坚决态度,是一致的。这与后来潘锡恩《畿辅水利四案》和吴邦庆《畿辅河道水利丛书》中恭录圣谕的态度是不同的。在同时代或其后讲求畿辅水利者中,这种坚决、坚持态度,只有林则徐可与之相比。

二是河道图多。卷七至卷十《经河图考》有经流图十八幅,卷十一至十四《纬河图考》有各府州县河道图一百五十二幅,全书合计一百六十幅水道图。这是元明清任何一部畿辅水利文献不可比拟的。唐鉴认为,河道图最能详细表明河道经由州县,是治水所需掌握的最主要事实。"治水之水,以图为重,按图以寻其脉络,就考以辨其异同,已握水利之要枢"。① 吴邦庆的《畿辅河道水利丛书》有畿辅河道总图一幅,雍正时水利营田图三十七幅,潘锡恩和林则徐著述都无图,而唐鉴《畿辅水利备览》水道图多达一百六十幅,这是唐鉴著述的重要特点,也是其最大的优点。这是因为唐鉴更多地引用了馆本《水利图说》。

三是考证多。总考十三篇,唐鉴在《畿辅水利备览》卷七《经河图考》下说:"图不能详,详之于考。惟言者今昔异同,故每考必择一二定论,以立为主条。其余互相证订,无论古书近说,皆低一字附焉。间或加以案语,则低二字列于后。至于众派支流,应随正河并著者,详载以备参考。"全书有总"考"十三篇,考证直隶正河源流,附以众派支流源流考,顶格书写,每考有一二条定论作为主条。然后引用古书近说,与主条互相订正,皆低一格。间或有案语,皆

---

① 唐鉴:《畿辅水利备览》,许乔林《序》,见马宁主编:《中国水利志丛刊》第 8 册,广陵书社 2006 年。

低二格。全书案语无数。从图多、考多来看,此书名为"畿辅水利图考",更符合实际情况。

四是引证文献多,自著文字少。全书约六十万字,卷一《臆说》有十三段论说性的文字,约万字,全书自著不超过五六万字,其他都是引用古今水利文献。以卷三《历代水利源流》为例,这一卷论述金元明时黄河河道变迁,有两段文字论证黄河变迁及治河难度,第一段是论证金代黄河趋南,禹迹不可复;第二段论证元明时河决难治。这两段考证文字不超过五百字,其余约四万五千字,都是引用正史《河渠志》等。粗略统计,全书引用多种水利文献不下三十种,如《史记·河渠书》、《汉书·沟洫志》、《唐书·地理志》、《金史·河渠志》、《元史·河渠志》、《明史·河渠志》、《水经注》、《太平寰宇记》、《大学衍义补》、《潞水客谈》、《邦畿水利集说》、《畿辅通志》、《畿辅安澜志》、《水道提纲》、《永定河志》、《水利旧说》、馆本《水利图说》、《水经注释》、《禹贡锥指》、《读史方舆纪要》,乾隆《初次水利案》和《二次水利案》,引用畿辅各州县志不下二十种。唐鉴、潘锡恩、吴邦庆、林则徐的畿辅水利著述,都征引水利文献,只有唐鉴征引文献最多,故此书名为《畿辅水利备览》,还是比较符合其实际内容的。

唐鉴在《畿辅水利备览》中提出发展畿辅水利的主张,讨论畿辅河道源流、农田水利变迁。卷首《臆说》专门论述其发展畿辅水利的主张。唐鉴论证了发展畿辅水利的必要性。他说,自永嘉之乱,中原生齿,随晋室向东南转移,民聚而利兴,经南唐、南宋,东南财赋甲天下。元明以来,天下皆仰给于东南,而西北日益贫乏。"国家宅都燕京,左带渤海,右襟太行,背居庸而面河洛,可谓形势之极盛矣。惟是正赋之供,全赖东南漕运。虽运道便利,略无阻隔,而使西北有绌无赢,亦不得谓非今日之急务也"。因此,他按图折算直隶、山东、山西、河南、陕西、甘肃六省,除去山陵、林麓、川泽、沟渎、城郭、宫室、沙沟、石田等,约有田一千零八十万顷。以二十取一计之,每亩征粮五升,每顷征赋粮五石。千万顷应征赋粮五千万石,其中二分征本色,岁可征粮一千万石;八分征折色,每石折银四钱,折色应有银一千六百万两。"西北六省岁得粮一千万石,银一千六百万两,又何必仰给东南乎?夫西北不仰给东南,则东南之漕可酌改为折色,而每岁漕运经费亦可裁撤,约得银不下数千万两,已于现在常额之外,粮多至千万石,银多至千万两,纵有事出不可知,如偶遇河患,以及饥馑之事,而筹备有余,司农亦何至仰屋哉!"故当今生财之大道,莫过于发展西北水利田;而且西北水利尽兴,东南漕运可止,则舍运而治河,河可复禹迹。

唐鉴还提出了关于畿辅水利方法的意见。针对南北水土异宜、北方不宜水田的观点,指出:"土无不生五谷,水无不利田畴,而或语桑干、滹沱、浊漳、清河挟沙而行,不利灌溉者,此不知水之田也。……水无清浊,得其灌溉则田畴可治也。"泥沙多的河流可以进行淤灌。他又分析直隶水田填淤漂没的原因,直隶的霸州、永清、东安、武清、静海、天津、文安、大城等处,取水甚便,引水甚易,发展水田旦夕有效,但不久就填淤漂没,"非疏浚之不力,不杀其势于上流,而下流受其冲激故也"。他主张:下游多施围田,"上流多开引河,通为沟渠,汇为川浍,则其势杀矣。……则取之引之,必无冲突之患矣。"北方除引径流通沟渠外,还应配合掘井。气候干旱,河川枯竭,"掘井之一法,可以通江河渠浍之源,而补雨泽之缺,……虽有沟渠,何妨参以井法,盖旱则可以救沟渠之所不及,不旱正可以为沟渠留有余地也"。针对北方以旱地作物为主的播种习惯,他主张发展水稻生产,说:"今西北之地一岁二收,以高粱为重,黍稷菽麦次之,若所谓稻田者,百不得一也。……若水利兴矣,何不为稻田耶!高粱易涝易旱,而收又薄,以种高粱之地种稻,其利数倍于高粱。"①

唐鉴《畿辅水利备览》卷一至卷三,题名为《历代水利源流》,初看题目,以为是讲述畿辅河道源流的,但实际上是论述历代黄河河道变迁的。关于河道变迁,他有几个说法:"西汉时之河,犹是周定王五年东徙漯川之河也。""东汉之治河者王景一人而已,景有功亦有过"。"《唐史》不志河渠,而河则王景之旧也。"②"河屡决不已,唯宋治河无人,亦唯宋河决为患,而故道可复。唯宋治河无人,而河遂大坏,终古不复故道,亦唯宋。"③"河离浚、滑益趋而南,禹迹不可复追矣。当金大定年间,令沿河京府州县长贰官并带河防衔。""古者因河以达贡,河治而贡通矣。后世强河以就运,运治而河废矣。"治河不过治运。禹功不可复,非独其无人,亦势所阻。"故与其为高远之空谈,不若求切近之实效。言河防如潘季驯,谈水利如徐贞明,亦一代之大经纬也,又岂多讲哉!"④黄河,自周定王五年河决,至西汉时,大体上保持安流。自东汉至唐,河道变化无多。自宋河道屡决屡不治,至元明,由于强河就运,运治而河废。唐鉴的认识,基本上符合黄河河道变迁的历史。

《畿辅水利备览》卷四《历代水利源流》,却是论述历代特别是

---

① 唐鉴:《畿辅水利备览·臆说》,见马宁主编:《中国水利志丛刊》第 8 册,广陵书社 2006 年。
② 唐鉴:《畿辅水利备览》卷一《历代水利源流》,见马宁主编:《中国水利志丛刊》第 8 册,广陵书社 2006 年。
③ 唐鉴:《畿辅水利备览》卷二《历代水利源流》,见马宁主编:《中国水利志丛刊》第 8 册,广陵书社 2006 年。
④ 唐鉴:《畿辅水利备览》卷三《历代水利源流》,见马宁主编:《中国水利志丛刊》第 8 册,广陵书社 2006 年。

明清畿辅各河水利灌溉的历史,如雍正时畿辅四局水利、桑干河水利、唐河水利、沙河水利、滹沱河水利、卫河水利、洋河水利、浑河水利、榆河水利、白河水利、涞水水利、易水水利、府河水利、清河水利、大陆泽水利、滏阳河水利、陡河沙河水利。① 这应该是清代第一部各流域水利史。卷七至卷十《经河图考》,有图有文,考证畿辅大小河流的水道曲折、河道变迁等。卷十一至卷十四《纬河图考》,分别是顺天、保定、河间、天津、正定、顺德、广平、大名、宣化九个府县水道图考,还有易州、冀州、赵州、深州、定州五州水道考,其中唐鉴对天津水道有较多的研究。

唐鉴著《畿辅水利备览》,其主要目的是发展畿辅水利,但有三卷论述历代黄河河道变迁,有八卷论述畿辅各府州县水道考,似乎离主题太远。对此,他承认"《备览》中《源流》等篇,是追其源头,不能不备载也;《臆说》则切今日言之"②。算是有对自己的著述有一个清醒的认识。道光十九年,江苏海州许乔林对《畿辅水利备览》评价很高:"言畿辅水利者,自何承矩、虞伯生以来,莫切于徐尚宝《潞水客谈》,莫近于潘侍郎《水利四案》。其兼有两家之长,可以坐而言,起而行,且行之而立效者,莫如镜海先生所著之《畿辅水利备览》。"③这是对唐鉴著述兼有两家之长的称许。

3.《畿辅水利备览》的撰述旨趣

唐鉴除了在《畿辅水利备览·臆说》中论证发展畿辅水利的必

---

① 唐鉴:《畿辅水利备览》卷四《历代水利源流》,见马宁主编:《中国水利志丛刊》第 8 册,广陵书社 2006 年。
② 《唐确慎公集》卷三《复何丹溪编修书》。
③ 唐鉴:《畿辅水利备览》,许乔林《序》,见马宁主编:《中国水利志丛刊》第 8 册,广陵书社 2006 年。

要和可能外,还有多次谈到他编写《畿辅水利备览》的宗旨。这里只看他道光二十一年致何桂珍信和咸丰元年的《进〈畿辅水利备览〉疏》,就可以了解他的撰述宗旨。

唐鉴在致何桂珍信中叙述了写作《畿辅水利备览》的主旨:

> 《水利备览》为营田而作也。利即所谓农田也,下手则见地开田而已,切不可在河工上讲治法,何也?直隶之河无不治也,桑干、滹沱虽稍大,其来势平,其涨易下,即遇大涨,稍疏之,不数日,已散归于淀矣,不足患也。九十九淀,现已填淤及一半,疏其未填淤者,而垦其填淤并及旁地,利莫大于此也。惟北农不谙种稻法,若果欲行,则当先募湖南、北、江西等处农民若干人,相地开垦,以为之倡。先一年给以工本,次年即有出息,三年以后所出可溢于本,无须筹资矣。所开之田,或即给开田之人以收官租,或另有办法,是可因时制宜也。所难者,非得一明晓农务之总管以经纬之,恐见之不真,筹之不备,守之不坚,任之不力,举之不当,如道光初年之程工部,则大谬不然矣。立夫于此事甚为明白,但避嫌不肯为越俎之举耳。《备览》中《源流》等篇,是追其源头,不能不备载也;《臆说》则切今日言之。①

此信述及《畿辅水利备览》的写作宗旨,是"为营田而作也。利即所谓农田也,下手则见地开田而已,切不可在河工上讲治法",即只开垦直隶水田,不讲究河道问题,并论述了如何开展畿辅水利营田的具体方法和步骤。

这里,还要弄清几个问题。其一,这封复何桂珍信作于何时?

---

① 《唐确慎公集》卷三《复何丹溪编修书》。

"何桂珍,字丹畦,云南师宗人。道光十八年(1838)进士,选庶吉士,年甫冠,乞假归娶。散馆授编修,督贵州学政。……桂珍乡试出倭仁门,与唐鉴、曾国藩为师友,学以宋儒为宗。"①则庶吉士三年后,散馆为翰林院编修,当在道光二十一年(1841)左右。唐鉴的信,即作于道光二十一年左右。其二,信中提到"立夫于此事最为明白",立夫是谁? 即陆建瀛,字立夫,湖北沔阳人。道光二年进士,二十年,出为直隶天津道,累擢布政使。② 唐鉴意谓陆建瀛最明白直隶水利,但陆建瀛为布政使而非巡抚,不能超越职掌。由此可以推测,此前唐鉴有可能和陆建瀛讨论过畿辅水利,并试图动员陆建瀛推行畿辅水利,但陆没有接受其建议。其三,信中还批评了"道光初年程工部"举行直隶水利不力,所说"程工部"即程含章,是道光四年办理直隶水利的官员。

　　唐鉴为什么批评程含章? 这是因为在兴办直隶水利的方法途径上,唐鉴与程含章看法不同的缘故。唐鉴主张办理直隶水利,只应"见地开田,切不可在河工上讲治法"。而道光三、四年程含章奉命办理直隶水利事务,恰恰着重于治理直隶河道,先去水害,再兴水利。史载:道光四年,"御史陈浣疏陈畿辅水利,请分别缓急修理。……帝命江西巡抚程含章署工部侍郎,办理直隶水利,会同蒋攸铦履勘。含章请先理大纲,兴办大工九。如疏天津海口,浚东西淀、大清河,及相度永定河下口,疏子牙河积水,复南运河旧制,估修北运河,培筑千里长堤,先行择办。此外如三支、黑龙港、宣惠、滹沱各旧河,沙、洋、洺、滋、浤、唐、龙凤、龙泉、潴龙、牤牛等河,及

---

① 《清史稿》卷四百《何桂珍传》。
② 《清史稿》卷三百九十七《陆建瀛传》。

文安、大城、安州、新安等堤工，分年次第办理。又言勘定应浚各河道，塌河淀承六减河，下达七里海，应挑宽曾口河以泄北运、大清、永定、子牙四河之水入淀。再挑西堤引河，添建草坝，泄淀水入七里海，挑邢家坨，泄七里海水入蓟运河，达北塘入海。至东淀、西淀为全省潴水要区，十二连桥为南北通途，亦应择要修治。均如所请行。"①这就是说，程含章办直隶水利，重点在治河，而不在修水田，即主张"水利且可缓图，水患则不可一日不去"②。其实，大约在嘉庆二十年至道光二年时，程含章就认为由于天时、地利、土俗、人情、牛种、器具异宜，北方不可兴办水田，说：雍正时"分设四局，经营三年，用银数百万两，开田七千顷。……曾不数年而荒废殆尽，……毋亦天时、地利、土俗、人情与夫牛种、器具之实有未便者乎？"即北方春夏干旱少雨，而这正是水稻的插秧时节；北方土性浮松，遇夏季暴雨，河水泥沙多，挑浚不便；北方人不食稻，亦不愿学种稻，水稻种植辛苦，收获不多，劳力不足等；北方无水牛和种稻农具，购买南方水牛易于致病，请南方人制造农具也多有不便。因此程含章不同意"北省兴修水利以资灌溉，则南漕可以量减之说"。③这些意见，当然与唐鉴的主张相左，故受到唐鉴的批评。所以，唐鉴主张必得"一明晓农务之总管以经纬之"，才能对畿辅水利有真见、筹备、坚持、任力、举当。

咸丰元年，唐鉴《进〈畿辅水利备览〉疏》更明确地表达了他的著述宗旨：

---

① 《清史稿》卷一百二十九《河渠志四·直省水利》。
② 《清史稿》卷一百二十九《河渠志四·直省水利》。
③ 贺长龄、魏源：《清经世文编》卷一百零八《工政十四·直隶水利》，程含章：《覆黎河帅论北方水利书》，中华书局影印本，1992。

奏为畿辅水利久废不举,现在经费不足,生财之道莫此为善。谨略陈举行大概,仰祈圣鉴事。窃惟民食以稻为重,稻田以水为原。南方之财赋,稻田为之也,水利之最著者也。直隶地方,经河十八,纬河无数,又有东淀、西淀、南泊、北泊,渐次填淤,衍为沃壤者,随处皆有。若使引河淀诸水,洒为沟洫,荡为塘渠,则水之利,不异于东南矣。而农民安守故常,止知高粱、小米以及麦菽数种。此数种者,是皆喜燥而恶湿,畏水而不敢近水。凡近水者,皆徙而避之。至使沃土废而不垦,是以有用之水而置之无用之地,而且须用有人力以曲防其害,则不善用水之过也。是以雍正四年有怡贤亲王与大学士朱轼查办畿辅农田水利之举,办至七年,得稻田六十余万亩。厥后,总理不得其人,责成各州县各自办理,有岁终功过考核,而历年久远,堕坏难稽矣。臣自通籍以来,往来南北,留心此事,稽古诹今,著有《畿辅水利》一书,刻成十二本。因坊本粗具,不敢进呈。谨交军机以备查采。至举行事宜,求皇上于部院大臣中择其人之谙于农田水利者,钦派一二员为之总理。其经费不过举行之年,约需一二十万,次年则已成之田,已有收获。年复一年,利益加利,兴功数载,美利万世。生财之道,莫大于是矣。臣愚昧所及,是否有当,伏乞皇上训示。谨奏。[①]

唐鉴的主要观点是,第一,水稻在人民生活中占重要地位,南方为国家财赋渊薮,就是因为南方善于利用水田,所谓"民食以稻为重,稻田以水为原。南方之财赋,稻田为之也,水利之最著者也";北方土地利用程度不高,就是因为不善利用水利,反而要利用

---

① 《唐确慎公集》卷首《进畿辅水利备览疏》,光绪元年刻本。

人力去除水害,所谓"直隶地方……农民……止知高粱、小米以及麦菽数种……皆喜燥而恶湿,畏水而不敢近水。凡近水者,皆徙而避之。至使沃土废而不垦,是以有用之水而置之无用之地,而且须用有人力以曲防其害,则不善用水之过也"。第二,雍正四年由怡贤亲王允祥与大学士朱轼主持的畿辅农田水利,一度取得成功,只是后来人去政亡。第三,唐鉴认为,道、咸时直隶河淀渐次淀淤,衍为沃壤,应该疏其未填淤者,而垦其填淤并及旁地,"使引河淀诸水,洒为沟洫,荡为塘渠,则水之利,不异于东南矣"。

这里,唐鉴提出"民食以稻为重"的观点,不太准确。冯桂芬说:"京仓支用,以甲米为大宗,官俸特十之一耳。八旗兵丁,不惯食米,往往由牛录章京领米易钱,折给兵丁买杂粮充食。每石京钱若干千,合钱一两有奇,相沿既久,习而安之。……惟官俸亦然,三品以上多亲领,其余领票,辄卖给米铺,石亦一两有奇。赴仓亲领者,百不得一。"[1]即南漕到京通二仓后,因八旗兵丁不惯食米,往往以米换钱,以钱买杂粮;官员俸米,也卖给米铺。其价格大约是一石米值银一两,但是漕运南粮一石的费用达十八两银[2]。这使江南官员学者深感不满。每年四百万石漕粮入京通二仓,极大地加重了东南粮户的负担。北方农业经济不发达,不仅有水的因素,还有气温日照等多种因素。唐鉴对于嘉、道、咸时直隶河淀淤塞即气候干旱少雨的判断是否正确,还有待于更多的资料证实。不过,如照他的观点,直隶确实干旱少雨,河淀淤塞,那又怎么发展农田水利即种植水稻呢?但是,无论怎样,唐鉴提出了水利在南方和北

---

[1] 冯桂芬:《校邠庐抗议·折南漕议》。
[2] 冯桂芬:《校邠庐抗议·折南漕议》。

方经济发展中的不同地位,南北经济的不平衡发展,以及在北方某些宜稻地区发展水稻生产的观点,则是有历史根据的,也是值得重视的。

4.《畿辅水利备览》的历史地位

唐鉴为什么关心畿辅水利?这有多种原因。其一,自元代以来,江南官员学者,不满于江南赋重漕重,而提倡发展以畿辅水利为开端的西北水利,就近解决京师及北边的粮食供应,从而缓解京师对江南漕粮的压力。这种思想潮流,自元代开始产生,延及明朝,清朝尤其盛行。唐鉴正处于持续近七百年的历史思想潮流中。关于元明清时期江南官员学者的西北水利思想,本书前面已经论述,此不赘述。

其二,唐鉴个人的学术旨趣和任职经历使他关心江南民生利病,从而关心畿辅水利。唐鉴是湖南善化人,湖南是有漕省份之一。他嘉庆十四年中进士,有近十年的时间在京师任文职。道光元年开始任广西平乐府①、安徽宁池太广道、江安粮道、山西按察使、贵州按察使、浙江布政使、江宁布政使,膺屏藩之任,退休后又在南京讲学,往来南北,熟悉南北由于水利、土地利用不平衡,而导致的粮食生产不平衡的社会问题。关于唐鉴的学术旨趣,约嘉庆十六年至道光元年,陶澍诗云:"为富匪多文,妙筹荃蹄弃";②约道光十一年,陶澍诗云:"唐君家传一枝笔,风雨纵横书满室。平生雅抱致君心,读破万卷不读律。"③所云"妙筹"、"致君心",就是具有

---

① 《陶文毅公全集》卷四十五《唐仲冕墓志铭》,淮北士公刊本。
② 《陶文毅公全集》卷五十四《题唐镜海万卷书屋图》。
③ 《陶文毅公全集》卷五十六《题唐镜海老屋读书图即送其重官粤西》。

经世济用之学。在嘉庆道光时，经世之学，无非就是国计民生，即河、漕（含海运）、盐、西北华北（畿辅）水利等。而他在担任江安粮道，更使他深知漕运利弊。道光十三年十月，唐鉴补授安徽宁池太广道员，"巡查六府州仓库钱粮之责，兼管关务"；道光十四年二月二十四日，两江总督陶澍、署漕运总督恩铭、江苏巡抚林则徐、安徽巡抚邓廷桢，合衔保举唐鉴为江安粮道，"管理十府粮储，统辖两省军卫，凡一切催征赋课，支放钱粮，以及约束官丁，督催鉴造，政务殷繁，责任期重"，江安粮道还要督运漕粮，"于地方漕务情形，夙切讲求，深知利弊"[①]。江苏有三粮道，即江南粮道、苏松粮道、江安粮道，是巡抚以下重要的督漕官员。林则徐《林则徐全集·日记》道光十四年十一月，有几十条催漕船只的记载。道光十四、五年十二月，十府粮道唐鉴督运漕粮到京的工作，也受到林则徐的支持和关注[②]。唐鉴由深感漕运艰难，转而产生发展畿辅水利、使京师就近解决粮食供应的思想主张。他后来的督粮任职，使他更坚定了发展畿辅水利思想。

其三，唐鉴身处嘉庆、道光时讲求海运和畿辅水利潮流中。嘉庆、道光时，运河不畅；咸丰年间，太平军占领江南。南粮阻梗，购自重洋而运远，运自口外而接济不多，采买无银，收捐无应，以上这些因素，都使京师粮食供应不足。在京师宣南士大夫中，兴起了讨论海运和畿辅水利的思想潮流，产生了多部有关畿辅水利的著作。安徽泾县人包世臣，三次在著述中提出畿辅水利主张，嘉庆十四年《海淀答问己巳》、嘉庆二十五年《庚辰杂著嘉庆二十五年都下作》、

---

① 《林则徐集·奏稿上》，163页。
② 《林则徐集·日记》，155页，214页。

道光十五年《畿辅开屯以济漕弊议乙未》中,都提出畿辅水利主张①;林则徐,大约于嘉庆二十四年后酝酿发展畿辅水利的思想,约于道光十一二年完成《北直水利书》初稿,后来一直有修改。道光十二年林则徐任江苏巡抚,召冯桂芬"入署,校《北直水利书》"②,道光十五年十二月,请桂超万校刊《北直水利书》③,并改名为《畿辅水利书》④。道光三年(1823)潘锡恩编成《畿辅水利四案》,四年吴邦庆《畿辅河道水利丛书》成书。五年蒋时进《畿辅水利志》百卷⑤。道光十五年,林则徐又把潘锡恩《畿辅水利四案》和吴邦庆《畿辅河道水利丛书》,借给桂超万阅读⑥,林则徐当阅读此二书。唐鉴身处嘉庆、道光时讲求海运和畿辅水利潮流中,自然关心畿辅水利。

唐鉴撰述《畿辅水利备览》后,当然希望有人能来主持此事。但道光初年,程含章主持畿辅水利的工作,未在农田水利上下工夫,这自然使讲求畿辅水利者不满意。道光二十年,陆建瀛出为直隶天津道、累擢布政使⑦。唐鉴可能曾经希望陆建瀛来主持畿辅水利,但陆建瀛不肯越俎代庖。⑧ 因此,他又把目光转向他的老上级林则徐。道光十九年十一月二十九日(1840年春)林则徐在广

---

① 《包世臣集》,安徽黄山出版社1995年。
② 冯桂芬:《显志堂集》卷十二《跋林文忠公河儒雪譬图》。
③ 《林则徐集·日记》,中华书局1962年,214页。
④ 《皇朝经世文编续编》卷三十九《户政十一屯垦》,桂超万《上林少穆制军论营田疏》。
⑤ 《清史稿》卷一百二十九《河渠志四》。
⑥ 《皇朝经世文编续编》卷三十九《户政十一屯垦》,桂超万《上林少穆制军论营田疏》。
⑦ 《清史稿》卷三百九十七《陆建瀛传》。
⑧ 《唐确慎公集》卷三《复何丹溪编修书》。

州钦差大臣任内上疏,请求发展畿辅水利。道光二十年,唐鉴致信林则徐,向林则徐陈述发展畿辅水利的必要和可能。道光二十年四五月间(1840)林则徐在广州致信唐鉴,信中提到:"畿辅水田之请,本欲舂揭亲操,而未能如愿,闻已作罢论矣,手教犹惓惓及之,曷胜感服。"①道光二十一年秋季,当林则徐还在河南黄河河工工地时,唐鉴写信给林则徐并赠书两种,其中一种是《畿辅水利备览》。次年夏季,林则徐在荷戈西行伊犁途中,在西安,给唐鉴复信:"去岁九秋,在河干得执事手书,并惠大著两种。……所辑《水利书》援据赅洽,源流贯彻。……老前辈大人撰著成书,能以坐言者起行,自朝廷以逮闾井,并受其福。岂非百世之利哉!"高度评价《畿辅水利备览》。林则徐表示:"侍于此事积思延访,颇有年所,而未能见诸施行,窃引为愧。"②但是,唐鉴并没有放弃有"明晓农务之总管以经纬之"的愿望。咸丰元年太平军起事后,一路北上,咸丰三年太平军占领南京时,江南有漕省份都被太平天国占领,京师粮食供应困难。此时,唐鉴更坚定了他发展畿辅水利的主张,于是他于咸丰元年、三年两次向朝廷建议发展畿辅水利,并献书给朝廷。

　　唐鉴《畿辅水利备览》及其思想主张,不见当时有关于其实现的记载,这与清代许多主张畿辅水利官员学者的思想学说的结果是一样的。这有多种原因,既有社会政治因素,也有自然条件因素。本书前面已经论述过,现在再简要陈述一下。社会政治因素,是指元明清江南官员学者倡议畿辅农田水利的主要目的是减轻江

---

① 《林则徐全集》第七册《信札》第259《致唐鉴》,道光二十年四五月间于广州。海峡文艺出版社2002年。

② 《林则徐全集》第七册《信札》第397《致唐鉴》,道光二十二年六月间于西安。

南漕运压力,随着招商海运、改折减赋、漕粮折征银两、以及东北农业的发展、粮食贸易的活跃,京师无需依赖漕粮,因此发展畿辅农田水利的根本目标不存,也就不存在发展畿辅农田水利的迫切性了。自然条件因素是,由于清后期气候的日渐干旱,缺乏地表水资源,为了缓解旱情,直隶等北方省兴起凿井热潮,而且畿辅多数地区雨热季节与水稻生产不相适应,发展畿辅水稻生产的基本条件受到限制。

道光年间大约产生了五部畿辅水利专著及其他论著。这些作者中,《三十种清代纪传综合引得》不见有蒋时的记录,吴邦庆是顺天霸州人,包世臣、潘锡恩都是安徽泾县人,林则徐是福建闽侯人,唐鉴是湖南善化人。如果前面对唐鉴著书时间的考证不错的话,那么唐鉴的《畿辅水利备览》是第一部,应当具有引导嘉庆道光时倡议畿辅水利风气的作用。

那么这种思想主张,在今天有什么意义?首先,有助于了解清代江南籍官员关于畿辅水利的思想历程。元明清时,有许多江南籍官员著书立说,提倡西北水利,这给我们留下许多思想资料。唐鉴《畿辅水利备览》就是清代道光元年出现的一部著作,较早于同时代其他学者的同类著作。其次,他提出了一些有益的见解,如北方某些地区只知种植旱地作物,致使"沃土废而不垦,是以有用之水而置之无用之地,而且须有人力以曲防其害,则不善用水之过也"。最后,有助于了解唐鉴本人的思想主张。唐鉴在其身后,之所以受到学者的重视,主要是因为其理学著作如《国朝学案小识》,以及他关于组织保甲团练等思想,这不利于全面地认识历史人物。迄今为止,仍然没有看到对唐鉴畿辅农田水利思想的研究,足见至今人们还没有认识到唐鉴畿辅水利思想主张的历史地位和价值。

此外,《唐确慎公集》卷二《区田种法序》,卷五《劝民开塘治田示附开塘四法治田四法》,都是他为地方官时,为推广区田、水田等农政而作,对于扩大南方山区的水田、增加旱田的收成,都是有益的。

十八　潘锡恩《畿辅水利四案》及其借鉴价值

潘锡恩(?—同治六年,?—1867年),字芸阁,安徽泾县人。嘉庆十六年进士,一直在京师任职。道光六年至九年,授南河副总督。其后在京师任职,历任左副都御史、顺天学政、兵部和吏部侍郎。道光二十三年至二十八年,任南河河道总督兼漕运总督。咸丰中,在籍治捐输团练。同治三年,赴庐州会办劝捐守御事。①潘锡恩对漕运和河工有较大的贡献,以河臣著称,《安徽通志》说他"尤究心水利",缪荃孙《续碑传集》以其入《河臣传》。②他编辑《乾坤正气集》574卷;③道光三年潘锡恩编成《畿辅水利四案》;道光十一年,前任南河总督黎世序和南河副总督潘锡恩主持、俞正燮等编辑《续行水金鉴》成书。这三种著述中有两种是水利史文献汇编。《续行水金鉴》是接续《行水金鉴》的,选自雍正元年至嘉庆二十五年(1829)间,有关黄、淮、汉、江、济、运、永定各河的水利文献,按原委、章牍、工程分类相从,并在各篇中编入农田水利的内容。这本书受到水利史学界的重视。而《畿辅水利四案》汇集了雍正、乾隆两朝国家大规模兴举直隶水利的专题档案。这书不仅是我们了

---

① 《清史稿》卷三百八十三《潘锡恩传》。
② 缪荃孙:《续碑传集》卷三十三《河臣·潘锡恩》引《安徽通志》,光绪十九年江苏书局刻本。
③ 《清史稿》卷一百四十八《艺文志四·总集类》。

解雍正、乾隆年间的畿辅水利的专题历史文献,而且编者潘锡恩还提出了一些有价值的思想认识,对于今日华北经济与社会的可持续发展,仍有借鉴意义。

1.《畿辅水利四案》的体例与成书原因

《畿辅水利四案》是关于雍正、乾隆两朝直隶水利的专题档案的汇编,末尾又有编者的按语。编者选取雍正、乾隆实录中有关兴修直隶水利的皇帝谕旨和大臣章奏而成的专题档案汇编,包括《初案》、《二案》、《三案》、《四案》,以及《案补》和《附录》六部分。《初案》汇集雍正三年至八年(1725—1730)怡贤亲王允祥举行直隶水利的有关档案。主要有雍正的谕旨、朱批,允祥、宣兆熊、何国宗、舒喜等的奏疏,末尾附《通志四局营田亩数》。《二案》汇集乾隆四年至五年(1739—1740)天津道巡漕给事马宏琦、直隶总督孙嘉淦、天津道陈宏谋关于天津水利的奏疏及相关的谕旨。《三案》由乾隆九年至十二年(1744—1747)山西监察御史柴潮生、大学士鄂尔泰、吏部尚书刘于义、两任直隶总督高斌和那苏图关于直隶水利的奏疏、乾隆的谕旨等编辑而成。《四案》汇集隆二十七年至二十九年(1762—1764)的档案,包括直隶总督方观承、布政使观音保、工部左侍郎范时纪、山东道监察御史汤世昌、吏部尚书史贻直、协办大学士兆惠、钦差御史兴柱、顾光旭、永安、温如玉,尚书阿桂、侍郎裘日修,大学士傅恒的奏疏,并且附有河南巡抚胡宝泉《开田沟路沟摺》,方观承《直隶护田门夫章程摺》、《勘海口消积水案》、《筹办源泉案》等。《畿辅水利四案补》内容简单,包括乾隆四年天津道陈宏谋《南运河修防条议》和《请修海河叠道议》,乾隆二十八年阿桂等《会勘河渠摺》三份章奏。《附录》包括三类文献,一是乾隆二年、二十五年、三十七年关于兴修北方水利的圣谕。二是陈仪、戈涛、沈联芳、沈梦兰关于畿辅水利的章奏论说共九篇,如沈联芳的《邦畿水利集说总论》、沈梦兰的《五省沟洫图则四说》。三是从《清会典》、《畿辅安澜志》摘录的筑浚事宜、量河法、物料工价、埽工、草坝、石坝等的技术资料等。《附录》末尾是潘锡恩的按语。

潘锡恩编辑《畿辅水利四案》多采集档案而来。有些档案没有查到,他就注明。如《畿辅水利三案》内,直隶总督那苏图乾隆十一年关于盐山、庆云二县穿井给牛种树各事宜的奏疏,他注明:"原奏检查未得,阙以俟补。"乾隆十二年四月上谕要求军机大臣与高斌、刘于义详查当时直隶水利成效及善后措施,他注明:"因高斌奉差南河,议稿驰寄会商。未识何时覆奏,遍查不获,缺以俟补。"这表示了对文献的求真求实态度。

潘锡恩为什么关心畿辅水利?他自述:

北方水利之议,自宋何承矩倡之,元郭守敬、虞集益推广之,明徐贞明、汪应蛟皆试之有效,而行不获久,论者惜之。然率出自一二荩臣拳拳谋国为长计远虑,其君概视为无足重轻,未有若我朝列圣,勤恤民艰,永图利赖,如是之专且挚者也。论者谓雍正间肇兴此举,其时利多于害;乾隆间则利害参半;至今日而兴利之举,不胜其除害之思矣。夫五方风气各殊,北土类多高燥。曩者,十年之中,忧旱者居其三四,患涝者偶然耳。自嘉庆六年以来,约计十年之中,涝者无虑三四。以天时言之,所亟宜兴举者,一已。永定、子牙长堤虽格,而东淀之传送已淤;南运、北运减坝日高,而三岔之汇流不畅。往者,河通淀廓,今通者塞而廓者隘,一经霖潦,则旁冲上溢,决岸颓堤,及今不治,沦胥可虑。以地势言之,所亟宜兴举者,二已。比虽多雨,未为霪霖,已成积涝。永定既多决口,东淀至天津汇为巨浸,田庐之漂没已甚,民生之辛苦可知。蠲赈固非常恃之方,蓄积亦无久继之理。饥者易为食,渴者易为饮。于荡析离居之后,为之奠室家谋干止、去昏垫。即安便,或有兴修,其孰不鼓舞欢欣赴功趋事? 以民情言之,所亟宜兴举者,三已。……

  锡[恩]承乏史馆,伏读列圣实录、先臣章疏,仰见于谟宏远辦画精详,谨缮录以备省览。……睹是编者,其亦晓然于直隶水皆有用之水,土皆可耕之田,成案具存,率循有自,随时通变,因地制宜,以一省之河淀,容一省之水,而水无弗容;以一省之人民,治一省之河淀,而河淀无弗治。目前以除害为急,害除而利自可以徐兴;异时之兴利可期,利兴而害且可以永去,其于畿辅民生未必无小补云。①

潘锡恩关心畿辅水利,有多种原因。其一,潘锡恩继承元明时提倡西北水利者的志愿。自元代以来,江南官员学者,不满于江南赋重漕重,而提倡发展以畿辅水利为开端的西北水利,就近解决京师及北边的粮食供应,从而缓解京师对江南漕粮的压力。这种思想潮流,延续到清代。潘锡恩正处于这一思想潮流中。他继承了元明以来虞集、徐贞明、汪应蛟等提倡并实验有效的西北水利的思想,很为他们感到惋惜。他认为,元明时,只是个别臣子极力提倡西北水利,"拳拳谋国为长计远虑",当时"其君概视为无足重轻",清朝则列圣勤恤民艰,特别是雍正、乾隆时大规模兴修直隶水利,表明国家对畿辅水利的高度重视,只有时君重视才可以继续兴修畿辅

---

 ① 潘锡恩:《畿辅水利四案·附录》,道光三年刻本。

水利,有补于国计民生。元明清国家京师粮食供应依赖东南,造成的诸多经济和社会问题,是江南籍官员面临的主要大政问题,是需要给予解决方案的。恢复海运、减少南漕和发展畿辅水利,正是他们给予这个问题的解决方案。

其二,潘锡恩身处道光三、四、五年讲求实行海运和发展畿辅水利思潮中。潘锡恩在京师为官期间,居于宣武门外下斜街①。清代的宣南,不仅是汉族官员在京师的聚居地,而且是各种政论和思潮产生的地方。宣南士大夫中经常就一些国家大政问题发表意见,互相讨论,引领学术潮流。嘉庆、道光,由于运道梗塞,或畿辅大水;咸丰、同治时,太平军占领江南,这些因素使京师粮食供应紧张,讲求海运和畿辅水利成为一时潮流。道光三年,畿辅大水,雨潦成灾,朝廷赈济后,"简练习河事大员,俾疏浚直隶河道。并将营治水田,于是京师士大夫多津津谈水利矣。"②魏源说:"道光五年夏,运舟陆处,南士北卿,匪漕莫语"③到了同治二年时,冯桂芬说:"年来士大夫动有复河运之议,宣南尤重,问其故,畏外侮而已。"④河政、漕运、盐政是清朝大政,而解决其弊端的方案,如恢复海运、发展畿辅水利等是清代贯穿始终的政治思潮。在这种思潮中,潘锡恩的同年友如唐鉴、林则徐,都或前或后地论述畿辅水利,唐鉴嘉庆十六年就开始写作《畿辅水利备览》,林则徐嘉庆二十四年开始写作《北直水利书》(道光十二年时更名为《畿辅水利书》,光绪丙子刊本名《畿辅水利议》)。道光十五年十二月,当林则徐为江苏巡

---

① 白杰著:《宣南文脉》,中国商业出版社1995年,138页。
② 吴邦庆:《畿辅河道水利丛书》之《潞水客谈·序》。
③ 《魏源集》《筹漕篇上》。
④ 《皇朝经世文编续编》卷四十八《户政二十漕运中》,冯桂芬:《致曾相侯书》。

抚时,曾把自著《畿辅水利书》和潘锡恩《畿辅水利四案》、吴邦庆《畿辅河道水利丛书》送给桂超万阅读,并请桂超万提出意见[①]。他们之间同明相照、同类相求,其学术旨趣是相同的。

其三,论证道光时疏浚直隶河淀的必要性和工程费用。从气候变化来说,嘉庆六年以前"十年之中,忧旱者居其三四,患涝者偶然耳。自嘉庆六年以来,约计十年之中,涝者无虑三四"。即自嘉庆六年至道光时,直隶水患居多。从地势来说,永定河堤、子牙长堤虽能捍格水潦,但东淀已淤;南运河、北运河的减坝日高,三岔河汇流不畅。以往,河通淀廓,今通者塞而廓者隘,一经霖潦,则必然溃决堤坝。从实际情形看,永定河多决口,东淀至天津汇为巨浸,漂没民田庐舍,民生艰难。从天时、地利、人情三方面看,道光时国家应继续疏浚直隶河道。当时,人们对疏浚河淀的人工物力存有疑虑,他认为可参考乾隆四年成案:即"平常工程,照以工代赈者,十居其三;紧要工程,照修筑河堤者,十居其三。修筑之法,劝用民力者,十去其四,此乾隆四年成案,似可仿行也。"[②]他编辑《畿辅水利四案》,"用备当事之采择,并取前人论说,有助经理者附焉。"[③]

同时,为道光时疏浚直隶河淀提供当代成功的经验。雍正、乾隆时国家数次治理直隶水利:即雍正三年至八年(1725—1730)在怡贤亲王允祥、大学士朱轼主持下的畿辅水利营田;乾隆四年至五年(1739—1740)由直隶总督孙嘉淦、天津道陈宏谋主持的消除天津积水;乾隆九年至十二年(1744—1747)由吏部尚书刘于义、直隶

[①] 《皇朝经世文编续编》卷三十九《户政十一屯垦》,桂超万《上林少穆制军论营田疏》。

[②] 潘锡恩:《畿辅水利四案·附录》,道光三年刻本。

[③] 潘锡恩:《畿辅水利四案·附录》,道光三年刻本。

总督高斌等主持的直隶水利;乾隆二十七年至二十九年(1762—1764)由直隶总督方观承、布政使观音保、尚书阿桂、侍郎裘日修等主持的直隶水利。乾隆三十五年(1770)侍郎袁守侗、德成往直隶督率疏消积水,尚书裘日修往来调度,总司其事。乾隆时的几次治理直隶水利,除乾隆九年至十二年(1744—1747)是因干旱而兴修水利外,其余三次都是因积水宣泄不及而兴起,主要目标时消除治理积水,但也兼及农田水利。道光三年夏,畿辅连年水患,朝廷派署工部侍郎张文浩、直隶总督蒋攸铦,勘察南北运河及永定河决溢,准备次年疏浚直隶河淀事宜①。但是当时人们对畿辅水利有一些错误认识,如沈联芳认为"圣祖、世宗年间,淀池深广,未垦之地甚多,故当日怡贤亲王查办兴利之处居多。乾隆二十八九年制府方恪敏时除害与兴利参半。今则惟求除害矣。"②沈联芳认为嘉庆以后,畿辅只应除水害,不能兴水利。潘锡恩说,"论者谓,雍正间肇兴此举,其时利多于害;乾隆间则利害参半;至今日而兴利之举,不胜其除害之思矣。"他不赞成这种观点,"目前以除害为急,害除而利自可以徐兴;异时之兴利可期,利兴而害且可以永去"。"通流无碍,蓄泄可资,然后徐筹灌溉之功未为晚也"。他编写《畿辅水利四案》正是为了给道光时的疏浚直隶河淀,提供成功的历史经验。

其四,潘锡恩个人的学识,使他把关心江南民生利病和畿辅水利联系起来。潘锡恩是安徽泾县人,安徽是有漕省份之一。他嘉庆十六年(1811)中进士,有十多年的时间在京师任编修、侍读学士等职,既熟悉直隶的情况,也熟读史馆中档案。他自述"承乏史馆,

---

① 《清史稿》卷二百八十三《张文浩传》。
② 《清经世文编》卷一〇九《工政十五·直隶水利下》,沈联芳《邦畿水利集说总论》。

伏读列圣实录、先臣章疏,仰见于谟宏远掰画精详,谨缮录以备省览"。① 关心当时河工、漕运等国家大政,并发表意见。嘉庆道光时,河务和漕运弊端日益严重,江南漕粮浮额日益增多,解决这些弊端以及由此带来的其他社会的经济的问题,成为潘锡恩关注的重点。道光四年(1824),当他还是宗人府丞时,就上疏条陈河务,提出"蓄清抵黄"的建议,道光帝韪其议②。这表明了他对江南河道的关注,引起最高统治者的重视。也正是在这一年,《畿辅水利四案》成书。道光五年,补淮扬道。道光六年至九年任南河副总河。道光十一年,前任南河总督黎世序和南河副总督潘锡恩主持、俞正燮等编辑《续行水金鉴》成书。道光二十三年(1843)至二十八年任南河河道总督兼漕运总督。《清史稿》评价说:"河患至道光朝而愈亟,南河为漕运所累,愈治愈坏。自张文浩蓄清肇祸,高堰决而运道阻。……灌塘济运,赖以弥缝。麟庆、潘锡恩循其成法,幸无大败而已。"③ 可以说,潘锡恩的学术著述与他担任河臣之间是有着互相促成关系的。

2. 潘锡恩对畿辅水利的主要认识

《畿辅水利四案》的地位是独特的,除了因为这书是清代第一部关于畿辅水利的专题档案汇编外,还因为这书表现了编者潘锡恩关于清代畿辅水利的一些有价值的思想认识。这主要表现在以下几个方面:

潘锡恩认为,第一,治理直隶水利,必须以疏浚为主。直隶河

---

① 潘锡恩:《畿辅水利四案·附录》,道光三年刻本。
② 《清史稿》卷三百八十三《潘锡恩传》。
③ 《清史稿》卷三百八十三"史臣论曰"。

流众多,经河之大流有卫河、滹沱河、漳河。其他如河间府分水支河十一,潴水淀泊十七,蓄水渠三。天津府分水支河十三,潴水淀泊十四,受水之沽六。是水道之至多,莫如直隶。太行山东之水,皆于此而委输,天津名曰直沽,畿辅之流,皆于是而奔汇①。但"直隶地方,地势平衍,虽有潴水之淀泊,并无行水之沟洫,雨水偶多,即漫流田野"。② 因此,雍正三年(1725)怡贤亲王允祥和大学士朱轼就确定以疏浚为主的治理方案:"治直隶之水,必自淀泊始",疏浚深广,并多开引河,使淀淀相通,使沟洫达于渠,渠达于河,于淀。③ 乾隆时仍继续这种治水思想。乾隆九年至十一年(1744—1746)刘于义、高斌上疏四次,共提出三十条治理直隶水患的建议,其中有二十一条建议是以疏浚为指导思想,其方法主要有深挖沟渠、修减水坝、挑支河等。在疏浚直隶各淀泊河渠后,就应治理天津入海口,使尾闾畅通。潘锡恩总结说:"直隶当大雨时行,正值海潮涨盛之候。但知从事宣泄,然宣泄未由归壑,堤岸必复遭冲溃,中流且卒致填淤,是工掷于无用。惟于大陆泽、宁晋泊、西淀、东淀、塌河淀、七里海、中塘洼诸处大加挑挖,使潦水暴至,有所消纳;逮海潮大落,众派趋归;其潴蓄所余,并足资旱洇注之用,此一举两得之计也。"④

第二,应去水之害,兴水之利。兴水之利最大者,当为水利田。雍正时治理直隶水利的主要目标是除水害兴水利。雍正三年(1725)允祥、朱轼《畿南请设营田疏》:"畿辅土壤之膏腴甲于天下,

---

① 潘锡恩:《畿辅水利四案》之《三案》,柴潮生:《敬陈水利救荒疏》。
② 潘锡恩:《畿辅水利四案》之《附录》,陈仪:《疏古河故渎议》。
③ 潘锡恩:《畿辅水利四案》之《初案》,允祥、朱轼:《查勘直隶水利情形疏》。
④ 潘锡恩:《畿辅水利四案》之《附录》,潘锡恩按语。

东南滨海,西北负山,有流泉潮汐之滋润,无秦晋岩阿之阻格,豫徐黄淮之激荡,言水利于此地,所谓用力少而成功多者也。……今农民终岁耕耨,丰歉听之天时,一遇雨阳之愆,遂失秋成之望,岂地力之是咎,实人谋之不臧也。……臣等请择沿河濒海、施功容易之地,若京东之滦、蓟、天津,京南之文、霸、任邱、新、雄等处,各设营田专官,经画疆理,召募南方老农,课导耕种,……至各属官田,约数万顷,请遣官会同有司,首先举行,为农民倡率。其浚流、圩岸以及潴水、节水、引水、戽水之法,一一仿照成规,酌量地势,次第兴修,一年田成,二年小稔,三年而粒米狼戾。"①雍正四年首先在滦县、玉田、霸州、文安、大城、保定、新安、安州、任邱试行,共成水利田八百余顷,于是设立京东局、京西局、京南局、天津局,主管营田,至七年共营成水田六千余顷,水稻丰收。②

潘锡恩认为道光年间应继续发展直隶农田水利。《畿辅水利三案》引用乾隆九年山西监察御史柴潮生《敬陈水利救荒疏》,提出发展直隶水田的建议,"尽兴西北之水田,尽辟东南之荒地,则米价自然平减,闾左立致丰盈,……请先就直隶为端,俟行之有效,另筹长策,次第举行"。柴潮生还批驳了"北土高燥,不宜稻种也,土性沙碱,水入即渗也"的说法。③潘锡恩回顾了元明及清代发展直隶水利的历史,从天时、地利、人情三方面提出了嘉庆以后发展直隶水利的必要性,说:"顾或疑南北之土性异宜,此则怡贤亲王之所陈、御史柴潮生之所奏已破其说。今且未责之遽兴水利也,除水害已耳。……俟通流无碍,蓄泄可资,然后徐筹灌溉之功未为晚也。"

---

① 潘锡恩:《畿辅水利四案》之《初案》,允祥、朱轼:《畿南请设营田疏》。
② 潘锡恩:《畿辅水利四案》之《初案》,附《通志四局营田亩数》。
③ 潘锡恩:《畿辅水利四案》之《二案》,柴潮生:《敬陈水利救荒疏》。

第三,农田不得侵占水道,保证行水畅通,留为潴水之地。潘锡恩引用前人的实践和认识以说明自己的观点。清代贪占淤地耕种的现象很严重,陈仪、沈联芳都指出贪占淤地的现象和危害,陈仪和高斌曾设法打击或改变侵占河湖淤地的作法。乾隆三十七年(1762),乾隆帝批评了贪占淤地的现象:"淀泊利在宽深,其旁间有淤地,不过水小时偶然涸出,水至则当让之于水,方足以畅荡漾而资潴蓄。……乃濒水愚民,惟贪淤地之肥润,占垦效尤。所占之地日益增,则蓄水之区日益减,每遇潦涨水无所容,甚至漫溢为患,在闾阎获利有限,而于河务关系匪轻,其利害大小,较然可见。是以屡经饬谕,冀有司实力办理。今地方官奉行,不过具文塞责,且不独直隶为然,他省滨临河湖地面,类此者谅亦不少,此等占垦升科之地,一望可知。存其已往,杜其将来。无难力为防遏,何漫不经意若此。通谕各督抚,除已垦者姑免追禁外,嗣后务须明切晓谕,毋许复行占耕,违者治罪。若仍不实心经理,一经发觉,惟该督抚是问。"[①]畿辅及其他地区农民贪占河滩淤地现象严重,引起乾隆帝的不满。潘锡恩引用前人的实践和认识,来表明他对这个问题的认识。

3.《畿辅水利四案》的学术史意义与借鉴价值

潘锡恩在《畿辅水利四案》中提倡继续兴举直隶农田水利,主要是消除积水,然后发展水田生产。清代后期,直隶农田水利,特别是水稻生产,呈下降趋势。从今天北方干旱少雨的气候条件看,水田是最浪费水资源的,北方干旱半干旱区不再适宜发展水稻生产。那么《畿辅水利四案》有什么学术史意义及现代借鉴价值?

---

① 潘锡恩:《畿辅水利四案》之《附录》,《乾隆谕旨》。

《畿辅水利四案》的学术史意义表现在两方面。第一，《畿辅水利四案》是清代雍正、乾隆两朝国家大规模兴举直隶水利的专题档案汇编。雍正、乾隆年间的畿辅水利，当时皇帝的谕旨、大小臣工的奏疏，以及雍正年间水利营田的营田亩数，虽然可以直接在清代档案和陈仪《畿辅通志》中查找到，但是，由于潘锡恩曾在史馆任职，虽然有些档案他也不曾见到，但他接触的档案，无疑要比我们今天所能接触到的多，也更系统，因此《畿辅水利四案》是今天我们了解雍正、乾隆年间的畿辅水利的专题历史文献。

第二，《畿辅水利四案》是元明清时期第二部直隶水利专史。从水利史专著的发展看，元以前，只有《史记·河渠书》和《汉书·沟洫志》两部水利专史；元以后，正史恢复了《河渠志》：这都是全国范围的水利史。宋元明清时，随着江南漕粮在京师粮食供应中地位的上升，国家治水活动的重点以江南为主，出现了许多反映江南水利活动的专史。相反，北方水利或者说西北水利只是江南官员学者的一种理想。清代雍正、乾隆时国家大规模地兴举直隶水利，嘉庆、道光时运河河道梗塞、畿辅大水，促成了记述、研究直隶治水活动的学术著作的产生，道光年间产生了多部有关畿辅水利的著作，从刊刻时间看潘锡恩《畿辅水利四案》是道光年间刊刻的第一部直隶水利专史，并且对林则徐《畿辅水利议》有启示作用。

作者在《畿辅水利四案》中提出的一些思想认识，对今天发展农田水利事业是有思想启迪作用的。这里只提出两点。其一，关于疏通积水的观点，今日可以变通地借鉴其思想和方法。我国地势西高东低，呈阶梯状下降趋势，而许多省区内则较为平坦。河流大多由西向东，最后流入黄海、渤海、东海。降雨时空分配不均衡，冬春少雨干旱，夏秋多暴雨。农业生产的水资源条件很不利：春季是作物生长的需水期,这时我国北方河流正处于枯水期;夏秋又是作物收获季节,河流又处于丰水期。农业生产与水资源的丰枯周期互相错位,这对农业生产是极其不利的。因此,在我国北方工业生产和人民生活用水需要不断增长的情况下,如何恰当有效地处理夏季暴雨积水问题,对农业发展有重要影响。水利水害可以互相转化。清代主要的治理措施是消除积水、兴修农田水利。但今天可以变通而借鉴之,夏季可以采取有效措施拦蓄水源,以备旱时之需。这样,潘锡恩关于如何消除畿辅夏季积水的思想方法、措施就可以为我们所借鉴。

其二,关于人类经济社会活动不得占用行水通道的思想,对于今天经济与社会的可持续发展仍有借鉴意义。汉代贾让指出,黄河流域许多水患的发生,实际是由于人类的居住和农耕活动侵占了行水通道。自汉代至明清,随着人口增长以及国家征收赋税欲望的增强,这种现象愈演愈烈,黄河流域,长江中下游等地区,都发生人争水道的社会经济行为。南宋的卫泾,宋元之际的马端临,明清之际的顾炎武,乾隆时的李光昭,都指出水患的实质是人类经济社会活动侵占了行水通道。马端临说:"大概今之田,昔之湖也。徒知湖之水可以涸以垦田,而不知湖外之田将胥而为水也。"[1]顾炎武认为"吾无容水之地,而非水据吾之地也。……河政之坏也,起于并水之民贪水退之利,而占佃河旁淤泽之地,不才之吏因而籍之于官,然后水无所容,而横决为害"。[2]李光昭说:"北方之淀,即南方之湖,容水之区也。""借淀泊所淤之地,为民间报垦之田,非计

---

[1] 《文献通考》卷六《田赋考六·水利田》。
[2] 《日知录》卷十二《河渠》。

之得也者。盖一村之名,止顾一村之利害,一邑之官,止顾一邑之德怨。"① 应当由国家统一规划、施工、管理和使用河流,避免出于一省一市利害的水利或其他经济社会行为。清代乃至今日南方长江流域中游许多洪水的发生,实质就是垸田侵占了行水通道。潘锡恩《畿辅水利四案》中贯穿着反对人占水地的思想,这对于今天社会与经济的可持续发展仍有借鉴意义。

十九　吴邦庆《畿辅河道水利丛书》的学术渊源与历史地位

吴邦庆(乾隆四十一年—道光二十八年,1776—1848),字霁峰,顺天霸州人。乾隆六十年举人。② 嘉庆元年进士,一直在京师任职,累迁内阁侍读学士。吴邦庆对漕运和河工有较大的贡献,是道光时比较重要的漕臣、河臣。当他在京师任职时,数论河漕事,多被采用。嘉庆十五年他奉命巡视东漕(南运河),十九年督浚北运河。③ 自嘉庆二十年至二十五年,历任山西、河南、湖南、福建、安徽巡抚或通政使。道光九年至十一年,为漕运总督,督漕三年,东土无延期④,禁止粮船装载芦盐,请缉拿沿河窝顿。十一年,调江西巡抚。十二年至十五年,为河东河道总督。道光三年,授予翰林院编修。⑤ 道光四年,吴邦庆编辑刊刻的《畿辅河道水利丛书》,

---

① 李光昭修、周琰纂:《东安县志》卷十五《河渠志》,乾隆十四年修,民国二十四年《安次旧志四种合刊》。
② 《畿辅河道水利丛书》之《直隶河渠志·吴邦庆跋》。
③ 《畿辅河道水利丛书》之《畿辅河道管见·南运河》。
④ 徐世昌、王树楠《大清畿辅先哲传》第五《吴邦庆传》。
⑤ 《清史稿》卷三百八十三《吴邦庆传》。

是道光时三大畿辅水利著述之一，对畿辅水利的用水方法，有理论上的认识和贡献。本书"元明清华北西北水利的用水理论"中已论述其对华北西北用水理论的认识等问题，这里着重讨论《畿辅河道水利丛书》体例、内容、编纂经过、成书原因、主要观点、学术渊源、历史地位和影响等问题。

1．《畿辅河道水利丛书》体例和内容

《畿辅河道水利丛书》，是吴邦庆编撰的宋、元、明、清畿辅河道水利文献汇编，共收集宋、元、明、清三类十种畿辅水利文献。这三类分别是：明清畿辅水利著述、吴邦庆编著辑的宋元明清畿辅水利专题文献、吴邦庆自著畿辅河道水利营田论文。这十种分别是徐贞明《潞水客谈》、陈仪《直隶河渠志》和《陈学士文钞》、怡贤亲王允祥《怡贤亲王疏钞》；吴邦庆绘图《营田水利册说补图》、编辑《畿辅水利辑览》和编著《泽农要录》；吴邦庆撰述的《畿辅河道管见》、《管见书后》和《畿辅水利营田私议》。

第一类，明清畿辅水利著述，包括徐贞明《潞水客谈》、陈仪《直隶河渠志》和《陈学士文钞》、怡贤亲王允祥《怡贤亲王疏钞》。本书前面已经论述《潞水客谈》，此不赘言。这里，着要介绍允祥畿辅水利奏疏、陈仪《直隶河渠志》和《陈学士文钞》。雍正三年，畿辅大水，诸河泛滥，七十余州县被水灾，坏民田庐无数。雍正帝命怡贤亲王允祥、大学士朱轼主持雍畿辅水利营田事宜，三四年间，河流顺轨，营治水田六七千余顷。《畿辅河道水利丛书》收录《怡贤亲王允祥疏钞》，含吴邦庆辑清雍正帝谕、允祥的九篇奏疏、附录李光地《请开河间府水田疏》和《请兴直隶水利疏》，最后是吴邦庆跋。允祥的九篇奏疏，即《敬陈水利疏》、《请设营田专官事宜疏》、《请磁州改归广平疏》、《敬陈畿辅西南水利疏》、《请设河道官员疏》、《敬陈京东水利疏》、《请定考核之例以专责成疏》、《各工告竣情形疏》、《恭进营田瑞稻疏》。吴邦庆说,允祥主持畿辅水利的事迹,"自为天下后世所共瞻仰。而其管理营田水利府诸章疏,水道则脉络分明,修治则擘画周悉,尤可钦贵。"①

陈仪(康熙八年——乾隆七年,1669—1742年),字子翙,直隶文安人。康熙二十九年(1690)中举人,五十四年(1715)进士,官至翰林院侍读学士,授编修,预修三朝国史。陈仪对畿辅水利的贡献有两项,一,他参与了雍正时的畿辅水利营田事业,并有营田成绩。雍正四年,大学士朱轼,随怡贤亲王允祥行视畿辅水利时。朱轼以亲忧南归后,教令牍奏,皆出自陈仪之手。五年,设水利营田四局,陈仪领天津局,用以工代赈的形式,加固文安、大城的险要堤工。八年,廷议设立营田观察使二员,分辖京东西,以督率州县。陈仪领丰润诸路营田观察使,在天津营田,仿效明汪应蛟遗制,筑十字围三面通河,开渠与河水通,潮来渠满,则闭之以供灌溉,白塘、葛沽之间,斥卤尽变膏腴。丰润、玉田负山带水,涌地成泉,多沮洳之区,陈仪教民开渠筑圩,皆成良田。水稻丰收。陈仪又虑谷贱伤农,奏请发帑金采买,以充天庾。后罢观察使,领史职如故。二,陈仪论述了畿辅河道源流及水利方法。陈仪自康熙二十九年中举后,会试屡次失利,于是他"益讲求经世之务,于礼乐、制度、盐法、河防,莫不考究其得失,而以畿辅河道,尤关桑梓利害,凡桑乾、沽、白、漳、卫、滹沱诸水之脉络贯注及迁徙壅决之由,疏瀹浚导之法,若烛照数计"。当他随允祥行视畿辅水利时,教令牍奏,皆出其手。

---

① 《畿辅河道水利丛书》之《怡贤亲王疏钞·吴邦庆跋》。

他深悉直隶河道源流,"畿辅七十余河,疏故浚新,公所堪定者十六七。论者谓燕、赵诸水,条分缕析,前有郦道元,后有郭守敬,公实兼之。"①因此他在充霸州等处营田使时,就著《直隶河渠志》一卷,凡海河、卫河、白河、淀河、东淀、永定河、清河、会同河、中亭河、西淀、赵北口、子牙河、千里长堤、滹沱河、滏河、宁晋泊、还乡河、塌河淀、七里海二十余水的迁徙壅决利弊,都简明扼要地叙述出来。当李卫在保定莲花池书院主持修纂《畿辅通志》时,延请陈仪为总修,特著《河渠志》一门。乾隆十八年(1753)陈玉友刊刻的陈仪著《陈学士文集》卷一收录陈仪《请修营田工程疏》,卷二收录陈仪《直隶河道事宜》、《文安河道事宜》、《营田志》、《四河两淀私议》(乾隆四年作)、《后湖官地议》、《治河蠡测》、《与天津清河两道咨》②;陈仪文集《兰雪斋集》中有《堡船义夫议》、《疏古河故渎议》等③。吴邦庆编辑《陈学士文钞》时抄录了上列八文,及符曾《陈学士家传》。

第二类,吴邦庆编著的畿辅水利专题文献,即吴邦庆绘图《营田水利册说补图》一卷、编辑《畿辅水利辑览》一卷和编著《泽农要录》六卷。

《营田水利图说》,是吴邦庆抄录陈仪纂修《畿辅通志》卷四十七《水利营田》并配以地图。雍正三年,畿辅大水,诸河泛滥,坏民田庐无数。雍正帝命怡贤亲王允祥、大学士朱轼主持畿辅水利营田事宜,三四年间,河流顺轨,五年,设水利营田四局,一曰京东局,统辖丰润、玉田、蓟州、宝坻、平谷、武清、滦州、迁安,自白河以东,凡可营田者咸隶焉。一曰京西局,统辖宛平、涿州、房山、涞水、庆

---

① 符曾:《陈学士家传》,《畿辅河道水利丛书》。
② 陈仪:《陈学士文集》,乾隆十八年兰雪斋刻本。
③ 潘锡恩:《畿辅水利四案》之《附录》收录上述八篇,道光三年刻本。

都、唐县、安肃、新安、霸州、任邱、定州、行唐、新乐、满城,自苑口以西,凡可营田者咸隶焉。一曰京南局,统辖正定、平山、井陉、邢台、沙河、南和、磁州、永年、平乡、任县,自滹、滏以西,凡可营田者咸隶焉。一曰天津局,统辖天津、静海、沧州暨兴国、富国二场,自苑口以东,凡可营田者咸隶焉。……自五年分局,至于七年,营成水田六千顷有奇,稻米丰收。① 陈仪纂《畿辅通志》卷四十七《水利营田》分为四局,以各州县列其下,并注明某处用某水、营田若干顷亩。吴邦庆认为陈仪《水利营田》有说无图,终未尽善。于是他取诸州县,计里开方,绘图三十七幅,使"观者较若列眉,了如指掌",使讲求畿辅水利者"按图而求之"。②

《畿辅水利辑览》,是吴邦庆编辑十一种宋、元、明、清直隶农田水利的议论奏疏,计有宋何承矩《屯田水利疏》、元虞集《畿辅水利议》、明汪应蛟《海滨屯田疏》、董应举《请修天津屯田疏》、左光斗《屯田水利疏》和《请开屯学疏》、张慎言《请屯田疏》、魏呈润《水利疏》、叶春及《请兴水利疏》、袁黄《劝农书摘语》,并附朱云锦《豫中田渠说》。③ 以上内容,是宋元明讲求畿辅水利者的议论行事文献汇编。吴邦庆认为,直隶水利营田,则"惟宋何承矩故迹差可考,余则陵谷变迁,惟传志记载耳。……继而讲求水利者,元则有郭太史守敬、虞文靖公集、丞相脱脱,……明则倡其说者为徐尚宝贞明;试行于天津者,则汪公应蛟、左公光斗诸公;或指画明切,或见诸行

---

① 陈仪纂:《畿辅通志》卷四十七《水利营田》,雍正十三年刻本。
② 《畿辅河道水利丛书》之《水利营田图说·吴邦庆跋》。
③ 《清史稿》卷三百八十三《吴邦庆传》说,《渠田说》为吴邦庆作,有误。《畿辅河道水利丛书》之《畿辅水利辑览序》:余备藩豫中,朱云锦居幕中,方撰《豫乘识小录》,遂著《渠田说》。《畿辅水利辑览》附朱云锦豫中田渠说云:朱云锦,永清县人。乾隆己酉科举人,尝著《豫乘识小录》,兹采其《渠田说》附焉。

事,其言皆可宝贵。愚尝论用水之法,……余窃尝留心此事,于直隶水利之说,尤所究心,遇则杂抄之。"①吴邦庆因重视前代讲求西北华北(畿辅)水利者的实践,而重视他们的著述和史志,于是他抄录相关文献成《畿辅水利辑览》,其中,元虞集《畿辅水利议》中附录郭守敬水利议论并《元史河渠志》所载"中冶河改流一条,可分滹沱之势;练湖一则,可为治淀泊淤浅之法,兹并录之,以备治水者之采择。"②"于《续文献通考》中抄得汪公全疏,于《左忠毅公奏疏》内抄得《屯田》及《请立屯学》全疏,他如董应举、张慎言、魏呈润、叶春及皆有疏陈水利,俱采之为《畿辅水利辑览》一卷",还有袁黄宝坻《劝农书》,及当时永清朱云锦《田渠说》,有助于畿辅水利。③

吴邦庆编著的《泽农要录》,是一种畿辅水稻种植技术专著。全书共六卷十篇,即授时、田制、辨种、耕垦、树艺、耘耔、培壅、灌溉、用水、获藏。这些篇目,包括了水稻种植的全过程,授时、治田、辨种、耕种、锄耨、灌溉、用水、收藏、仓储、赈济等多方面的内容。《泽农要录》内容,取自《齐民要术》、《农桑辑要》、王桢《农书》、徐光启《农政全书》等农书中有关垦治水田、艺粳稻诸法及《授时通考》中清帝耕图诗"于水耕火耨者大有裨助"者。但作者不完全照录古农书,而是根据畿辅水土地势实际,探讨了畿辅水稻种植的各种事宜,提出了适合畿辅种植水稻的各种技术。例如田制,他提出了"因水为田之法"④,说:"畿辅平原千里,诚神皋之奥区,然西北则太行拥抱;东则沧海回环,中则通川广淀,交相贯午,今欲讲求水利于其中,则田

---

① 《畿辅河道水利丛书》之《畿辅水利辑览·序》。
② 《畿辅河道水利丛书》之《畿辅水利辑览》之《元虞集畿辅水利议》。
③ 《畿辅河道水利丛书》之《畿辅水利辑览·序》。
④ 《畿辅河道水利丛书》之《泽农要录》卷四,《树艺第五》。

亩亦必有因地制宜之处。农书所载田制凡八则：曰围田，曰柜田，此近淀泊及苦水潦之所可用者；曰涂田，此天津、永平濒海而受潮汐之可用者；曰梯田，则西北一带山麓岭坡所可用者；曰圃田，则濒海及凿井之乡所当用者；曰架田，惟闽、粤有之，吴、越间不多见也，然淀泊巨浸中，居民难于得土，或亦可试行之；曰沙田，江海沙渚之田也，然永定、滹沱浊流之旁，亦间有焉；至区田，……水利之所不及者，以备歉收而尽地利，亦农家者流所不废也。"①这里提出的七种水利田方法都不是由吴邦庆第一次提出来的，而是王桢《农书》中的方法，但吴邦庆使之与畿辅各地水土情况结合起来，这是他的贡献。他补记了滹沱河农民的留淤成田法："而平山、井陉诸县，滹沱经过之地，水浊泥肥，居人置石堰捍御，随势疏引，布石留淤，即于山麓成田。淤泥积久，则田高水不能上，复种黍秋以疏之，俾土平而水可上，水旱互易，获利甚饶。此亦历来农书之不载者"。②又如，他研究了畿辅水潦后种植之法："今北方迫近淀泊，水潦易及之地，八九月水退，则种秋麦，或春初始涸，即种春麦。如须迟至四五月间，则种艺太晚。土人多以黍秋丛种于高阜之地，俟水尚余二三寸时，即拔而分种之，一如插秧然。水浸数日，脚叶颇黄萎，迨水涸土乾，并力锄治，勃然而兴，与高原二三月种者同时收，其丰穰或有过焉。始知后人心思巧密，真有过于前人者，而究不过即前人之法推行尽利耳！"③他希望"留心斯事者，得是书而考之暇时与二三父老，课晴问雨之余，详为演说，较诸召募农师，其收效未必不较捷"。④

---

① 《畿辅河道水利丛书》之《泽农要录》卷二，《田制第二》。
② 《畿辅河道水利丛书》之《泽农要录》卷四，《树艺第五》。
③ 《畿辅河道水利丛书》之《泽农要录》卷四，《树艺第五》。
④ 《畿辅河道水利丛书》之《泽农要录·序》。

第三类,吴邦庆自著的畿辅河道水利营田论文,即《畿辅河道管见》、《畿辅河道管见书后》,和《畿辅水利营田私议》。这三篇论述了吴邦庆关于道光三四年治理畿辅河道和水利的具体意见。

总之,《畿辅河道水利丛书》所收三类十种文献,总结了宋元明清人们关于畿辅水利的理论探讨和实践效果,胪列了畿辅河道原委,探讨了治理畿辅河道的方法、兴举畿辅水利的必要性、可行性,并对道光四年的畿辅水利提出了具体建议。

2.《畿辅河道水利丛书》编纂经过和原因

道光四年,《畿辅河道水利丛书》刊刻成书。但每种著述被收入《丛书》的时间是不一样的。道光三年,陈仪《直隶河渠志》、徐贞明《潞水客谈》、《怡贤亲王疏钞》、《畿辅水利辑览》,被收入《丛书》;道光四年,《水利营田图说》绘图、《泽农要录》成书。《陈学士文钞》未注明他抄录完成时间。《畿辅河道管见》、《畿辅河道管见书后》、《畿辅水利私议》不注明时间,至晚应在道光三四年完成撰述。但《丛书》四十余万字,非一二年内可抄录、编排、刊刻成书,而是经过了比较长的时间,至少在嘉庆十五年至二十三、四年时,吴邦庆就抄录了许多畿辅水利文献。

吴邦庆未中举时,就关心直隶水道原委、变迁、用水之法,及直隶河渠水道文献。他追忆:"陈子翔先生为畿南名宿,余少时尝玩其集如嗜炙也,然其论河道诸篇则漫置之。殆少长,略知究心古人经世之学,始知此数篇之可宝也。"[①]陈仪,字子翔。这是说,他少时就羡慕陈仪文名而熟读其文集,少长后略知究心古人经世学,由

---

① 《畿辅河道水利丛书》之《陈学士文钞》,《吴邦庆跋》。

此重视陈仪论河道诸篇。他自述:"邦庆家玉带、会同河之间,少时亦尝取直隶水道考之,略知原委,资考证而已。"①这是说,由于家在会通河滨,他少时就考求直隶水道原委,但目的只是"资考证"。以上两处说到"少时",不能确指,但无疑,他中举前,即乾隆六十年前,出于对桑梓利害和科举功名的关注,就应当开始了解直隶水道和畿南先贤文集。他还说,"愚尝论用水之法,……即如漳水至今无用者,而西门、史起用之于前,曹魏用之于后,史言曹公设十二碣,转相灌输,惜此法不传耳!余窃尝留心此事,于直隶水利之说,尤所究心,遇则杂抄之。"②这是说,他很早就留心直隶水利之说,遇到直隶水利文献,就抄录下来,但并无体例、无编排。

那么他从何时"略知究心古人经世学"?何时"窃尝留心此事"?吴邦庆自述:"通籍后,尝奉巡视东漕之命,兼有协办河道之责,湖河蓄泄机宜,皆预参议。又尝往来淮、徐间,览观于淮黄交汇、清浊钳制之势。嘉庆二十四年,马营坝工,曾奉命驰往查工,得从诸执事聆其议论,心识之。"③嘉庆十五年,吴邦庆奉命巡视东漕(南运河)④,十九年奉命偕穆彰阿督浚北运河⑤,二十二年开始为河南巡抚,二十四年奉命查马营坝工,二十五年为安徽巡抚。当他巡视河漕、协办河道、勘察河工时,既"预参议""湖河蓄泄机宜",又"观览淮黄交汇、清浊钳制之势",更"从诸执事聆其议论,心识之"。即当吴邦庆嘉庆十五年开始担任与河漕有关的职掌时,他就留心

---

① 《畿辅河道水利丛书》之《畿辅水利管见书后》。
② 《畿辅河道水利丛书》之《畿辅水利辑览·序》。
③ 《畿辅河道水利丛书》之《畿辅河道管见·畿辅水道管见书后》。
④ 《畿辅河道水利丛书》之《畿辅河道管见·南运河》。
⑤ 《畿辅河道水利丛书》之《畿辅河道管见·南运河》。

直隶水道问题,并观察其他河道的治理方法。后来他把任职经历中所学到的水利水学,都用到畿辅水利问题上。

道光三年,畿辅大水,直接促成了吴邦庆编辑、整理、刊刻《畿辅河道水利丛书》。他说:"癸未之春,以修理松楸,请假还里,是年夏秋雨潦,诸水漫溢为灾,邻邑文安在水中央者已两载,触目恻然。是时圣天子轸念郊圻,特诏熟悉河务大员经理其事,疏通河道,并将渐次修复水利,诚盛举也。因发旧藏图说而详考之,并附《管见》成书。"①吴邦庆在道光三年畿辅大水,他请假回乡修墓时,才把他的旧藏图书及抄录的畿辅水利文献,整理编排。

具体说来,吴邦庆搜集陈仪著《直隶河渠志》,大约始于乾隆六十年,终于嘉庆二十三年。吴邦庆少时和通籍后,都一直搜求陈仪的《直隶河渠志》。吴邦庆说:"余家霸州,密迩文安,且世与陈氏有连,又与先生孙霱卯(乾隆六十年)同举于乡,故知先生家世最悉。幼即闻有此书,询之其家不得也。后闻其宗老云:李宫保卫修《畿辅通志》延先生为总修,于《志》中特著《河渠》一门,非别有《河渠志》也。续求《通志》观之,信然。然《四库全书提要地理门》内有《直隶河渠志》一卷,注'直隶总督采进本',终疑别有此书,特中秘之藏,无由窥见。同年帅仙舟中丞在浙中,余嘱觅之,从文澜阁本钞寄,始知即《通志》内《河渠》一卷,附以志名耳。"②以地缘、亲缘、举缘等关系,至晚在乾隆六十年时,吴邦庆就向陈仪之孙访求《直隶河渠志》而不得;后又访求陈氏宗老得知,《畿辅通志·河渠》就是《直隶河渠志》,后来借阅《畿辅通志》,才确定此事。但仍怀疑有

---

① 《畿辅河道水利丛书》之《畿辅水道管见书后》。
② 《畿辅河道水利丛书》之《直隶河渠志》,《吴邦庆跋》。

别本《直隶河渠志》。当嘉庆十五年至二十三年①,帅承瀛在浙江巡抚任上时,吴邦庆就嘱托他抄录文澜阁本《直隶河渠志》,这样,吴邦庆终于确信:《直隶河渠志》就是《畿辅通志·河渠》,并无别本《直隶河渠志》。但他不满意《畿辅通志》卷四十七《水利营田》一卷有说无图。为《水利营田》绘图三十七幅,当在道光四年。

同样,由于地缘、亲缘、举缘等关系,至晚在乾隆六十年时,吴邦庆就阅读到《陈学士文集》。他说:"陈子翙先生为畿南名宿,余少时尝玩其集如嗜炙也,然其论河道诸篇则漫置之。殆少长,略知究心古人经世之学,始知此数篇之可宝也。"②这里说的此数篇,即陈仪关于畿辅河道水利的几篇章奏。《陈学士文集》十八卷,乾隆十八年由陈仪之子陈玉友刻于闽中。出于应考的需要,吴邦庆熟读《陈学士文集》,当在乾隆六十年中举前。直到他"殆少长,略知究心古人经世之学,始知此数篇之可宝也。"吴邦庆何时"知究心古人经世之学"?当在他嘉庆十五年巡视东漕后,才对畿辅河道水利有认识,并重视陈仪的畿辅水利奏疏议论,既继承陈仪对畿辅河道水利的意见,又提出自己的见解。故吴邦庆抄录《陈学士文钞》,当在嘉庆十五年至二十五年之间。

雍正年间兴举畿辅水利,贤王允祥主持其事,陈仪是僚属之一。吴邦庆重视陈仪的著述,但更重视贤王允祥的奏疏:"即今刊于《畿辅通志》诸篇,于《敬陈水利》一疏,见廓清淀池,调剂二河之

---

① 《清史稿》卷三百八十一《帅承瀛传》:帅承瀛,字仙舟,湖北黄梅人。嘉庆元年进士。嘉庆十五年授浙江巡抚。……承瀛治浙数年,以廉勤著。道光四年,丁父忧,服阕,至京,以目疾久不愈,乃乞归,二十一年卒于家。则吴邦庆请帅承瀛抄录《直隶河渠志》当在嘉庆十五年至嘉庆二十三年,才与帅承瀛"治浙数年"履历相符。

② 《畿辅河道水利丛书》之《陈学士文钞》,《吴邦庆跋》。

大略焉;于《敬陈畿辅西南》、《京东》水利两疏,知相度机宜,建筑闸坝,则败稼之洪涛,皆长稼之膏泽焉。他如设专官严考成,磁州改隶而滏阳之利均,永定别流而淀池之淤减,美利既兴,……然即观此诸疏,已可得其梗概,而为后来者之取法,亟汇抄之。"①故在道光三年刊刻《怡贤亲王疏钞》。

吴邦庆得读徐贞明《潞水客谈》,得力于永清人朱云锦,时当在嘉庆二十五年至道光元年之间。朱云锦,号绸斋,直隶永清人,乾隆五十四年举人②。吴邦庆为乾隆六十年举人。朱、吴的相识,当在乾隆五十四年至六十年之间。朱云锦自述:"鄙性好游五岳,观其四渎,览其全,足迹几半天下。先君子薄宦豫章,余弱冠时,往省觐。自天津登舟,逆卫河南上,抵临清,见漳卫,"③嘉庆二十二年,吴邦庆为河南巡抚时,朱云锦入其幕府,"嘱友人朱绸斋辑《豫乘识小录》一编,以户口、田赋、仓储、盐、漕诸大政为纲,而以府州县为目而系之。"嘉庆二十五年,吴邦庆为安徽巡抚,复嘱其仿前之为,朱云锦以府州县为纲,以沿革、山川、丁赋诸事为目,条分而丝贯,编辑《皖省志略》。④ 朱云锦著《豫乘识小录》和《皖省志略》,都是他作为吴邦庆的幕宾而为,并且是为吴邦庆施政而提供的地方情况汇览。时人称其"负著作才"⑤。道光元年,朱云锦仍寓居河南巡抚官舍,他作《潞水客谈后》:"余既读《明史》本传,亟求其书不可得。后得之吴中藏书家,系抄本,精要略载本传,然此更畅耳。……

---

① 《畿辅河道水利丛书》之《怡贤亲王疏钞·吴邦庆跋》。
② 《畿辅河道水利丛书》之《畿辅水利辑览》附朱云锦《豫中渠田说前言》。
③ 《豫乘识小录自序》,《近代中国史料丛刊》第37辑。
④ 《皖省志略》,吴邦庆《序》,嘉庆二十五年。
⑤ 《皖省志略》,魏元煜《序》,道光元年。

余因亟抄是编,与子翔先生《河渠志》并藏。"①朱云锦何时得到吴中抄本?是在他弱冠时省亲豫章经过吴中时,还是他为吴邦庆幕宾时?他很早就了解江南水利,故在嘉庆二十二年才能发表对江淮水利和西北水害的总观感:"江淮之间,熟于水利,官陂官塘处处有之;民间所自为溪堰水荡,大可灌田数百顷,小可灌田数十亩。至民间买卖田地,先问塘之有无大小。……田间似有弃地,而实地无遗利矣。惟西北高亢之地,多置水利于不讲,雨潦之年,但受水害而已。"②这可能是他漫游江淮吴中所见。他得吴中抄本当在嘉庆二十二年至二十五年间为幕客时。而在道光元年抄录《潞水客谈》。吴邦庆说:明代言畿辅水利者颇有人,而徐贞明《潞水客谈》最著名。"余读《明史》本传,已得其大略。恨未得读其全书。朱子绚斋自吴中抄本寄致,余乃反覆之,而恨不与之同时一上下其议论也。"③吴邦庆得读《潞水客谈》,是朱云锦抄录自吴中藏书家抄本的抄本,当在道光元年。而吴邦庆刊刻《潞水客谈》,在道光三年。

根据吴邦庆"余窃尝留心此事,于直隶水利之说,尤所究心,遇则杂抄之"④的说法,《畿辅水利辑览》中多数奏疏议论的抄录,当始于嘉庆十五年他担任与河漕有关的职掌时。附录朱云锦《豫乘识小录》之《渠田说》撰成、刊刻于嘉庆二十二年,是他收录著述中最近的一种。吴邦庆深受朱云锦《渠田说》见解的影响,二十三年曾准备在河南施行而未果。编入《畿辅水利辑览》的时间当在嘉庆二十三年至道光三年间。

---

① 《畿辅河道水利丛书》之《潞水客谈·朱云锦书》,道光元年。
② 《豫乘识小录》卷下《田渠说》,《近代中国史料丛刊》第 37 辑。
③ 《畿辅河道水利丛书》之《潞水客谈》吴邦庆《序》。
④ 《畿辅河道水利丛书》之《畿辅水利辑览·序》。

《泽农要录》的资料搜集当在嘉庆时。吴邦庆说:"余家世农,未通籍时,颇留心耕稼之事。"①未通籍,指嘉庆元年中进士以前。即乾隆六十年以前,吴邦庆就留心农事。嘉庆时,他或许搜集了一些古农书。道光三年请假还乡时,他把古农书中种稻知识和霸州农民的实际经验相验证:"松楸附近,缘连年积水,颇有艺治稻畦者,问询其种植之方,则有与诸书合者;或取诸书所载而彼未备者,以乡语告之,彼则跃然试之,辄成效。始知古人不我欺,而农家者流诸书为可宝贵。"①道光三年,朝廷饬谕直隶大臣疏浚河道,并将兴修水利。于是他"详采"古农书中有关垦水田、艺粳稻诸法,于道光四年编成《泽农要录》。②

《畿辅河道管见》、《畿辅河道管见书后》、《畿辅水利私议》三篇,不注明撰述完成时间,无疑当在道光四年完成。《畿辅河道管见·永定河》所引永定河最近河工漫口在道光二三年,即是明证。而他酝酿对畿辅河道水利的见解、看法,当始于嘉庆十五年至嘉庆二十五年间。根据在于,吴邦庆在《畿辅河道管见》中,往往以他嘉庆十五年至二十五年担当河漕和豫皖两省巡抚职务时所见所闻的水学知识和治水方法,并以他所知的最近河事,综合运用到他对畿辅水利的认识上。如,《畿辅河道管见·永定河》引用嘉庆二十四年、道光二三年河工漫决,又引用黄河自云梯关以下清淤、放淤之法,而他了解接触黄河当在嘉庆二十二至二十五年间;《畿辅河道管见·南运河》引用他嘉庆十五巡视东漕、十九年督浚北运河、二十二三年为河南巡抚时的事实。以上诸例,可以证明他在嘉庆十

---

① 《畿辅河道水利丛书》之《泽农要录·序》。
② 《畿辅河道水利丛书》之《泽农要录·序》。

五至二十五年,就考虑到畿辅河道水利问题。

吴邦庆为什么关注畿辅水利,并编纂《畿辅河道水利丛书》,这有很多原因。首先,吴邦庆继承了宋、元、明、清讲求畿辅水利者的思想遗产。他说:"历观往牒,谈西北水利者众矣。大抵谓神京重地,不可尽仰食于东南;或谓冀北膏腴,不可委地利于旷弃。"他赞成宋、元、明、清讲求畿辅水利者的主张,敬佩何承矩、郭守敬、虞集、徐贞明、汪应蛟、董应举、左光斗、李光地、陈仪等讲求畿辅水利的事迹。但认为更需要指出畿辅水利的具体途径,即"指明入手"。①

其次,吴邦庆关注桑梓利害。吴邦庆家居霸州,密迩文安。文安和安州等处,地形如釜,四面积潦,有涸消而无疏放。又逼近东西两淀,北东大堤河身日高,有建瓴之势。西淀汇七十二清河,经苑家口下归东淀,盛潦时往往疏消不畅,漫溢为灾。而文安城郭,半浸水中,每至四五年水涸后,始可播种,居人苦此者数百年。②他了解当地农民苦于积潦的现实。当他在乾隆六十年中举前,出于对科举考试的需要,他就关注畿辅河道水利和畿辅名贤文集。在嘉庆十五年始有巡视河漕之差后,一直到嘉庆二十五年任安徽巡抚,他在执行河漕职务时,借鉴其他河道治理方法,思考畿辅水利方法。当道光三四年,畿辅大水,朝廷准备讲求畿辅水利时,他"因发旧藏图书而详考之"③,不仅刊刻了多种元明清畿辅水利著作,而且还编著《泽农要录》,撰述《畿辅河道管见》、《管见书后》和《畿辅水利私议》,"用备刍荛之献"④,并希望他的著述能"附明徐尚宝《潞水客

---

① 《畿辅河道水利丛书》之《畿辅水利私议》。
② 《畿辅河道水利丛书》之《畿辅河道管见·清河》。
③ 《畿辅河道水利丛书》之《畿辅河道管见》。
④ 《畿辅河道水利丛书》之《畿辅水利私议》。

谈》,我朝陈学士仪《直隶河渠志》之后"。①

第三,吴邦庆希望发展畿辅水田来解决人口增加带来的压力。乾隆时人口激增,粮食供应紧张,国内粮价不断持续上涨。乾隆帝为此事传谕各省督抚、布政使追究粮食供应不足的原因,据实陈奏。不久,各省督抚纷纷奏呈本省粮价上涨的原因。他们一致认为人口增长是导致粮价持续上涨的原因。②嘉庆时,这种情况并无改变。嘉庆二十一年吴邦庆为河南巡抚,幕僚朱云锦著《豫乘识小录·田赋说》指出:"豫省国初额报成熟之田约六十余万顷,而行差人丁亦止九十余万丁,按亩计之则人可得田七十亩。"而嘉庆二十二年人口二千三百余万,额田七十二万余顷,"田无遗利,而人益滋聚。此粟米之所以昂而百物为之增价也。当事者抑末作祟俭质、开垦荒莱、兴修水利(一夫之力耕旱田三十亩,治水田不过十亩,而亩之所入,水较旱可倍)"。③吴邦庆接受了朱云锦兴修水利的主张和建议,道光三年,说:"余备藩豫中,尝计通省垦熟之田七十二万顷,而盛世滋生人口,大小共二千余万,人数日增而田不能辟,计惟有营治水田一法为补救之良策,盖陆田每夫可营三十亩,水田不过十亩,而岁入倍之。"即希望以营治水田来解决人口增加带来的压力,这是他对人口问题的解决方案之一,而且当时他"将檄行诸邑查报,督率垦治,而旋奉命抚楚南,匆匆行矣,至今遗憾焉。兹将其《田渠说》附于后,事虽无关于畿辅,然于此事亦可取资云"。④即畿辅水利可以借鉴以水利田来增加产量减缓人口压力

---

① 《畿辅河道水利丛书》之《畿辅河道管见》。
② 赵冈等编著:《清代粮食亩产》,农业出版社1995年6页。
③ 朱云锦:《豫乘识小录·田赋说》,《近代中国史料丛刊》第37辑。
④ 《畿辅河道水利丛书》之《畿辅水利辑览·序》。

的思想。

第四，吴邦庆自身讲求以史学经世的治学特点。他认为水学可从历史中获得经验，推重宋代胡安国重视治事之遗法，他说："良史古推马、班，《史记》有《河渠书》，河，谓河道，渠、谓水利。而班掾乃以《沟洫志》继之，历叙汉代二百年中河流变迁，此岂《沟洫》名篇之所能尽括！盖不惟水官失职，而水学之放废亦可见。……窃欲分水学为二：……曰河道；……曰水利。各采取专门诸书以附之，庶成规犁然，往复讲习，可资世用。"①讲求史学即水学史，以为当世之用，是吴邦庆学术的特点。这与后来他主持编纂《续行水金鉴》所体现的学术特点是一样的。

最后，嘉庆、道光时，京师和东南士大夫中产生了主张剔除漕弊、整顿漕运、恢复海运、讲求畿辅水利的思潮，其目的都是为了解决京师的粮食供应。魏源说："道光五年夏，运舟陆处，南士北卿，匪漕莫语。"②其实，在嘉庆、道光时，漕运梗阻就时有发生，朝野人士提倡恢复海运、讲求西北华北水利等主张。主张畿辅水利者有包世臣、唐鉴、潘锡恩、朱云锦、吴邦庆、林则徐等。包世臣在嘉庆十四年《海淀答问己巳》和嘉庆二十五年《庚辰杂著嘉庆二十五年都下作》中都提出畿辅水利主张。唐鉴在嘉庆十六年至嘉庆二十一年之间著《畿辅水利备览》；林则徐在嘉庆十九年开始酝酿写作《北直水利书》③。朱云锦在嘉庆二十二年著《豫乘识小录》，提出"中州水利"应效法雍正间畿辅水利的成功经验。道光三年冬，泾县潘锡恩在京师宣武门西寓舍之求是斋，编成《畿辅水利四案》。

---

① 《畿辅河道水利丛书序》。
② 《魏源集》上册，《筹漕篇上》，中华书局，1976年。
③ 杨国桢：《林则徐传》，人民出版社1980年。

吴邦庆说,道光二三年畿辅水灾,朝廷"特简练习河事大员,俾疏浚直隶河道。并将营治水田,于是京师士大夫多津津谈水利矣"。①可以说,京师宣南成为当时重要思想和学术争鸣的策源地②。吴邦庆身处潮流中,以他的思想和学术学识,自然关心畿辅水利。

3. 吴邦庆的畿辅水利观点和学术渊源

吴邦庆的畿辅水利观点,体现在他为宋、元、明、清畿辅水利文献所写的序、跋中,但更集中地体现在他自著的《泽农要录》、《畿辅河道管见》、《畿辅河道管见书后》和《畿辅水利营田私议》中。《泽农要录》主要总结北方水稻种植全过程的技术,其部分内容已见"元明清华北西北水利的用水理论"中,此不赘述。这里,主要谈谈他在后三篇论文中体现的对道光时兴修畿辅水利的主要认识。这些认识包括几个要点。

首先,吴邦庆分析了道光时畿辅水灾的原因和面临的困难。他认为道光三年畿辅水灾的成因,既有自然因素,也有人事不修因素,而人事因素占更多的成分。③ 道光三年畿辅水利面临的困难有三,即调查水道脉络难,工夫难,坚持而力行难。④

其次,吴邦庆提出了畿辅河淀的治理方案。治理永定河应以改道就北岸为方法。两淀各设浅夫,挖泥筑堤,以堤之高下,量泥之多少,以泥之多少,知河之浅深;⑤永定河支流白河水浅,运船遇

---

① 《畿辅河道水利丛书》之《潞水客谈》吴邦庆《序》,道光三年。
② 白杰著:《宣南文脉》,中国商业出版社 2005 年 126 页。
③ 《畿辅河道水利丛书》之《畿辅水道管见书后》。
④ 《畿辅河道水利丛书》之《畿辅水道管见书后》。
⑤ 《畿辅河道水利丛书》之《畿辅水道管见书后》。

浅,年年有起剥之累。他认为,筑堤束水于水小时有益,暴涨则冲决为害。他建议引凉水河、风河、龙河,增加北运河水量,设立闸座或挖槽筑堤,使"三河之流全行济运"。①北运河有两减河,南运河四减河(山东恩县四女寺减河、德州哨马营减河、直隶沧州捷地减河、青县兴济减河)分隶两省,而下游较上游吃重。他建议挑挖四减河,使水道通畅,"惟地属两省,若挑挖后,互相验收",才能收到实效②;静海县权家庄、香河县王家务以上宜各添设减河各一道,使南北运河共有八道减河,各自通海,其势既分,而狂澜自静,"使水多一入海之路,即津门少受一分之水"。附近洇出之地,时旱则可补种杂粮蔬菜,即迟亦可播种二麦。③大清河流域的安州、文安洼,地形如釜,四面积潦,有涸消而无疏放。又逼近东西两淀,盛潦时往往疏消不畅,漫溢为灾。文安城郭,半浸水中。他建议在保定县开新减河一道,分泄水流;东西淀附近即安州、文安等处,仿照丹阳湖太平圩、永丰圩,设立圩田"护田以防水,非占水而为田也",使接堤成围,以围护堤,或更筑涵洞,引水成渠,可权且兴修水利④。滹沱河的治理,应在藁城、晋州之间修筑堤坝,障其南流,使宁晋泊不受其淤垫。⑤

第三,吴邦庆提出了道光三四年畿辅水利的具体步骤,即清核、定议、估计、派修。清核,即弄清水道原委和顷亩坐落。按照《畿辅通志》所载营田府册图,绘制水田州县舆地图,注明各县河泉

---

① 《畿辅河道水利丛书》之《畿辅河道管见》。
② 《畿辅河道水利丛书》之《畿辅河道管见》。
③ 《畿辅河道水利丛书》之《畿辅水道管见书后》。
④ 《畿辅河道水利丛书》之《畿辅河道管见》。
⑤ 《畿辅河道水利丛书》之《畿辅水道管见书后》。

坐落、水田地积,水泉现状、闸堤涵洞渠口遗址或现状,按图填写呈报。再派员并会同县佐贰及学官持图勘察,查竣禀报,再核对州县所申报的图册,是者依之,讹者改之,草率应付者申饬之,到齐汇为总册,则得到水田坐落处所、顷亩实数,或昔有今无的实际情形。定议,即确定畿辅水利治理方案,或宜闸宜渠,或宜分宜合。根据畿辅水性、水道和土地情形,确定用水之法。委员与乡耆并用,因为水滨老年土人熟悉水势旺弱,但乡里人士多为一隅起见,或地居上游而不顾下游,或欲专其利则不顾同井,故须委员与乡耆并用,共同商议确定各处所宜的工程,或建闸蓄水,或开渠分流,或设涵洞分润,或浚陂泽防水猛,或筑塘备旱,或设围成田。并把商议的工程项目,呈报大府,等待裁定,同时张榜公布,有异议者须呈报委员。务期有利无弊,众议咸同。估计,即估算工程费用预算。遴选委派熟悉工程人员,实地勘察,计算开河深广丈尺、里数、银钱费用,闸坝涵洞应用石灰、工费、银钱,其他如建围、开塘、挑挖淤浅所需工夫及钱米,并占用旗民地亩数,开明汇报,审核,然后汇成总册。派修,即按等派修,按照工程费用多寡,分为等次。大工,借支官项,将来以获利地亩带征还款;次工,可由富户或急公好义者,捐资办理,认修工段,官员议叙,民人加奖赏;零星小工,则派用水各村庄通力合作,克期完工。工程竣工后,要设渠长或闸夫,制定用水则例,以杜绝争端,设立专职巡行。同时提出了占地、种植和管理方面的建议。对于占用旗民地亩,或照时价购买,或以官地抵补,或将附近地亩抽补。佃种官地、旗地,宜官为立案,修成水利后,租价仍照现在旱田之数,用不加增。地成之后,但资灌溉之利,不必定种粳稻,察其土之所宜,黍稷麻麦,听从其便。开渠则设渠长,建闸则设闸夫,闸头严立水则,以杜争端。设立专职,以时巡行。地方官勤力劝导、水田增辟者,则加以鼓励。[1] 他认为道光时畿辅水利的目标是:使径流入海之道,宽敞有余,支流野潦,归河旧泊之路,毫无阻滞,畿辅平水年无泛滥,大汛期水可迅速疏消,高田丰收,低田可补种。[2]

吴邦庆对道光时畿辅水利的主要观点即如上述。他对畿辅水利的观点,与他人认识有何异同?他这种观点的学术渊源是什么?

与元明清讲求畿辅水利者相比,吴邦庆与他们的大旨相同,即都主张发展畿辅水利,使京师就近解决粮食供应,减少东南漕运。但不同之处在于,第一,吴邦庆更多地从关注桑梓利害出发,来讨论畿辅水利;吴邦庆关注人口问题,倡议以水利田来解决人口增长对土地的压力。第二,他不仅研究了畿辅地区的利水之法,提出了治理畿辅河道的方案,更重视兴修畿辅农田水利的具体步骤,认为考察现在水利建置设施,指明具体入手方法,比讲求兴修畿辅水利的重要性更重要[3]。第三,他著《泽农要录》,专门论述畿辅农田水利的全过程技术。造成这种异同的原因在于,吴邦庆既继承了前代讲求畿辅水利者的思想遗产,又有他自身的条件,如他家居霸州,而关注桑梓利害;身为巡抚大吏,而关注人口和土地问题。而前人关于畿辅水利的实践和认识、担当河漕之差职的实践、幕僚朱云锦的著述,都对他的畿辅水利思想有影响。

吴邦庆的学术观点,首先源于陈仪,来源于前代讲求畿辅水利者如何承矩、虞集、徐贞明等,但他有补充和发展。由于地缘、亲

---

[1] 《畿辅河道水利丛书》之《畿辅水利营田私议》。
[2] 《畿辅河道水利丛书》之《畿辅水道管见书后》。
[3] 《畿辅河道水利丛书》之《畿辅水利营田私议》。

缘、举缘等关系,吴邦庆接触陈仪著作较早,但居官后开始重视陈仪关于畿辅河道的著述"其大旨则《志》中所称'欲治河莫如先扩达海之口,欲扩海口莫如先减入口之水',洵可谓片言居要矣。"①陈仪对畿辅河道水利的认识得诸实践,"盖公居文安城,而祖居则在东淀旁之西马头。又自登贤书后,游于津门者迨二十年,计其扁州往返,目睹利病者已久,一旦获佐营田之任,遂抒其素蕴以为施设,所谓成竹在胸,遂能迎刃而解者,故其《论扩海口》、《论治淀》,虽元郭太史、明潘印川殆无以易之。"②这些都说明,吴邦庆重视陈仪对畿辅水道水利营田的贡献,并重视陈仪的畿辅河道水利文献。但是,他不同意陈仪对永定河和文安河堤的意见。陈仪《永定引河下口私议》主张引永定河南下,束以堤防,河、淀无淤垫。吴邦庆认为永定河含沙量多,束堤则流急,泥沙俱下,势分溜散,必淤无疑。所以,他主张治理永定河,应以改道就北岸为方法。陈仪《文安河堤事宜》,继康熙三十三年署县令徐元禹后,仍主张在保定立闸引水防旱,在龙堂湾立闸泻涝。吴邦庆认为淀身高于陆地,沟渠难泻淀中,主张文安三面立堤,并于保定东开减河,减河设堤堰,两旁为围田,借堤为围,借围护堤,围内有田三百顷,村落千家,春暇修围,汛期防汛。③吴邦庆最敬佩徐贞明《潞水客谈》,认为其调查水利状况的方法最重要,"不得其源流消长及其水力所及,曷由定其宜分渠,宜建闸,宜建坝之用法乎!"④但不同意徐贞明的用水之法,"若畿辅诸大川,⋯⋯当别有疏浚之法,在读是书者,慎无拘于是说

---

① 《畿辅河道水利丛书》之《直隶河渠志》,吴邦庆《跋》。
② 《畿辅河道水利丛书》之《陈学士文钞》,吴邦庆《跋》。
③ 《畿辅河道水利丛书》之《陈学士文钞》,吴邦庆《跋》。
④ 《畿辅河道水利丛书》之《潞水客谈》,吴邦庆《跋》。

哉"④,并为徐贞明不能消除北人惧加赋之累而感到惋惜。对此,他提出了自己的建议。此外,畿辅水利的利水之法,也得诸于前人文献和实践的启示,如霸州台头村营田事实和方苞《望溪文集》内《与山东李巡抚书》中得到江南圩田法,建议道光时在安州、文安等处,设立圩田。①

其次,得诸实践,特别是他担当河漕之差职时的经验。他曾实验过漳水含沙量:"前在丰乐镇取漳水注缶中验之,二尺之水澄清后,泥不过分许",得出结论,永定河含沙量大于漳水②。他自述:嘉庆十五年奉命巡视东漕(南运河),兼有协办河道之责,湖河蓄泄机宜,皆预参议。③ 十九年奉命偕穆彰阿督浚北运河④,注意到北运河堤坝外农民的一种凿井奇法。⑤ 又往来江淮间,览观于淮黄交汇,清浊钳制之势。嘉庆二十四年,马营坝工,曾奉命驰往查工,得从诸执事聆其议论,心识之。在这些履历中,他都观察其他河道的治理方法,并把他学到的水利水学,用到畿辅水利问题上。他还从水利技术人员那里学习到治水之道:"尝闻之于老都水者曰:'治水之道,水小而能使之大,水大而能使之小,始有济于河道。'"每绎其言,而知广来源就能使小水变大水,疏去路能使大水变小水。于是针对南北运河春夏多苦浅涩,而夏秋多苦泛滥的状况,于是建议引凉水河、凤河、龙河以增北运河水流,障丹水全归卫河以济南运河,增加南北运减河为八,使南北运河共有减河八道,

---

① 《畿辅河道水利丛书》之《畿辅河道管见·清河》。
② 《畿辅河道水利丛书》之《陈学士文钞》,吴邦庆《跋》。
③ 《畿辅河道水利丛书》之《畿辅水道管见书后》。
④ 《畿辅河道水利丛书》之《畿辅河道管见·南运河》。
⑤ 《畿辅河道水利丛书》之《泽农要录·用水第九前言》。

各自通海,其势既分,狂澜自静,"使水多一入海之论,即津门少受一分之水"①。

最后,幕僚朱云锦对吴邦庆的影响。吴邦庆嘉庆二十二、三年为河南巡抚时,永清人朱云锦为他的幕僚。朱云锦对畿辅水利问题的贡献有三。其一,朱云锦考订了前人畿辅水利贡献和文献,欲撰述畿辅水利书,搜集畿辅水利文献。朱云锦说:"谈畿辅水利者,汉唐无论,雄霸之间,东西两淀,则宋何承矩始之,修沟洫即以限戎马,意深矣。京东沿海一带,则元虞文靖、明左忠毅皆尝建论举行,而徐尚宝《潞水客谈》尤详核切实。……子翔先生著《河渠志》,并录其奏稿移牒大意,与尚宝互发明者多,余尝妄意欲考订畿辅水利,撰为一书。"朱云锦抄录了陈仪《河渠志》、陈仪奏疏,搜集了徐贞明《潞水客谈》,并赠给"同好有心斯事者",这当然应包括吴邦庆。这些,启发了吴邦庆编辑《畿辅河道水利丛书》。

其二,朱云锦关于畿辅的利水之法,影响到吴邦庆对这些问题的认识。道光元年,朱云锦说,畿辅河道"大约经流可用者少,故滏阳、桑干用于上流,而不用于下流,支流则为闸坝用之;淀泊则为围圩用之;水泉则载之高地,分酾用之;沿海则筑堰建闸蓄清御碱用之。至各书所载,多云招江南之农佃,愚谓淀泊沿海,则东南之法,而附近西山水泉之乡,开渠分流,则一仿西北,非西北之农人不可也。"②这里,朱云锦提出五种用水方法,以及用当地农民讲求西北水利较招募江南农师为胜的观点。这些,对吴邦庆有影响。后来,

---

① 《畿辅河道水利丛书》之《畿辅水道管见书后》。
② 《畿辅河道水利丛书》之《潞水客谈·潞水客谈后》。

吴邦庆《畿辅水利私议》提出七种用水方法、《泽农要录》卷二《田制第二》提出"因水为田之法"八种,这个问题,本书前面的部分,已经论述过;吴邦庆《泽农要录序》提出,要以"留心斯事者"即关心畿辅水利者,直接为畿辅农民演说用水、种植等技术,"较诸召募农师,其收效未必不较捷"①,这些,都受到朱云锦的影响。

其三,朱云锦《豫乘识小录·田渠说》论述水利田与人口的关系,对吴邦庆有明显的启示作用。这在前面已论述过。朱云锦建议,如果要讲求水利,当事者应先行调查水利现状。这些观点对吴邦庆有影响。吴邦庆说:"余将檄行诸邑查报,督率垦治,而旋奉命抚楚南,匆匆行矣,至今遗憾焉。兹将其《田渠说》附于后,事虽无关于畿辅,然于此事亦可取资云。"②即嘉庆二十三年,吴邦庆在河南巡抚任内曾试图发文调查河南水利现状;道光三年,吴邦庆把《田渠说》收入《畿辅河道水利丛书》;道光四年,吴邦庆《畿辅水利私议》提出了道光三四年畿辅水利的具体步骤,即清核、定议、估计、派修。即是受朱云锦的启发并有发展。以上,朱云锦考订搜集畿辅水利文献、研究畿辅水利的用水方法和传播种植技术,以及举行畿辅水利要先行调查水利现状,都对吴邦庆《畿辅河道水利丛书》有影响。

4.《畿辅河道水利丛书》的历史地位和影响

吴邦庆《畿辅河道水利丛书》在整个元明清时讲求畿辅水利的著述中,处于什么地位?第一,《畿辅河道水利丛书》是畿辅水利集

---

① 《畿辅河道水利丛书》之《泽农要录·序》。
② 《畿辅河道水利丛书》之《畿辅水利辑览·序》。

大成之作。本书"清代畿辅水利文献"中已经指出，元明清时期，有五六十位江南籍官员，主张发展西北华北（畿辅）水利。他们都有关于西北水利畿辅水利的著述。清代，许多讲求畿辅水利者在其撰述中，多追记宋元明人们的相关论述，但专门搜集、刊刻前人西北华北（畿辅）水利著述的丛书和类书不多。嘉庆、道光时出现了多种畿辅水利专著，如唐鉴《畿辅水利备览》、潘锡恩《畿辅水利四案》、吴邦庆《畿辅河道水利丛书》、林则徐《畿辅水利议》。这些著作各有其体例特点。唐鉴《畿辅水利备览》河道图多、考证多，引证文献多，著述文字少；而且，唐鉴引证文献，目的是证成己说。潘锡恩《畿辅水利四案》是关于雍正、乾隆两朝直隶水利的专题档案的汇编。林则徐《畿辅水利议》亦引用前人文献证成己说。但吴邦庆是有意识地搜集、整理、编排、刊刻前人西北华北（畿辅）水利文献，《畿辅河道水利丛书》是畿辅水利集大成之作。

第二，元明清时，主要是江南籍官员讲求西北华北（畿辅）水利，元明两朝北方一些官员反对发展西北华北（畿辅）水利。清代这种情况有所改变。首先，除了江南籍官员倡导发展西北华北（畿辅）水利外，还有二三位北方官员学者，出于桑梓利害等众多因素的考虑，倡议或参与发展畿辅水利一事。雍正时参与畿辅水利规划工作的陈仪，是直隶文安人。嘉庆时主张发展畿辅水利的朱云锦，是永清人。吴邦庆是霸州人；其次，朝廷中不支持，乃至反对畿辅水利者中，有南方官员如陶澍、程含章、李鸿章等。这种情况的出现表明，发展西北华北（畿辅）水利，不仅是江南籍官员的理想和主张，而是南北关心国计民生官员共同关注的问题；这个问题已经不是一个区域性的问题，而是全国性的问题；不是一个简单的粮食生产和运输问题，而是一个国家粮食安全问题。在这种转变中，出现了多种畿辅水利著述,而吴邦庆《畿辅河道水利丛书》是一个标志性之作,它标志着北方官员开始关注畿辅水利。

吴邦庆《畿辅河道水利丛书》对道光四年的畿辅水利,没有什么直接的影响。道光三年,朝廷命程含章署工部侍郎,"办理直隶水利事务",虽然不能说是所托非人,但是程含章奉命办理直隶水利,只是兴办大工九,没有进行农田水利建设,除了因为他"寻调仓场侍郎。五年授浙江巡抚"[①],恐怕与他反对发展北方水利的态度[②],不无关系。

江苏巡抚林则徐比较重视《畿辅河道水利丛书》。道光十五年十二月,江苏巡抚林则徐请桂超万校勘《北直水利书》[③]。不久,桂超万《上林少穆制军论营田疏》云:"敬读赐示《畿辅水利丛书》并《四案》诸篇,旷若发蒙。窃谓天下至计,无逾于此。"[④]林则徐不仅请桂超万校刊自著《北直水利书》即《畿辅水利议》,还把潘锡恩《畿辅水利四案》、吴邦庆《畿辅河道水利丛书》刊本送给桂超万阅读。桂超万阅读后,感觉畿辅水利可行。

从吴邦庆个人任职经历说,嘉庆十五年开始的河漕差遣和巡抚经历,促成了他编著《畿辅河道水利丛书》,而《丛书》的编纂刊刻,对他的任职,亦有间接促成作用。道光九年,吴邦庆开始任漕运总督职务,运河漕运三届安澜。十二年至十五年,为河东河道总督。虽然他关于畿辅水利的建议,朝廷上并没有采用。但是当他

---

① 《清史稿》卷三百八十二《程含章传》。
② 《清经世文编》卷一〇八《工政十四直隶水利中》,程含章:《覆黎河帅论北方水利书》。
③ 《林则徐集·日记》,中华书局1962年。
④ 《皇朝经世文编续编》卷三十九《户政十一屯垦》,桂超万:《上林少穆制军论营田疏》。

为河东河道总督时,他在职权范围内,实践了兴修水利的主张。山东运河全依泉源灌注,吴邦庆请复设泉河通判,以专责成。寿东汛滚水坝外旧有土坝,为蓄汶敌卫,以利漕运,大水时,乡民私开,以致酿成大祸,他奏立志桩。济运之水以七尺为度,重运过浚,他开堰以利农田灌溉。以在任三届安澜,授予编修。修防之暇,率下属捐资造水车,并于积水地试行垦治七千亩。①

二十　林则徐《畿辅水利议》的历史价值及其西北水利实践

林则徐(乾隆五十年—道光三十年,1785—1850年),福建侯官人。嘉庆十六年(1811年)进士。先在京师任职近十年,嘉庆二十五年外放任浙江杭嘉湖道后,修海塘,兴水利。道光二年,署浙江盐运使,协助浙江巡抚帅承瀛整顿盐政②。此后历任地方督抚近三十年。他在江苏时间最长,前后达十四年。在广东任钦差大臣和两广总督两年。在新疆伊犁遣戍五年。林则徐编著的《畿辅水利议》,是道光时四大畿辅水利论著之一。林则徐一生极为关注畿辅水利,约嘉庆二十四年萌生发展畿辅水利思想,道光十一、二年撰成《畿辅水利议》,先后请冯桂芬、桂超万校刊此书。十四、五年曾表示欲于入京觐见时"将面求经理兹事,以足北储,以苏南土"。十七年二月觐见时,陈述直隶水利事宜十二条。道光十九年十一月初九日(1839年),林则徐于钦差使粤任内上奏,讨论

---

① 《清史稿》卷三百八十三《吴邦庆传》。
② 白寿彝总主编、龚书铎主编:《中国通史》第十一卷《近代前编》(1840—1919)(下)。

"办漕切要之事",提出解决漕运问题的四条主张,其中"开畿辅水利"是"本源中之本源"。道光二十二、三年,林则徐在遣戍伊犁期间,还捐了一些水利工程。学术界对《畿辅水利议》,已有研究和认识[①]。现在,仍有一些问题,需要进一步研究,如《畿辅水利议》编纂起讫时间、校勘和进奏情况,林则徐提倡发展畿辅水利的现实原因和历史渊源,与当时朝野重要思潮的关系,他的朋友、同年、同僚如唐鉴(编著《畿辅水利备览》)、潘锡恩(编著《畿辅水利四案》)、吴邦庆(编著《畿辅河道水利丛书》)对林则徐的影响,林则徐的畿辅水利思想,与前代、同时代讲求畿辅水利者思想的异同,等等,这些都是比较重要的问题。这些问题的解决,有助于全面认识林则徐,及元明清时期江南籍官员关于发展畿辅(华北)西北水利思想的历史地位,对今天的西北开发有借鉴意义。

1.《畿辅水利议》的体例特点和撰述主旨

《畿辅水利议》卷首为《序》,全书分为十二门:开治水田有益国计民生、直隶土性宜稻有水皆可成田、历代开治水田成效考、责成地方官兴办毋庸另设专官、劝课奖励、轻科缓则、禁扰累、破浮议惩阻挠、田制沟洫水田稻种、开筑挖压田地积亩摊拨、禁占垦碍水淤地、推行各省。这十二门的题目,就是林则徐关于畿辅水利的具体主张和实施办法。实际上,这些内容,在前人和同时代人关于畿辅水利的著述中都有零散的论述,但只有林则徐才明确而有条理地

[①] 狄宠德:《析〈畿辅水利议〉谈林则徐治水》,《福建论坛》1985 年 6 期;苏全有:《试论林则徐的农业水利思想及实践》,《邯郸师专学报》1996 年 2 期;杨国桢:《林则徐传》,人民出版社 1981 年;来新夏:《林则徐年谱》(增订本),上海人民出版社 1985 年。

提出了这些问题。

全书内容分十二门类,每个门类下都有两部分:一是征引前代特别是元明清讲求西北华北(畿辅)水利的文献。大约他征引的文献,除了少量的历代正史中有关前人畿辅水利事迹的志、传如《宋史·何承矩传》《明史·徐贞明传》外,主要征引元明清畿辅水利文献,如丘浚《大学衍义补》、周用《东省水利议》、徐贞明《潞水客谈》、冯应京《国朝重农考》、徐光启《农政全书》、袁黄《宝坻劝农书》、汪应蛟《滨海屯田疏》、左光斗《屯田水利疏》、许承宣《西北水利议》、沈梦兰《五省沟洫图说》、徐越《畿辅水利疏》、陆陇其《论直隶兴除事宜书》、李光地《饬兴水利牒》、蓝鼎元《论北直隶水利书》、允祥《京东水利情形疏》、《京西水利情形疏》、《请磁州改归广平疏》、《请定考核以专责成疏》、陈仪《后湖官地议》、王心敬《井利说》、柴潮生《敬陈水利救荒疏》、陈黄中《京东水利议》、毕沅《陕省农田水利疏》、刘于义《南府水利疏》、孙嘉淦《覆奏消除积水疏》、范时纪《京南洼地种稻疏》、汤世昌《西北各省疏筑道沟疏》、沈联芳《邦畿水利集说总论》、《大清会典》、《一统志》、《畿辅通志》、《畿辅安澜志》,以及雍正、乾隆帝的谕旨等。

二是林则徐的案语。这部分,林则徐谈其发展华北西北各省水田的认识和具体主张。他主张,水稻亩产数倍旱田,故畿辅应发展水稻生产:"农为天下本务,稻又为农之本务,而畿内艺稻又为天下之本务。""今畿辅行粮地六十四万余顷,稻田不及百分之二,非地不宜稻也,亦非民不愿种也。由不知稻田利益倍蓰旱田也。"[①]他认为,发展畿辅水稻生产有多种好处:"北米充仓,南漕改

---

① 《畿辅水利议·开治水田有益国民计生》。

折,国家岁省浮费万万,民间岁省浮费万万"①,"上裨国计者,不独为仓储之富,而兼通于屯政、河防;下益民生者,不独在收获之丰,而并及于化邪弥盗"。②即发展畿辅水稻生产,可以解决京师粮食供应,而且可以节省国家和民间经费,并有益于屯政、河防、民生和治安等。他设想,先兴办直隶水利田,俟有成效后,向山、陕、豫、东诸省推广,"东南可借苏积困,而西北且普庆屡丰"。③他还提出了一些观点,如"有一水即当收一水之用,有一水即当享一水之利者也";④"辨别土性,择稻种以适气候之宜";⑤"用水者,与水争地,而水违其性,水利失,水患滋矣",⑥"舍尺寸之利,而远无穷之害"。这些观点,在今天仍有重要的参考价值。

林则徐主张发展畿辅水利,其根本目的,是使京师就近解决粮食供应,并使南漕改折,节省漕务经费、河工经费,最终解散漕船和水手。其主旨在《畿辅水利议》卷首《序》中,表述得最明确。《序》云:

> 窃维国家建都在北,转漕自南,京仓一石之储,常糜数石之费。奉行既久,转输固自不穷。而经国远猷,务为万年至计,窃愿更有进也。恭查雍正三年命怡贤亲王总理畿辅水利营田,不数年,垦成六千余顷,厥后功虽未竟,而当时效有明征,至今论者慨想遗踪,称道弗绝。盖近畿水田之利,自宋臣何承矩,元臣托克托、郭守敬、虞集,明臣徐贞明、邱浚、袁黄、汪应蛟、左光斗、董应举辈,历历议行,皆有成绩。国朝诸臣章

---

① 《畿辅水利议·破浮议惩阻挠》。
② 《畿辅水利议·开治水田有益国计民生》,光绪丙子三山林氏刻本。
③ 《畿辅水利议·推行各省》。
④ 《畿辅水利议·直隶土性宜稻有水皆可成田》。
⑤ 《畿辅水利议·田制沟洫水器稻种附》。
⑥ 《畿辅水利议·禁占垦碍水淤地》。

疏、文牒，指陈直隶垦田利益者，如李光地、陆陇其、朱轼、徐越、汤世昌、胡宝瑔、柴潮生、蓝鼎元，皆详乎其言之。以臣所见，南方地亩狭于北方，而一亩之田，中熟之岁，收谷约有五石，则为米二石五斗矣。苏松等属正耗漕粮年约一百五十万石，果使原垦之六千余顷，修而不费，其数即足以当之。又尝统计南漕四百万石之米，如有二万顷田，即敷所出。倘恐岁功不齐，再得一倍之田，亦必无虞短绌。而直隶天津、河间、永平、遵化四府州可作水田之地，闻颇有余，或居洼下而沦为沮洳，或纳海河而延为苇荡，若行沟洫之法，似皆可作上腴。臣尝考宋臣郏亶、郏乔之议，谓治水先治田，自是确论。直隶地方，若俟众水全治而后营田，则无成田之日，前于道光三年举而复辍。职是之故，如仿雍正年间成法，先于官荡试行。兴工之处，自须酌给工本，若垦有功效，则花息年增一年。譬如成田千顷，即得米二十余万石，或先酌改南漕十万石折征银两解京，而疲帮九运之船便可停造十只。此后年收北米若干，概令核其一年之数折征南漕，以为归还原垦工本及续垦佃力之用。行之十年，而苏、松、常、镇、太、杭、嘉、湖八府州之漕，皆得取给于畿辅。如能多多益善，则南漕折征岁入数百万。而粮船既不需报运，凡漕务中例给银米，所省当亦称是，且河工经费因此更可大为撙节。上以裕国，下以便民，皆成效之可卜者。至漕船由渐而减，不虑骤散水手之难，而漕弊不禁自除，绝无调剂旗丁之苦。朝廷万年至计，似在于此[①]。谨荟萃诸书，择

---

① 冯桂芬：《校邠庐抗议·兴水利议》此下为"可否饬下廷臣及直隶总督筹办之处。伏候圣裁"。中州古籍出版社，1998年。

其简明切要可备设施者,条列事宜,折为十二门,……凡所钞辑,博稽约取,匪资考古,专尚宜今。冀于裕国便民至计,或稍有裨补云。臣林则徐谨叙。①

在一千字的《序》里,林则徐论述了畿辅水利的六个问题:第一,回顾了宋元明清江南籍官员提倡西北水利的主张,及雍正间畿辅水利实践的成功。第二,论证了发展畿辅水利的必要性。国家建都北京,转漕自南,运输费用巨大,非经国大计。而漕运的制度性弊端,以及河工经费浩大等等,都使发展西北华北(畿辅)水利成为关系国计民生的大问题。假使恢复雍正年间水田六千顷,亩收稻谷五石(米二石五斗),则可得米一百五十万石,可折抵苏松等属一年的正耗漕粮。即使按最低亩产一石计,发展直隶水田四万顷,就可以收获四百万石。这样,不仅可以就近解决京师根本大计,而且可使南漕改折、征银解京,停造漕帮粮船,并且节省漕务经费、河工经费,最终解散漕船和水手。第三,分析了发展畿辅水利的可行性,即京东天津、河间、永平、遵化四府有发展水田的条件。第四,提出了举行畿辅水利的步骤和方法。先在官产芦苇荡试行,酌给工本,并以南漕改折银两归还工本及续垦之用。试行成功,再推广到畿辅地区。第五,提出了他对畿辅治水与治田关系的认识,即"治水先治田","直隶地方,若俟众水全治而后营田,则无成田之日"。惋惜道光三年畿辅水利的半途而废。第六,胪列了《畿辅水利议》的十二门类,解释了此书的编纂原则是"博稽约取,匪资考古,专尚宜今"。

以上这些意见,前代或同时代讲求畿辅水利者,多已涉及。如

---

① 《畿辅水利议·序》。

嘉庆时,包世臣就提出北米充仓南漕改折之说,即畿辅开田四万顷,则租入可当全漕数额,可以减少南漕数量①。唐鉴估算,西北六省有田一千零八十万顷,应征赋粮五千万石,二分征本色,岁可征粮一千万石;八分征折色,每石折银四钱,折色银有一千六百万两。西北不仰给东南,则东南之漕可酌改为折色,而每岁漕运经费亦可裁撤,约得银不下数千万两,于现在常额外,粮多至千万石,银多至千万两。②但林则徐在一千字的《序》中论述了讲求畿辅水利的历史、发展西北水利的必要性、可行性、步骤、方法等问题,是比较概括的,也易于为人接受。

2.《畿辅水利议》的编纂、校勘和进奏

林则徐何时开始编纂《畿辅水利议》?这是一个有争议的问题。杨国桢说,现存《畿辅水利议》刻本所引用档案资料甚多,不可能从外省获得,由此断定《畿辅水利议》写作时间始于京师时期。③大约嘉庆十九年,林则徐酝酿写作西北水利的著作。④来新夏说,嘉庆二十一年,林则徐派在翰林院清秘堂办事,撰拟诏旨。林则徐在作文字工作时,有机会接触到内阁密藏的图书,丰富了政事、典制知识,并进行一定的研究。《畿辅水利议》的资料搜集工作,可能开始于嘉庆二十一年。⑤

以上两家之说,有一定道理,也不尽然。嘉庆十八年五月初九

---

① 包世臣:《中衢一勺》卷三《庚辰杂著四》。
② 唐鉴:《畿辅水利备览·臆说》。
③ 杨国桢:《林则徐传》,人民出版社1981年。
④ 杨国桢:《林则徐传》。
⑤ 来新夏:《林则徐年谱》(增订本),上海人民出版社1985年。

日林则徐入庶常馆习清文,与同乡郭尚先交最莫逆,"相与研究舆地、象纬及经世有用之学"。① 林则徐在翰林院时,当读"历代文献、我朝掌故,史臣所必当通晓者"。② 十九年四月庶吉士散馆,授编修,七月派充国史馆协修,二十年承办《一统志·人物名宦》部分。林则徐在史馆时,才能读《实录》和奏章,所以推测此书写作始于嘉庆十九年,大致不错。而在翰林院清秘堂办事时"究心经世学,虽居清秘,于六曹因革事例,用人行政之得失,综核无遗"。③ 所以,推测此书始于嘉庆二十一年林则徐在翰林院清秘堂办事时期,亦大致可信。但以上两家之说,存在着一定的问题。《畿辅水利议》所引清代档案资料不多,只有康熙、雍正、乾隆上谕、怡贤王允祥、刘于义、孙嘉淦、范时纪、汤世昌、胡宝瑔、毕沅等的奏疏。这些奏疏,在道光三年潘锡恩《畿辅水利四案》、道光四年吴邦庆《畿辅河道水利丛书》中都有收录,道光六年,贺长龄、魏源等编定《清经世文编》,其中亦搜集有上述奏疏。林则徐在道光五年至十一年、十二年前后持有前两种书的刻本。道光九年江宁布政使贺长龄刊刻《清经世文编》④。林则徐与贺长龄、魏源都有交往,林则徐或得其赠书,或借阅相关卷次。总之,由于现存林则徐《奏稿》、《日记》及其他人著述,都没有提供这方面的线索,所以没有直接的证据来断定《畿辅水利议》开始撰写的时间。所以,也就无法确定两家之说,哪一种更为可靠。

---

① 来新夏:《林则徐年谱》(增订本)37页。
② 杨国桢:《林则徐传》,人民出版社1981年第23页。
③ 李元度:《国朝先正事略》卷二十五《林文忠公事略》,光绪乙未上海点石斋缩印本。
④ 李瑚:《魏源研究》,朝花出版社2002年,313页。

林则徐提倡发展畿辅水利,言下之意是目前畿辅水利荒废。他主张北米充仓,南漕改折,言下之意是南漕积弊多多。关于畿辅水利荒废、漕运弊多利少的这些观念,林则徐当然可以从文献中了解,但只有当他耳闻目睹南漕积弊多多、畿辅水利荒废问题后,才能使他继承前人思想遗产,产生提倡发展畿辅水利的思想。否则,他极可能会像陶澍一样认为畿辅水利迂阔不可行。

那么林则徐何时从实际中了解漕运弊端和畿辅水利失修问题?这应当从他的经历中找寻答案。嘉庆时,林则徐三次由福建往京师参加会试,一次往京师进庶常馆学习,一次由京师前往江西主持乡试,一次往云南主持乡试,沿途所见,既感受到漕运的艰难,又发现京畿水利荒废的状况。如嘉庆十七年十一月开始起程进京,在南京、扬州、宝应等,他分别拜访两江总督百龄、漕运总督阮元等大吏。十八年二月十八日改搭粮船北上,舟行二月余。五月初一抵天津,初六抵京。林则徐《日记》逐日详细记载了所经闸河名称和日行里数,见识了江南和山东运河水浅舟挤、闸坝各有启闭开放时刻、水长舟行、粮船挨帮、遇浅搬米起剥等诸多漕运困难。[①]道光二年三月林则徐由福建家乡启程北上京师,五月得旨南下署浙江盐运使,这北上和南下,都由运河,他谒见当时漕运总督颜检、东河总督黎世序和严琅、浙江巡抚帅承瀛、山东兖沂漕道贺长龄等,又再次亲身感受到漕运艰难,在瓜洲口、过由关,他见"江西、湖广粮艘在此停泊,拥挤难行"。[②] 这种经历,至少使他能体会到漕运的艰难。林则徐道光三年任江苏按察使、四年任江苏布政使、江宁

---

① 《林则徐集·日记》,中华书局1984年,7—16页。
② 《林则徐集·日记》,中华书局1984年,88页。

布政使、五年四月赴南河督工、道光十一、二年之交担任河东河道总督时，亲身体会到江南民生疲敝、河工艰难、漕运弊端，如道光三年六月林则徐在江苏按察使任内，他就表示反对"只顾钱漕，玩视民瘼"的做法①，道光五年四月以素服到南河督工时，他又感到"原知此工不独目前难办，抑且后患无穷"，②这种体验，使他寻求解决江南民生疲敝、河工艰难、漕运弊端的根本方法和补救措施。补救措施不外是救济江南灾民、减缓江南漕赋、海运南漕；而根本方法，则是发展畿辅水利，就近解决京师粮食供应，即足北储，苏南土，省河工经费，漕弊不禁自绝。

林则徐在嘉庆二十一年闰六月，充派江西乡试副考官，二十四年闰四月派充云南乡试正考官时，沿途亲见畿辅水潦，受水潦之苦。他途经三家店、新城，"闻所住之处，数日前水及半扉"。③在白沟"途中大水，将肩舆载粮船中，由水路行"。③在任丘"连日所过之处，田禾俱甚畅茂，此地尤美"。③在景州，"水深处直至腹背，舆夫十余人扶拥而前，几同凫浮"。③林则徐亲身体会到水潦之苦，目睹直隶有些地区水稻种植的发达。在内邱，"远山叠翠，林木聪茂。泉润草香，道旁有稻田数亩，差具南中风致"。从杜屯至磁州二十里，"双渠夹道，其清如镜，芰荷出水，芦苇弥岸，俨然可赏。阅蒋砺堂尚书《黔轺纪行集》，知此渠乃国朝州牧蒋擢疏滏阳河成之，至今稻田资其沾溉。噫！何地不可兴利，顾司牧奚如耳"。④蒋砺堂，即蒋攸铦。⑤关于

---

① 《云左山房文钞》卷四，《复常熟杨氏兄弟论灾务书》。
② 《林则徐书札》《复梁芷庭观察书》。
③ 《林则徐集·日记》51页。
④ 《林则徐集·日记》71页。
⑤ 《清史稿》卷三百六十六《蒋攸铦传》。

清代滏阳河水利,本书"元明清华北西北水利纠纷与分水制度"中已有论述。是否可以说,嘉庆二十四年,在经直隶赴云南途中,由磁州滏阳河水利的成就,林则徐心生感慨,并萌生了发展畿辅水利的意识? 只有在他萌生发展畿辅水利的意识后,林则徐才可能开始搜集相关历史文献,编撰《畿辅水利议》,明确提出发展畿辅水利的思想主张。

那么,林则徐《畿辅水利议》初稿何时成书? 大约在道光四年至道光十一二年,理由如下:

第一,林则徐题词云:"随分各勤身内事,得闲还续济时书。"① 林则徐一生历任中外三十余年,他何时得闲著济时书? 从时间上看,大约在道光四年八月至道光十年正月间,林则徐有时间和条件编著《畿辅水利议》。除了道光五年四月至八月他以素服到南河督工,道光七年二月至四月北上京师、五月至十月任陕西按察使,林则徐大部分时间都居家守制,即,道光四年八月至道光五年三月,五年八月至道光七年正月,林则徐在籍为母守制养病。道光八年正月至十年正月,林则徐在籍为父守制。这使他有时间编撰整理他从前搜集的畿辅水利文献。林则徐的前辈、同年、同僚中,唐鉴、潘锡恩、吴邦庆等都撰述畿辅水利著作,成书时间分别在道光元年、三年、四年,而林则徐得到他们的赠书分别在道光二十年、五年至十一年、十二年前后。关于唐鉴、潘锡恩、吴邦庆向林则徐赠书时间的考证,下面再论述。可以说,至晚道光五年至十二年间,林则徐至少得读吴邦庆《畿辅河道水利丛书》和潘锡恩《畿辅水利四案》等著作。其后,道光十五年至十六年之交,林则徐请桂超万校勘《北

---

① 《林则徐全集》第六册《文录》356页,海峡文艺出版社2002年。

直水利书》,并向桂超万"赐示《畿辅水利丛书》并《四案》诸篇"。[1]

第二,道光九年或十年,林则徐表达了对治河、盐法等问题"上策探本原,补救特其次"的看法,与道光十九年关于发展畿辅水利是解决漕运问题的"本源中之本源"思想一致。可以证明道光九年或十年林则徐关于畿辅水利的思想已经成熟。这要从林则徐给王凤生的题词说起。王凤生,字竹屿。道光元年至四年,协助浙江巡抚帅承瀛整理浙江盐政、兴修水利。五年至八年,在南河、北河任上。道光九年三月,升为两淮盐运使[2]。道光十年闰四月至六月,林则徐在京师时期,可能写过《题王竹屿都转黄河归擢图》[3],其中有云:"防河固良难,煮海讵云易。……上策探本原,补救特其次。要知君所为,定与末流异。我昔亦移疾,自分宜放弃。圣慈曲体之,感极俱零啼。与君语进退,使我重嘘唏。庶持激励心,十驾勉追骥。"[4]林则徐建议王凤生对治河、盐法改革采取"上策探本原,补救特其次"的方法,这也是林则徐道光十九年(1839年)于钦差使粤任内上奏《覆议遵旨体察漕务情形通盘筹划摺》以"开畿辅水利"为"本源中之本源"的最早的正式表露[5]。就是说,至晚在道光十年时林则徐对治河、盐法等都有一个上下策的考虑,可以证明此时林则徐《畿辅水利议》正在撰述中。

第三,道光十一年十一月至十二年五月,林则徐任河东河道总督,福建友人张际亮提出,拟代林撰《东河方略》来换取林对他的经

---

[1] 《皇朝经世文编续编》卷三十九《户政十一屯垦》,桂超万:《上林少穆制军论营田疏》。
[2] 《魏源集》,《两淮都转盐运使婺源王君墓表》,333页,中华书局。
[3] 来新夏:《林则徐年谱》,上海人民出版社1981年,92页。
[4] 林则徐:《云左山房诗抄》卷三。
[5] 来新夏:《林则徐年谱》,上海人民出版社1981年,92页。

济资助,但林未采纳其建议。论者说,主要是林则徐感到推行新的改河方案会遇到阻力,不愿意冒昧上奏;再则林则徐不久就调任苏抚,故此议被搁置。① 这很有道理。但仍需补充,元明清时期,保证京师粮食供应和缓解江南赋重漕重问题,大要有几种方案:剔除漕弊、海运、减缓江南漕赋、黄河改道、西北华北(畿辅)水利,这些都是非常之论,往往引起朝野争论②。道光五年夏秋,林则徐参与了筹备海运南粮,六年试行海运,林则徐大加赞扬海运南粮。发展畿辅水利,一举多得,使南漕改折、剔除漕弊、节省河工经费等,且前代历有成效③,何必再去提改河道之说而引起物议? 即在他任东河河道总督或其前,以发展畿辅水利来解决漕弊河弊等问题的思想,已经成熟,无须再去新提一说,即《畿辅水利议》已成稿。

第四和第五,分别指:今本《畿辅水利议》总序所指最近史事为道光三年,则此书初稿,可能成书于道光四年后;道光十二年六月,林则徐请冯桂芬入江苏巡抚署校勘《北直水利书》,则《畿辅水利议》成书当在道光十二年六月前。

初稿完成后,林则徐请冯桂芬、桂超万为他校勘。道光十二年(1832)六月林则徐开始任江苏巡抚,召冯桂芬"入署,校《北直水利书》"④。冯桂芬称此书为《西北水利说》:"林文忠公辑《西北水利说》,备采宋元明以来何承矩等数十家言。蒙尝与编校之役,文忠又自为疏稿,大旨言西北可种稻,即东南可减漕,当自直隶东境多水之区始。……可否饬下廷臣及直隶总督筹办之处。伏候圣裁。"⑤道光

---

① 来新夏:《林则徐年谱》(增订本)112页。杨国桢《林则徐传》66页注。
② 《林则徐书简》24页,转引自来新夏《林则徐年谱》(增订本)112页。
③ 林则徐:《畿辅水利议·序》。
④ 冯桂芬:《显志堂稿》卷十二《跋林文忠公河儒雪罍图》。
⑤ 冯桂芬:《校邠庐抗议·兴水利议》,中州古籍出版社1998年,112—113页。

十五年十二月十一日，"桂丹盟过此，以《北直水利书》嘱其校勘"。① 这说明，林则徐很重视这部著述。

这里需要指出，林则徐的著述，冯桂芬称为《北直水利书》或《西北水利说》，桂超万称为《畿辅水利》，今存世的光绪丙子三山林氏刻本称《畿辅水利议》，《清史稿》卷一二六《艺文志二》著录时亦称《畿辅水利议》。这是同书异名，实际是一种，初名《西北水利说》和《北直水利书》，最终名《畿辅水利议》。因为元明清时期江南籍官员所说的西北，指黄河流域及其以北地区，包括今天北方和西北的各省区；他们所提倡的西北水利，分为三个步骤或范围：京东水利、畿辅（北直隶）水利、西北水利三个范围。

《畿辅水利议》成书后，林则徐一直希望上奏朝廷，并有意请求由他来主持畿辅水利事宜。但对于林则徐是否上奏，各家说法不一。② 《国史本传》云："初，则徐之入觐也，尝胪陈直隶水利事宜十二条。"这里的时间记载不具体。冯桂芬说："林文忠公辑《西北水利说》，……将以述职上之宣庙，当国某尼之，召对亦未及，事遂不果行。"③ 冯桂芬认为没有上奏。杨国桢认为，冯说得自传闻，不一定可信。杨说有一定道理。冯桂芬是否确切知道林则徐上奏、或上奏时间？冯桂芬受知于林则徐，始于道光十二年，"以制举文受公知，尝招入署校《北直水利书》"。道光"丁酉（十七年）送公赴金陵，遂不复见，荏苒三十余年矣"。④ 道光二十二至二十五年"公驰

---

① 《林则徐集体·日记》，中华书局1962年，214页。
② 杨国桢：《林则徐传》117页注②，人民出版社1980年。
③ 冯桂芬：《校邠庐抗议·兴水利议》113页，中州古籍出版社1998年。《显志堂稿》卷十一《兴水利议》。
④ 冯桂芬：《显志堂稿》卷十二《跋林文忠公河儒雪謩图》。

骋绝域,犹手笺酬答无间"。① 冯桂芬与林则徐相见稀阔,他能否确知此事?大约在道光十六年正月,桂超万上林则徐书信,表达了对畿辅水利的看法,八年后,他又补充说:"文忠初锐意以为己任。阅此禀深然之,因未奏请。"②桂超万此说不确,夸大了他对林则徐的影响。理由是,《林则徐集·日记》无道光十七年正月初八日以后至月底的记载,更无觐见内容的记录,桂超万何以知道林则徐是否上奏?诚然,道光十七年二月初十,和道光十八年十一月初二日,林则徐觐见后出京至湖北,和由湖北入京觐见,都路过栾城县,桂超万都与他见面。③ 但以林则徐的身份,似不大可能告诉他太多。

杨国桢认为,林则徐第一次上奏的时间,是道光十七年正月。十六年十一月奉召入京觐见,十二月初一日由任所启程赴京,旧历除夕抵河间。④ 道光十七年正月上奏。但《林则徐集·日记》无正月初八日以后至月底的记载,更无觐见内容的记录。召对的具体情况,据说是"前席咨诹越旬日,谋猷密勿人莫睹"。⑤ 杨国桢说,从现有材料分析,林则徐可能在道光十七年正月向道光帝陈述了直隶水利十二条,即《畿辅水利议》。⑥ 这种分析,是有道理的。这里需要补充几点:其一,道光十五年十二月十一日,林则徐请桂超万校勘时,曾表示"入觐匪遥,将面求经理兹事,以足北储,以苏南土"。⑦

---

① 《显志堂稿》卷三,《林文忠公祠记》。
② 《皇朝经世文编续编》卷三十九《户政十一屯垦》,桂超万:《上林少穆制军论营田疏》。
③ 《林则徐集·日记》227页、313页。
④ 来新夏:《林则徐年谱》(增订本),上海人民出版社1985年,177页。
⑤ 杨国桢:《林则徐传》,人民出版社1980年,117页。
⑥ 杨国桢:《林则徐传》,人民出版社1980年,117页。
⑦ 《皇朝经世文编续编》卷三十九《户政十一屯垦》,桂超万《上林少穆制军论营田疏》。

既然道光十七年正月入觐，焉有不上奏之理？其二，此次觐见，述旧职并将有新任命，林则徐很有可能陈述江苏屡次遭受水旱灾荒的严重后果，进而提出发展畿辅水利的主张。道光十一至十三年江苏连年水灾，道光十三年十月，林则徐写道："此邦自癸未（道光三年）已来，民气未复，辛卯（道光十一年）、壬辰（道光十二年）又值淫潦为患"，道光十三年春秋苦雨亘寒，不仅使黍稷秀而不实，而且使木棉不登，价钱倍蓰，"小民生计之蹙，未有甚于今日者也"，"国家岁转南漕四百万石，江以南四郡一州居其半。夫此四郡一州，地方五百余里耳，而天庾正供如是，京师官俸兵饷咸于是乎。惟蕲年谷顺成，犹可为挹注耳。顾又遘此屡歉之余，国计与民生，有两妨而无兼济。向所不忍听睹之声状，过此以往，恐将滋甚。嗟乎，是固司牧者所当返人牛羊之日，而余犹苟禄窃位于此，其尚可以终日乎哉！"①十一月，林则徐两次上奏，陈述江苏连年灾歉之重、钱漕之累、社会之不稳，请求缓征漕赋。道光十五年又全年亢旱，六月初十，林则徐作《祈雨祝文》；闰六月十三，林则徐作《二次祷雨祝文》，陈述江苏旱灾造成的"八哀"，即八种农业、农村和农民的困苦不堪。京师粮食供应，是依赖江南漕运还是依靠发展畿辅水利以就近解决，正是一个问题的两个解决方案。林则徐关心国计与民生，觐见时报告江苏灾情，并请发展畿辅水利，这是很自然的。只是召对的具体情况，据说是"前席咨诹越旬日，谋猷密勿人莫睹"。②《日记》更无记载，使人颇费思量。

第二次上奏，林则徐于钦差使粤任内，在道光十九年十一月初

---

① 《林则徐全集》第五册《文录》《绘水集》序，道光十三年十月。海峡文艺出版社2002年。

② 杨国桢：《林则徐传》，人民出版社1980年117页。

九日(1839年12月),"戌刻……单衔一折,覆奏漕务"。① 这就是《覆议遵旨体察漕务情形通盘筹划摺》,讨论"办漕切要之事"。他"忆往时所历情形,与原奏互相参酌",综合了自道光四年署江苏布政使、江苏巡抚、两江总督时对漕运、漕弊、海运、灾荒、水利等问题的实践和认识,指出:"苏、松之漕果治,则他处当无不治。臣前在苏省,虽历五次冬漕,只求无误正供,实不敢言无弊",②他提出了正本清源、补偏救弊、补救外之补救、本源中之本源四种治理漕运的方法,每种方法下又提出具体的解决方案。其中本源中之本源,是发展畿辅水利的主张。

林则徐道光十九年年底的建议,道光二十年三四月间,朝议已作罢。唐鉴一直希望有"明晓农务之总管以经纬之",即主持畿辅水利。但他并不知道林的上奏已被搁置。道光二十年,唐鉴致信林则徐,向林则徐陈述发展畿辅水利的必要和可能。道光二十年四五月间(1840)林则徐在广州,获悉上奏无果,他回复唐鉴:"畿辅水田之请,本欲奋揭亲操,而未能如愿,闻已作罢论矣。手教犹惓惓及之,曷胜感服。"③林则徐感动于唐鉴的信任和推重。道光二十一年秋季,当林则徐还在河南黄河工地时,唐鉴写信给林则徐并赠书两种,其中一种是《畿辅水利备览》。次年夏季,林则徐在荷戈西行伊犁途中,在西安,给唐鉴复信:"去岁九秋,在河干得执事手书,并惠大著两种。……所辑《水利书》援据赅洽,源流贯彻。……老前辈大人撰著成书,能以坐言者起行,自朝廷以逮闾井,并受其福。岂非百世之利哉!"高度评价《畿辅水利备览》。林则徐表示:

---

① 《林则徐集·日记》362页。
② 《林则徐集·奏稿中》。
③ 《林则徐全集》第七册《信札》第205《致唐鉴》,道光二十年四五月间于广州。

"侍于此事积思延访,颇有年所,而未能见诸施行,窃引以为愧。"①对此,林则徐表示很惭愧。但林则徐和唐鉴,都没有放弃发展畿辅水利的愿望。

道光三十年五月,咸丰帝即位,曾有意任用林则徐办理直隶水利事宜。林则徐第三次上奏发展畿辅水利主张,李元度称:"文宗之召公也,将使筹畿辅水利,即公前疏所谓本源中之本源也。"②《清史稿》云:"道光之季,东南困于漕运,宣宗密询利弊,疏陈补救、本原诸策,上《畿辅水利议》。文宗欲命筹办而未果。"③则又指出了咸丰帝"欲命筹办而未果",及林则徐第三次疏陈发展畿辅水利等事实。此说不无道理。唐鉴原先一直希望由林则徐主持畿辅水利。林则徐去世后,唐鉴两次上奏发展畿辅水利的主张。咸丰元年,唐鉴赴京,召对十五次,咸丰帝欲兴畿辅水利,有诗为证:"稼穑艰难关帝念,邦畿丰阜足民储。才非贾谊无长策,秪此区区敬吐虑。"④咸丰三年,"唐鉴进《畿辅水利备览》,命给直隶总督桂良阅看,并著于军务告竣时,酌度情形妥办"。⑤ 唐鉴与林则徐的主张是一致的。咸丰帝一直想兴办直隶水利的事实,或许表明他登基前就耳闻盛行于江南籍官员中的畿辅水利主张。

3. 林则徐畿辅水利思想的历史价值及其西北水利实践

林则徐为什么提出发展畿辅水利主张,并三次上奏朝廷?这

---

① 《林则徐全集》第七册《信札》第三百九十七《致唐鉴》,道光二十二年六月间于西安。海峡文艺出版社。
② 《国朝先正事略》卷二五,《林文忠公事略》,光绪乙未上海点石斋缩印本。
③ 《清史稿》卷三百六十九《林则徐传》,11494页,38册。
④ 《唐确慎公集》卷八《到京召见十一次纪恩四章》。
⑤ 《清史稿》卷一百二十九《河渠志四·直省水利》。

首先有现实的原因,其次是当时思潮使然,并受师友中讲求畿辅水利者的影响,最后是有历史渊源的。

现实原因是,林则徐任河东河道总督和江苏督抚,面对河工积弊、漕运弊端及江苏连年水旱灾荒等问题,难以解决,使他坚决主张发展畿辅水利,"以足北储,以苏南土",①就近解决京师粮食供应,缓解对江南的压力。道光十一年十一月迄道光十二年五月,林则徐接替严烺,任河东河道总督,管理东、豫两省黄、运修防事宜。道光帝认为,"林则徐非河员出身,正可釐划弊端"。② 要他"务除河工积习"。他表示,"河工积习,尤所熟闻,将欲力振因循,首在破除情面"。③ 林则徐接任后,不仅履行职责,而且深切地体会并解决了几项河工积弊,如对料垛的处理等。道光十二年至十六年,林则徐任江苏巡抚,不仅亲历江苏连年水旱灾荒,数年间连续数月督促催漕,目睹漕运积弊难返,而且颇感救治无方。自道光元年以来,江苏连年水旱,癸未(道光三年)大水、辛卯(道光十一年)、壬辰(道光十二年)大水、癸巳(十三年)大水、乙未(十五)大旱,这些大水旱,使江苏年岁不登。这在同时代人著述中都有体现,如冯桂芬说,江苏"道光十年以后,无年不灾"④"至道光癸未(三年,1823年)大水,元气顿耗,商利减而农利从之,于是民渐自富而之贫,然犹勉强支吾者十年,迨癸巳(十三年,1833年)大水而后,始无岁不荒,无县不缓,……癸巳以前一二十年而一歉,癸巳以后则无年不

---

① 《皇朝经世文编续编》卷三十九《户政十一屯垦》,桂超万《上林少穆制军论营田疏》。

② 《林则徐集·奏稿上》,道光十一年十一月十五日《起程赴河东河道总督新任折》。

③ 《林则徐集·奏稿上》,道光十一年十二月初七日《接任河东河道总督日期折》。

④ 《显志堂稿》卷四,《江苏减赋记》。

歉。"①林则徐亲历其事,"具官三至江南矣,癸未遇灾,辛卯以灾至,今复(即癸巳年,道光十三年)遘此灾象"。②曾为江苏农商写下"八哀"③,其感情之深沉,类似于贾谊"可为痛苦者一,可为流涕者二,可为长叹息者六"。水旱使粮食、桑蚕丝织减少,民不聊生,甚至可能激起民变,但"国家岁转南漕四百万石,江以南四郡一州居其半。夫此四郡一州,地方五百余里耳,而天庾正供如是,京师官俸兵饷咸于是乎"。④京师所需要漕粮白粮既不可减,但"嘉庆季年,帮费无艺,白粮至石二金,州县借口厚敛,辄征三四石当一石。民不堪命,听之则激变,禁之则误兑。进退无善策。公不得已,准其年其县民困之重,辄请缓漕一二分者,甚者三四分,岁以为常"。⑤林则徐只能连年请求减缓江苏漕赋。但他自述:"虽历五次冬漕,只求无误正供,实不敢言无弊。"⑥他究心改革漕务,但历时三年未获实效,"江苏漕务,患于银米日加,而实由于帮丁之勒索。……当林少穆制军抚江苏时,洞悉其弊,力欲除之,立之章程,……自甲午冬至乙未春(即道光十四、五年),无日不究心于此。……孰知旗丁诡谲,迁延至三月而不行,恐渡淮期误以干重咎,不得已仍由旧章,而始兑始开"。⑦ 因此,面对江苏连年长江流域水旱灾害不断⑧、苏北里下河地区水患

---

① 《显志堂稿》卷九,《请减苏、松、太浮粮疏》。
② 《林则徐全集》第五册《文录》,《祈晴祝文》,道光十三年三月初三日。499页。
③ 《林则徐全集》第五册《文录》,《二此祷雨祝文》,道光十五年闰六月十三日。501页。
④ 《林则徐全集》第五册《文录》《绘水集》序,道光十三年十月。
⑤ 《显志堂稿》卷三,《林文忠公祠记》。
⑥ 《林则徐集·奏稿中》中华书局1962年,723—724页。
⑦ 王鎏:《钱币刍言续刻》毛应观序。转引自来新夏《林则徐年谱》(增订本),156页。
⑧ 施和金:《江苏农业气象灾害历史纪年》,吉林人民出版社2004年,221页。

严重、漕弊不能剔除时,道光十三年他说:"智勇俱困,为之奈何!"①这不仅是为江北下河连年水灾的感叹,更是对江苏漕重民困、漕运弊端的感叹。林则徐早有改黄河于山东入海之议,但为物议和风水说阻,故不敢轻易上奏此论。② 他除了在道光六年与陶澍等试行海运,上奏请求减缓漕粮、亲自催漕、兴修水利、赈济灾民、祈求苍天雨阳时若外,就只有屡次请求发展畿辅水利,才能一举多得,使京储充足、南漕改折、剔除漕弊、节省河工经费等。③

其二,嘉道时经世致用的社会思潮使然④。嘉道时,为解决漕运问题,有识之士提出海运、剔除漕弊、减少南漕或改折、发展畿辅水利等主张。嘉庆末、道光初,河道总督黎世序主张发展北方水利。⑤ 阮元主张必要时可使用海运。⑥ 嘉庆时,林则徐往来南北,曾拜晤黎世序和阮元,《日记》中多有记载。道光四年黎世序卒,林则徐写诗悼念:"余也篷牖儒,水经匪谙习。昨年隶麾旌,讲画领亲切。"⑦即指道光三年十二月简放淮海道,为南河总督属官一事。道光十二年三月六日,陈寿祺致信林则徐:"阁下曩再莅吴,有德于吴人甚巨,……江南财赋半天下,顾比年水患荐仍,……此诚军国之忧也。……至于正本之道,非屏供亿而绝苞苴,不足以执贪惏之

---

① 《林则徐书简》23—24页,《复陈恭甫先生书》。转引自来新夏:《林则徐年谱》(增订本)127页。
② 《林则徐书简》24页,转引自来新夏:《林则徐年谱》(增订本),112页。
③ 林则徐:《畿辅水利议·序》。
④ 龚书铎:《清嘉道年间的士习和经世派》,见《中国近代文化探索》,北京师范大学1988年,77页。
⑤ 程含章:《覆黎河帅论北方水利书》,《清经世文编》卷一〇八《工政十四直隶水利中》。
⑥ 阮元:《海运考跋》,《清经世文编》卷四十八《户政二十三漕运下》。
⑦ 《云左山房诗钞》卷二《挽黎襄勤公世序》。

口,而养疲瘠之肤,此阁下所优为,而亦为中外所为阁下共信者也。"①所说"屏供亿而绝苞苴"指减少上供京师漕粮和杜绝漕弊,"养疲瘠之肤"指缓解江南漕赋压力从而给予休养生息之机,"中外所为阁下共信"指江南人相信林能减上贡杜绝漕弊。陈寿祺,福建侯官人,他对林则徐都有如此期望,何况江南士绅。道光十三年,林则徐说:"江苏……自道光三年至今,总未得一大好年岁。而钱漕之重,势不能如汤文正之请减赋,故一年累似一年。江北连岁水灾,更不可问。"②他陈述当时灾情:"此邦自癸未(道光三年)已来,民气未复,辛卯(道光十一年)、壬辰(道光十二年)又值霪潦为患,今岁(道光十三年)一春苦雨,麦仅半稔,迨四五月,方以雨阳应时为农民幸,孰意秋来风雨如晦,有亘寒之占,黍稷方华,而地气不上腾,……而秀而不实者比比矣。……频岁木棉又不登,价数倍于昔,而布缕之值反贱。"③十一月,他上奏请求缓征新赋,次年带征④,并说:"江苏四府一州之地,延袤仅五百余里,岁征地丁漕项正耗银二百数十万两,漕白正耗米一百五十余万石,又漕赠行、月、南屯、局恤等米三十余万石,较浙省征粮多至一倍,较江西则三倍,较湖广且十余倍不止。""国计与民生实相维系,朝廷之度支积贮,无一不出于民,故下恤民生,正所以上筹国计。"⑤对林则徐减缓南漕之

---

① 陈寿祺:《左海文集》卷五,《与林少穆巡抚书》。转引自来新夏:《林则徐年谱》(增订本)117页。

② 《林则徐书简》:23—24页,《复陈恭甫先生书》。转引自来新夏:《林则徐年谱》(增订本)127页。

③ 《林则徐全集》第五册《文录》《绘水集序》,道光十三年十月。

④ 《林则徐集·奏稿上》,《太仓等州县卫帮续被阴雨收成歉薄请缓新赋折》,道光十三年。

⑤ 《林则徐集·奏稿上》,《江苏阴雨连绵田稻歉收情形片》,道光十三年十一月十三日。

举,吴人深为感激。吴大澂说:"道光朝,……吾吴漕粮帮费之重困已久,势不得改弦而更张。文忠疏请缓漕一分二分,或三四分,与民休息,岁以为常。"①除了减缓漕粮外,林则徐还推广早稻种植,讲求江南水利,受到江南士绅的称颂:"侯官中丞今大贤,讲求水利筹农田。"②由江南水利,他自然就想到畿辅水利:"南方地亩狭于北方,而一亩之田,中熟之岁,收谷约五石,则为米二石五斗矣。"③假设畿辅发展水利,则北方大亩收谷岂不更多?北粮岂不更易运到京师?

其三,林则徐的朋友、同年、同僚中,唐鉴著《畿辅水利备览》、潘锡恩著《畿辅水利四案》、吴邦庆编著《畿辅河道水利丛书》,对林则徐都有影响。

林则徐与潘锡恩的关系较密切,特别是嘉庆十八年至嘉庆二十三年,两人交往密切。其他时间相见较少。林则徐后来说:"三十年同谱,殆若晨星。白首怀人,只增感喟。"④正是对两人关系的写照。潘锡恩,字芸阁,安徽泾县人。林、潘同是嘉庆十六年进士,即同年;寓所相近:潘锡恩自述家在京师宣武门西寓舍,有求是书斋⑤,今人或以为其寓所在宣武门外下斜街⑥。林则徐自嘉庆十八年十一月租赁粉坊琉璃街房屋⑦,嘉庆二十三年六月时已移居土地庙上斜街。⑧《林则徐集·日记》记载他们交往较多,有宴饮、诗

---

① 《显志堂稿》卷首,吴大澂《序》,光绪三年。
② 齐彦槐:《龙尾车歌》,转引自来新夏:《林则徐年谱》(增订本)128页。
③ 林则徐:《畿辅水利议·序》。
④ 《林则徐全集》第七册《信札》483《致潘锡恩》,道光二十四年十月中旬于伊犁,391—392页。
⑤ 潘锡恩:《畿辅水利四案·案补》案语。
⑥ 白杰:《宣南文脉》,中国商业出版社 2005 年 138 页。
⑦ 《林则徐集·日记》29页。
⑧ 《林则徐全集》第七册《信札》11《致郭阶三》,嘉庆二十三年六月二十五日。

课、游玩、馈赠等各种形式。① 嘉庆二十三年二月十三日,乾清宫大考翰詹。嘉庆帝命题《澄海楼赋》。十四日发表考试等第名单,林则徐列三等第二十九名②,潘锡恩列一等③。道光十八年十一月二十七日林则徐南下广州经河间,潘锡恩正在河间兼试差,两人"谈片刻而别"。④ 道光二十三年正月初八林阅邸抄知南河帅麟庆褫职,潘锡恩放南河河督。⑤ 林则徐赠联祝贺:"三策治河书,纬武经文,永作江淮保障;一篇澄海赋,谈天藻地,蔚为华国文章。"⑥其中"治河书"当指《续行水金鉴》,《澄海赋》指嘉庆二十三年翰林大考时的《澄海楼赋》。道光二十四年十月中旬,林则徐在伊犁致信潘,辞谢潘出资为自己赎罪之举,"阁下十五年前分赔之款尚未就绪,正弟所代为蹙额,乃犹于涸辙中相濡以沫,使弟何以自安?"同时再次祝贺潘"重持河淮之节,未尝不以手加额,为朝廷庆得人",并为潘面临的治河保漕形势艰难而担忧。像他们这种交往关系,道光三年潘锡恩《畿辅水利四案》刊刻后,赠书给林则徐,应当是没有问题的。但大约在什么时间?道光五年,潘锡恩补淮扬道,道光

---

① 嘉庆十八年十一月十一日"上午同年诸人来寓宴集",二十一年正月初四"潘芸阁招饮,俱未赴",十四日宴客,有潘芸阁在座。二月二十五日午后诸同年潘芸阁等来寓课诗。四月初八日早晨,往潘芸阁家祝寿。五月初七日下午,往潘芸阁处诗课。以上分别见《林则徐集·日记》29、33、34、42、45页。
② 来新夏:《林则徐年谱》,上海人民出版社1985年46页。
③ 《清史稿》卷三百八十三《潘锡恩传》。(38册)
④ 《林则徐集·日记》317页。
⑤ 《林则徐全集》第九册《日记》,海峡文艺出版社2002年,506页。
⑥ 来新夏:《林则徐年谱·附录一谱余》(增订本)引用同治十一年退一步斋刊本方浚师《蕉轩随录》卷一二《林文忠赠联》。道光六年至九年,潘锡恩为南河副总督。道光十一年,前任南河总督黎世序和南河副总督潘锡恩主持,俞正燮等编辑《续行水金鉴》成书。道光二十三年至二十八年任南河河道总督兼漕运总督。故此联当作于道光二十三年正月朝廷用潘锡恩为南河总督后。

六年至九年，任南河副总河。九年至十二年在原籍守丧。道光二十三年为南河总督。① 道光五至九年，林则徐为江苏布政使、江宁布政使等。从时间上看，潘赠书给林，当在道光五年至九年之间。所以道光十五年十二月林则徐请桂超万校刊《北直水利书》，并"赐示《畿辅水利丛书》并《四案》诸篇"之事。②

吴邦庆，字霁峰，直隶霸州人，嘉庆元年进士。林则徐，十六年进士。林与吴，年辈相差较远，林称吴为"前辈"或"先生"。道光四年吴邦庆编著《畿辅河道水利丛书》刊刻时，林则徐署江苏布政使，似不可能得到赠书。道光九年至十一年，吴邦庆为漕运总督，督漕三年，东土无延期。③ 道光十一年十二月，林则徐任河东河道总督。④ 道光十二年二月十八日，林则徐补授江苏巡抚，吴邦庆补授河东河道总督，林俟吴到任后即赴新任。⑤ 道光十二年三四月，林等待吴来接任，他在信中多次提到此事，"霁峰先生尚未见有到江之信"⑥，"霁峰前辈闻已卸篆，此间瓜代约在五月中旬"⑦。同年五月二十五日，林与吴在山东台儿庄交接工作："昨接霁峰先生书，知二十日渡河，定于二十五日在途接印"，于是林"带印迎至前途，兹于廿五日在台儿庄交卸"。⑧ 自道光十二年至十五年，吴邦庆为河

---

① 《清史稿》卷三百八十三《潘锡恩传》。
② 《林则徐集·日记》214页。《皇朝经世文编续编》卷三十九《户政十一屯垦》，桂超万《上林少穆制军论营田疏》。
③ 徐世昌、王树楠《大清畿辅先哲传》第五《吴邦庆传》。
④ 来新夏：《林则徐年谱》（增订本），上海人民出版社1985年。
⑤ 《林则徐集·奏稿上》，道光十二年二月二十四日《补授江苏巡抚谢恩摺》。中华书局1962年，23—24页。
⑥ 《林则徐全集》第七册《信札》82《致陶澍》，道光十二年三月初五日。
⑦ 《林则徐全集》第七册《信札》85《致沈维桥》，道光十二年四月二十八日。
⑧ 《林则徐全集》第七册《信札》856《致郑瑞麟》，道光十二年五月二十五日。

东河道总督。或许,在道光十二年五月二十五日交接工作时,或在其后不久,吴邦庆赠《畿辅河道水利丛书》给林则徐。如此,则有道光十二年六月,林则徐召冯桂芬"入署,校《北直水利书》"一事。①并有道光十五年十二月林则徐"赐示《畿辅水利丛书》并《四案》诸篇"给桂超万,并请桂超万校勘《北直水利书》之事。②

林则徐与唐鉴的相识,当在嘉庆十九年四月至嘉庆二十一年五月间(1814年5月—1816年6月)。嘉庆十九年四月,林则徐庶吉士散馆,授翰林院编修,七月派充国史馆协修,二十年承办一统志人物名宦部分。唐鉴,湖南善化人,嘉庆十四年(1809)进士③,十六年(1811)授翰林院检讨,二十一年五月为浙江道监察御史。他们二人同时在翰林院的时间,是嘉庆十九年四月开始至嘉庆二十一年五月,他们的认识当在这一时期开始。林则徐记载:二十一年五月初七日,引见翰林院保送唐鉴等十人为御史。④ 唐鉴《畿辅水利备览》成书于嘉庆十六年至道光元年(1811—1821)。当唐鉴刊刻《畿辅水利备览》时,并没有赠书给林则徐。但在江苏时,唐鉴之职,由林则徐等保举,并向林则徐负责。道光十三年十月,唐鉴补授安徽宁池太广道员,"巡查六府州仓库钱粮之责,兼管关务";道光十四年二月二十四日,江苏巡抚林则徐与两江总督陶澍、署漕运总督恩铭、安徽巡抚邓廷桢,合衔保举唐鉴为江安粮道"于地方

---

① 冯桂芬:《显志堂稿》卷十二《跋林文忠公河儒雪罂图》,来新夏:《林则徐年谱》(增订本)。
② 《林则徐集·日记》。《皇朝经世文编续编》卷三十九《户政十一屯垦》,桂超万《上林少穆制军论营田疏》。
③ 《清史稿》卷四百八十《唐鉴传》(43册)。
④ 《林则徐集·日记》45页。

漕务情形,夙切讲求,深知利弊"①。唐鉴督粮北上的工作受到林则徐的关注。② 不仅如此,道光二十年、二十一年,唐鉴还两次向林则徐陈述发展畿辅水利的必要,并希望由林则徐来办理此事。道光十九年十一月二十九日(1840年春)林则徐在广州钦差大臣任内上疏,请求发展畿辅水利。道光二十年,唐鉴致信林则徐,向林则徐陈述发展畿辅水利的必要和可能。道光二十年四五月间(1840)林则徐在广州致信唐鉴,信中提到:"畿辅水田之请,本欲奋挢亲操,而未能如愿闻已作罢论矣。手教犹惓惓及之,曷胜感服。"③道光二十一年秋季,当林则徐还在河南黄河河工工地时,唐鉴写信给林则徐并赠书两种,其中一种是《畿辅水利备览》。次年夏季,林则徐在荷戈西行伊犁途中,在西安,给唐鉴复信:"去岁九秋,在河干得执事手书,并惠大著两种。……所辑《水利书》援据赅洽,源流贯彻。……老前辈大人撰著成书,能以坐言者起行,自朝廷以逮闾井,并受其福。岂非百世之利哉!"高度评价《畿辅水利备览》。林则徐表示:"侍于此事积思延访,颇有年所,而未能见诸施行,窃引为愧。"④总之,在畿辅水利问题上,唐鉴和林则徐,同明相照,同类相求。

最后,元明清江南籍官员有感于江南赋重漕重,而讲求发展西北华北(畿辅)水利的传统,对林则徐亦有影响。自元代以来,江南籍官员,不满于江南赋重漕重,而提倡发展以畿辅水利为开端的西

---

① 《林则徐集·奏稿上》,163页。
② 《林则徐集·日记》,155页。
③ 《林则徐全集》第七册《信札》第205《致唐鉴》,道光二十年四五月间于广州。海峡文艺出版社。
④ 《林则徐全集》第七册《信札》第300《致唐鉴》,道光二十二年六月于西安。海峡文艺出版社。

北水利,就近解决京师及北边的粮食供应,从而缓解京师对江南漕粮的压力。这种思想潮流,延续到清代。林则徐继承了元明至清乾嘉时讲求畿辅水利者的思想传统。

林则徐的畿辅水利思想,与前代、同时代讲求畿辅水利者的思想,大旨相同,细节则异。即他们都主张发展畿辅水利,减少京师对东南的粮食需求,这是毫无疑问的。但具体细节上,如关于畿辅水利与河道的关系、发展水稻生产与农田水利的关系、设置专官和责成守令等问题上,林则徐与其他人不同。在关于畿辅水利与河道的关系上,林则徐主张,"治水先治田,……若俟众水全治而后营田,则无成田之日"。这与唐鉴相同,而与冯桂芬有异。唐鉴主张,畿辅水利就是"下手则见地开田而已,切不可在河工上讲治法"。冯桂芬不同意,"即不能众水全治,亦当择要先治,盖未闻水不治而能成田者。""水不治而为田,或田其高区而水不及,或田其下地而水大至,一不见功,因噎废食,文忠亦未之思也。"①在发展水稻生产与农田水利的关系上,林则徐与唐鉴、冯桂芬一样,都主张发展水稻生产,因为他们认为水稻产量高,林则徐说,南方小亩水稻亩产五石(米二石五斗),唐鉴认为水稻高产,高粱小麦薄产。冯桂芬说,一亩水稻可养活一人,十亩高粱或小麦才可养活一人。但吴邦庆则主张不必完全改种水稻。在设置专官和责成守令问题上,林则徐主张责成守令,吴邦庆主张设置专官和委员相结合。

桂超万,先是赞同畿辅水利,后来他在畿辅地区为官八年,转而不赞成畿辅水利。其理由主要是,畿辅雨水不足。他说:"后余官畿辅八年,知营田之所以难行于北者,由三月无雨下秧,四月无

---

① 冯桂芬:《校邠庐抗议·兴水利议》,中州古籍出版社1998年,112—113页。

雨栽秧,稻田过时则无用,而乾粮过时可种,五月雨则五月种,六月雨则六月种,皆可丰收。北省六月以前雨少,六月以后雨多,无岁不然。必其地有四时不涸之泉,而又有宣泄之处,斯可营田耳。"畿辅多数地区雨水与水稻生产季节不符,但玉田、丰润、磁州水源丰富可以发展水利。① 今天,论者曰畿辅热量不够,不能发展水稻,这是不能让林则徐等信服的。假使热量不足,后来东北、伊犁水稻生产是怎么发展起来的?

林则徐兴办直隶水利的主张,一经提出,即遭到直隶总督琦善的阻挠。道光十七年二月初八日,林则徐离京赴湖广总督任,路经保定,直隶总督琦善"来寓长谈,去后,即往答之,又谈至傍晚"。② 琦善反对畿辅水利,其主要原因是,他认为由林则徐提出畿辅水利,是越俎代庖。琦善"遇公保定,议时事不合,论直隶屯田水利,又憾公越俎"。③ 林则徐以苏抚而言直隶水利,使琦善颇感不满。"侯官林文忠公所著《畿辅水利议》,征引凿凿有据,然当时直隶制府有违言,因而不行"。④ 其实林则徐早就想"将面求经理兹事"。⑤ 道光二十二年夏季,林则徐在西行伊犁途中,在复唐鉴信中表示实施畿辅水利,"侍于此事积思延访,颇有年所,而未能见诸施行,窃引以为愧"。⑥ 对此,林则徐表示很惭愧。但林则徐和唐鉴,都没

---

① 《皇朝经世文编续编》卷三十九《户政十一屯垦》,桂超万《上林少穆制军论营田疏》。
② 《林则徐集·日记》,中华书局1962年,226页。
③ 《续碑传集》卷二四,金安清《林文忠公传》,清光绪十九年刊本。
④ 谢章铤:《课余偶录》卷三,转引自杨国桢:《林则徐传》,118页。
⑤ 《皇朝经世文编续编》卷三十九《户政十一屯垦》,桂超万:《上林少穆制军论营田疏》。
⑥ 《林则徐全集》第七册《信札》第397《致唐鉴》,道光二十二年六月于西安。海峡文艺出版社。

有放弃发展畿辅水利的愿望。

林则徐发展西北华北（畿辅）水利的主张没有实现,这有多方面的原因。本书在"元明清华北西北水利思想"中已论述过,此不赘述。但是,当他在伊犁遣戍时,参与了伊犁和南疆的水利建设。道光二十年九月林则徐被革职,二十一年五月效力东河河工后仍遣戍伊犁,道光二十二年夏季西行途中,他在回复唐鉴的信中表示,对他一直想办理的畿辅水利没有实行,表示很惭愧；十一月抵达伊犁。他除了解伊犁的边防哨卡情形,"还研究屯田备边的历史经验,着重了解清代在新疆屯田的情况。他亲自摘抄的史籍、档案材料,目前可以看到的,就有《喀什噶尔、巴尔楚克等处屯田原案摘略》、《巴尔楚克等城垦田案略》……等篇。这些材料,主要涉及民屯和回屯,而对道光年间的情况,摘抄得最为详细"。① 他认为在伊犁兴修水利,可以一举两得："……若晒渠导流,大兴屯政,实以耕种之民,为边徼藩卫,则防守之兵可减,度支省而边防益固。"② 道光二十四年,伊犁屯田歉收,伊犁将军布彦泰大伤脑筋。满八旗旗屯的建设,始于嘉庆八年松筠任伊犁将军时。惠远城稻田迤东七里沟,即阿齐乌苏旗屯,引用阿里木图沟泉水,并辟里沁之新开渠水灌溉,为八旗公田。③ 但是在嘉庆后期,由于水源不足而废弃。这时伊犁将军布彦泰,欲重修阿齐乌苏旗屯,"拟引哈什河之水以资灌注,将塔什鄂毕斯坦回庄旧有渠道,展宽加深,即开接新渠引入阿齐乌苏东界,并间段酌挖支渠,俾新垦之田便于浇灌"。④

---

① 杨国桢:《林则徐传》,人民出版社1980年,394页。
② 黄冕:《书林文忠公逸事》,咸丰元年于长沙。转引杨国桢:《林则徐传》395页。
③ 祈韵士:《西陲要略》卷三《伊犁兴屯书始三屯水利附》。
④ 《清史列传》卷五十四《布彦泰传》。

二十四年五月,林则徐给伊犁将军布彦泰写信,表示"情愿认修龙口要工",①即哈什渠中的一段,经过四个多月,终于修成"宽三丈至三丈七八尺不等,深五六尺至丈余不等,长六里有奇"的渠道②,使"十万余亩之地,一律灌溉,无误春耕"。③ 十一月,林则徐奉命前往天山南路阿克苏、乌什、和田查勘垦务。二十五年,继续查勘叶尔羌、喀什葛尔、巴尔楚克、喀喇沙尔、哈密垦务,共查勘六十八万亩土地。④ 在查勘过程中,林则徐感叹:"南八城如一律照苏松兴修水利,广种稻田,美利不减东南。"⑤因此他经常根据山原形势,倡导开浚水源,兴修水利。如在喀喇沙尔(今焉耆县),他倡导增挖中渠一道,支渠两道,接引北大渠水,灌溉库尔勒环城新垦荒地;挖大渠一道,支渠四道,退水渠一道,引开都河水,灌溉北山根垦地。在伊拉里克(即板土戈壁),从二百里外引大小阿拉浑河水,用旧毡铺垫渠底,减少渗漏。在吐鲁番,推广卡井。⑥ 可以说,林则徐参与新疆的水利建设,部分地实现了他的西北水利思想。

但林则徐还是为新疆水利感到些许遗憾。道光二十九年冬十一月,林则徐由昆明回原籍,由洞庭湖入湘江,派人请左宗棠晤谈,二十一日(1850年1月3日)在长沙码头泊舟夜话,他们主要讨论西域时务,三十年后左宗棠回忆说:"忆三十年前,弟曾与林文忠公谈及西域时务。文忠言:西域屯政不修,地利未尽,以致沃饶之区,不能富强。言及道光十九年洋务遭戕时,曾于伊拉里克及各城办

---

① 《林则徐全集》第五册《文录》,《上伊犁将军布彦泰》,道光二十四年。
② 《史料旬刊》第37期,清道光朝密奏专号第三,第369页。
③ 《清宣宗实录》卷三百四十九,道光二十四年九月壬辰。
④ 杨国桢:《林则徐传》,404页。
⑤ 吴蔼宸:《新疆纪游》,转引自杨国桢:《林则徐传》,404页。
⑥ 杨国桢:《林则徐传》,404—405页。

理屯务,大兴水利,功未告藏,已经伊犁将军布彦泰奏增赋额二十余万两,而已旋蒙恩旨入关。颇以未竟其事为憾。"①这表现了林则徐对西北水利的拳拳之心。

---

① 《左文襄公全集》书牍,卷十七《答刘毅斋书》。

附录1：20世纪以来学术界关于华北西北水利研究的主要成果

冀朝鼎：中国历史上的基本经济区与水利事业的发展，中国社会科学出版社1981年。

郑肇经：中国水利史，商务印书馆1938年。

武汉水利学院等：中国水利史稿（三册）水利水电出版社1985年。

姚汉源：中国水利史纲要，水利电力出版社1987年。

姚汉源：黄河水利史研究，黄河水利出版社2003年版。

汪家伦、张芳：中国农田水利史，农业出版社1987年。

王希隆：清代西北屯田研究，兰州大学出版社1990年。

张　芳：明清农田水利史研究，中国农业科技出版社1998年。

周魁一：中国科学技术史·水利卷，科学出版社2002年。

郑连第主编：中国水利百科全书·水利史分册，中国大百科全书出版社2004年版。

张含英：历代治河方略，水利出版社1982年。

张含英：明清治河方略，水利电力出版社1986年。

袁森坡：康雍乾经营与开发北疆，中国社会科学出版社1991年。

陈　桦：清代区域社会经济研究，中国人民大学出版社1996年。

王致中、魏丽英：明清西北社会经济史研究，三秦出版社1988年。

黄仁宇：明代的漕运，1964年博士论文，张皓、张升翻译，2005年北京新星出版社。

彭云鹤：明清漕运史，首都师范大学出版社1995年。

李文治和江太新：清代漕运史，中华书局1995年。

鲍彦邦：明代漕运研究，暨南大学出版社1995年。

王培华：元明北京建都与粮食供应——略论元明人们的认识与实践，北京出版社2005年。

白尔恒、蓝克利、魏丕信：沟洫佚闻杂录，中华书局2003年。

秦建明、吕敏：尧山圣母庙与神社，中华书局2003年。

黄竹三、冯俊杰等：洪洞介休水利碑刻辑录，中华书局2003年。

蓝克利、董晓萍：不灌而治，中华书局2003年。

葛全胜、郑景云等：清代奏折汇编：农业·环境，商务印书馆2005年版。

李根蟠：中国科学技术史·农学卷，科学出版社2000年版。

李根蟠主编：中国经济史上的天人关系，中国农业出版社2002年。

王元林：泾洛流域自然环境变迁研究，中华书局2005年版。

赵　珍：清代西北生态环境变迁，人民出版社2005年版。

邹礼洪：清代新疆开发史，巴蜀书社2002年。

萧正洪：环境与技术选择——清代中国西部地区农业技术地理研究，中国社会科学出版社1998年版。

侯甬坚：历史地理学探索，中国社会科学出版社2004年版。

陕西师范大学西北环发中心编：历史环境与文明演变—2004年历史地理国际学术研讨会论文集，商务印书馆2005年版。

陕西师范大学西北环发中心编：史念海教授纪念学术文集，三秦出版社2006年。

陕西师范大学西北环发中心编：西部开发与生态环境的可持续发

展,三秦出版社 2006 年。

陕西师范大学西北环发中心编:人类社会经济行为对环境的影响和作用,三秦出版社 2007 年。

陕西师范大学西北环发中心编:历史地理学研究的新探索与新动向,三秦出版社 2008 年。

陕西师范大学西北环发中心编:鄂尔多斯高原及其邻区历史地理研究,三秦出版社 2008 年。

王双怀:历史地理论稿,吉林文史出版社 2008 年。

森田明:清代水利史研究,东京亚纪书房 1974 年。

森田明:清代水利社会史研究,东京国书刊行会 1990 年。

森田明:清代水利与地域社会,福岗中国书店 2002 年。

谭其骧:长水集(上、下),人民出版社 1987 年版。

谭其骧:长水集续编,人民出版社 1994 年版。

谭其骧等:《中国自然地理·历史自然地理》,科学出版社 1982 年版。

陈正祥:中国文化地理,三联书店 1982 年版。

邹逸麟:黄淮河平原历史地理,安徽教育出版社 1997 年版。

李孝聪:唐代地域结构与运作空间,上海辞书出版社 2003 年。

谭其骧主编:中国历史地图集八卷本,地图出版社 1982 年版。

杜瑜、朱玲玲编:《中国历史地理学论著索引 1900～1980》,书目文献出版社 1986 年版。

尹均科、吴文涛:历史上的永定河与北京,北京燕山出版社 2005 年。

周魁一:《水部式》与唐代的农田水利管理,《历史地理》第 4 辑,上海人民出版社 1986 年。

傅筑夫:由唐王朝之忽视农田水利评唐王朝的历史地位,《唐史论丛》第 2 辑,陕西人民出版社 1987 年。

王双怀:唐代水利三题,《商洛师专学报学报》1993 年第 1 期;

王双怀:盛唐时期的水利建设,《陕西师大学报》1995 年 3 期。

王双怀:中国南北朝时代的水利设施与农业生产,《韩中日古代水利设施比较研究》,启明大学出版部 2007 年。

王双怀:我国历史上开发西部的经验教训,《陕西师范大学学报》2002 年 3 期。《新华文摘》2002 年 10 期。

王双怀:五千年来中国西部水环境的变迁,《陕西师范大学学报》2004 年 5 期。《新华文摘》2004 年 22 期。

王双怀:中国西部土地荒漠化问题探索,《西北大学学报》2005 年 5 期。

萧正洪:历史时期关中农田灌溉中的水权研究,《中国经济史研究》1999 年 1 期。

王建革:河北平原水利与社会分析(1368—1949),《中国农史》2000 年 2 期。

王建革:清浊分流——环境变迁与清代大清河下游治水特点,《清史研究》2001 年 2 期。

行　龙:明清以来山西水资源匮乏及水案初步研究,《科学技术与辨证法》2000 年 2 期。

行　龙:从共享到争夺:晋水流域水资源日益匮乏的历史考察,2004 年首届区域社会史比较研究中青年学者学术讨论会论文。

行　龙:从"治水社会"到"水利社会",《读书》2005 年 8 期。

行　龙:晋水流域 36 村水利祭祀系统个案研究,《史林》2005 年 4 期。

行　龙:"水利社会史"探源——兼论以水为中心的山西社会,《山西大学学报》2008年1期。

谢　湜:"利及邻封"——明清豫北的灌溉水利开发和县际关系,《清史研究》2007年2期。

张俊峰:水权与地方社会——以明清以来山西省文水县甘泉渠水案为例,《山西大学学报》2001年6期。

张俊峰:明清以来洪洞水案与乡村社会,收入《近代山西社会研究——走向田野与社会》,中国社会科学出版社2002年。

张俊峰:明清以来晋水流域水案与乡村社会,《中国社会经济史研究》2003年2期。

张俊峰:介休水案与地方社会——对水利社会的一项类型学分析,《史林》2005年3期。

王铭铭:"水利社会"的类型,《读书》2004年11期。

韩茂莉:近代山陕地区地理环境与水权保障系统,《近代史研究》2006年1期。

胡英泽:水井与北方乡村社会——基于山西、陕西、河南省部分地区乡村水井的田野考察,《近代史研究》2006年1期。

沈艾娣:道德权力与晋水水利系统,《历史人类学学刊》第1卷1期,2003年4月。

赵世瑜:分水之争:公共资源与乡土社会的权力和象征——以明清山西汾水流域的若干案例为中心,中国社会科学2005年2期,收入《小历史与大历史——区域社会史的理念、方法与实践》,三联书店2006年。

刘德泉、冉连起:三家店兴隆坝灌渠考辨,载北京门头沟区委宣传部编《永定河-北京的母亲河》,文化艺术出版社2004年。

王利华:中古华北水资源的初步考察,《南开学报》2007年3期。
王利华:魏晋南北朝时期华北内河航运与军事活动的关系,《社会科学战线》2008年9期。
李并成:明清时期河西地区"水案"史料的梳理,《西北师大学报》2002年。
张建民:明清汉水上游山区的开发与水利建设,《武汉大学学报》1994年4期。
张建民:试论中国传统社会晚期的农田水利——以长江流域为中心,《中国农史》1994年2期。
张建民:碑刻所见清代后期陕南地区的水利问题与自然灾害,《清史研究》2001年2期。
王日根:论明清乡约属性与职能的变迁,《厦门大学学报》2003年2期。
才惠莲:中国水权制度的历史特点及其启示,《湖北社会科学》2004年5期。
钟晓鸿:清代汉水上游的水资源环境与社会变迁,《清史研究》2005年2期。
钟晓鸿:灌溉、环境与水利共同体——基于清代关中中部的分析,《中国社会科学》2006年4期。
佳宏伟:水资源环境变迁与乡村社会控制——以清代汉中府的堰渠水利为中心,《史学月刊》2005年4期。
胡　健:近代陕南地区农田水利纠纷解决与乡村社会研究,西北大学历史系2007年硕士论文。指导教师岳珑。
卢　勇:《清峪河各渠记事簿》稿本的整理和研究,西北农林科技大学2005年硕士论文。指导教师樊志民。

高升荣：水环境与农业水资源利用——明清时期太湖与关中地区的比较研究，陕西师范大学 2006 年博士论文，指导教师萧正洪；

张　勇：清代河西走廊地方志水利文献研究，北京师范大学 2006 年硕士论文，指导教师王培华。

谭逢君：清代宁夏平原地方志水利文献研究，北京师范大学 2007 年硕士论文，指导教师王培华。

钟晓鸿、李辉：《清峪河各渠始末记》的发现与刊布，《清史研究》2008 年 2 期。

田东奎：水利碑刻与中国近代水权纠纷解决，《宝鸡文理学院学报》2006 年 3 期。

田东奎：中国近代水权纠纷解决机制研究，《中国政法大学》2006 年 7 期。

杜文玉：五代十国时期水利的发展成就及局限性，《唐史论丛》(第八辑)，三秦出版社 2006 年。

桑亚戈：从《宫中档乾隆朝奏折》看清代中叶陕西省河渠水利的时空特征，《中国历史地理论丛》2001 年 2 期。

附录 2：作者关于元明清华北西北水利研究的主要论文

1. 元明清时期的"西北水利议"，《北京师范大学学报》1996 年 6 期。
2. 水利与中国历史特点——祝贺白寿彝先生九十华诞，《史学史研究》1999 年 1 期。
3. 水资源再分配与西北农业持续发展——元《长安图志》所载泾渠"用水则例"的启示，《中国地方志》2000 年 5 期。
4. 清代滏阳河流域水资源的管理、分配与利用，《清史研究》2002 年 4 期。
5. 清代河西走廊的水利纷争及原因——黑河、石羊河流域水利纠纷的个案考察，《清史研究》2004 年 2 期。
6. 清代河西走廊的水资源分配制度——黑河、石羊河流域水利制度的个案考察，《北京师范大学学报》2004 年 3 期。《新华文摘》2004 年 17 期全文摘要。
7. 清代伊犁屯田的水利问题，《北京师范大学学报》2007 年 4 期。
8. 土地利用与社会持续发展——元代农业与农学的启示，《北京师范大学学报》1997 年 3 期。
9. 元代水利机构的建置及其成就评价，《史学集刊》2001 年 1 期。
10. 元代司农司和劝农使的建置及功过评价，《古今农业》2005 年

3 期。

11. 元明清江南学者开发西北水利的思想与实践,《河北学刊》2001 年 4 期。

12. 虞集及元明清西北水利,《文史知识》1999 年 8 期。

13. 明中后期至清初江南学者的民生思想与实践,载《史学论衡》(3),北京师范大学出版社 1999 年出版。

14. 元明清时期西北水利的理论与实践,《学习与探索》2002 年 2 期。

15. 元明清江南官员学者西北水利思想三题,《学习与探索》2007 年 5 期,新华文摘 2008 年 4 期论点摘要。

16. 元明清华北西北旱地用水的理论与实践及其借鉴价值,《社会科学研究》2002 年 6 期。

17. 清代江南官员开发西北水利的思想主张与实践——潘锡恩《畿辅水利四案》及其学术价值,《江海学刊》2004 年 4 期。

18. 清代江南官员开发西北水利的思想主张与实践——唐鉴《畿辅水利备览》的撰述旨趣及历史地位,《中国农史》2005 年 3 期。

19. 林则徐《畿辅水利议》的历史价值和现实意义,载《历史地理学研究的新探索与新动向——庆贺朱士光教授七十华秩暨荣休论文集》,三秦出版社 2008 年 4 月出版。

后　　记

　　我研究元明清华北西北水利,至今已有10多个年头了。我出自史学史专业,而研究的课题多为历史地理与环境变化领域,如粮食供应、气候变化、农史水利史等。最近几年,总有师友和学生问我,我为什么研究历史地理和环境变化,为什么研究元明清北京建都与粮食供应,为什么研究荒政史和农史水利史? 一时之间,我说不清楚。想一想,可能源自我对历史地理的兴趣,源自北京师范大学历史学科重视历史地理的学术渊源,源自我对水利乃国家大政和当今全球变化中水危机的深切理解。

　　记得在中学时代,语文教师曾把我的作文张贴在教室墙壁上展示。其实,我更喜欢地理和历史这两门课。地理课教师常把我的考卷向全班展示,历史课教师则讲我对历史的知识过耳不忘。这是任课教师对其他同学采取的激励法,我哪有那么好的写作、理解和记忆力? 1980年考入北京师范大学历史系后,倒是经常带着袖珍本中国地图,随时查阅河山和地名,总觉得填报错了入学志愿,但后来得知地理系不招文科生。1996年《北京师范大学学报》发表了我的《元明清时期的"西北水利议"》。1997年导师瞿林东教授告诉我,为筹办白寿彝先生九十华诞纪念文集,他拟议了一个名单,邀请一些专家学者撰写论文,白先生看了名单后,加上了几个名字,其中有王培华。我感到很荣幸,但不知道写什么文章。后来，我读白先生《多研究点中国历史的特点，多写点让更多人看的文章》，受白先生启发，加上我那时正读《汉书·五行志》，于是写了《水利与中国历史特点》和《中国历代正史〈五行志〉的演变和价值》两文，一并送给白先生。白先生后来说，两篇文章都很好，水利和灾荒，都是中国历史上的重要问题，值得研究，只是我铺排的摊子太大了，怕我搞不过来。当时心高气傲，以为这有何难？但事实证明，白先生所言极是。当我在1998年前后完成了7篇关于元代气候和农业异常气象变化如水、旱、蝗、冰雪、霜雹等论文后，我就想把这项艰苦的实证科学研究，暂时告一段落，转而从事水利史的研究了。

北京师范大学历史学科，素有重视历史地理的传统。20世纪30年代，白寿彝先生在禹贡学会做编辑工作，1937年白先生撰《中国交通史》，作为《中国文化史丛书》之一种，由商务印书馆出版，被誉为"这一领域的大辂椎轮之作，交通史成为一个分支学科于是奠立"。(李学勤语)同年，白先生参加了顾颉刚组织的西北考察团，到今内蒙、宁夏考察民族、宗教和水利。1980年底，白先生为史念海先生文集命名《河山集》并作《序》，向学术界大力推荐这部书，提出了历史研究工作中注意地理条件的重要性，要从地理条件角度研究我国历史上的重大问题，如广大国土的统一，各民族间不平衡的发展，社会发展的迟缓，南北方经济地位的消长等等。最近30多年中国历史地理学的发展，都着力解决这些学术问题，并产生了一大批丰硕的学术成果。但白先生提出的建议，还是很重要的。1986年瞿林东教授为《中国通史》导论卷撰写了第二章"历史发展的地理条件"，重点阐发了地理条件与经济发展的不平衡性，地理条件与政治统一的关系，地理条件与民族及民族关系，地理条件的变化及其对社会的影响,这些,都成为中国地理条件与历史发展关系问题上的高度理论性著述,开通史类著作讲地理条件对中国历史的作用和影响之理论先河。我后来反复研读,从中获得许多教益,奠定了我研究历史地理和环境变化问题的一般学术基础。北京师范大学吴怀祺教授一向关注我的学术发展,当《大江东去——兴旺盛衰启示录》获奖后,他说,这是小荷才露尖尖角。后来,他还说,我的研究工作,继承并发扬了白寿彝先生和瞿林东教授重视研究历史发展的地理条件之学术传统,渊源有自。吴教授的赞许,我愧不敢当,只当作鼓励。

我所做的水利史研究,只是一般历史地理学和环境变化问题的具体化和实证化:时间,限于元明清;区域,限于华北和西北;地理要素,限于水和土,并结合元明清国家政治、经济和社会发展来研究水利,特别重视了元明清华北西北水利纠纷和水资源分配制度,重视了元明清江南籍官员学者坚持漕运用水妨碍北方有限的水源用于农田灌溉之说的合理性,重视了江南籍官员学者发展畿辅水利西北水利的思想主张的合理性和局限性,有别于一般研究中国水利史的路子。

在全球气候变化、水危机加剧情形下,在干旱半干旱地区,加强用水制度建设,特别是水资源的再次分配和用水管理制度建设,对于解决人类文明的水资源困境,显得尤其重要。说来凑巧,当我1997年读到美国当任副总统阿·戈尔《濒临失衡的地球》时,书中陈述的干旱缺水引起美国加州城市居民和农户之间的水利纠纷,并最后通过政治对话和法律斗争解决了水利纠纷之事实,使我触动颇深。前不久,我趁在美国旧金山斯坦福大学开会后的时间,访问师友,并参观了美国西南部几个州的著名自然和人文景观,得知加州农户之间、农业和城市间，采取分水限水制度，亲见贝克菲尔德宜农谷地，既有大片碧绿的果园和农田，也有因分水限水而轮歇休耕的白地，气候变暖使加州塞拉山积雪减少，导致今夏干旱缺水，加州政府仍将采取强制限水措施。我深信，除了科学技术因素外，公平、公正、有序的制度建设，在应对水危机中，可以发挥积极作用。元明清时，我国华北西北地区的分水制度，解决了民间的水利纠纷。2004年底，在中国科学院地理与资源所一次知识创新工程项目总结会议上，科学家葛全胜讲，中国科学院的水问题专家刘昌明院士，读到王培华《清代河西走廊的水资源分配制度》一文，认为中国古代的分水制度，在今天仍有借鉴价值和启示意义。中国传统的分水制度如此，外国的科学技术、分水制度，同样如此。这就是我为什么看重历史上华北西北解决水利纠纷、实行水资源分配制度的原因；这就是我为什么对元明清时提倡发展华北西北水利的江南籍官员学者，既抱有敬意，又认为其主张有局限性的原因；这就是我为什么对元明清江南籍官员学者否定漕运经济、社会和生态价值之说，持有庄严的学术敬意的原因。我研究历史地理学和环境变化，当然受到学术兴趣和北京师范大学历史学科重视历史地理的优良传统的影响，但对现实问题的关注，触动了研究历史的灵感，发现了历史研究的课题，亦是重要因素。我提出研究中国历史上的水利纠纷和分水制度及对今日的启示意义，以受到阿·戈尔《濒临失衡的地球》第五章"一旦水竭井枯"触动和启发始，但并不以亲见加州分水限水的制度实施为止，华北西北乃至其他地区的水利问题，仍将是我日后要继续探索的领域，历史上的分水制度自有其现代价值。

以上所述，是对询问我为什么研究历史地理和环境变化领域问题的一些思考或回答。但是,我倒是想问问,历史地理和环境变化领域的问题,如建都、粮食、水利、灾荒与救灾等等,不是人类史的内容吗?不是历史学本来就应该关心的问题吗?中国史家什么时候建立了重视地理、食货、河渠水利、自然变异的学术传统?这个学术传统什么时候被丢掉了?为什么丢掉了这个传统?是知识结构不足?还是学术视野狭小?或者是水土问题——水土资源和粮食问题对人类不重要?我想,凡有史学常识者,凡食人间烟火者,对于这些问题,都是心知肚明的。

但是,我对这部书稿,仍感遗憾:研究工作仅依据历史文献,缺少对西北地区的近距离接触,对于目前这种闭门造车式的学术研究状况,我非常苦恼,友人戏称为我是在北京造车,但我总想能有机会到西北考察和学习。由于缺乏绘图的技术手段,讨论一些流域的水利问题而没有水利地图。对明朝水利纠纷和水资源分配,研究较少。如果经费、技术和时间条件允许,我当弥补以上缺憾。

本书的出版,曾得到许多学者的帮助。瞿林东教授给书稿命名为《元明清华北西北水利三论》。陕西师范大学西北历史环境与经济社会发展中心前主任、教授、中国古都学会会长朱士光先生,水利部水利电力研究院教授、中国水利史学会会长周魁一先生,为书稿作序。北京师范大学地理系方修琦教授,中国科学院地理与资源所葛全胜研究员,陕西师范大学副校长萧正洪教授、西北环发中心主任侯甬坚教授、历史文化学院王双怀教授,对我的元明清华北西北水利研究,都给予支持和关心。在这里,我向这些学者致以崇高的敬意和谢忱。

此外,本课题研究得到国家社会科学基金一般项目的资助,本书出版得到历史学系史学文库出版基金的资助。历史系领导杨共乐教授和耿向东教授在工作和生活上给予了我实际的关怀,研究工作还得到图书馆长王琼教授、社科处长韦慰教授和曾学文教授的支持,历史系研究生吉福峰、郭卫、刘娜同志为我核对引文、更正讹误,谨此亦一并致谢。

承蒙许多学术期刊编辑的支持和厚爱,我关于元明清华北西北水利的许多论文都曾发表过,有的论文还被《新华文摘》重点摘要,或者被中国人民大学复印资料转载过。本校学报编审潘国琪先生、主编蒋重跃先生曾对我的几篇论文提出宝贵意见。我向支持我的各位编辑表示谢意。本书出版后,我希望能得到更多专家和读者的批评指正。同明相照,同类相求,和而不同,周而不比,是自孔子司马迁以来,中国史家对师友之谊的追求。师友之谊,与实地考察一样,同样有益于学术的发展。天朗气清,惠风和畅,三五同好,或实地考察,或切磋问学,那该是何等幸事!

2008年7月,书稿进入三校中。当我得知国家社会科学基金项目,必须先申请结项后出版否则算自动撤项后,就赶紧把三校样复印5份,申请结项。11月,我得到通知,项目最终成果,得到匿名评审专家们的充分肯定,但专家们也提出了一些具体的修改建议,大致如下:

1. 目录中,应列出三级标题,并给一、二、三级标题标注适当的顺序号,使全书体例眉目清楚,便于读者掌握和了解全书内容。

2. 补充绪论:详细评述前人相关成果,界定本书研究的区域范围,以及西北华北概念所指,高度、全面地概括出书中的时代背景和特点,交代本书研究的基本问题、创新点,使读者对作者的创新点和学术贡献,更加一目了然。

3. 添绘几幅地图,增强直观性,方便读者阅读。

4. 删除关于元代司农司的讨论。

5. 开列出主要参考论著目录、作者相关研究成果目录,从文献目录上,使读者据此对20世纪华北西北水利研究的状况和作者的主要贡献,有所了解。

6. 仔细校对,改正错别字等。

在随后的日子里,我谨遵专家们的意见,进行补充增删和校对。陕西师范大学历史文化学院王又怀教授在百忙中,亲自绘制了几幅地图,使我深受感动。虽然,本书自2007年1月8日交稿以来,出版周期,再三延长,但评审专家们为完善书稿,提出了建设性的意见,使我受益匪浅。在此,谨向各位专家致以诚挚的谢意,也向对此给予充分理解的商务印书馆表达谢忱。

王培华

2008年5月12日记于北京师范大学,12月30日又记。